Konrad Lorenz:
Die Rückseite des Spiegels
Versuch einer Naturgeschichte
menschlichen Erkennens

Deutscher
Taschenbuch
Verlag

dtv

Von Konrad Lorenz
sind im Deutschen Taschenbuch Verlag erschienen:
Er redete mit dem Vieh, den Vögeln und den Fischen (173; auch als dtv großdruck 2508)
So kam der Mensch auf den Hund (329; auch als dtv großdruck 2579)
Vom Weltbild des Verhaltensforschers (499)
Das sogenannte Böse (1000)
Das Jahr der Graugans (1795)
Noah würde Segel setzen (10750; zusammen mit Kurt L. Mündl)
Vergleichende Verhaltensforschung (4392)

Über Konrad Lorenz:
Antal Festetics: Konrad Lorenz (11044)

Ungekürzte Ausgabe
1. Auflage März 1977
Deutscher Taschenbuch Verlag GmbH & Co. KG, München

ISBN 3-492-02160-3
Umschlaggestaltung: Celestino Piatti
Gesamtherstellung: C. H. Beck'sche Buchdruckerei, Nördlingen
Printed in Germany · ISBN 3-423-01249-8
10 11 12 13 14 15 · 94 93 92 91 90 89

Das Buch

Der komplexe menschliche Erkenntnisapparat ist aus Teilfunktionen aufgebaut, die das Ergebnis einer stammesgeschichtlichen, arterhaltenden Anpassung an die Umweltbedingungen sind. Viele dieser Teilfunktionen sind im Erbgut fest verankert, andere sind erlernbar. Größtenteils sind sie nicht spezifisch menschlich, sondern in der gleichen oder einer ähnlichen Form auch in der Tierwelt anzutreffen. Konrad Lorenz beschreibt in diesem Buch die Arbeitsweise der grundlegenden Teilfunktionen. Er tut das in einem ständigen Vergleich mit ihren Entsprechungen in der Tierwelt und verfolgt dann schrittweise ihren Zusammenbau zu höheren Einheiten – bis das menschliche Erkenntnisvermögen in seiner Einzigartigkeit erfaßt und naturgeschichtlich gedeutet ist. – Es sind hier Ergebnisse eines Verhaltensforschers zusammengetragen, der einen der wesentlichsten und folgereichsten Beiträge zu einem naturwissenschaftlichen Menschenbild geliefert hat, indem er den scharfen, traditionellen Gegensatz zwischen Tier und Mensch abgebaut und die Grenze zwischen ihnen neu gezogen hat. Auf Grund dieser Einsichten fühlt er sich verpflichtet, Krankheitserscheinungen unserer Zivilisation zu diagnostizieren und schonungslos anzuprangern.

Der Autor

Konrad Lorenz, am 7. November 1903 in Wien geboren, studierte in seiner Heimatstadt Medizin und Biologie. 1949 gründete er das Institut für Vergleichende Verhaltensforschung in Altenberg (Österreich) und wurde 1951 an das Max-Planck-Institut berufen. Von 1961 bis 1973 war er Direktor am Max-Planck-Institut für Verhaltensphysiologie in Seewiesen bei Starnberg. Lorenz ist einer der Begründer der Vergleichenden Verhaltenskunde, der Ethologie. 1973 wurde ihm, zusammen mit Karl von Frisch und Nikolaas Tinbergen, der Nobelpreis für Medizin und Physiologie zuerkannt. Nach seiner Emeritierung 1973 schuf die Max-Planck-Gesellschaft für ihn die Forschungsstation in Grünau im Almtal (Oberösterreich), wo er im Rahmen des Instituts für Vergleichende Verhaltensforschung der Österreichischen Akademie der Wissenschaften seine Forschungen fortsetzt.

Inhalt

Der Erinnerung an Königsberg gewidmet
sowie meinen Königsberger Freunden,
vor allem Otto Koehler und Eduard Baumgarten

Erkenntnistheoretische Prolegomena

Wär' nicht das Auge sonnenhaft,
die Sonne könnt' es nie erblicken.
Goethe

1 Aufgabenstellung

»Grundpfeiler der wissenschaftlichen Methode ist das Postulat der Objektivität der Natur« (»La pierre angulaire de la méthode scientifique est le postulat de l'objectivité de la nature«), so schreibt Jacques Monod in seinem berühmten Buch ›Zufall und Notwendigkeit‹ (›Le Hasard et la Necessité‹). Weiterhin sagt er, daß zu dem schon vor Descartes und Galilei vorhandenen philosophischen Gedankengut »noch die strenge Zensur der Objektivitätsforderung hinzukommen mußte« (»il fallait encore l'austère censure posée par le postulat d'objectivité«).

In diesen beiden Sätzen sind, wie man sich klarmachen muß, *zwei* Postulate aufgestellt, deren eines den Gegenstand der Forschung betrifft, während das zweite an den Forschenden gerichtet ist. Erstens muß selbstverständlich, wenn unsere Forschung überhaupt einen Sinn haben soll, die reale Existenz dessen vorausgesetzt werden, was wir zu erforschen trachten. Zweitens aber muß an den Forschenden eine Forderung gestellt werden, die keineswegs leicht zu formulieren ist. Wäre sie es, so brauchte ich dieses Buch nicht zu schreiben.

Im Stellen dieser Forderung wird nämlich eine erkenntnistheoretische Anschauung vorausgesetzt, die zwar dem biologisch Denkenden selbstverständlich erscheint, die aber keineswegs von allen geisteswissenschaftlich orientierten Denkern akzeptiert wird. Es ist dies die Annahme, daß alles menschliche Erkennen auf einem Vorgang der *Wechselwirkung* beruht, in dem sich der Mensch, als durchaus *reales* und *aktives* lebendes System und als erkennendes *Subjekt*, mit den Gegebenheiten einer ebenso realen Außenwelt auseinandersetzt, die das *Objekt* seines Erkennens sind.

Merkwürdig und teilweise irreführend ist die Herkunft der beiden Wörter »Subjekt« und »Objekt«; es spricht für ihre Unklarheit, daß sie ihre Bedeutungen seit der Zeit der Scholastik getauscht haben. Im Englischen wird »subject« manchmal auch heute noch in der deutschen Bedeutung des Wortes Objekt gebraucht, z.B. als Bezeichnung für ein Versuchstier oder für eine Versuchsperson. In unserer Sprache bedeutet, nach Eislers ›Handwörterbuch der Philosophie‹, das Wort Subjekt »das erlebende, vorstellende, denkende und wollende Wesen, im Gegensatz zu den Objekten des Erlebens, Erkennens, Handelns«. »Subjectum« heißt, wörtlich übersetzt, »das Daruntergeworfene«, im Sinne eines Urgrundes, auf dem sich unsere ganze Welt aufbaut. Leibniz setzt das Subjekt mit »l'âme même«, mit der Seele selbst gleich.

Alles, was wir überhaupt erfahren können, also auch all das, was wir über die uns umgebende außersubjektive Wirklichkeit wissen, baut sich auf den Erlebnissen dieses Subjektes auf, all unser Denken und Wollen nicht minder. Die reflektierende Erkenntnis des eigenen Seins, die Descartes in die Worte »Cogito, ergo sum« (»Ich denke, also bin ich«) gefaßt hat, ist immer noch die am wenigsten bezweifelbare von allen, ungeachtet der falschen, subjektivistisch-idealistischen Folgerungen, die aus ihr gezogen worden sind und deren Widerlegung ein beträchtlicher Teil dieses Buches gewidmet ist.

Erkennen, Denken und Wollen, ja schon das ihnen vorausgehende Wahrnehmen, sind *Tätigkeiten.* Es ist verwunderlich, daß unsere deutsche Sprache, die sonst so feinfühlig für alle tiefen psychologischen Zusammenhänge ist, für das Aktivste und Gegenwärtigste, das es auf dieser Welt überhaupt gibt, keine bessere Bezeichnung gefunden hat als »das Subjekt«, ein Participium perfecti, ein Mittelwort der Vergangenheit, und noch dazu ein passives und eins von sächlichem Geschlecht!

Und wie kommt es, daß nun gar aus dem Worte Subjekt, das die Grundlage allen Erlebens, Erkennens und Wissens bedeutet, das Eigenschaftswort »subjektiv« abgeleitet wurde, dessen Bedeutung im Großen Brockhaus mit »voreingenommen, vorurteilsvoll, von zufälligen Wertungen abhängig« wiedergegeben wird? Und woher kommt die dieser Abwertung des Subjektiven offensichtlich komplementär gegenüberstehende, hochwertende Bedeutung, die unsere Umgangssprache den Wörtern »objektiv« und, was das gleiche bedeutet, »sachlich« beimißt?

Das Eindringen dieser Wertungen in die Umgangssprache beweist die Volkstümlichkeit einer gut definierbaren, wenn auch sicherlich meist unreflektierten Meinung über die Beziehung zwischen dem erkennenden Subjekt und dem Objekt seiner Erkenntnis. Es ist eine jedem von uns leicht zugängliche Einsicht, daß sich in uns, neben den Leistungen des Erkennens äußerer Sachbezüge, auch andere Vorgänge abspielen, daß sehr verschiedene Zustände des eigenen Ichs miteinander abwechseln und daß sich in unserem Erleben Innenbedingtes und Außenbedingtes überlagern. Jeder von uns hat es bis zu einem gewissen Grade gelernt, die Einwirkungen in Rechnung zu stellen und zu kompensieren, die innere Zustände auf unser Erkennen äußerer Gegebenheiten ausüben. Ich trete eines Wintertages nach längerem Aufenthalt im Freien ins Zimmer und lege einem Enkel meine Hand auf die Wange. Diese erscheint mir zunächst fieberheiß; ich glaube aber keinen Augenblick an eine Erkrankung des Kindes, da mir die Veränderung der Wärmewahrnehmung vertraut ist, die von der Eigentemperatur der prüfenden Hand abhängt.

Dieser alltägliche Vorgang ist ein gutes Beispiel für eine Leistung, die für unser Erkennen der außersubjektiven Wirklichkeit von grundlegender Bedeutung ist. Sie bringt unser Erkennen dem an sich Seienden dadurch näher, daß sie Vorgänge und Zustände *innerhalb des erlebenden Subjekts mit ins Kalkül zieht.* Sooft es uns gelingt, die Herkunft eines Teil-Phänomens in unserem Erleben auf innere, »subjektive« Vorgänge oder Zustände zurückzuführen und aus unserer Betrachtung der außersubjektiven Wirklichkeit auszuschalten, sind wir in unserer Erkenntnis einen kleinen Schritt näher an das unabhängig von unserem Erkennen Existierende herangekommen.

Unser Bild der »objektiven« Wirklichkeit baut sich aus lauter solchen Schritten auf. Die dingliche, in Objekte gegliederte Welt, die wir erleben, entsteht ja erst dadurch, daß wir vom »Subjektiven« und Zufälligen abstrahieren. Was uns an die Wirklichkeit der Dinge glauben läßt, ist letzten Endes sicherlich die *Konstanz*, mit der gewisse äußere Einwirkungen immer gleichzeitig und in derselben gesetzmäßigen Verbindung miteinander in unserem Erleben auftauchen, allen Veränderungen der Wahrnehmungsbedingungen und der inneren Zustände unseres Ichs zum Trotze. Eben ihre Unbeeinflußbarkeit durch »Subjektives« und Zufälliges veranlaßt uns, derartige Gruppen von Phänomenen für Auswirkungen einer unabhängig von allem Erkanntwerden existierenden wirklichen Gegebenheit zu halten, die wir *an* eben diesen ihr eigenen Wirkungsweisen, an ihren »Eigenschaften«, als dasselbe Objekt wiederzuerkennen vermögen. Deshalb nenne ich diese abstrahierende Tätigkeit *objektivieren,* den durch sie bewirkten kognitiven Akt »Objektivation«.

Es ist ein bei nicht biologisch denkenden Philosophen weitverbreiteter Irrtum, zu meinen, wir seien imstande, uns durch den bloßen »Willen zur Objektivität« von allen persönlichen, subjektiven, einseitigen Stellungnahmen, Vorurteilen, Affekten usw. zu befreien und uns zu dem Standpunkt allgemein gültiger Urteile und Wertungen zu erheben. Um dies zu können, *bedürfen wir der naturwissenschaftlichen Einsicht in die kognitiven Vorgänge innerhalb des erkennenden Subjektes.* Der Vorgang des Erkennens und die Eigenschaften des Objektes der Erkenntnis können nur gleichzeitig untersucht werden. »The object of knowledge and the instrument of knowledge cannot legitimately be separated, but must be taken together as one whole« – so schreibt P. W. Bridgeman in einem Artikel über die erkenntnistheoretische Haltung von Niels Bohr. Die von Monod so emphatisch ausgesprochene Forderung nach Objektivität können wir niemals *ganz* erfüllen, sondern immer nur so weit, wie es uns gelingt, als Naturforscher Einsicht in die Wechselwirkung zwischen erkennendem Subjekt und erkannt werdendem Objekt zu gewinnen.

Einer Wissenschaft, die ein natürliches Verständnis des Menschen und seiner Erkenntnisleistungen anstrebt, ist durch die von Bridgeman so klar formulierte Forderungen der Weg gewiesen. Wie weit wir auf ihm mit unseren heutigen bescheidenen Kenntnissen vorwärtskommen, will ich in diesem Buch zu zeigen versuchen. Wie andere im Lauf der Stammesgeschichte entstandene und der Arterhaltung dienende Leistungen soll auch die des menschlichen Erkennens untersucht werden: als Funktion eines realen und auf natürlichem Wege entstandenen Systems, das mit einer ebenso realen Außenwelt in Wechselwirkung steht.

In der unserer Betrachtung zugrunde gelegten Annahme, daß dem erkennenden Subjekt und den erkannt-werdenden Objekten die gleiche Art von Wirklichkeit zukommt, steckt unausgesprochen eine zweite, ebenso wichtige: Wir sind überzeugt davon, daß alles, was sich in unserem subjektiven Erleben spiegelt, aufs engste mit objektiv erforschbaren physiologischen Vorgängen verflochten und auf ihnen begründet, ja mit ihnen in geheimnisvoller Weise identisch ist. Diese Einstellung zum sogenannten Leib-Seele-Problem ist zwar keineswegs die aller Philosophen, scheint uns aber natürlich: Auch der Naive meint mit der Aussage, sein Freund X sei eben ins Zimmer getreten, gewiß nicht nur dessen erlebendes Subjekt noch auch seine objektiv erforschbare Körperlichkeit, sondern ganz eindeutig die Einheit beider. Es erscheint mir daher als ein recht selbstverständliches Verfahren, jene physiologischen Vorgänge, die, objektiv gesehen, Information über die Außenwelt in das lebende System des Menschen hineinbringen und in ihm speichern, Hand in Hand mit jenem subjektiven Geschehen zu untersuchen, das wir als Erkennen und Wissen in uns erleben. Unsere Überzeugung von der Einheit des lebenden und erlebenden Subjektes gibt uns das Recht, Physiologie und Phänomenologie als gleichberechtigte Quellen unseres Wissens zu behandeln.

Eine von diesen Voraussetzungen ausgehende Untersuchung kann gar nicht umhin, zwei Ziele gleichzeitig zu verfolgen. Sie muß versuchen, eine auf biologischer und stammesgeschichtlicher Kenntnis des Menschen begründete Erkenntnistheorie zu formulieren und gleichzeitig damit ein dieser Erkenntnistheorie entsprechendes Bild des Menschen zu entwerfen. Dies bedeutet den Versuch, den menschlichen Geist zum Gegenstand naturwissenschaftlicher Betrachtung zu machen, ein Unterfangen, das vielen Geisteswissenschaftlern, wenn nicht geradezu als gotteslästerlich, so zumindest als eine Überschreitung der Kompetenz der Naturforschung, als »Biologismus« erscheinen wird. Dem ist entgegenzuhalten, daß eine auf naturwissenschaftlichem Wege gewonnene Einsicht in das Wirkungsgefüge physiologischer Funktionen dem Werte jener höheren Leistungen, die sich auf sie gründen, keinen Eintrag tut. Ich hoffe auch dem der Biologie und der Stammesgeschichte nicht wohlgesonnenen Anthropologen philosophischer Prägung zeigen zu können, wie einzigartig sich die spezifisch menschlichen Eigenschaften und Leistungen des Menschen *gerade dann* darstellen, wenn man sie mit den Augen des Naturforschers als Erzeugnis eines natürlichen Schöpfungsvorganges betrachtet. Diesem Ziel dient dieses Buch.

Die Forderung nach einer naturwissenschaftlichen Betrachtung des erkennenden Subjektes wird keineswegs nur aus den Gründen zu stellen sein, die sich aus dem Postulat der Objektivierung unserer Erkenntnis ableiten lassen. Sie muß in kategorischer Weise auch aus praktischen und vor allem aus *ethischen* Erwägungen erhoben werden.

Jene überindividuelle Einheit der Erkenntnis, des Könnens und des Wollens, die aus der menschlichen Fähigkeit zum Kumulieren traditionellen Wissens ersteht, konstituiert das Wesen dessen, was wir den menschlichen *Geist* nennen. Auch diese höchste Einheit aber ist und bleibt ein *lebendes System*, gegründet und aufgebaut auf einfacheren Leistungen des Lebendigen.

So himmelhoch sich diese Systemeinheit über alle anderen uns bekannten erhebt, teilt sie doch mit ihnen ein unvermeidliches Schicksal: Wie alle lebenden Systeme, so ist auch der menschliche Geist und mit ihm die menschliche Kultur *Störungen* unterworfen. Beide können *krank* werden. Es ist also nicht nur der Forscher, sondern auch der Arzt, der aus anderen Gründen, aber noch dringlicher die Forderung nach einem naturwissenschaftlichen Menschenbild erhebt.

Oswald Spengler war der erste, der erkannte, daß Kulturen immer dann verfallen und zugrunde gehen, wenn sie das Entwicklungsstadium der Hochkultur erreicht haben. Als Historiker glaubte er, daß eine unentrinnbare »Logik der Zeit« und ein unaufhaltsamer Prozeß des Alterns an der Auflösung jeder Hochkultur, einschließlich der unseren, die Schuld trüge. Wenn man aber als vergleichender Verhaltensforscher und Arzt die heute viel deutlicher gewordenen Verfallserscheinungen unserer eigenen Kultur betrachtet, sieht man selbst bei dem geringen Stande unseres gegenwärtigen Wissens eine Reihe von Störungen, deren *pathologische* Natur offensichtlich ist.

Die Untersuchung der Krankheitserscheinungen unserer Kultur ist nicht nur deswegen nötig, weil immerhin Hoffnung besteht, daß rechtzeitig therapeutische Möglichkeiten gefunden werden, sondern auch aus Gründen der Methodik aller Grundlagenforschung: Die pathologische Störung ist nämlich, weit davon entfernt, ein Hemmnis für die Erforschung des von ihr betroffenen Systems zu bilden, sehr häufig der Schlüssel zum Verständnis seines Wirkungsgefüges. Die Geschichte der Medizin bietet viele Beispiele, und in der Physiologie ist die gezielte Erzeugung von Störungen eine der üblichen und lohnenden Methoden.

Im ersten Entwurf dieses Buches war den Verfallserscheinungen unserer Kultur, den »Krankheiten des menschlichen Geistes« ein einziges Kapitel gewidmet, das letzte. Es ist wohl ein Symptom der überstürzten Veränderung, der die gegenwärtige Menscheit unterliegt, daß ich selbst innerhalb weniger Jahre meine Einschätzung der Wichtigkeit revidieren mußte, die ich diesen Krankheitserscheinungen zumaß. Dies hatte zur Folge, daß aus dem einen Kapitel ein ganzer Band geworden ist. Mitbestimmend für die Erweiterung meiner selbstgestellten Aufgabe war der unerwartet große Widerhall, den eine kleine Schrift hatte, die ich unter dem Titel ›Die acht Todsünden der zivilisierten Menschheit‹ zur Geburtstagsfestschrift meines Freundes Eduard Baumgarten beigetragen hatte.

2 *Die erkenntnistheoretische Haltung des Naturforschers oder der »hypothetische Realismus«*

Für den Naturforscher ist der Mensch ein Lebewesen, das seine Eigenschaften und Leistungen, einschließlich seiner hohen Fähigkeiten des Erkennens, der Evolution verdankt, jenem äonenlangen Werdegang, in dessen Verlauf sich alle Organismen mit den Gegebenheiten der Wirklichkeit auseinandergesetzt und – wie wir zu sagen pflegen – an sie *angepaßt* haben. Dieses stammesgeschichtliche Geschehen ist ein Vorgang der *Erkenntnis,* denn jede »Anpassung an« eine bestimmte Gegebenheit der äußeren Realität bedeutet, daß ein Maß von »Information über« sie in das organische System aufgenommen wurde.

Auch in der Entwicklung des Körperbaus, in der Morphogenese, entstehen *Bilder* der Außenwelt: Die Flossen- und Bewegungsform der Fische bildet die hydrodynamischen Eigenschaften des Wassers ab, die diese unabhängig davon besitzt, ob Flossen in ihm rudern oder nicht. Das Auge ist, wie Goethe richtig erschaute, ein Abbild der Sonne und der physikalischen Eigenschaften, die dem Licht zukommen, unabhängig davon, ob Augen da sind, es zu sehen. Auch das *Verhalten* von Tier und Mensch ist, soweit es an die Umwelt angepaßt ist, ein Bild von ihr. Die Organisation der Sinnesorgane und des Zentralnervensystems setzt die Lebewesen in den Stand, Kunde von bestimmten, für sie relevanten Gegebenheiten der Außenwelt zu erlangen und in lebenserhaltender Weise auf sie zu antworten. Auch die primitive Ausweichreaktion des Pantoffeltierchens, *Paramaecium,* das, wenn es auf ein Hindernis gestoßen ist, erst ein Stückchen zurück und dann – in einer zufallsbestimmten anderen Richtung – wieder vorwärts schwimmt, *»weiß«* etwas im buchstäblichen Sinne »Objektives« über die Außenwelt. Objicere heißt entgegenwerfen: Das Objekt ist das, was unserer Vorwärtsbewegung entgegengeworfen wird, das Undurchdringliche, woran wir uns stoßen. Das Paramaecium »weiß« über das Objekt nur, daß es die Fortbewegung in der bisherigen Richtung nicht zuläßt. Diese »Erkenntnis« hält der Kritik stand, die wir vom Blickpunkt unseres weit komplexeren und an Einzelheiten reicheren Weltbildes zu üben imstande sind. Wir könnten dem Tierchen zwar oft Richtungen anraten, die günstiger wären als die von ihm auf gut Glück eingeschlagene, aber das, *was* es »weiß«, ist durchaus richtig: Geradeaus geht es tatsächlich nicht weiter!

Alles, was wir Menschen über die reale Welt wissen, in der wir leben, verdanken wir stammesgeschichtlich entstandenen, Relevantes vermeldenden Apparaten des Informationsgewinns, die zwar sehr viel komplexer, aber nach gleichen Prinzipien gebaut sind wie jene, welche die Fluchtreaktion des Pantoffeltierchens bewirken. Nichts, was Gegenstand der Naturwissenschaft sein kann, ist auf einem anderen Wege zu unserer Kenntnis gelangt als auf eben diesem.

Aus dieser Einsicht folgt, daß wir die menschlichen Fähigkeiten zum Erkennen der Wirklichkeit anders beurteilen, als es die Erkenntnistheoretiker bisher getan haben. Wir sind, was unsere Hoffnung betrifft, den Sinn und die letzten Werte dieser Welt zu verstehen, sehr bescheiden. An unserer Überzeugung dagegen, daß alles, was unser Erkenntnisapparat uns meldet, *wirklichen* Gegebenheiten der außersubjektiven Welt entspricht, halten wir unerschütterlich fest.

Diese erkenntnistheoretische Haltung entspringt dem Wissen, daß unser Erkenntnisapparat selbst ein Ding der realen Wirklichkeit ist, das in »Auseinandersetzung mit« und in »Anpassung an« ebenso wirkliche Dinge seine gegenwärtige Form erhalten hat. Auf dieses Wissen gründet sich unsere Überzeugung, daß allem, was unser Erkenntnisapparat uns über die äußere Wirklichkeit mitteilt, etwas Wirkliches entspricht. Die »Brillen« unserer Denk- und Anschauungsformen, wie Kausalität, Substantialität, Raum und Zeit, sind *Funktionen* einer neurosensorischen Organisation, die im Dienste der Arterhaltung entstanden ist. Durch diese Brillen sehen wir also nicht, wie die transzendentalen Idealisten annehmen, eine unvoraussagbare Verzerrung des An-sich-Seienden, die in keiner noch so vagen Analogie, in keinem »Bildverhältnis«, zur Wirklichkeit steht, sondern ein wirkliches Bild derselben, allerdings eines, das in kraß utilitaristischer Weise vereinfacht ist: Wir haben nur für jene Seiten des An-sich-Bestehenden ein »Organ« entwickelt, auf die in arterhaltend zweckmäßiger Weise Bezug zu nehmen für unsere Art so lebenswichtig war, daß ein ausreichender Selektionsdruck die Ausbildung dieses speziellen Apparates der Erkenntnis bewirkte. Die Leistung unseres Erkenntnisapparates gleicht in dieser Hinsicht dem, was ein roher und primitiver Robben- oder Walfischfänger über das Wesen seiner Beute weiß, nämlich nur das, was für seine Interessen praktisch von Belang ist. Dieses wenige aber, was zu wissen uns die Organisation unserer Sinnesorgane und unseres Nervensystems gestattet, hat sich in äonenlanger Erprobung bewährt.

Wir dürfen ihm vertrauen – so weit es reicht! Denn ganz selbstverständlich müssen wir annehmen, daß das An-sich-Bestehende noch sehr viele *andere* Seiten hat, die aber *für uns*, für die barbarischen Robbenfänger, die wir eigentlich sind, nicht lebenswichtig sind. Wir haben »kein Organ« für sie, weil unsere Artentwicklung nicht gezwungen war, Anpassungen an sie zu entwickeln. Für all die vielen »Wellenlängen«, auf die unser »Empfangsapparat« *nicht* abgestimmt ist, sind wir selbstverständlich taub, und wir wissen nicht, wir können nicht wissen, wie viele ihrer sind. Wir sind »beschränkt« im buchstäblichen wie im übertragenen Sinne dieses Wortes.

Ich bin Naturforscher und Arzt. Schon früh war ich mir darüber im klaren, daß der Naturwissenschaftler um der Objektivität willen die physiologischen und psychologischen Mechanismen kennen muß, die uns Menschen Erfahrungen vermitteln. Er muß sie aus denselben Gründen kennen, aus denen der Biologe sein Mikroskop und dessen optische Leistungen genau kennen muß: Um davor bewahrt zu bleiben, daß man für eine dem betrachteten Ding anhaftende Eigenschaft hält, was in Wirklichkeit nur auf den Leistungsbeschränkungen des Instruments beruht, indem man beispielsweise die schönen regenbogenfarbigen Ränder, mit denen ein nicht ganz achromatisches Objektiv alles damit Beobachtete umgibt, für einen den untersuchten Kleinlebewesen eigenen Schmuck hält. Goethe erlag bekanntlich einem analogen Irrtum, als er die Farbqualitäten nicht als Produkte unseres Wahrnehmungsapparates erkannte, sondern sie für physikalische, dem Licht anhaftende Eigenschaften hielt. Im Abschnitt über Farbkonstanz wird hiervon noch ausführlich die Rede sein.

Die hier in Kürze wiedergegebenen Anschauungen über das Verhältnis zwischen erkennendem Subjekt und erkannt-werdender Wirklichkeit hatte ich mir, wie gesagt, in früher Jugend, etwa in den dreißiger Jahren, gebildet und war von meinem Lehrer Karl Bühler darin bestärkt worden, sie nicht nur für selbstverständlich, sondern für Gemeingut aller wissenschaftlich Denkenden zu halten. Vom ersten bin ich auch heute noch überzeugt, und andere sind es ebenso. Mit bemerkenswert geringer Betonung schreibt z.B. Karl Popper in seinem Buch ›The Logic of Scientific Discovery‹: »The *thing in itself* is unknowable: we can only know its appearances which are to be understood (as pointed out by Kant) as resulting from the thing in itself, and from our own perceiving apparatus. Thus the appearances result from a kind of interaction between the things in themselves and ourselves.« (»Das *Ding an sich* ist unerkennbar: Was wir erkennen können, sind nur die Erscheinungen, die man [wie Kant gezeigt hat] als Auswirkungen des Dings an sich und unseres eigenen Wahrnehmungsapparates verstehen kann. So sind die Erscheinungen das Ergebnis einer Art Wechselwirkung zwischen den Dingen an sich und uns selbst.«) Donald Campbell hat in seiner Schrift ›Evolutionary Epistemology‹ sehr überzeugend dargetan, daß und in welcher Weise zum Verständnis des Wahrnehmungsapparates oder, wie ich zu sagen pflege, des Weltbildapparates, die Kenntnis seines stammesgeschichtlichen Gewordenseins nötig ist. Von Campbell stammt auch die Bezeichnung »hypothetischer Realismus« für diese Form der Erkenntnistheorie. Ausdrückliche Billigung fand sie bei keinem Geringeren als Max Planck, der mir schrieb, es gereiche ihm zu großer Befriedigung, daß man, von so verschiedenen Induktionsbasen ausgehend wie er und ich, zu so übereinstimmenden Meinungen über das Verhältnis der phänomenalen zur realen Welt kommen könne.

3 Hypothetischer Realismus und transzendentaler Idealismus

Fast bis zu dem Zeitpunkte, da es das Schicksal verfügte, daß Eduard Baumgarten und ich als letzte seiner Nachfolger auf den Lehrstuhl Immanuel Kants nach Königsberg berufen wurden, huldigte ich einer Meinung, zu der man auch durch die oben zitierten Sätze Karl Poppers verführt werden könnte. Ich glaubte nämlich, daß man das, was ich den »Weltbildapparat« und Popper den »perceiving apparatus« nannte, ohne weiteres mit dem Begriff gleichsetzen dürfe, den Kant mit der Bezeichnung des Apriorischen verbindet.

Diese Meinung ist leider falsch. Für den transzendentalen Idealismus Kants besteht kein Verhältnis der *Entsprechung* zwischen dem – meist nur in der Einzahl genannten – Ding an sich und der Form, in der es unsere apriorischen Anschauungsformen und Denkkategorien in unserer Erfahrung erscheinen lassen. Das Erleben ist für ihn *kein Bild* der Wirklichkeit, auch kein noch so verzerrtes und vergröbertes. Kant erkennt sehr wohl, daß die Formen aller uns möglichen Erfahrung durch Strukturen des erlebenden Subjektes und nicht durch solche des erlebten Objektes bestimmt werden, nicht aber, daß der Bau des »perceiving apparatus« etwas mit der Wirklichkeit zu tun haben könnte. »Wollte man im geringsten daran zweifeln«, so schreibt er in § 11 der Prolegomena zur Kritik der reinen Vernunft, »daß beide [nämlich die Anschauungsformen von Raum und Zeit] keine den Dingen an sich selbst, sondern bloß ihrem Verhältnis zur Sinnlichkeit anhängende Bestimmungen sind, so möchte ich wissen, wie man es möglich finden kann, a priori und also vor aller Bekanntschaft mit den Dingen, ehe sie nämlich uns gegeben sind, zu wissen, wie ihre Anschauung beschaffen sein müsse, welches doch hier mit dem Raum und der Zeit der Fall ist.«

Kant war offensichtlich der Überzeugung, daß eine naturwissenschaftliche Antwort auf diese Frage prinzipiell unmöglich sei. In der Tatsache, daß die Anschauungsformen und Denkkategorien nicht, wie die Empiristen, z.B. Hume und andere, geglaubt hatten, durch individuelle Erfahrungen gebildet werden, mußte Kant den zwingenden Beweis dafür sehen, daß sie »denknotwendig« und damit überhaupt nicht im eigentlichen Sinne »entstanden«, sondern eben a priori gegeben seien.

Die dem mit den Tatsachen der Evolution vertrauten Biologen so selbstverständliche Antwort auf die oben zitierte Frage war dem großen Denker nicht zugänglich. Sie lautet: Die Organisation der Sinnesorgane und der Nerven, die es Lebewesen möglich macht, sich in der Welt zurechtzufinden, ist stammesgeschichtlich in Auseinandersetzung mit und in Anpassung an jene reale Gegebenheit entstanden, die sie uns als phänomenalen Raum anschaulich erleben läßt. Sie ist also zwar für das Individuum insofern »apriorisch«, als sie vor jeder Erfahrung da ist und da sein muß, damit Erfahrung möglich werde. Ihre Funktion ist aber historisch bedingt und nicht denknotwendig, es kann auch andere Lösungen geben: Das Paramaecium z.B. kommt mit einer sozusagen eindimensionalen »Raumanschauung« aus. Wie viele Dimensionen der »Raum an sich« hat, können wir nicht wissen.

Die physiologische Forschung hat gezeigt, welche naturwissenschaftlich erforschbaren Mechanismen für die anschauliche Wahrnehmung des dreidimensionalen »euklidischen« Raumes maßgebend sind. Erich v. Holst hat aufs genaueste die Leistungen der Sinnesorgane und des Nervensystems untersucht, die aus den von den Netzhäuten gelieferten Sinnesdaten sowie aus den Meldungen, die über Richtungs- und Scharfeinstellung beider Augen geliefert werden, Größe und Entfernung gesehener Gegenstände errechnet und uns so die Wahrnehmung der *Tiefe* des Sehraumes vermittelt. In ähnlicher Weise entwerfen uns die Meldungen der Tastkörperchen und der sogenannten »Tiefensensibilität«, die uns über die jeweilige räumliche Stellung unseres Körpers und seiner Glieder informieren, auf einem anderen Sinnesgebiet ein anschauliches Bild des Raumes. Das Labyrinth in unserem Innenohr, mit seinem Utriculus und seinen, in drei aufeinander senkrechten Ebenen angeordneten Bogengängen, vermeldet uns, wo oben ist und in welcher Richtung wir Drehbeschleunigungen unterworfen werden. Es erscheint mir als eine abstruse Annahme, daß alle diese, so offensichtlich im Dienste arterhaltender Leistungen und in Anpassung an reale Gegebenheiten entstandenen Organe und ihre Leistungen nichts mit unserer apriorischen Anschauungsform des Raumes zu tun hätten. Es erscheint mir vielmehr als selbstverständlich, daß sie der Anschauungsform des dreidimensionalen »euklidischen« Raumes zugrunde liegen, ja, daß sie in gewissem Sinne diese Anschauungsform *sind*. Wir wissen von den Mathematikern, daß andere, mehrdimensionale Arten von Raum denkmöglich sind, und von den Relativitätstheoretikern und Physikern, daß es mindestens vier Dimensionen des Raumes nachweislich gibt. Anschaulich erleben können wir aber nur jene einfachere Version, die unsere arteigene Organisation der Sinnesorgane und des Nervensystems »in Erfahrung bringt«.

Was ich hier an den Beziehungen exemplifiziert habe, die zwischen dem physiologischen Apparat der Raumwahrnehmung und dem phänomenalen Raum des Menschen bestehen, gilt, mutatis mutandis, auch für das Verhältnis zwischen allen uns angeborenen Formen möglicher Erfahrung und den durch sie erlebbar gemachten Gegebenheiten der außersubjektiven Realität. Für die Anschauungsform der Zeit z. B. gilt ähnliches wie für die des Raumes; auch hier kennt der Physiologe Mechanismen, die als »innere Uhren« den Lauf der Zeit bestimmen, den wir phänomenal erleben.

Von besonderem Interesse für den nach Objektivität strebenden Forscher sind jene Leistungen unserer Wahrnehmung, die uns das Erlebnis jener Qualitäten vermitteln, die gewissen Umweltgegebenheiten konstant anhaften. Wenn wir einen bestimmten Gegenstand, etwa ein Blatt Papier, in den verschiedensten Beleuchtungen in derselben Farbe »weiß« sehen, wobei die von ihm reflektierten Wellenlängen je nach Farbe des einfallenden Lichtes recht verschieden sein können, so beruht dies auf der

Funktion eines sehr komplizierten physiologischen Apparates, der aus Beleuchtungsfarbe und reflektierter Farbe eine dem Objekt konstant anhaftende Eigenschaft errechnet, die wir schlicht als die Farbe *des Gegenstandes* bezeichnen.

Andere neurale Mechanismen ermöglichen es uns, die räumliche Form eines Gegenstandes bei Betrachtung von verschiedenen Seiten her als dieselbe wahrzunehmen, obwohl das auf unserer Netzhaut entworfene Bild sehr verschiedene Formen annimmt. Wieder andere Mechanismen setzen uns in den Stand, die Größe eines Objektes aus verschiedenen Entfernungen als gleich zu empfinden, obwohl die Ausdehnung des Netzhautbildes in jedem Fall eine andere ist usw. usf. All die physiologischen Leistungen, auf denen diese sog. *Konstanzphänomene* beruhen, sind erkenntnistheoretisch deshalb von so großem Interesse, *weil sie der schon besprochenen Leistung der bewußten, verstandesmäßigen Objektivierung streng analog sind.* Wie der Mensch in meinem Beispiel die Temperatur der wahrnehmenden Hand in Rechnung stellt und so die »subjektive« Wahrnehmung »fieberheiß« auf ein »objektiveres« Maß reduziert, so sieht auch die »konstantmachende« Wahrnehmung der Gegenstandsfarbe von der augenblicklichen Beleuchtungsfarbe ab, um eine *dem Objekt eigene* Reflexionseigenschaft zu ermitteln. Diese in unserer Wahrnehmung sich abspielenden und unserer Selbstbeobachtung völlig unzugänglichen Vorgänge gleichen der bewußten Abstraktion und Objektivation auch darin, daß sie es uns ganz wie diese möglich machen, bestimmte Gegebenheiten unserer Umwelt als »Dinge« oder Objekte wiederzuerkennen. Die Anpassung mehrerer physiologischer Mechanismen an diese eine Leistung trägt dazu bei, uns in unserer Überzeugung von der Realität der Außenwelt zu bestärken. Ich verstehe nicht, wie man daran zweifeln kann, daß hinter den Phänomenen, die von so vielen und unabhängig voneinander arbeitenden Apparaten wie von verläßlichen unabhängigen Zeugen in übereinstimmender Weise gemeldet werden, tatsächlich dieselben außersubjektiven Realitäten stecken! Wie der Freiburger Philosoph Szilasi in seiner durch geringe Beherrschung der deutschen Sprache zu lapidarer Größe gezwungenen Ausdrucksweise zu sagen pflegte: »Gibt es nicht *ein* Ding an sich, gibt es *viele* Ding-an-siche.«

Dem Vergleich der vielen verschiedenen physiologischen Apparate, die uns Menschen die Welt um uns erleben lassen, kann man den Vergleich jener an die Seite stellen, die bei verschiedenen Tierarten die für jede einzelne relevanten Gegebenheiten der

Umwelt »in Erfahrung bringen«. Begreiflicherweise sind diese »Weltbildapparate« der mannigfaltigen Tierformen sehr verschieden voneinander. Nicht nur, daß sie, je nach der Entwicklungshöhe jeder einzelnen von ihnen, verschieden differenziert sind und verschieden viele Einzelheiten der Umwelt abbilden, sondern es sind auch die verschiedenen Tierformen an sehr verschiedenen Seiten der außersubjektiven Realität »interessiert«. Für die Honigbiene ist die Farbkonstanz wichtig, weil sie imstande sein muß, eine bestimmte Blütenart an der ihr konstant anhaftenden Gegenstandsfarbe wiederzuerkennen; für die Katze, die in der Dämmerung jagt, ist Farbe völlig irrelevant: sie bedarf eines guten Bewegungssehens; die Eule muß das Rascheln einer Maus akustisch genau lokalisieren können usw. usf.

Gerade angesichts der gewaltigen Verschiedenheit all dieser Weltbildapparaturen erscheint eine Tatsache von tiefster Bedeutung: Soweit sich ihre Meldungen auf dieselbe Umweltgegebenheit beziehen, *widersprechen sie einander nie*. Auch die schon erwähnte Ausweichreaktion des Pantoffeltierchens bildet, wie schon gesagt, eine »objektive« Gegebenheit der Außenwelt ab, die sich auch in unserem unvergleichlich höher differenzierten Weltbild in gleicher Weise darstellt.

Einen vergleichbaren Fall, in dem die einfachere, primitivere Reaktionsnorm von Tieren sich offensichtlich mit derselben außersubjektiven Realität auseinandersetzt wie der differenziertere Weltbildapparat des Menschen, betrifft die Fähigkeit zum Ausbilden bedingter Reaktionen, die offenbar schon ziemlich früh in der Stammesgeschichte der Tiere aufgetreten ist, und die spezifisch menschliche Denkform der *Kausalität*. Beide können als Anpassungen an die Tatsache aufgefaßt werden, daß bei allen Vorgängen der Kraftverwandlung eine bestimmte *zeitliche* Reihenfolge der Ereignisse eingehalten wird, die es dem Organismus ermöglicht, die früheren als verläßliche Zeichen für die noch zu erwartenden späteren auszuwerten. Ich werde später in einem anderen Zusammenhang auf die Analogien von bedingter Reaktion und Kausalität zurückkommen müssen (S. 128ff.).

Die Übereinstimmung zwischen den Repräsentationen der Außenwelt, die von den mannigfachen Weltbildapparaturen der verschiedenen Lebewesen geliefert werden, bedarf einer Erklärung. Es scheint mir abstrus, eine andere finden zu wollen als die, daß sich alle diese so mannigfaltig abgewandelten Formen möglicher Erfahrung *auf dieselbe außersubjektive Wirklichkeit beziehen*. »Wenn die Teilnehmer an unserer Diskussion«, so sagte ich einst in später Nacht im Parkhotel in Königsberg bei einer »Nachsitzung« der Kantgesellschaft, »darin übereinstimmen, daß jetzt und hier fünf Weingläser auf dem Tische stehen, so ist es mir unverständlich, wie irgend jemand eine andere Erklärung hierfür suchen kann als die, daß, was immer sich hinter der Erscheinung ›Weinglas‹ verbergen mag, tatsächlich fünffach vorhanden ist.«

Der konsequente Neokantianer würde auf diese Erwägungen antworten, daß die Kenntnis der physikalischen Tatsachen samt der Anerkennung ihrer Realität die Voraussetzung dafür seien, daß wir bestimmte Vorstellungen über den ebenfalls als physikalisch und real vorausgesetzten Weltbildapparat zu gewinnen meinen. Das eine wie das andere aber gehöre zum »physikalischen Weltbild«, das nach Meinung des transzendentalen Idealismus keineswegs ein Bild der Welt ist, und unser Versuch, das eine durch das andere zu beweisen, gleiche dem Verfahren Münchhausens, der sich am eigenen Zopf aus dem Sumpf zieht.

Dieses Argument ist nicht stichhaltig. Durch eine vereinfachte didaktische Darstellung mag der Eindruck entstehen, daß der erste Schritt des naturwissenschaftlichen Vorgehens im Voraussetzen der physikalischen Realität bestehe. Wenn man etwa die Leistungen des Farbsehens zu erklären versucht, fängt man meist mit der physikalischen Natur des Lichtes und dem Kontinuum der Wellenlängen an, um dann erst zu den physiologischen Vorgängen überzugehen, die aus diesem ein Diskontinuum von Qualitäten machen. Der Gedankengang, auf dem der Lernende hier geführt wird, entspricht durchaus nicht dem Weg, den die naturwissenschaftliche Erkenntnis beschritten hat. Dieser nimmt seinen Ausgangspunkt wie immer vom subjektiven Erleben, von der naiven Wahrnehmung der Farben, und schreitet dann zu der Erkenntnis fort, daß im Licht der Sonne, das durch ein Prisma zerlegt werden kann, sämtliche Farben des Regenbogens enthalten sind. Ohne den physiologischen Mechanismus, der das quantitative Kontinuum verschiedener Wellenlängen in Bänder verschieden erlebter Qualitäten einteilt, hätten die Physiker nie bemerkt, daß ein Zusammenhang zwischen der Wellenlänge und dem Winkel besteht, in dem das Licht vom Prisma gebrochen wird. Als der Physiker, der Erforscher des Außersubjektiven, das zu verstehen gelernt hatte, war wieder der Erforscher des erkennenden Subjektes an der Reihe: Der Wahrnehmungsphysiologe Wilhelm Ostwald entdeckte den Verrechnungsapparat der Farbkonstanz und erkannte seine arterhaltende Bedeutung. Er entlarvte dadurch den Widerspruch zwischen Newtons Farbenlehre und der Goethes als ein Scheinproblem.

Dieser Gang der Erkenntnis, auf dem unser Wissen über das Licht und über unsere Wahrnehmung des Lichtes Schritt für Schritt und eins ums andere gefördert wurde, ist ein gutes Beispiel für das Vorgehen des objektivierenden Naturforschers, der Bridgemans Forderung (S. 14) zu erfüllen trachtet. Ich behaupte, daß dieses Verfahren nicht dem des legendären Lügners gleicht (das Ziehen am eigenen Zopf ist als Symbol des Zirkelschlusses gemeint), sondern dem eines soliden Fußgängers, der bedächtig einen Fuß vor den anderen setzt. Zwischen dem Schritt des einen und dem des anderen Fußes besteht ein Verhältnis wechselseitiger Förderung, das man in der Naturwissenschaft das »Prinzip gegenseitiger Erhellung« (principle of mutual elucidation) nennt. Wenn man das eine Mal den Blick auf unseren Weltbildapparat richtet und das andere Mal auf die Dinge, die er schlecht und recht abbildet, und wenn man beide Male, trotz der Verschiedenheit der Blickrichtung, Ergebnisse erzielt, die *Licht aufeinander werfen,* so ist dies eine Tatsache, die nur aufgrund der Annahme des hypothetischen Realismus erklärt werden kann, der Annahme nämlich, daß alle Erkenntnis auf Wechselwirkung zwischen dem erkennenden Subjekt und dem erkannten Objekt beruht, die beide gleichermaßen wirklich sind. Ja, sie berechtigt uns erst, dieser Annahme den Charakter einer Hypothese zuzuerkennen, was bekanntlich nur dann legitim ist, wenn weitere Forschung sie wahrscheinlicher zu machen vermag. Wann immer eine kleine Zunahme des Wissens über unseren Weltbildapparat eine neue kleine Korrektur des Bildes erheischt, das er von der außersubjektiven Realität entwirft, und wann immer umgekehrt ein kleiner Fortschritt unseres Wissens um das an sich Seiende uns in den Stand setzt, eine neue Kritik an unserem »perceiving apparatus« zu üben, wächst unsere Berechtigung, unsere Erkenntnistheorie für richtig zu halten, deren Natürlichkeit nicht mit Naivität verwechselt werden darf.

4 Idealismus als Forschungshemmnis

Idealismus im Sinne der herkömmlichen Definition ist jene erkenntnistheoretische Anschauung, die annimmt, daß die Außenwelt nicht unabhängig von allem Bewußtsein existiere, sondern nur als Gegenstand möglicher Erfahrung. Der kritische oder transzendentale Idealismus Immanuel Kants ist in diesen Begriff *nicht* mit eingeschlossen. Er nimmt bekanntlich eine jenseits aller möglichen Erfahrung an sich seiende Wirklichkeit an. Alles, was ich über die erkenntnishemmende Wirkung des Idealismus zu sagen habe, bezieht sich nicht auf Kant. Seine These von der absoluten Unerkennbarkeit des Dings an sich hat noch keinen gehindert, über das Verhältnis zwischen phänomenaler und realer Welt nachzudenken, ich möchte sogar den ketzerischen Verdacht äußern, daß Kant selbst, weniger konsequent, aber viel gescheiter als die Neokantianer, in der tiefsten Tiefe seines großen Herzens nicht so ganz von der Beziehungslosigkeit dieser beiden Welten überzeugt war. Wie käme es sonst, daß der gestirnte Himmel über ihm – der zufolge jener Annahme doch nur dem wert-indifferenten »physikalischen Weltbild« zugehört – dieselbe immer wiederkehrende neue Bewunderung in ihm erregte wie das moralische Gesetz in ihm?

Dem philosophisch unvorbelasteten Menschen erscheint es völlig abwegig, zu glauben, daß die alltäglichen Gegenstände unserer Umwelt nur durch unser Erleben Realität erhalten. Jeder gesunde Mensch glaubt, daß die Möbel auch dann in seinem Schlafzimmer stehen, wenn er selbst zur Tür hinausgegangen ist. Der Naturforscher, der von der Evolution weiß, ist fest von der Wirklichkeit der Außenwelt überzeugt: Selbstverständlich hat unsere Sonne äonenlang geschienen, ehe es Augen gab, sie zu sehen. Dasjenige, was hinter unserer Anschauungsform des Raumes steckt, oder die Erhaltungssätze, die uns in Form unserer Kategorie der Kausalität erfahrbar werden, existieren vielleicht seit Ewigkeit, was immer Ewigkeit sein mag. Die Vorstellung, daß all dieses Große und vielleicht Unendliche erst dadurch Realität erhalten soll, daß die Eintagsfliege Mensch etwas davon merkt, erscheint dem Naturverbundenen nicht nur abstrus, sondern geradezu blasphemisch, wobei der »Naturverbundene« ebensogut ein Bauer wie ein Biologe sein kann.

Angesichts dieser Tatsachen ist es im höchsten Maße erstaunlich, daß jahrhundertelang die gescheitesten aller Menschen, vor allem alle wirklich großen Philosophen, an ihrer Spitze Platon, überzeugte Idealisten im strikten, oben definierten Sinne gewesen sind.

Uns allen, vor allem uns Deutschen, ist von Kindheit auf mit jedem Wort unserer Lehrer und unserer großen Dichter eine platonisch-idealistische Grundeinstellung so radikal eingebleut worden, daß sie uns selbstverständlich ist. Wundern wir uns aber einmal gründlich darüber, so drängt sich uns die Frage auf, welche Gründe es wohl gewesen sein mögen, die eine Vielzahl ernst nach Erkenntnis ringender Menschen veranlassen konnten, das Verhältnis zwischen phänomenaler und realer Welt genau verkehrt zu sehen.

Ich möchte den Versuch wagen, eine Erklärung für das Entstehen dieser Paradoxie zu geben. Die Entdeckung des eigenen Ichs, der Beginn der Reflexion, muß ein einschneidendes historisches Ereignis in der Geschichte des menschlichen Denkens gewesen sein. Nicht zu Unrecht hat man den Menschen als das reflektierende Wesen definiert. Die Einsicht, daß der Mensch selbst der Spiegel ist, in dem und von dem die Wirklichkeit abgebildet wird, hat verständlicherweise tiefgreifende Rückwirkungen auf alle anderen menschlichen Erkenntnisfunktionen gehabt: Sie wurden allesamt auf eine höhere Ebene der Integration gestellt. Auch die Objektivierung, von der auf S. 13 gesprochen wurde und die eine Voraussetzung aller Wissenschaft ist, wird erst durch diese Einsicht ermöglicht.

Dieser größten aller Entdeckungen, die der Mensch im Verlaufe seiner Geistesgeschichte gemacht hat, folgte der größte und folgenschwerste aller Irrtümer auf dem Fuße: der Zweifel an der Realität der Außenwelt. Vielleicht war es gerade die Größe der Entdeckung, die Erschütterung, die sie verursachte, die unsere Vorväter am Selbstverständlichsten zweifeln ließ. Cogito, ergo sum – ich denke, also bin ich –, das ist Gewißheit[1]. Wer aber kann wissen, wer beweisen, daß die bunte Welt, die wir erleben, ebenfalls Wirklichkeit ist? Träume können ebenso bunt und ebenso reich an Einzelheiten sein, die dem Träumenden überzeugend wirklich erscheinen. Ist die Welt vielleicht nur ein Traum?

Derartige Erwägungen müssen sich einem Menschen, der eben erst aus dem Dämmer eines unreflektierten, »tierischen« Realismus erwacht war, mit überwältigender Macht aufgedrängt haben. Es ist verständlich, daß der von solchen Zweifeln Befallene sein Interesse von der Außenwelt abwendet und es ausschließlich auf die neuentdeckte Innenwelt konzentriert. Dies taten die meisten der altgriechischen Philosophen, und die Naturwissenschaft jener Zeit, die hoffnungsvoll zu keimen begonnen hatte, mußte verdorren. Wenn der Blick nach innen unmittelbar tiefste Wahrheiten erschauen konnte, während der nach außen gerichtete

[1] Anmerkungsziffern siehe Anhang.

bestenfalls die Gesetzlichkeiten einer Chimäre, eines Traumes, aufzuzeigen vermochte, ja, wer wollte sich da mit der langwierigen und mühsamen Erforschung der Außenwelt befassen, die noch dazu in manchen ihrer Aspekte wenig anziehend erschien?

So entstand eine Wissenschaft, die sich fast ausschließlich mit dem menschlichen Subjekt beschäftigte, mit den Gesetzlichkeiten seines Anschauens, Denkens und Fühlens. Der Primat, den man diesen Vorgängen zuerkannte, zu denen ja auch die Funktionen des menschlichen Weltbildapparates gehören, hatte die paradoxe Folge, daß man Bild und Wirklichkeit miteinander verwechselte: Die Bilder, die unser »perceiving apparatus« von den Dingen entwirft, wurden für die Wirklichkeit gehalten, die wirklichen Dinge aber für unvollkommene und vergängliche Schatten der vollkommenen und unvergänglichen Ideen. Idealia sunt realia ante rem – das Allgemeine ist *vor* dem speziellen Ding Wirklichkeit. Die »Idee des Hundes«, die Christian Morgenstern in so reizvoller Weise verspottet hat, gilt dem Idealisten als etwas an sich Seiendes, dem eine höhere Realität zukommt als irgendeinem lebenden Hunde oder selbst der Gesamtheit aller lebenden Hunde.

Ich glaube, daß die Erklärung dieser Paradoxie in einer Anthropomorphisierung des Schöpfungsvorganges zu suchen ist: Wenn etwa ein Tischler einen Tisch schafft, so ist tatsächlich die Idee des Tisches vorhanden, ehe sie ihre Verwirklichung in einem realen Tisch findet, sie ist vollkommener als dieser, denn sie hat z.B. keine Astlöcher, die dem planenden Handwerker sicher ebensowenig »vorgeschwebt« waren wie ein gelegentliches Ausrutschen des Hobels. Die Idee ist auch unvergänglicher als das reale Möbel, denn wenn dieses von Holzwürmern zerfressen oder von Kindern zertrümmert wird, kann sie durch die Reparatur des alten oder die Herstellung eines neuen Tisches eine neue Verwirklichung finden.

Wie die große Mehrzahl der Dinge in unserem Universum ist aber der Hund durchaus nicht von menschlicher Planung entworfen. Die Idee, die wir von ihm im Kopfe tragen, ist eine Abstraktion, die wir mit Hilfe unserer Sinnesorgane und unseres Nervensystems aus unserer Erfahrung mit sehr vielen, realen Hunden gezogen haben. Wir sind uns kaum mehr dessen bewußt, welch unglaubliches Paradoxon darin liegt, die reale Gegebenheit für ein Bild dessen zu halten, was in Wirklichkeit ihr Bild ist. Von allen Völkern der Erde sind wir Deutschen am tiefsten mit platonischem Idealismus imprägniert: »Alles Vergängliche ist nur ein Gleichnis«, konnte unser größter Dichter sagen – und niemand widersprach ihm[2].

Das Hemmnis, das allem menschlichen Erkenntnisstreben aus dem Vertrauen zur inneren Erfahrung und dem Mißtrauen gegen alle äußere erwuchs, ist auch heute noch durchaus nicht überwunden. Bis in die jüngste Zeit waren alle bedeutenden Philosophen Idealisten. Die moderne Naturforschung entstand mit Galilei, ohne wesentliche Hilfe von seiten der Philosophie zu empfangen, unabhängig aus neuen Keimen und nicht etwa durch eine Wiederbelebung der erstorbenen antiken Naturforschung. Sie kümmerte sich nicht um das, was die Geisteswissenschaften zutage gefördert hatten, und diese ihrerseits ignorierten die neue Naturwissenschaft geflissentlich. Damit war die Trennung der »Fakultäten« fertig. »Wenn einmal eine kulturelle Trennung vollzogen ist«, sagt C. P. Snow in seinem Buche ›The two Cultures‹, »wirken alle sozialen Kräfte darauf hin, sie nicht weniger starr, sondern noch starrer zu machen.« (»Once a cultural divide gets established, all the social forces operate to make it not less rigid, but more so.«)

Eine dieser sozialen Kräfte ist die gegenseitige Verachtung. So nannte z. B. mein Königsberger Kollege, der Neokantianer Kurt Leider, alle Naturwissenschaft kategorisch »den Gipfelpunkt dogmatischer Borniertheit«, während mein Lehrer Oskar Heinroth alle Philosophie als den »pathologischen Leerlauf der dem Menschen zum Zwecke der Naturerkenntnis mitgegebenen Fähigkeiten« definierte.

Auch solche Philosophen und Naturforscher, die nicht ganz so schlecht voneinander denken, ja einander vielleicht sogar respektieren, erwarten doch von der anderen Fakultät keinen Wissenszuwachs, der für ihre eigene Arbeit verwendbar wäre. Sie fühlen sich daher nicht dazu verpflichtet, auch nur auf dem laufenden darüber zu bleiben, was in der anderen Fakultät geschieht.

So wuchs eine Trennmauer empor, die den Fortschritt menschlicher Erkenntnis gerade in jener Richtung hemmte, in der er am nötigsten gewesen wäre, in der Richtung der von Bridgeman geforderten objektivierenden Erforschung *der Wechselwirkung* zwischen erkennendem Subjekt und erkannt-werdendem Objekt. Die natürlichen Beziehungen zwischen dem Menschen und der Welt, in der er lebt, interessierten niemanden und blieben lange Zeit ununtersucht.

Es ist ein Ruhmesblatt in der Geschichte der Psychologie, daß von ihr die ersten Versuche ausgingen, die böse Mauer zwischen

Natur- und Geisteswissenschaften niederzureißen. Vor allem waren es die Gestaltpsychologen der Jahrhundertwende, die dies versuchten, wenn auch leider zunächst, mangels genügender Kenntnisse der Evolutionslehre, mit ungenügenden Mitteln. Von streng naturwissenschaftlicher Seite her war es Max Planck, der als einer der ersten einen Durchbruch von der basalsten der Naturwissenschaften, von der Physik, zu der basalsten aller philosophischen Disziplinen, zur Erkenntnistheorie, wagte. Er war mit den Gedankengängen Kants gründlich vertraut, als er jene revolutionäre Tat vollbrachte, die Kategorie der Kausalität, die nach Ansicht des transzendentalen Idealismus apriorisch und denknotwendig ist, wie eine vom Menschen gemachte Hypothese zu behandeln: Wo sie experimentell erarbeitete Tatsachen nicht mehr einzuordnen vermochte, stellte er sie einfach beiseite und ersetzte sie durch Wahrscheinlichkeitsrechnung. Dieser Durchbruch, der in erkenntnistheoretischer Hinsicht mindestens so umwälzend ist wie in physikalischer, wäre Planck höchstwahrscheinlich ohne seine profunde Kant-Kenntnis nicht gelungen. Die erkenntnistheoretischen Konsequenzen, die Max Planck zog, entsprechen nach seiner eigenen Aussage vollkommen den hier vertretenen Anschauungen des hypothetischen Realismus, die von vielen anderen großen Physikern und, wie gesagt, auch von Bridgeman geteilt werden.

In umgekehrter Richtung, von der Philosophie zur Naturforschung, scheint erst in jüngster Zeit einigen Denkern der Durchbruch durch die große Mauer geglückt zu sein. Es gibt heute auch »echte« Philosophen, die unter dem Begriff des Objektivierens genau dasselbe verstehen wie die Naturforscher und die auch den Menschen vom gleichen Standpunkt aus betrachten wie diese. Ich nenne Karl Popper mit seinen beiden Werken ›The Logic of Scientific Discovery‹ und ›Objective Knowledge‹, weiter Donald Campbell und sein Buch ›Evolutionary Epistemology‹ und Walter Robert Corti und seine ›Genetische Philosophie‹.

Ich selbst habe erst spät in meinem Leben erkannt, daß menschliche Kultur und menschlicher Geist mit Fragestellung und Methodik der Naturwissenschaft untersucht werden können – und müssen. Das Ausklammern alles Kulturellen aus meinem Interessengebiet muß als ein Respektieren der traditionellen Fakultätentrennung gewertet werden, denn an anderen Aspekten des Geistigen war ich schon in meiner Jugend interessiert. So habe ich wie gesagt die Notwendigkeit der »Erkenntnistheorie als Apparatekunde« früh erkannt, zumal es in der Verhaltensforschung noch notwendiger als in anderen Zweigen der Biologie ist, die Leistungsbeschränkungen des eigenen Wahrnehmungsapparates zu kennen.

Obwohl ich also schon früh zu einer durchdachten erkenntnistheoretischen Einstellung gekommen war und obwohl ich mir darüber im klaren war, daß auch der Mensch angeborene Normen des Verhaltens hat, die den Fragestellungen und der Methodik der Naturforschung zugänglich sind, machte mein Erkenntnisstreben scharf vor jenen spezifisch menschlichen Eigenschaften und Leistungen halt, die sich auf der Ebene des Kulturellen aufbauen.

Es war der *Arzt* in mir, der schließlich gegen diese Beschränkung rebellierte[3]. Der fortschreitende Verfall unserer Kultur ist so offensichtlich *pathologischer* Natur, trägt so offensichtlich die Merkmale einer *Erkrankung* des menschlichen Geistes, daß sich daraus die kategorische Forderung ergibt, Kultur und Geist mit der Fragestellung der medizinischen Wissenschaft zu untersuchen. Jeder Versuch, die Funktion eines in Unordnung geratenen Systemganzen wieder herzustellen, hat die Einsicht in sein *Wirkungsgefüge* zur Voraussetzung. Die Hoffnung, das System *ohne* kausales Verständnis sowohl seiner normalen Funktion wie auch seiner Störung wieder in Ordnung bringen zu können, ist minimal. Auf der anderen Seite aber ist es, wie ebenfalls schon gesagt wurde, oft genug gerade die Störung, die uns den Weg zum ursächlichen Verstehen der normalen, gesunden Leistung weist.

Die meisten unter den Geisteskrankheiten und Störungen, die den Weiterbestand unserer Kultur in Frage stellen, betreffen das ethische und das moralische Verhalten des Menschen. Um geeignete Gegenmaßnahmen zu finden, bedürfen wir der naturwissenschaftlichen Einsicht in die Ursachen dieser pathologischen Erscheinungen, und dies fordert das Durchbrechen der Mauer zwischen Natur- und Geisteswissenschaften an einer Stelle, an der sie von zwei Seiten verteidigt wird: Naturwissenschaftler pflegen sich bekanntlich aller Werturteile zu enthalten, während, auf der anderen Seite, die Geisteswissenschaftler hinsichtlich aller wertphilosophischen Fragen stark von der idealistischen Meinung beeinflußt sind, daß alles auf naturwissenschaftlichem Wege Erklärbare ipso facto wert-indifferent sein müsse. So wird die böse Mauer gerade an jener Stelle von beiden Seiten her verstärkt, an der es am dringendsten nottäte, sie niederzureißen. Von philosophischer Seite wird es als Blasphemie gewertet, wenn man die banale Wahrheit ausspricht, daß auch der Mensch, wie alle Lebewesen, stammesgeschichtlich erworbene und erblich festgelegte Verhaltensweisen hat. Andererseits stößt man bei vielen Naturwissenschaftlern auf Unverständnis und kaum verhohlene Geringschätzung, wenn man, wie es der Gegenstand der Verhaltensforschung verlangt, seine Untersuchung mit Beobachten und Beschreiben beginnt, statt sich auf operationelle Begriffsbestimmung und experimentelle Methodik zu beschränken, wie das nach der heutigen Modemeinung allein als »exakt« und »wissenschaftlich« gilt. Keinem dieser Denker fällt es bei, daß Johannes Kepler und Isaac Newton die Gesetze, die den gestirnten Himmel über uns beherrschen, ohne Experiment und nur auf der Grundlage von Beobachtung und Beschreibung gefunden haben, noch weniger kommen sie auf den Gedanken, daß dieselben bescheidenen Methoden vielleicht auch jenes andere Gesetz entschleiern könnten, das, dem Experiment noch weniger zugänglich als das der Gravitation, in uns selbst, in unserem ethischen und moralischen Verhalten waltet. So ist der Weg zur Selbsterkenntnis des Menschen immer noch fest vermauert. Wenige, allzu wenige sind am Werke, das Hindernis abzubauen. Zwar wächst allmählich ihre Zahl und, mit der Überzeugung, daß Wohl und Wehe der Menschheit von ihrem Erfolg abhängen, auch der Eifer ihres Tuns. Es ist nicht zu bezweifeln, daß die Wahrheit schließlich siegen wird, die bange Frage ist aber, ob dies noch *rechtzeitig* geschehen wird.

Auch heute noch blickt der Realist nur nach außen und ist sich nicht bewußt, ein Spiegel zu sein. Auch heute noch blickt der Idealist nur *in* den Spiegel und kehrt der realen Außenwelt den Rücken zu. Die Blickrichtung *beider* verhindert sie zu sehen, daß der Spiegel eine nicht spiegelnde Rückseite hat, eine Seite, die ihn in eine Reihe mit den realen Dingen stellt, die er spiegelt: Der physiologische Apparat, dessen Leistung im Erkennen der wirklichen Welt besteht, ist nicht weniger wirklich als sie. Von der Rückseite des Spiegels handelt dieses Buch.

I. Kapitel
Das Leben als Erkenntnisvorgang

1 *Die positive Rückkoppelung des Energiegewinns*

Die wunderbarste Leistung des Lebendigen und gleichzeitig diejenige, die einer Erklärung am meisten bedarf, besteht darin, daß es sich, in scheinbarem Widerspruch gegen die Gesetze der Wahrscheinlichkeit, in der Richtung vom Wahrscheinlicheren zum Unwahrscheinlicheren, vom Einfacheren zum Komplexeren, von Systemen niedrigerer zu solchen höherer Harmonie entwickelt. Es gibt indessen keine Verstöße gegen die allgegenwärtigen Gesetze der Physik, und auch der zweite Hauptsatz der Wärmelehre wird vom Lebendigen nicht durchbrochen. Alle Lebensvorgänge werden vom Gefälle der im Weltraum verströmenden, wie die Physiker sagen, *dissipierenden* Energie unterhalten. Das Leben »frißt negative Entropie«, wie ein Wiener Freund von mir einmal drastisch gesagt hat.

Alle lebenden Systeme sind so beschaffen, daß sie Energie an sich zu reißen und zu speichern vermögen. Otto Rössler hat in einem hübschen Gleichnis gesagt, das Leben wirke im Strome der dissipierenden Weltenergie ähnlich wie eine Sandbank in einem Flusse, die sich quer zur Strömungsrichtung gebildet hat und desto mehr Sand zurückzuhalten vermag, je mehr sie schon angehäuft hat. Daß lebende Systeme um so mehr Energie schlukken können, je mehr sie schon geschluckt haben, ist selbstverständlich: Wenn es einem Lebewesen gut geht, so wächst es, und es pflanzt sich fort. Viele große Tiere fressen eben mehr als wenige kleine. Organismen sind also Systeme, die in einem Kreise sogenannter *positiver Rückkoppelung* Energie gewinnen.

In der Welt des Anorganischen gibt es Systeme, die dasselbe tun. »Snowballing«, das Anwachsen der Lawine, ist im Englischen ein durchaus gebräuchlicher, gleichnishafter Ausdruck für den Vorgang der positiven Rückkoppelung geworden. Auch ein Brand greift immer rascher um sich, je mehr er schon erfaßt hat, und die Flamme ist von vielen Dichtern als Gleichnis und Symbol des Lebens gebraucht worden:

Ja! Ich weiß, woher ich komme!
Ungesättigt gleich der Flamme

Glühe und verzehr ich mich.
Licht wird alles, was ich fasse,
Kohle alles, was ich lasse:
Flamme bin ich sicherlich!

2 *Die Anpassung als Wissenserwerb*

Organische Systeme unterscheiden sich von den erwähnten anorganischen in einem wesentlichen Punkte: Sie verdanken ihre Fähigkeit zum Energieerwerb bestimmten, oft hochkomplizierten *Strukturen* ihres Körpers. Die Strukturen sind von den Lebewesen im Laufe ihrer Stammesgeschichte oder Phylogenese ausgebildet worden, und zwar durch einen Vorgang, der sie zum Gewinnen und Speichern von Energie besonders geeignet macht.

Dank alter Erkenntnisse von Charles Darwin und neuer Ergebnisse der Biochemie können wir uns heute bestimmte und wahrscheinlich zutreffende Vorstellungen über die Vorgänge machen, durch welche die Zweckmäßigkeit organischer Strukturen zustande kommt. Der Bauplan jeder Art von Lebewesen ist in den Doppelschräubchen der Nukleinsäure-Kettenmoleküle niedergelegt, »codiert« in der Reihenfolge der Nukleotide. Dieser Code wird bei jeder Zellteilung dadurch redupliziert, daß der Doppelfaden des Nukleinsäure-Moleküls in zwei Hälften zerfällt, deren jede sich alsbald dadurch wieder zu einem Doppelfaden ergänzt, daß er freie Nukleotide »zusammensucht« und in jener Reihenfolge an sich bindet, die der des abgespaltenen Halbfadens entspricht. So entsteht aufs neue je ein Doppelfaden, der aus einem alten und einem komplementären neuen Anteil zusammengesetzt ist. Die erbliche Kontinuität beruht also auf einer materiellen Kontinuität, jedoch, wie Weidel sagt, »mit der Einschränkung, daß es eine bestimmte, materiegebundene *Struktur* ist, die von Generation zu Generation weitergegeben wird«. Bei der Weitergabe, das heißt bei der Reduplikation der Nukleinsäurefäden, passieren manchmal »kleine Fehler«, was zur Folge hat, daß der Code der neugebildeten Doppelschraubenhälfte in kleinen Einzelheiten von dem der vorgegebenen abweicht. Dies nennt man eine *Mutation* des Gens.

Bei allen Lebewesen, die echte Zellkerne besitzen, den sogenannten Karioten, zu denen alle höheren Tiere und Pflanzen zählen, sind die Gene zu größeren Baueinheiten, den Chromosomen zusammengefaßt. Diese sind in jedem Zellkern, jeder Körperzelle in *Paaren* vorhanden. In jedem Chromosom eines solchen Paares aber sind gleiche oder einander entsprechende Gene in annähernd gleicher Reihenfolge angeordnet. Vor der geschlechtlichen Fortpflanzung werden in der sogenannten Reduktions- oder Reifeteilung die Chromosomenpaare getrennt, so daß die befruchtungsreifen Fortpflanzungszellen nur einen halben Satz von Chromosomen besitzen, was man als den haploiden Zustand bezeichnet. Bei der Befruchtung finden sich die Chromosomen wieder zu Paaren zusammen, in denen je ein Partner vom mütterlichen und einer vom väterlichen Elternteil stammt. Hierdurch sowie durch besondere an den Chromosomen sich abspielende Vorgänge kann es zu Neukombinationen von Erbanlagen kommen. Die hier in äußerster Kürze und Vereinfachung skizzierten Vorgänge der Mutation und Neukombination von Erbanlagen haben zur Folge, daß das äußere Erscheinungsbild höherer Organismen, der sogenannte Phänotypus, nie völlig invariant ist.

Häufigkeit und Ausmaß dieser Veränderungen sind so bemessen, daß sie die Überlebensfähigkeit der Art nicht durch die Produktion lebensunfähiger Monstrositäten gefährden, aber sie wirken sich keineswegs immer zum Vorteil der betroffenen Individuen aus – im Gegenteil: Da alle diese kleinen und kleinsten Veränderungen, die durch Mutation und Neukombination von Erbanlagen verursacht werden, *völlig ungerichtet* vor sich gehen, haben sie in den allermeisten Fällen eine Verminderung der Aussichten zur Folge, die das betreffende Individuum auf Energiegewinn und Überleben hat. Nur in seltenen Ausnahmefällen – aber gerade auf sie kommt es hier an – setzt eine Mutation oder Neukombination von Erbanlagen einen Organismus in den Stand, seine Umwelt *besser* auszunützen, als seine Vorfahren es konnten. Dies aber bedeutet immer, daß das neue Wesen irgendeiner Gegebenheit seiner Umwelt »besser gerecht wird«, wodurch sich seine Aussichten auf Energiegewinn vermehren oder die Wahrscheinlichkeit des Energieverlustes vermindert wird. In gleichem Maße steigen die Überlebens- und Fortpflanzungsaussichten des begünstigten Organismus und sinken die seiner nicht in gleicher Weise neuausgestatteten Brüder, die durch die Konkurrenz zum Aussterben verurteilt sind. Den Vorgang dieser natürlichen Auslese nennt man *Selektion,* die durch ihn bewirkte Veränderung der Lebewesen *Anpassung.*

Durch seine Einsicht in das Wesen dieser beiden Vorgänge ist der Biologe zu der Bildung zweier Begriffe gezwungen, die dem Physiker wie dem Chemiker fremd sind. Der erste dieser beiden Begriffe ist derjenige der *arterhaltenden Zweckmäßigkeit* oder *Teleonomie.* Da durch die Selektion Strukturen »herausgezüchtet« werden, die eine bestimmte arterhaltende Funktion besonders gut erfüllen, sehen sie im Enderfolg so aus, als wären sie von einem weise voraussehenden und klug planenden Geist zu eben diesem Zwecke erschaffen. (Dieser Eindruck ist, wie in Parenthese vermerkt sei, gar nicht ganz abwegig: Auch der planende Menschengeist verdankt seine Fähigkeiten Vorgängen, die, wie wir noch in diesem Kapitel besprechen werden, den im Genom sich abspielenden wesensverwandt sind.)

Schlechterdings *alle* komplexen Strukturen sämtlicher Organismen sind unter dem Selektionsdruck bestimmter arterhaltender Leistungen entstanden. Wenn der Biologe auf eine Struktur stößt, deren Funktion er nicht kennt, ist es für ihn selbstverständliche Pflicht zu fragen, worin ihre Leistung bestehe. Wenn wir z.B. fragen: »Wozu hat die Katze spitze, krumme Krallen?« – und darauf antworten: »zum Mäusefangen«, so sind Frage und Antwort Kurzfassungen für das Stellen und die Lösung eines Problems. Colin Pittendrigh hat die Frage nach dem Arterhaltungswert die *teleonomische* genannt, in der Hoffnung, durch diese Wortneubildung die Teleonomie so weit von der Teleologie abzurücken, wie die Astronomie von der Astrologie geschieden ist.

Der zweite Begriff, den unsere Kenntnis des Anpassungsgeschehens uns anzuführen zwingt, ist der des *Wissens.* Schon im Worte »anpassen« steckt implizite die Annahme, daß durch diesen Vorgang eine Entsprechung zwischen dem Angepaßten und dem, woran es sich anpaßt, hergestellt wird. Dasjenige, was das lebende System auf diese Weise von der äußeren Realität erfährt, was es »aufgeprägt« oder »eingeprägt« bekommt, ist *Information über* die betreffenden Gegebenheiten der Außenwelt. Information heißt wörtlich Einprägung!

Wenn ich nun dieses Wort im Sinne der Umgangssprache gebrauche, könnte dies deshalb zu Mißverständnissen führen, weil die Informationstheoretiker mit ihm einen anderen, um sehr viel weiteren Begriff verbinden. Sie abstrahieren mit Absicht von der semantischen Ebene, d.h. von dem Bedeutungsgehalt der Information, und erst recht von der arterhaltenden Relevanz, die dieser Inhalt für den Organismus haben kann. Man kann daher in der Terminologie der Informationstheorie nicht, wie wir es in der Umgangssprache tun, von »Information über etwas« sprechen. Wenn ich im folgenden von der aller Anpassung zugrunde liegenden Information rede, so meine ich damit immer den in der Umgangssprache üblichen Begriff, eine Information also, die für ihren Empfänger oder Besitzer Sinn und Zweck hat. Für Erwerb und Besitz solcher Art von Information gibt es aber auch zwei gute deutsche Wörter: die heißen *Erkennen* und *Wissen*. Ich will im folgenden diese Ausdrücke nicht für solche kognitive Ausdrücke verwenden, die sich, wie z.B. der Informationserwerb des Genoms oder reflektorische Leistungen niederer Tiere, tief unter der Ebene des Bewußtseins abspielen, sondern in solchen Fällen von Information sprechen oder das Wort Wissen in Anführungszeichen setzen.

Dem an Informationstheorie interessierten Leser sei gesagt, daß man, wie B. Hassenstein gezeigt hat, den hier mit dem Wort Information gemeinten Begriff auch in der Terminologie der Informationstheoretiker definieren könnte. Man müßte dann etwa sagen, Anpassung sei ein Anwachsen der zwischen dem Organismus und seiner Umwelt bestehenden Transinformation. Dieses Anwachsen werde durch Prozesse innerhalb des Organismus bewirkt, ohne daß sich dabei die Umwelt merklich verändert. Man könnte dieses Geschehen als einen Spezialfall der Entstehung einer Korrespondenz im Sinne Meyer-Epplers* auffassen, die allerdings insofern asymmetrisch oder einseitig zu denken wäre, als sie ausschließlich durch Veränderungen in dem einen der beiden zur Korrespondenz gebrachten Systeme hervorgebracht wird. Wie man sieht, eignet sich die Ausdrucksweise der Informationstheorie nur wenig für die Beschreibung von Lebensvorgängen.

Der Wissensgewinn, den das Genom durch sein Probieren und Beibehalten des am besten Passenden erzielt, hat die schon in den ›Erkenntnistheoretischen Prolegomena‹ (S. 17) erwähnte Folge, daß *im* lebenden System eine *Abbildung* der realen Außenwelt entsteht. Donald MacKay hat für diese Art des »Wissens« den Terminus »abbildende Information« geprägt. Das so entstehende Bild einer Umweltgegebenheit ist sozusagen ein *Negativ* der Wirklichkeit, vergleichbar dem Gipsabguß einer Münze. Jakob von Uexküll sagt in seiner schönen bilderreichen Sprache, der Organismus stehe in einem »contrapunktlichen« Verhältnis zu

* Zitiert nach Norbert Bischof.

seiner Umwelt. Wie schon erwähnt, besteht ein solches Bildverhältnis zwischen Organismus und Wirklichkeit schon auf der Ebene des Körperbaus, der »Morphogenese«, man denke an die Sonnenhaftigkeit des Auges oder an die Wellenbewegung der Fischflosse (S. 17). Strukturen dieser Art, die ihre wundervolle Zweckmäßigkeit ihrem Gehalt an anpassender Information verdanken, dienen aufs beste dem Energiehaushalt des betreffenden Organismus und ermöglichen es ihm, auch schwer erschließbare Energiequellen auszunutzen.

Die Methode des Genoms, das pausenlos seine Experimente anstellt (S. 37), deren Ergebnisse mit der Wirklichkeit konfrontiert und das Passende beibehält, unterscheidet sich nur in einem Punkte – und nicht einmal in einem sehr wesentlichen – von derjenigen, die vom Menschen in seinem wissenschaftlichen Erkenntnisstreben angewandt wird: Das Genom lernt nur aus seinen Erfolgen, der forschende Mensch aber auch aus seinen Irrtümern! Auch der nach Erkenntnis strebende Mensch geht so vor, daß er eine in seinem Inneren vorgefundene Vorstellung, eine in seinem Denken entstandene Hypothese mit der Außenwelt konfrontiert und »nachschaut, ob sie paßt«.

Donald T. Campbell hat in seiner Abhandlung ›Pattern Matching as Essential in Distal Knowing‹ überzeugend dargetan, wie der Großteil aller Erkenntnis, vom einfachen Wiedererkennen eines Gegenstandes bis zur Verifikation einer wissenschaftlichen Hypothese, durch eben diesen Vorgang zustande kommt. Der Ausdruck »pattern matching« ist eine harte Nuß für den Übersetzer. Es ist in Psychologie und Verhaltenslehre üblich geworden, »pattern« mit Muster zu übersetzen, man spricht von Bewegungs- und Verhaltensmustern, was meinem Sprachgefühl zuwider läuft, denn die mit dem englischen und dem deutschen Wort verbundenen Begriffsinhalte decken sich keineswegs vollkommen. »Pattern« heißt, neben der Bedeutung von Muster, auch Anordnung, Konfiguration, niemals aber Muster im Sinne von Beispiel, wie etwa im Worte Musterkollektion. Muster in diesem Sinne heißt auf englisch »sample«. Ähnlich schwer ist das Verbum »matching« zu übersetzen. Es bedeutet ein vergleichendes, ja abmessendes Gegenüberstellen mit der deutlichen Nebenbedeutung, daß dieser Vergleich dem Feststellen und Herausheben von Unterschieden dient, wie dies bei jedem Wettbewerb, beim »Match« zweier Fußballmannschaften oder zweier Boxer der Fall ist. Der Ausdruck »pattern matching« ist eine völlig ungekünstelte, der Umgangssprache entnommene und vollkommen zutreffende Bezeichnung für den in Rede stehenden Erkenntnisvorgang, wenn auch leider unübersetzbar.

Nur eine Anordnung, eine »Konfiguration«, die aus mehreren Sinnesdaten und den zwischen ihnen bestehenden Wechselbeziehungen gebildet ist, kann dem in Rede stehenden Vorgang des »pattern matching« dienen. Eine einzelne punktförmige Sinnesmeldung kann dies deshalb nicht, weil sie immer vieldeutig ist. Einen einzelnen Stern, der durch eine kleine Lücke in der Wolkendecke scheint, vermag man nicht zu benennen; erst wenn ein Stück klaren blauen Himmels größer wird und man auf ihm mehrere Sterne in ihrer räumlichen Beziehung zueinander sieht, ist man in der Lage, dieses Muster mit einem bestimmten Teil der bekannten Sternenkarte zur Deckung zu bringen, mit ihm zu identifizieren. Nun kann man auch jenen zuerst gesehenen Stern benennen, wofern es ein Fixstern ist. Sollte es ein Planet sein, so bedarf man einer ganzen Menge weiteren Wissens über ein »Sternenmuster« höherer, zeitlicher Ordnung, um aus der »Konstellation« auf seine Identität schließen zu können.

In seiner Abhandlung ›Essay on Evolutionary Epistemology‹ sagt Donald T. Campbell »... das Beispiel des durch Selektion bewirkten Wissenszuwachses kann auf andere Erkenntnisleistungen, wie Lernen, Denken und Wissenschaft, verallgemeinert werden.« (»... the natural selection paradigm of such knowledge increments can be generalized to other epistemic activities, such as learning, thought and science.«) Ich stimme dieser Aussage nicht nur zu, sondern betrachte es als eine der Hauptaufgaben dieses Buches, den von Campbell vorgeschlagenen verallgemeinernden Vergleich zwischen den verschiedenen Mechanismen zu ziehen, mittels deren verschiedene lebende Systeme die für sie relevante Information erwerben und speichern. Das allermeiste von dem, was die Naturwissenschaft über die Außenwelt zutage gefördert hat, ist, wie Campbell mit Recht behauptet, durch »pattern matching« gewonnen worden. Da nun die kognitiven Vorgänge auf höchster Ebene ebenso wie die auf der denkbar tiefsten und ältesten auf dem gleichen Prinzip beruhen, könnte man meinen, es gäbe keine andere Art des Wissensgewinns.

In diesem, wie wir sehen werden, falschen Glauben könnte man noch dadurch bestärkt werden, daß dem ältesten und einfachsten wie dem jüngsten und komplexesten Apparat des Wissensgewinns noch eine weitere, wichtige Funktionseigenschaft gemeinsam ist: Sowohl der Apparat, mit dem das Genom Wissen gewinnt, als auch der, mit dem der forschende Mensch gleiches tut, *verändert* sich mit jedem Erwerb neuen Wissens. Keiner von beiden ist, nachdem er neue Information in sich aufgenommen hat, derselbe, der er vor diesem Zuwachs gewesen war. Bei beiden verbessert jeder Neuerwerb von Wissen die Chancen des Energie-Erwerbs und damit auch die Wahrscheinlichkeit weiteren Wissensgewinns.

3 Der Erwerb nicht zu speichernder Augenblicksinformation

Es gibt aber auch Leistungen des Wissensgewinns, die gänzlich anderer Art sind. So wie die Anpassung körperliche Strukturen schuf, die dem Erwerb und der Verwertung von Energie dienen, hat sie auch solche hervorgebracht, deren Funktion im Gewinnen und Auswerten von Information, von Wissen besteht, und zwar von Wissen über *augenblicklich* in der Welt des Organismus obwaltende Umstände, denen *sofort* Rechnung getragen werden muß.

Verhalten, das auf der Funktion dieser Apparate beruht, ist dadurch gekennzeichnet, daß eine bestimmte Umweltsituation in sinnvoller Weise beantwortet wird, obwohl sie weder der Art in ihrer Stammesgeschichte noch dem Einzelwesen in seinem individuellen Leben jemals in ihrer speziellen gegenwärtigen Form entgegengetreten ist. Diese Definition ist bedeutsamerweise auch für das sogenannte *einsichtige* Verhalten verwendbar. Sie gilt für die einfachsten Taxien oder Orientierungsreaktionen wie für jene hochdifferenzierten Leistungen der Sinnesorgane und des Nervensystems, die bei uns Menschen den »apriorischen« Formen der Anschauung und des Denkens zugrunde liegen.

Das subjektive Phänomen der Einsicht, das Karl Bühler als das »Aha-Erlebnis« bezeichnet hat, tritt in gleicher Weise auf, ob wir komplexeste Zusammenhänge durchschaut haben oder ob durch die Leistung einfachster Orientierungsreaktionen der Zustand der Unorientiertheit dem des Orientiertseins weicht, wie z.B. wenn uns der Statolithenapparat des Innenohres die schlichte Mitteilung macht, daß »oben« jetzt in einer anderen Richtung liege, als wir eben noch vermeinten. Wie intensiv das Erlebnis solcher Einsicht sein kann, erfuhr ich einst, als ein Freund mich nachts, während ich fest schlief, von Bord eines Motorbootes in die Donau rollte, in deren trübes Wasser schon in geringer Tiefe kein Lichtschein mehr dringt, der Anhaltspunkte für oben oder unten geben könnte. Ich kann versichern, daß es ein wahrhaft erlösendes Erlebnis echter Einsicht mit intensivstem »Aha-Erlebnis« war, als nach einigen angstvollen Augenblicken des Unorientiertseins die Statolithen ihre Pflicht taten.

Die hier in Rede stehenden Vorgänge des kurzfristigen Informationsgewinns *sind nicht Vorgänge der Anpassung in dem auf S. 37 definierten Sinn,* sie sind vielmehr die Funktion von körperlichen, nervlichen und sensorischen Strukturen, *die bereits fertig angepaßt sind.* Diese können durch individuelle Modifikation ebensowenig, ja noch weniger verändert werden als solche Strukturen, die nicht dem Informations-, sondern dem Energiegewinn dienen. Auch der wiederholte Ablauf der Leistungen des kurzfristigen Informationsgewinns darf in dem physiologischen Apparat, der sie vollbringt, keinerlei Spuren hinterlassen, denn ihre wesentliche Leistung, den Organismus über rasch wechselnde Umstände seiner Umgebung auf dem laufenden zu halten, kann nur dann erfüllt werden, wenn sie stets fähig bleiben, die eben erstattete Meldung zu widerrufen und durch eine andere, oft durch die entgegengesetzte, zu ersetzen.

Dazu kommt eine weitere, noch wichtigere Erwägung: Die gegen alle Veränderungen gefeiten Organisationen, die uns aufgrund *gegenwärtiger* Sinnesmeldungen unmittelbare »Einsichten« in die uns umgebende Welt eröffnen, *sind die Grundlage aller Erfahrung!* Ihre Funktion ist vor aller Erfahrung da und muß da sein, damit Erfahrung überhaupt möglich werde. Sie entsprechen in dieser Hinsicht vollkommen der Definition, die Immanuel Kant vom »Apriorischen« gegeben hat.

Die Leistung einer fest angepaßten Struktur muß, wie noch in verschiedenen Zusammenhängen besprochen werden wird, stets durch den *Verlust an Freiheitsgraden* erkauft werden. Die hier in Rede stehenden Mechanismen der kurzfristigen Erkenntnisleistungen machen von dieser Regel keine Ausnahme. Durch die ganz speziellen Anpassungen der zugrunde liegenden Strukturen an das Gewinnen einer ganz bestimmten Art von Information sind die meisten von ihnen an ein recht starres und enges Programm gebunden. Ihr eingebauter Verrechnungsapparat enthält notwendigerweise »Hypothesen«, an denen er in geradezu doktrinärer Weise festhält. Treten Umstände ein, die von dem Anpassungsvorgang, der sie erzeugte, nicht »vorgesehen« sind, so können sie Fehlmeldungen erstatten, an denen sie dann in unbelehrbarer Weise festhalten. Die verschiedenen Sinnestäuschungen liefern reichlich Beispiele hiefür.

Der »doktrinäre« Niederschlag vollzogener Anpassungsvorgänge zwingt all unserem Erkennen Hypothesen auf, oder besser gesagt, er unterschiebt ihm, ohne daß wir es merken, Hypothesen. Wir können nichts erfahren, nichts anschauen und nichts denken, ohne dies aufgrund von Voraussetzungen, von Unterstellungen zu tun, in denen solche angeborene Hypothesen stekken: Sie sind in unseren »Weltbildapparat« eingebaut! Auch wenn wir noch so sehr danach trachten, in freier Tat neue Hypothesen zu erfinden, können wir nicht verhindern, daß in ihnen diese uralten durch Mutation und Neukombination von Genen entstandenen und durch äonenlanges »pattern matching« erprobten Hypothesen des Apriorischen stecken, die nie ganz dumm, aber immer starr und nie restlos zutreffend sind.

4 *Die doppelte Rückkoppelung von Energie- und Informationsgewinn*

Das Gewinnen und Speichern von arterhaltender relevanter Information ist eine für alles Lebendige ebenso konstitutive Leistung wie das Gewinnen und Speichern von Energie. Beide sind gleich alt, denn beide müssen mit der Entstehung von Leben gleichzeitig in die Welt gekommen sein. Otto Rössler war meines Wissens der erste Biologe, der klar gesehen und ausgesprochen hat, daß nicht nur die Vorgänge des Energiegewinnes in sich selbst einen Kreis positiver Rückkoppelung bilden (s. S. 35 ff.), sondern daß sie auch mit den Prozessen des Informationsgewinnes in einem Verhältnis positiver Rückwirkung stehen.

Wenn durch eine Mutation oder durch eine Neukombination von Erbanlagen die Wahrscheinlichkeit des Energiegewinnes so wesentlich vergrößert wird, daß Selektion zugunsten des mit dieser Verbesserung begabten Wesens wirksam wird, vergrößert sich auch die Zahl seiner Nachkommen. Mit dieser aber steigt auch die Wahrscheinlichkeit, daß es diese Nachkommenschaft ist, von welcher der nächste große Haupttreffer in der Lotterie der Erbänderungen gezogen wird.

Dieser Doppelkreis der positiven Rückwirkung von Vorgängen des Energie- und des Informationsgewinnes ist kennzeichnend für alles, was da lebt, einschließlich der Viren, die, wie Weidel so schön gesagt hat, nur ein erborgtes Leben besitzen. Es ist ein unbestreitbar richtiger und dabei doch ein irreführender Satz, zu sagen, daß die Lebewesen ungerichteten, rein zufallsbedingten Veränderungen unterliegen und daß die Evolution nur durch Ausmerzung des Ungeeigneten zustande komme.

Man kommt der Wirklichkeit des großen Werdens in der organischen Natur weit näher, wenn man sagt: Das Leben betreibt höchst aktiv ein Unternehmen, das gleichzeitig auf den Gewinn eines »Kapitals« von Energie und auf den eines Schatzes von Wissen abzielt, wobei jeweils der Besitz des einen den Erwerb des anderen fördert. Die ungeheure Wirksamkeit dieser beiden in einer multiplikativen Wechselwirkung zusammengeschalteten Funktionskreise ist die Voraussetzung, ja die Erklärung dafür, daß das Leben überhaupt imstande ist, sich gegen die Übermacht der mitleidlosen anorganischen Welt zu behaupten, und ebenso dafür, daß es unter Umständen dazu neigt, zu »wuchern«. Das Verfahren, nach dem ein großes modernes Industrieunternehmen, etwa ein großer chemischer Konzern, sinnvollerweise einen nicht unerheblichen Anteil seines Reingewinns in seine Laboratorien investiert, um durch neue Entdeckungen neue Gewinnmöglichkeiten zu erschließen, ist nicht etwa nur ein anschauliches Modell, sondern ganz einfach ein spezieller Fall des Geschehens, das sich in allen lebenden Systemen abspielt.

Ich halte es für eine wichtige Erkenntnis Otto Rösslers, daß die Organismenwelt in ihrem stammesgeschichtlichen Werden nicht vom »reinen« oder »blinden« Zufall abhängig ist, sondern daß sie die günstige Gelegenheit, die sich zufällig anbietet, sofort beim Schopfe greift und durch ihre ökonomische Ausnutzung das Eintreten weiterer glücklicher Zufälle möglich macht. Diese Einsicht bringt uns der Lösung zweier großer Rätsel näher.

Das erste dieser Probleme ist die *Geschwindigkeit* der Evolution. Wenn diese auf die rein zufällige Ausmerzung des Ungeeigneten angewiesen wäre und wenn es die Rückspeisungsvorgänge von Kapital- und Informationsgewinn nicht gäbe, so würde die Zeit von wenigen Milliarden Jahren, die von den Physikern aus den Zerfallszeiten radioaktiver Substanzen als das Alter unserer Planeten errechnet wurden, sicherlich nicht ausreichen für die Entstehung des Menschen aus einfachsten Organismen.

Das zweite Problem ist das der *Richtung* der Evolution. Wie schon gesagt, ist das Leben gleichzeitig Informationserwerb, d.h. ein kognitiver Vorgang, *und* ein ökonomisches, man ist versucht zu sagen, ein kommerzielles Unternehmen. Vermehrtes Wissen über die umgebende Welt bringt ökonomische Vorteile, die ihrerseits jenen Selektionsdruck ausüben, unter dem sich die Information gewinnenden und speichernden Mechanismen höher entwickeln.

Naturforscher, bei denen der Wissenserwerb zum Selbstzweck geworden ist, wie auch Geisteswissenschaftler und ethisch empfindende Kulturmenschen überhaupt können gar nicht umhin, von den beiden großen Gütern des Lebens, dem Kapital potentieller Energie und dem Schatz des Wissens, das letztgenannte unvergleichlich viel höher zu werten als das erste. Dieser Wert kann sicherlich nicht durch die Einsicht in die ökonomische Natur des Selektionsdruckes geschmälert werden, der ihn hervorgebracht hat. Der Selektionsdruck, der nach Vermehrung aller arterhaltenden relevanten Information drängt, ist so allgegenwärtig, daß er sehr wohl hinreichen könnte, um die allgemeine Richtung des Evolutionsgeschehens von »niedrigeren« zu »höheren« Zuständen hin zu erklären. Ich will keineswegs behaupten, daß das Mitspielen anderer und unerkannter Faktoren auszuschließen sei, doch besteht bei unserem derzeitigen Wissen durchaus kein Zwang, außernatürliche Faktoren, wie etwa die »Demiurgische Intelligenz« J. G. Bennets, zu postulieren, um die allgemeine Richtung der Evolution zu erklären. Wenn wir die Attribute »niedriger« und »höher« in erstaunlich gleichem Sinne auf Lebewesen wie auf Kulturen anwenden, so bezieht sich diese berechtigte Wertung unmittelbar auf den Gehalt an unbewußtem oder bewußtem Wissen, der diesen lebenden Systemen eignet, gleichgültig, ob er durch Selektion, Lernen oder explorative Forschung erworben wurde und ob er im Genom, im Gedächtnis des Einzelwesens oder in der Tradition einer Kultur aufbewahrt ist.

II. Kapitel
Die Entstehung neuer Systemeigenschaften

1 Die Unzulänglichkeit des Vokabulars

Wenn man versucht, den Vorgang des großen organischen Werdens zu schildern und dabei dessen Natur gerecht zu werden, so findet man sich immer wieder dadurch behindert, daß der Wortschatz der Kultursprache zu einer Zeit entstand, in der die Ontogenese, d.h. das individuelle Werden der Lebewesen, die einzige Art von Entwicklung war, die man kannte. Die Wörter Entwicklung, Development, Evolution usw. besagen ja etymologisch alle, daß sich etwas entfaltet, das schon vorher in eingewickeltem oder zusammengefaltetem Zustande vorhanden gewesen war, wie die Blume in der Knospe oder das Hühnchen im Ei. Auf diese ontogenetischen Vorgänge treffen die genannten Ausdrücke in befriedigender Weise zu. Sie versagen aber geradezu kläglich, wenn man versucht, dem Wesen des organischen Schöpfungsvorganges gerecht zu werden, das eben darin besteht, daß immer wieder etwas völlig Neues in Existenz tritt, etwas das *vorher einfach nicht da war*. Selbst das schöne deutsche Wort Schöpfung[4] besagt etymologisch, daß etwas bereits Vorhandenes aus einem ebenfalls vorhandenen Reservoir herausgeschöpft werde. Einige Philosophen der Evolution, die der Unzulänglichkeit all dieser Wörter innegeworden waren, griffen nach dem noch schlimmeren Wort Emergenz, das sprachlogisch die Vorstellung erweckt, etwas Präformiertes tauche plötzlich auf, wie ein luftholender Wal an der Oberfläche des Meeres, das eben noch, bei buchstäblich oberflächlicher Betrachtung, leer zu sein schien.

2 Die Fulguration

Theistische Philosophen und Mystiker des Mittelalters haben für den Akt einer Neuschöpfung den Ausdruck »Fulguratio«, Blitzstrahl, geprägt. Sie wollten damit zweifellos die unmittelbare Einwirkung von oben, von Gott her, zum Ausdruck bringen.

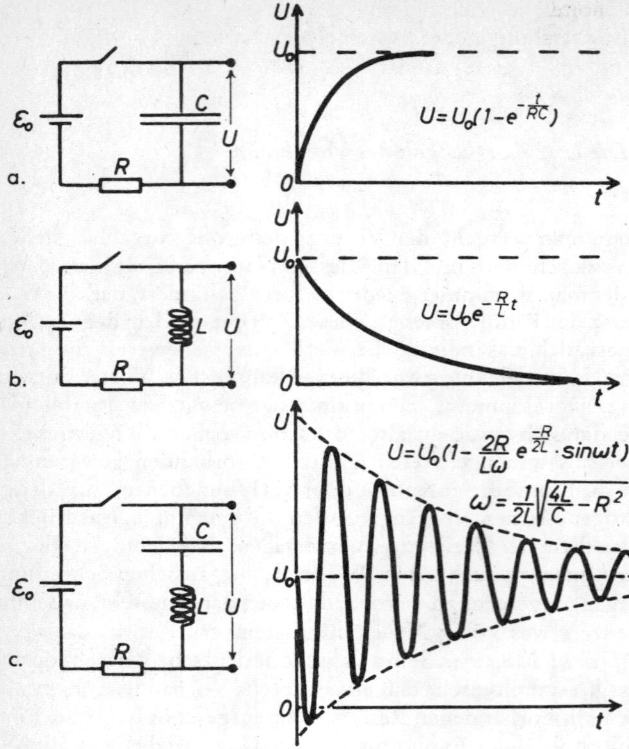

Abb. I Drei Stromkreise, darunter (c) ein Schwingungskreis, zur Veranschaulichung des Begriffs »Systemeigenschaft«. Die Pole einer Batterie mit der elektromotorischen Kraft E_o bzw. der Klemmenspannung U_o sind durch eine Leitung verbunden. Der Ohmsche Widerstand des Kreises ist in R zusammengefaßt. In den Stromkreis ist bei a ein Kondensator mit der Kapazität C, bei b eine Spule mit der Induktivität L und bei c sowohl der Kondensator wie die Spule eingeschaltet. An zwei Klemmen kann die Spannung U gemessen werden. Die Diagramme auf der rechten Seite zeigen die Änderungen der Spannung nach Schließen des Schalters zur Zeit null. Bei a lädt sich der Kondensator über den Widerstand allmählich auf, bis er die Spannung U_o erreicht hat. Bei b nimmt der Stromfluß – zunächst durch Selbstinduktion gehemmt – so lange zu, bis die durch das Ohmsche Gesetz gegebene Stromstärke erreicht ist; die Spannung U ist dann theoretisch null, weil der Gesamtwiderstand des

Durch einen etymologischen Zufall, wenn nicht aufgrund tieferer unvermuteter Zusammenhänge, trifft dieser Terminus den Vorgang des In-Existenz-Tretens von etwas vorher nicht Dagewesenem viel besser als alle die vorerwähnten Ausdrücke. Der Donnerkeil des Zeus ist für uns Naturforscher ein elektrischer Funke wie jeder andere, und wenn wir an einer unerwarteten Stelle eines Systems einen Funken aufblitzen sehen, so ist das erste, woran wir denken, ein Kurzschluß, eine neue Verbindung.

Wenn z.B. zwei voneinander unabhängige Systeme zusammengeschaltet werden, wie das nebenstehend abgebildete, dem Buche von Bernhard Hassenstein entnommene einfache elektrische Modell dies veranschaulicht, so entstehen damit schlagartig *völlig neue Systemeigenschaften,* die vorher nicht, und zwar *auch nicht in Andeutungen,* vorhanden gewesen waren. Genau dies ist der tiefe Wahrheitsgehalt des mystisch klingenden, aber durchaus richtigen Satzes der Gestaltpsychologen: »Das Ganze ist mehr als seine Teile.«

Ein besonderer Fall der Entstehung neuer Systemeigenschaften (von der wir noch viele weitere Beispiele kennenlernen werden) ist der folgende: In einer Reihe von Untersystemen, die in einer linearen Kette von Verursachungen aneinander geknüpft sind, in der also das erste nur verursachend, das letzte nur als Wirkung fungiert, kann eben dieses letzte durch Entstehung einer neuen ursächlichen Verbindung Einfluß auf das erste gewinnen, so daß die Ursachenkette sich zum Kreise schließt. Beispiele solcher Wirkungskreise, und zwar solcher mit positiver Rückwirkung, haben wir schon bei der Besprechung des Erwerbs von Energie und von Information kennengelernt. Von mindestens ebenso großer Bedeutung ist der Kreisprozeß mit negativer Rückkoppelung, den ich aber, da er bereits zu den Information erwerbenden Mechanismen zählt, erst in dem betreffenden Abschnitt näher besprechen will. Hier genüge folgendes: Wenn in einem Kreise von Verursachungen an irgendei-

Kreises in R zusammengefaßt wurde. In c entstehen abklingende Schwingungen. Man erkennt anschaulich, daß sich das Verhalten von c nicht durch summative Überlagerung der Vorgänge a und b ergibt, obwohl das System c durch Zusammensetzung aus a und b entstanden gedacht werden kann. – Das Schema gilt z. B. für folgende Zahlenwerte: $C = 0{,}7 \cdot 10^{-9}$ *F;* $L = 2 \cdot 10^{-3}$ *Hy;* $R = 10^{3}\ \Omega$*;* $\lambda \approx 1{,}2 \cdot 10^{-6}$*. Dieser letzte Wert definiert auch die für alle drei Kurven übereinstimmende Zeitachse. – Berechnung E. U. v. Weizsäcker.*

ner Stelle ein »negatives Vorzeichen« eingebaut ist, wenn also die Wirkung eines Vorgangs in der Kette um so mehr gemindert wird, je stärker die Wirkung des ihm vorangehenden Vorganges wird, so hat dies den Effekt einer Regelung. Je höher z.B. die Flüssigkeit im Reservoir eines Vergasers oder einer Toilettenspülungsanlage steigt, desto mehr hebt sie den Schwimmer und drosselt dadurch die weitere Flüssigkeitszufuhr. Die Folge des Vorganges ist *Konstanz* des Flüssigkeitsspiegels.

Kybernetik und Systemtheorie haben die plötzliche Entstehung neuer Systemeigenschaften und neuer Funktionen von dem Odium befreit, Wunder zu sein. Es ist durchaus nichts Übernatürliches, wenn eine lineare Ursachenkette sich zu einem Kreise schließt und wenn damit ein System in Existenz tritt, das sich in seinen Funktionseigenschaften keineswegs nur graduell, sondern grundsätzlich von denen aller vorherigen unterscheidet. Eine »Fulguratio« dieser Art kann im wahrsten Sinne des Wortes epochemachend wirken, wenn sie in der Stammesgeschichte als historisch einmaliges Ereignis auftritt.

3 Einheit aus Vielheit von Verschiedenem

Viele Denker, Philosophen wie Naturforscher, haben erkannt, daß der Fortschritt im organischen Werden fast immer dadurch erzielt wird, daß eine Anzahl von einander verschiedener und bis dahin unabhängig von einander funktionierender Systeme zu einer Einheit höherer Ordnung integriert wird und daß, im Verlaufe dieser Integration, Veränderungen an ihnen auftreten, die sie zur Mitarbeit in dem neu entstehenden übergeordneten System-Ganzen geeigneter machen. Goethe definierte bekanntlich Entwicklung als Differenzierung und Subordination der Teile. Ludwig von Bertalanffy hat in seiner theoretischen Biologie diesen Vorgang mit großer Exaktheit dargestellt und viele Beispiele gebracht. W. H. Thorpe hat in seinem Buch ›Science, Man and Morals‹ sehr überzeugend dargetan, daß die Entstehung einer Ganzheit aus einer Vielheit von verschiedenen Teilen, die dabei einander noch unähnlicher werden, das wichtigste schöpferische Prinzip in der Evolution ist: »Unity out of diversity«. Teilhard de Chardin schließlich hat dasselbe in die kürzeste und poetisch schönste Form gebracht: »Créer, c'est unir.« Schon bei der ersten Entstehung von Leben muß dieses Prinzip am Werke gewesen sein.

Die schöpferische Vereinigung von Verschiedenem zur funktionellen Ganzheit bedeutet an und für sich eine Komplikation des lebenden Systems. Im Laufe der weiteren Evolution vereinfacht sich aber oft das neue System dadurch, daß jedes der in ihm vereinigten Untersysteme sich »spezialisiert«, d.h. sich auf die eine Leistung beschränkt, die ihm im Namen der neuen Arbeitsteilung zugewiesen ist, während es andere Funktionen, die es zur Zeit seiner Selbständigkeit ebenfalls erfüllen mußte, anderen Gliedern der Ganzheit überläßt. Selbst die Ganglienzellen unseres Gehirns, die im Vereine die höchsten geistigen Leistungen vollbringen, sind, jede für sich genommen, einer Amöbe oder einem Pantoffeltierchen weit unterlegen, und zwar ebensosehr, was die Einzelleistung der Zelle anbelangt, als auch, was die relevante Information betrifft, die dieser Leistung zugrunde liegt. Eine Amöbe oder ein Paramaecium verfügt über eine ganze Reihe von sinnvollen Antworten auf Außenreize und »weiß« eine ganze Anzahl wichtiger Dinge über die Umwelt. Die Ganglienzelle aber »weiß« nur, wann sie feuern soll, und selbst dies kann sie nicht stärker oder schwächer tun, sondern nur entweder ganz oder gar nicht, dem »Alles-oder-nichts-Gesetz« gehorchend. Diese »Verdummung« des in eine höhere Ganzheit eingebauten Gliedes hat natürlich ihren guten Sinn: Sie ist unerläßlich für die Funktion der Ganzheit, weil sie der Unzweideutigkeit der Nachrichtenübermittlung dient. Die »Meldung«, die von der Zelle weitergegeben wird, darf nicht in Abhängigkeit von deren zufälligem, augenblicklichem Zustand stärker oder schwächer ausfallen, ähnlich wie es nicht dem Ermessen des wohldisziplinierten Soldaten anheimgestellt ist, ob er einen Befehl mit größerer oder geringerer Energie ausführt.

Diese Vereinfachung des ursprünglich unabhängigen Untersystems im Zuge seiner Integration in ein übergeordnetes Ganzes ist eine Erscheinung, die auf jeder Stufe der Evolution zu finden ist. Auf der Ebene der psycho-sozialen Entwicklung des Menschen und seiner Kultur stellt sie uns vor schwere Probleme. Die unvermeidliche Entwicklung kultureller Arbeitsteilung führt in allen menschlichen Berufen, am schlimmsten in der Wissenschaft, unaufhaltsam zu fortschreitender Spezialisierung. Am Ende dieses Prozesses weiß der Spezialist, wie es in dem alten Witz so schön heißt, mehr und mehr über weniger und weniger, und schließlich weiß er alles über ein Nichts. Es besteht die ernste

Gefahr, daß der Spezialist, dem die Konkurrenz mit Berufsgenossen ein immer umfangreicheres und immer spezielleres Wissen aufzwingt, weniger und weniger über andere Wissenszweige orientiert ist, bis er zuletzt jegliches Urteil darüber verliert, welcher Rang und welche Rolle seinem eigenen Gebiet im Rahmen des größeren Bezugssystems des über-individuellen, kultureigenen Gesamtwissens der Menschheit zufallen. In einem weiteren Band werde ich auf die Probleme des Spezialistentums zurückkommen müssen.

Eine andere Art der Vereinfachung eines höher organisierten Systems ist das, was wir im menschlichen Gesellschaftsleben als »bessere Organisation« zu bezeichnen pflegen. So wie jede vom Menschen konstruierte Maschine in ihren ersten, versuchsweise hergestellten Exemplaren komplizierter gebaut ist, als sie es in ihrer endgültigen Ausführung sein wird, so ist dies auch bei lebenden Systemen häufig der Fall. Wechselwirkungen, insbesondere der Austausch von Information zwischen Untersystemen, werden vereinfacht oder in direktere Bahnen gelenkt, unnötige historische Reste werden abgebaut, »rudimentiert«, wie der Biologe zu sagen pflegt. Besonders typisch ist die Vereinfachung durch »bessere Organisation« in den überindividuellen, kulturbedingten Gemeinschaften des Menschen.

4 *Die einseitige Beziehung zwischen den Ebenen der Integration*

Die im Vorangehenden besprochene Art und Weise, in der bereits vorhandene Untersysteme zu einer Funktionsganzheit integriert werden, hat eine ganz eigenartige, gewissermaßen *einseitige* Beziehung zur Folge, die in gleicher Weise sowohl *innerhalb* des Organismus zwischen seiner Ganzheit und deren Untersystemen, besteht als auch zwischen höheren Lebewesen und ihren bereits ausgestorbenen primitiveren Vorfahren. Dasselbe Verhältnis besteht grundsätzlich auch zwischen allem Lebendigem und der anorganischen Materie, aus der es sich aufbaut. Man kann diese Beziehung ontologisch ausdrücken, indem man sagt: das Ganze *ist* seine Teile, es fährt auch dann fort, diese zu sein, wenn es im Laufe der Stammesgeschichte durch eine ganze Reihe zeitlich aufeinander folgender »Fulgurationen« *zusätzlich* um eine entsprechende Anzahl neuer Systemeigenschaften bereichert worden ist. Die Untersysteme selbst gewinnen bei diesem Vorgang keine neuen und höheren Systemeigenschaften, ja, sie können solche im Zuge der schon besprochenen Vereinfachungen auch verlieren. Keine der Gesetzlichkeiten, die in den Untersystemen obwalten, erfährt in der Ganzheit eine Durchbrechung, am allerwenigsten aber diejenigen, von denen die anorganische Materie beherrscht wird, aus der die Bausteine alles Lebendigen bestehen.

So besitzt – und darin besteht die hier in Rede stehende Einseitigkeit der Beziehung – das Systemganze alle Eigenschaften aller seiner Glieder, vor allem auch alle Schwächen, die den einzelnen Gliedern anhaften, denn bekanntlich ist keine Kette stärker als ihr schwächstes Glied. Umgekehrt aber besitzt keines der vielen Untersysteme die Eigenschaften der Ganzheit. In sehr ähnlicher Weise besitzt jeder höhere Organismus den größten Teil der Eigenschaften seiner Vorfahren, während umgekehrt auch die beste Kenntnis der Eigenschaften eines Lebewesens es uns nicht gestattet, die seiner höher evoluierten Nachfahren vorauszusagen. Dies besagt keineswegs, daß die höheren Systeme einer Analyse und natürlichen Erklärung nicht zugänglich seien. Nur darf der Forscher bei seinen analytischen Bestrebungen nie vergessen, daß die Eigenschaften und Gesetzlichkeiten des ganzen Systems, so wie diejenigen jedes seiner Untersysteme, jeweils aus den Eigenschaften und Gesetzlichkeiten jener Untersysteme erklärt werden müssen, die auf der *nächst* niedrigeren Integrationsebene liegen. Auch dies ist nur möglich, wenn man *die Struktur kennt,* in der sich die Untersysteme dieser Ebene zur höheren Einheit zusammenfügen. Unter Voraussetzungen einer restlosen Kenntnis dieser Struktur kann prinzipiell jedes lebende System, auch das höchststehende, in allen seinen Leistungen auf natürliche Weise, d. h. ohne Heranziehung außernatürlicher Faktoren, erklärt werden.

5 *Der nicht rationalisierbare Rest*

Diese Behauptung der prinzipiellen Erklärbarkeit des Lebewesens gilt indessen nur dann, wenn wir die *gegenwärtigen* Strukturen seines Körpers als gegeben hinnehmen, m. a. W. wenn wir so tun, als interessiere uns ihr *historisches Gewordensein* nicht. In dem Augenblick nämlich, in dem wir uns die Frage vorlegen, warum ein bestimmter Organismus gerade so und nicht anders strukturiert sei, müssen wir die wichtigsten Antworten in der Vorgeschichte der betreffenden Art suchen. Die Frage, warum wir unsere Ohren gerade an dieser Stelle seitlich am Kopf haben, erhält als eine legitime *kausale* Antwort: weil wir von wasseratmenden Vorfahren abstammen, die an dieser Stelle eine Kiemenspalte, das sog. Spritzloch hatten, das beim Übergang zum Landleben als luftführender Kanal beibehalten und unter Funktionswechsel dem Gehörsinn dienstbar gemacht wurde.

Die Zahl der rein geschichtlichen Ursachen, die man kennen müßte, um das So-und-nicht-anders-Sein eines Organismus restlos zu erklären, ist, wenn auch nicht unendlich, so doch groß genug, um es dem Menschen grundsätzlich unmöglich zu machen, sämtliche Ursachenketten zu verfolgen, selbst wenn sie ein Ende hätten. Es verbleibt also immer ein, wie Max Hartmann sagt, *irrationaler* oder nicht rationalisierbarer *Rest.* Daß die Evolution in der alten Welt Eichbäume und Menschen, in Australien aber Eukalyptusbäume und Känguruhs produziert hat, ist von eben diesen nicht mehr auffindbaren Verursachungen bedingt worden, die wir gemeinhin mit dem resignierenden Terminus »Zufall« zu bezeichnen pflegen.

Obwohl wir, wie immer wieder betont werden muß, als Naturforscher nicht an Wunder, das heißt an Durchbrechungen der allgegenwärtigen Naturgesetze glauben, sind wir uns doch völlig darüber im klaren, daß es uns nie gelingen kann, die Entstehung des höheren lebendigen Wesens aus seinen niedrigeren Vorfahren restlos zu erklären. Das höhere Lebewesen ist, wie vor allem Michael Polanyi betont hat, nicht auf seine einfacheren Vorfahren »reduzierbar«, und noch weniger kann das lebende System auf anorganische Materie und die in ihr sich abspielenden Vorgänge »reduziert« werden. Dasselbe gilt aber ganz ebenso für die vom Menschen gemachten Maschinen, die eben deshalb eine gute Illustration für das Wesen der hier gemeinten Nicht-Reduzierbarkeit abgeben. Zieht man nur ihr gegenwärtiges, physikalisches Wirkungsgefüge in Betracht, so sind sie restlos analysierbar, bis zum idealen Beweis gelungener Analyse, bis zur vollen Durchführbarkeit der Synthese, nämlich der praktischen Herstellbarkeit. Faßt man aber ihr historisches, teleonomisches Gewordensein als Organe von Homo sapiens ins Auge, so stößt man beim Versuch, ihr So-und-nicht-anders-Sein zu erklären, ganz ebenso auf den nicht rationalisierbaren Rest wie bei lebenden Systemen.

Man darf annehmen, daß es Polanyi fernliegt, vitalistische Faktoren zu postulieren, um aber ein solches Mißverständnis ganz auszuschließen, ziehe ich es vor, zu sagen, das System höherer Integrationsebene sei aus dem niedrigeren *nicht deduzierbar,* so genau man dieses auch kennen möge. Wir wissen mit Sicherheit, daß höhere Systeme aus niedrigeren entstanden sind, daß sie aus ihnen aufgebaut sind und sie noch heute als Bausteine enthalten. Wir wissen auch ganz sicher, welche Vorstufen es waren, aus denen höhere Lebewesen entstanden sind. Jeder Akt des Aufbaus aber bestand aus einer »Fulguratio«, die sich in historischer Einmaligkeit in der Stammesgeschichte ereignete, und dieses Ereignis trug jedesmal den Charakter des Zufälligen, wenn man will, den einer *Erfindung.*

III. Kapitel
Die Schichten des realen Seins

1 Die Seinskategorien Nicolai Hartmanns

»Ist es wirklich wahr, was man der Kantschen Philosophie wohl nachgesagt hat, daß die Frage der Seins-Grundlage dabei so ganz ausgeschaltet sei? Ist es nicht vielmehr so, daß das Problem jener Grenzziehung, so wie das der objektiven Gültigkeit überhaupt, gerade die Frage nach den Seins-Grundlagen einschaltet? Im Grunde kann ja doch ein Verstandesbegriff nur dann auf die Sache zutreffen, wenn die Beschaffenheit, die er von ihr aussagt, an der Sache auch wirklich besteht. Die ›objektive Gültigkeit‹ also, soweit sie reicht, setzt voraus, daß die Verstandeskategorie zugleich Gegenstandskategorie ist.« Wie diese Sätze zeigen, ist es eine tiefe, grundsätzliche Überzeugung von der Existenz einer wirklichen außersubjektiven Welt, die Nicolai Hartmann dazu veranlaßt, die Kategorien des menschlichen Denkens mit solchen der außersubjektiven Realität gleichzusetzen. Kategorie bedeutet für ihn Aussage, Prädikat. Er sagt: »Kategorien sind die Grundprädikate des Seienden, die allen speziellen Prädikationen vorausgehen und gleichzeitig ihren Rahmen bilden.« An anderer Stelle: »... indem sie selbst die allgemeinsten Aussageformen – gleichsam die Geleise möglicher speziellerer Aussage – sind, sagen sie nichtsdestoweniger die Grundbestimmungen der Gegenstände aus, von denen sie handeln. Und die Meinung darin ist, daß eben diese ausgesagten Grundbestimmungen den Gegenständen als Seienden zukommen, *und zwar unabhängig davon, ob sie von ihnen ausgesagt werden oder nicht* [von mir hervorgehoben]. Alles Seiende erscheint, wenn es ausgesagt wird, in Prädikaten. Aber die Prädikate sind nicht identisch mit ihm. Begriffe und Urteile sind nicht um ihrer selbst willen da, sondern um des Seienden willen.

Es ist der innere, ontologische Sinn des Urteils, der seine logisch immanente Form transzendiert. Das ist es, was den Begriff der ›Kategorie‹ allen Mißverständnissen zum Trotz ontologisch tragfähig erhalten hat.«

Wenn Hartmann, wie aus den zitierten Sätzen genugsam hervorgeht, fest voraussetzt, daß die Verstandeskategorie zugleich

Gegenstandskategorie ist, und wenn er, wie er es tatsächlich tut, darauf seine Überzeugung von der Existenz und der relativen Erkennbarkeit der Außenwelt gründet, so ist er in seiner erkenntnistheoretischen Grundhaltung derjenigen des hypothetischen Realismus aufs nächste verwandt, für den die Kategorien und Anschauensformen des menschlichen Erkenntnisapparates ganz selbstverständlich etwas im Laufe der Stammesgeschichte Gewordenes sind, das auf die Gegebenheiten der außersubjektiven Wirklichkeit in analoger Weise und aus analogen Gründen »paßt« wie der Pferdehuf auf den Steppenboden oder die Fischflosse ins Wasser. Es lag Hartmann sicherlich recht fern, eine genetisch-historische Erklärung für die behauptete Korrespondenz von Verstandes- und Gegenstandskategorien zu suchen. Dennoch decken sich seine aufgrund seiner Kategorienlehre entwickelten Anschauungen über den Aufbau der realen Welt, insbesondere der Organismenwelt, so vollkommen mit denen des Phylogenetikers, daß es mir immer schwerfällt, Hartmannsche Gedankengänge wiederzugeben, ohne evolutionistische Interpretationen in seine Schichtenlehre einzuschmuggeln. Ich fragte einst meinen Freund Walter Robert Corti, der Hartmann auch persönlich gut kannte, was nach seiner Meinung der große Philosoph zur stammesgeschichtlichen Deutung seiner Lehre sagen würde. Corti meinte, Hartmann würde dies ablehnen, und fügte dann tröstend hinzu: »Aber dadurch wird sie ja erst genießbar.« Ich berufe mich im folgenden Abschnitt auf diesen Ausspruch eines wirklichen Philosophen.

2 *Nicolai Hartmanns Lehre von den Schichten des realen Seins*

In der realen Welt, in der wir leben, sagt Nicolai Hartmann, finden wir *Schichten* vor, deren jede besondere Seinskategorien oder Gruppen von Seinskategorien hat, durch deren Besitz oder Nichtbesitz sie sich von anderen absetzt. »Es gibt gewisse Grundphänomene unüberbrückbarer Andersheit im Stufengange der Realgebilde«, und »eine phänomen-gerecht angelegte Kategorielehre muß diese Einschnitte ebensosehr berücksichtigen wie die Seinszusammenhänge, die über sie hinweggreifen ...« Diese Seinszusammenhänge greifen nun immer in *einseitiger* Weise über die Einschnitte hinweg, durch die sich die vier großen

Schichten des realen Seins – das Anorganische, das Organische, das Seelische und das Geistige – voneinander absetzen. Die Seinsprinzipien und Naturgesetze, die im Anorganischen gelten, obwalten uneingeschränkt auch in den höheren Schichten. Hartmann schreibt: »So erhebt sich die organische Natur über der anorganischen. Sie schwebt nicht frei für sich, sondern setzt die Verhältnisse und Gesetzlichkeiten des Materiellen voraus; sie ruht auf ihnen auf, wenn schon diese keineswegs ausreichen, das Lebendige auszumachen. Ebenso bedingt ist seelisches Sein und Bewußtsein durch den tragenden Organismus, an und mit dem allein es in der Welt auftritt. Und nicht anders bleiben die großen geschichtlichen Erscheinungen des Geisteslebens an das Seelenleben der Individuen gebunden, die seine jeweiligen Träger sind. Von Schicht zu Schicht, über jeden Einschnitt hinweg, finden wir dasselbe Verhältnis des Aufruhens, der Bedingtheit ›von unten‹ her, und doch zugleich der Selbständigkeit des Aufruhenden in seiner Eigengeformtheit und Eigengesetzlichkeit.

Dieses Verhältnis ist die eigentliche Einheit der realen Welt. Die Welt entbehrt bei aller Mannigfaltigkeit und Heterogenität keineswegs der Einheitlichkeit. Sie hat die Einheit eines Systems, aber das System ist ein Schichtensystem. Der Aufbau der realen Welt ist ein Schichtenbau. Nicht auf die Unüberbrückbarkeit der Einschnitte kommt es hier an – denn es könnte sein, daß diese nur ›für uns‹ besteht –, sondern auf das Einsetzen neuer Gesetzlichkeit und kategorialer Formung, zwar in Abhängigkeit von der niederen, aber doch in aufweisbarer Eigenart und Selbständigkeit gegen sie.«

Diese wunderschönen Sätze aus Hartmanns Werk zeigen so recht die grundlegende Übereinstimmung, die zwischen seinen rein ontologisch begründeten Anschauungen und denen des Phylogenetikers besteht, der sein Wissen aus einem vergleichenden und analytischen Studium der Lebewesen bezieht. Man hat die Schichtenlehre Hartmanns als eine »pseudometaphysische Konstruktion« verdammt, völlig zu Unrecht, denn gerade das ist sie nicht. Sie ist nicht auf deduktiver Spekulation aufgebaut, sondern auf empirisch Vorgefundenem, und sie wird den Phänomenen und der Mannigfaltigkeit dieser Welt gerecht, ohne sie in heterogene Bestandteile zu zerreißen.

Der überzeugendste Beweis für ihre ontologische Richtigkeit ist in meinen Augen, daß sie, ohne auf die Tatsachen der Evolution im geringsten Rücksicht zu nehmen, dennoch genau mit ihnen übereinstimmt, ähnlich wie jede gute vergleichende Anatomie es tut, selbst wenn sie vor den Erkenntnissen Darwins entwickelt wurde. Die Schichtenfolge der großen Hartmannschen Seinskategorien stimmt schlicht und einfach mit der Reihenfolge ihrer erdgeschichtlichen Entstehung überein. Anorganisches war auf Erden sehr lange vor dem Organischen vorhanden, und im Verlauf der Stammesgeschichte tauchten erst spät Zentralnervensysteme auf, denen man ein subjektives Erleben, eine »Seele« zuschreiben möchte. Das Geistige schließlich ist erst in der allerjüngsten Phase der Schöpfung auf den Plan getreten.

Hartmann sagt ausdrücklich, daß die kategorialen Unterschiede zwischen niedrigeren und höheren Schichten sich keineswegs auf jene großen Einschnitte beschränken, die zwischen Anorganischem und Organischem, zwischen Organischem und Beseeltem und schließlich zwischen diesem und dem Geistigen bestehen. Er sagt: »Die höheren Gebilde, aus denen die Welt besteht, sind ähnlich geschichtet wie die Welt.« Für uns bedeutet dies, daß jeder Schritt der Stammesgeschichte, der von einem Wesen niedrigerer zu einem solchen höherer Organisationsstufe führt, von prinzipiell gleicher Art ist wie die Entstehung des Lebens selbst.

3 Verstöße gegen die Regeln phänomengerechter Kategorial- und systemgerechter Kausalanalyse

Am auffälligsten wird die Übereinstimmung zwischen Hartmannscher Ontologie und stammesgeschichtlicher Systemforschung, wenn man die legitimen Methoden beider und gleichzeitig die leider so häufigen Verstöße gegen diese von der Sache her vorgeschriebenen Methoden betrachtet. Dem Ontologen liegt es am Herzen, die äußere Wirklichkeit *phänomengerecht* zu beschreiben, d.h. keiner wirklichen Gegebenheit Seinskategorien zuzuschreiben, die ihr nicht zukommen, noch auch solche zu vernachlässigen, die kennzeichnend für sie sind. Hartmann sagte: »Daß im Aufbau der realen Welt eine Schichtung besteht, ist an sich leicht einzusehen, es drängt sich dem unbefangenen Blick geradezu auf. Es ist denn auch früh gesehen worden. Und nur deswegen konnte sich der Schichtungsgedanke nicht unbehelligt durchsetzen, weil ihm von jeher *das Einheitspostulat des spekulativen Denkens* entgegenstand.«

Es ist metaphysische Spekulation, wenn z.B. ein radikaler Mechanizismus das ganze Weltgeschehen mit den Geschehenskategorien und Gesetzlichkeiten der klassischen Mechanik erklären will, die dazu ganz einfach nicht ausreichen. Wenn der Mechanizist gleichzeitig die höheren Eigengesetzlichkeiten vernachlässigt oder gar leugnet, durch die sich die höheren Schichten von den tieferen absetzen und über sie erheben, so entsteht der leicht einzusehende, aber schier unausrottbare Fehler der Grenzüberschreitung »nach oben«. Alle sogenannten »Ismen«, wie Mechanizismus, Biologismus, Psychologismus usw., maßen sich an, die für höhere Schichten kennzeichnenden und ihnen allein eigenen Vorgänge und Gesetzlichkeiten mit den Geschehenskategorien der tieferen zu erfassen, *was einfach nicht geht.*

Ebenso ist es eine Vergewaltigung vorgefundener Phänomene, wenn man die illegitime Grenzüberschreitung in der umgekehrten Richtung begeht. Hartmann sagt über diesen, dem vorherbesprochenen gewissermaßen reziproken Irrtum: »Der Ausgangspunkt des gesamten Weltbildes wird dann auf der Höhe des seelischen Seins gewählt – dort wo der Mensch es im eigenen Selbstgefühl erlebt –, und von dort aus wird dann das Prinzip ›nach unten zu‹ auf den niedrigeren Stufen des Realen übertragen.« Alle panpsychistischen Weltbilder, wie die Leibnizsche Monadenlehre, Jakob von Uexkülls Umweltlehre und selbst Weidels geistvoller Versuch, das Leib-Seele-Problem zu lösen, begehen den gleichen Fehler, die gesamte Mannigfaltigkeit der Welt auf der Basis einer einzigen Art von Seins- oder Geschehensprinzipien erklären zu wollen.

Das Bedürfnis, eben dies zu tun und so zu einem möglichst einheitlichen Weltbild zu gelangen, ist bei vielen Denkern offenbar überwältigend stark. Anders ist es überhaupt nicht zu erklären, daß ein Mann mit gesundem Menschenverstand darauf verfällt, einem Hund oder einem Schimpansen subjektives Erleben abzusprechen, wie Descartes es getan hat, oder es nach dem Vorbild Weidels einem Eisenatom zuzuschreiben.

Alles was moderne systemgerechte Stammesgeschichtsforschung über die Entstehung neuer Systemeigenschaften und über die einseitige Beziehung zwischen verschieden hohen Integrationsebenen ans Licht gebracht hat, läßt deutlich erkennen, daß eine den Systemeigenschaften eines lebenden Systems gerecht werdende Kausalanalyse zu Ergebnissen führt und an Methoden gebunden ist, die denen von Hartmanns phänomengerechter Kategorialanalyse nahe verwandt sind. Ja, man darf behaupten, daß die systemgerechte Kausalanalyse es erst verständlich macht, *warum* die von Hartmann gerügten Grenzüberschreitungen so böse in die Irre führen. Wir verstehen genau, warum es unmöglich ist, die Eigenschaften des höher integrierten Systems aus denen des niedrigeren zu deduzieren (s. S. 55), und ebenso, warum es blanker Unsinn ist, bei den einzelnen Untersystemen einer Ganzheit oder bei einfacheren Vorfahren höherer Lebewesen nach Eigenschaften und Leistungen zu fahnden – geschweige denn solche zu postulieren –, die erst mit dem schöpferischen Akt höherer Integration in Existenz getreten sind.

Mit einem typischen Irrtum dieser Art muß ich mich in diesem Buch ganz besonders beschäftigen, nämlich mit dem hartnäckigen Bestreben mancher Psychologen und Verhaltensforscher, adaptives Lernen nicht nur bei niedrigen Lebewesen nachzuweisen, denen es einfach »noch« abgeht, sondern, schlimmer, bei solchen Untersystemen höherer Organismen, die nicht nur nicht durch Lernen modifizierbar sind, sondern deren phylogenetische Programmierung sie aus den schon im ersten Kapitel (S. 42) erwähnten Gründen gegen jede Modifikation resistent macht. Für einen nicht biologisch vorgebildeten Psychologen, der den Großteil seines praktischen Wissens über Lebewesen dem Umgang mit Menschen und höheren Säugetieren verdankt und der außerdem in der Doktrin erzogen wurde, daß der Reflex und der bedingte Reflex die einfachsten und primitivsten Elemente allen tierischen und menschlichen Verhaltens seien, mag es fast selbstverständlich sein, auch Protozoen und niedrigen Wirbellosen wenigstens einfache Vorläufer oder »Orimente« bedingter Reaktionen zuzuschreiben und an diesem Irrglauben mit der ganzen Inbrunst festzuhalten, die von dem Bedürfnis nach einem einheitlichen Weltbild motiviert ist. Die Stärke dieser Motivation erklärt auch die große Zahl von oft wirklich tragischen Selbsttäuschungen, die bei den Versuchen unterlaufen sind, »Lernen« auch bei den niedrigsten Lebewesen nachzuweisen.

4 Der Irrtum gegensätzlicher Begriffsbildung

Im vorangehenden Abschnitt wurde gezeigt, daß den verschiedenen Schichten des realen Seins sehr verschiedene kategoriale Eigenschaften zukommen, die von den unterschiedlichen Integrationshöhen der Systeme abhängen. Es wurden die Irrtümer besprochen, die dadurch entstehen, daß man in dem Bestreben, die Welt aufgrund eines einzigen Erklärungsprinzips zu verstehen, niedrige, einfache Systeme aufgrund von allzu hohen und umgekehrt hochintegrierte Systeme auf der Basis von allzu elementaren Prinzipien zu erklären trachtet.

Wir müssen uns nun mit der umgekehrten Fehlleistung des menschlichen Erkenntnisstrebens auseinandersetzen, die darin besteht, das Gemeinsame zu vergessen, das sämtlichen Schichten der realen Welt gleichermaßen zu eigen ist. Das Bilden von gegensätzlichen Begriffen, die Gegenüberstellung von Alpha und Nonalpha, ist eine Denkform, die wie die Neigung zu einheitlichen Erklärungsprinzipien dem Menschen offenbar angeboren ist und gewissermaßen ein Gegengewicht gegen sie bildet.

Die einseitige Durchdringung der Schichten von unten nach oben hin, von der wir im 4. Abschnitt des zweiten Kapitels gesprochen haben (s. S. 52), läßt zwei Arten von Aussagen über das Gemeinsame und das Unterscheidende zu. Man kann z. B. sagen, alle Lebensvorgänge seien chemisches und physikalisches Geschehen, alle subjektiven Vorgänge unseres Erlebens seien organische, physiologische Vorgänge und damit auch chemisch physikalische und schließlich sei alles geistige Leben des Menschen im gleichen Sinne ein Geschehen in allen diesen zugrunde liegenden Schichten. Ebenso richtig und legitim ist es zu sagen: Lebensvorgänge sind »eigentlich«, d. h. hinsichtlich der Seins- und Geschehensprinzipien, die ihnen allein zu eigen, die für sie allein eigentümlich sind und die sie vor allem anderen chemisch-physikalischen Geschehen voraushaben, etwas völlig anderes als dieses. Erlebnisbegleitete Nervenvorgänge sind etwas ganz anderes als unbeseelte nerven-physiologische Prozesse, und der Mensch, der als geistbegabtes Wesen ein kulturbedingtes überindividuelles Wissen, Können und Wollen besitzt, ist darin wesensverschieden von seinen nächsten zoologischen Verwandten.

Der Widerspruch zwischen diesen beiden Reihen von Aussagen ist nur ein scheinbarer, und die Lösung dieses Scheinproblems, das zu einem bösen Hemmnis des Fortschritts menschlicher Erkenntnis werden kann, ist eines der wichtigsten Ergebnisse, zu denen Hartmannsche Ontologie und kausalanalytische Untersuchung lebender Systeme unabhängig voneinander und doch in völliger Übereinstimmung miteinander gelangt sind: Die einseitige Durchdringung der Schichten oder Integrationsebenen bringt es mit sich, *daß die Denkform des kontradiktorischen*

Gegensatzes auf sie nicht anwendbar ist. B ist niemals non-A, sondern immer A + B, C ist A + B + C usw. Obwohl es tatsächlich unstatthaft ist, Schichten der realen Welt in disjunktive Begriffe zu fassen, haben sich diese doch in unzähligen Paaren in unser Denken und in unsere wissenschaftliche wie in unsere Umgangssprache eingenistet: Natur und Geist, Leib und Seele, Tier und Mensch, nature und nurture usf.

Wenn wir in unserem (s. S. 48) dargestellten Modellbeispiel die beiden Systeme a und b, also den Stromkreis mit der Induktionsspule und den mit dem Kondensator, zu einem einzigen System integrieren, so besteht diese neue Einheit immer noch aus den Teilen ihrer beiden Untersysteme, aber sie hat Eigenschaften, die durchaus nicht, auch nicht in Andeutungen, an jenen nachweisbar sind. Man sollte meinen, daß dies ebenso leicht zu verstehen sei wie die Tatsache, daß analoge neue Fulgurationen im Laufe der Stammesgeschichte buchstäblich auf Schritt und Tritt stattgefunden haben und daß die alten Systemeigenschaften unbeschadet dieses Neuauftretens weiter bestehen können.

Es gibt einige philosophische Anthropologen, die all dies offensichtlich am wenigsten begreifen können und die sich daher in ebenso endlosen wie fruchtlosen Diskussionen der Frage ergehen, ob der Mensch »seinem Wesen nach« oder nur »graduell« von »dem Tiere« verschieden sei. Sie wissen oder verstehen nicht, daß ganz selbstverständlich *jede* neuauftretende Systemeigenschaft, wie die Schwingungsfähigkeit in unserem Modell, keine graduelle, sondern eine wesentliche Änderung bedeutet. Der Warmblüter mit seinem neuen, die Bluttemperatur konstant haltenden Regelkreis ist darin wesensverschieden von seinen wechselwarmen Vorfahren, der Vogelflügel ist wesensverschieden von dem Reptilienarm, aus dem er entstand, und in eben diesem und keinem anderen Sinne ist der Mensch wesensverschieden von anderen Anthropoiden. Wenn jemand in Gegenwart meines Lehrers Oskar Heinroth in disjunktiven Begriffen von »dem« Menschen und »dem« Tiere sprach, pflegte dieser den Sprecher freundlich und geduldig zu unterbrechen, mit der Frage: »Entschuldigen Sie bitte, wenn Sie von dem Tiere reden, denken Sie dabei an eine Amöbe oder an einen Schimpansen?«

5 *Zusammenfassung der letzten beiden Kapitel*

Aus den beiden letzten Kapiteln, über die Entstehung neuer Systemeigenschaften und über die Schichtenlehre Nicolai Hartmanns, möchte ich zusammenfassend drei Tatsachen hervorheben, die für das nun folgende Hauptthema dieses Buches, für die vergleichende Untersuchung von Bau und Phylogenese kognitiver Mechanismen, von Belang sind. Wie alle Lebensvorgänge sind auch die des Erwerbs und des Speicherns arterhaltender Information vielschichtig und vielfach miteinander verwoben. Wir werden bei ihrer Betrachtung immer wieder auf folgende drei Tatsachen stoßen:

Erstens: Einfache und einfachste Systeme sind durchaus fähig, selbständig zu funktionieren, wie auch einfachste Organismen lebensfähig sind und es immer waren, sonst hätten ja auch niemals höher organisierte Nachkommen aus ihnen entstehen können.

Zweitens: Eine neue und komplexe Funktion entsteht oft, wenn nicht immer, durch die Integration mehrerer, schon vorhandener einfacherer Funktionen, die als einzelne und unabhängig von der späteren Integration funktionsfähig waren und die, weit davon entfernt, zu verschwinden oder ihre Wichtigkeit einzubüßen, als unentbehrliche Bestandteile der neuen Einheit weiterfunktionieren.

Drittens: Es ist völlig müßig, in den einzelnen, unabhängig funktionierenden Untersystemen oder in niedrigen Organismen nach jenen Systemeigenschaften zu suchen, die erst auf höherer Integrationsebene in Existenz treten.

IV. Kapitel
Die Vorgänge kurzfristigen Informationsgewinnes

1 Die Leistungsbeschränkung des Genoms

Trotz seiner beinahe unbeschränkten Kapazität wäre das Versuchs- und Erfolgsverfahren des Genoms, auf sich gestellt, nicht in der Lage, die lebenden Systeme in einem kontinuierlichen Zustande der Angepaßtheit zu erhalten, der ihr Überleben gewährleistet. Der kognitive Mechanismus des Genoms ist nämlich nicht imstande, *schnellen* Veränderungen der Umwelt gerecht zu werden. Er kann ja vom Erfolg eines seiner Experimente nichts »wissen«, ehe nicht mindestens eine Generation ihren Lebenskreis durchlaufen hat. Deshalb kann das Genom mit seinem Verfahren Anpassungen nur an solche Umweltgegebenheiten bewirken, die mit statistisch ausreichender Konstanz durch längere Zeiträume erhalten bleiben. In der Sprache moderner Kybernetik kann man sagen, die Dauer einer Generation sei die »Totzeit«, die verstreichen muß, ehe der kognitive Mechanismus des Genoms beginnt, auf einen Außeneinfluß zu reagieren.

Nun gibt es, wie schon in den Prolegomena angedeutet und im 3. Abschnitt des I. Kapitels (S. 42) genauer erörtert, eine große Anzahl wohlangepaßter Mechanismen, die Information aufnehmen und verwerten, *aber nicht speichern.* Wie dort schon gesagt wurde, wird ihre Eigenart oft übersehen, weil die funktionellen Analogien, die zwischen der einfachsten und urtümlichsten Form des Wissenserwerbs, eben der des Genoms, und den höchsten Formen kulturellen menschlichen Erkenntnisstrebens bestehen, allzuleicht vergessen lassen, daß zwischen diesen beiden, auf verschiedenen Ebenen organischen Seins sich abspielenden Vorgängen eine ganze Schicht unentbehrlicher kognitiver Leistungen eingelagert ist, die das Wissen über *augenblicklich* herrschende Umstände in der Umwelt vermitteln und damit die Basis für alle höheren Prozesse der Erfahrung und des Lernens abgeben. Vorgängen dieser Art müssen wir uns jetzt zuwenden. Sie finden sich bei allen Lebewesen, einschließlich der Bakterien und der Pflanzen.

Alle physiologischen Mechanismen, die kurzfristig Information erwerben und damit die Totzeit des Genoms überbrücken, sind zu dieser Leistung aufgrund von *Strukturen* befähigt, die ihre diesem Zwecke dienende Konstruktion der Versuchs- und Erfolgsmethode des Genoms verdanken. Darin liegt ein Problem: Durch die Tatsache, daß auch die einfachste Form des Erwerbs von Augenblicksinformation, nämlich die des Regelkreises oder der Homöostase, an Struktur, also an Resultate der Versuchs- und Irrtumsmethode des Genoms, gebunden ist, und da andererseits Leben als solches ohne Homöostase kaum denkbar ist, stellt sich uns hier ein Problem, das sich von dem bekannten die Henne und das Ei betreffenden nur darin unterscheidet, daß es eine sinnvolle Frage bedeutet.

Wir haben schon auf Seite 47 ff. gehört, was ein Regelkreis oder ein Kreis mit negativer Rückkoppelung ist. Es gibt in der Organismenwelt Regelkreise in unabsehbarer Zahl und in allen nur denkbaren Graden der Komplikation von einfachen Mechanismen, die auf einer »bloß« chemischen Ebene einen stetigen Zustand aufrechterhalten, bis hin zu hochdifferenzierten Organisationen, in denen komplizierteste Funktionen der Sinnesorgane und des Zentralnervensystems auf dem Wege des Verhaltens von Einzelindividuen oder ganzen Sozietäten einen bestimmten »Sollwert«, z.B. die für die Arterhaltung günstigste Bevölkerungsdichte, aufrechterhalten, wie dies Wynne-Edwards bei verschiedenen Tierarten nachweisen konnte.

Wann immer ein Organismus sein inneres Gleichgewicht nach einer Störung wiederfindet oder trotz äußerer Einflüsse, die es zu stören drohen, aufrechterhält, bedeutet dies, daß er Information über Art und Grad der betreffenden Veränderung seiner Umwelt empfangen und sinnvoll verwertet hat. Wenn z.B. ein Tier in sauerstoffarmem Medium seine Atmung beschleunigt oder bei einem Überangebot von Nahrung das Fressen zeitweise einstellt usw., so heißt dies, daß das lebende System nicht nur über seinen eigenen Bedarf an gewissen Stoffen informiert ist, sondern überdies auch über die »Marktlage«, die in bezug auf diese Substanzen zur Zeit in der Umwelt vorliegt.

Wie viele andere Mechanismen, durch die ein Organismus Information über die augenblicklich in seiner Umwelt herrschenden Umstände empfängt, funktioniert auch der des Regelkreises unbegrenzt oft hintereinander, ohne daß sich an seiner Leistung irgend etwas ändert. Mit anderen Worten: Seine vom Genom programmierte Struktur bleibt, wenn man von unerwünschten Abnützungs- und Alterserscheinungen absehen will, dauernd genau die gleiche. Die Information, zu deren Aufnahme und Ausnutzung der Apparat gebaut ist, wird sofort verwertet, *aber nicht gespeichert.*

3 Die Reizbarkeit

Außer gewissen Formen der Homöostase beruhen alle Prozesse, mittels deren ein Organismus Augenblicksinformationen gewinnt und verwertet, auf seiner Fähigkeit, sogenannte Reize zu beantworten. Reiz und Reizbarkeit hat man in recht verschiedener Weise definiert. Im allgemeinen versteht man darunter, daß eine im Sinne der Auslösekausalität – also nicht durch unmittelbare Kraftverwandlung – wirksame äußere Einwirkung, eben der »Reiz«, von dem Organismus entweder mit einem Bewegungsvorgang (auch jede Änderung im Bewegungszustand ist ein solcher) oder mit der Ausscheidung von Stoffen, mit Sekretion, beantwortet wird. Meist denkt man, wenn man von Reizbarkeit spricht, an die Auslösbarkeit von Bewegungen, wenigstens bei niedrigen Organismen. Erst die Arbeitsteilung zwischen Nerven- und Muskelsystem bei den höheren Tieren bringt es mit sich, daß sie Reize aufnehmen und verwerten können, auch ohne sofort mit einer Bewegung zu antworten.

Es scheint nicht bekannt zu sein, ob bei niedrigsten Lebewesen jemals Beweglichkeit ohne Reizbarkeit vorkommt. Bakteriologen blieben mir die Antwort auf die Frage schuldig, ob es bewegliche Kleinstlebewesen gebe, die zur Reizbeantwortung nicht fähig sind. Im Prinzip wäre es denkbar, daß Beweglichkeit, insbesondere die Fähigkeit zur Ortsbewegung, die Wahrscheinlichkeit des Energiegewinns auch dann zu vermehren vermag, wenn kein Informationserwerb mit ihr einhergeht.

Bei den meisten Lebewesen aber ist die Fähigkeit, Reize zu beantworten, mit derjenigen zur Ortsveränderung, zur Lokomotion, eng verbunden. Man kann sagen, daß die primäre und wichtigste Leistung der Lokomotion darin liegt, daß das Tier sich einer Gefahrensituation entziehen kann. Eine vielleicht noch primitivere Funktion der Körperbewegung besteht darin, daß der Organismus durch die stärkste ihm mögliche Zusammenziehung seines Körpers den schädlichen Einflüssen der Außenwelt eine möglichst kleine und mit dicht gefalteter, verdickter Haut bedeckte Oberfläche bietet. Mit dieser Art der Vermeidungsreaktion, die bei vielen festsitzenden oder nur langsam beweglichen Organismen vorkommt, geht häufig die Ausscheidung von Sekreten einher, die zum Schutz der Oberfläche beitragen. Einzeller, Hohltiere (Coelenterata) und andere Wirbellose, wie etwa Schnecken, verhalten sich so.

Auf Reizbarkeit beruhen sowohl jene Vorgänge, die nur Augenblicksinformation erwerben und verwerten, ohne sie zu speichern (wie dies eben für gewisse Regelkreise beschrieben wurde), als auch alle jene, die sich im Zentralnervensystem abspielen und den höchsten Leistungen des Lernens und des Gedächtnisses zugrunde liegen. Von diesen soll erst viel später die Rede sein.

4 Die amöboide Reaktion

Merkwürdigerweise ist die allerurtümlichste und einfachste durch einen Reiz ausgelöste *Bewegung*, die wir im Organismenreich kennen, nach allen drei Dimensionen des Raumes gesteuert. Die amöboide Zelle, die nur aus »nacktem« Protoplasma besteht, bewegt sich, indem sie ihre Außenschicht, ihr Ektoplasma, an einer Stelle verdünnt. Es stülpt sich dann ein bruchsackartiges Gebilde vor, das mit weiterer, lokalisierter Verdünnung der Außenhaut zu einem Scheinfüßchen, einem sogenannten Pseudopodium auswächst. Der Zellinhalt fließt dann, dem geringeren Widerstand folgend, in das Pseudopodium, das sich an seiner Wurzel immer mehr füllt und verdickt, und so bewegt sich allmählich die ganze Zelle in der betreffenden Richtung. Dem Vorwachsen der Pseudopodien entspricht auf der funktionellen Hinterseite der kriechenden amöboiden Zelle eine Verdickung und Zusammenziehung des Ektoplasmas.

Der Prozeß der Scheinfüßchen-Bildung und der Fortbewegung in ihrer Richtung wurde früher durch die Annahme erklärt, daß Änderungen der Oberflächenspannung die wesentlichste Ursache seien. Man kann in der Tat an künstlichen, nicht lebenden Modellen durch Veränderung der Oberflächenspannung an runden Tropfen den ganzen Vorgang sehr schön nachahmen. Nach längerer Beobachtung von Amöben in einem ziemlich natürlichen Lebensraum kam ich zu der Überzeugung, daß diese Erklärung viel zu einfach sei. Ich behauptete schon vor längerer Zeit, unmittelbar beobachten zu können, wie das Plasma einer Amöbe ständig vom Sol- zum Gel-Zustande wechselt und umgekehrt, indem es innerhalb der Zelle im Stamme des Scheinfüßchens flüssig bleibt und vorströmt und, ähnlich wie fließende Lava fest wird, dort wieder geliert, wo es mit der Außenwelt, d.h. mit dem Wasser oder der Unterlage, in Berührung kommt. Was bei oberflächlicher Betrachtung als eine Verminderung der Oberflächenspannung erscheint und in der Tat mechanisch wie eine solche wirkt, ist die teilweise Auflösung des gelierten Ektoplasmas, die von innen her an jener Stelle einsetzt, an der ein Pseudopodium gebildet werden soll. Diese aufgrund einfacher Beobachtungen gebildete Anschauung wurde inzwischen durch die Untersuchungen von L. v. Heilbrunn voll bestätigt. Wenn ein schädlicher Reiz die Oberfläche des Tierchens trifft, das sich daraufhin wie schmerzlich zusammenzieht und vom Reiz wegzukriechen beginnt, wird dies durch das Gelieren von vorher flüssigen Teilen des Plasmas bewirkt, die der gereizten Stelle unmittelbar anliegen. Die Zusammenziehung wird dadurch bewirkt, daß das Gelieren mit einer geringen Volumenverminderung des Protoplasmas einhergeht, und ebendies hat eine mechanische Wirkung, die derjenigen einer Zunahme der Oberflächenspannung gleicht.

Das Strömen des Innenplasmas ist aber ganz sicher nicht nur auf die Druckgefälle zurückzuführen, die durch die eben beschriebenen Vorgänge verursacht werden. Plasmaströmungen kennt man ja auch in den Zellen von Pflanzen, die in einer starren Zellulosehülle eingeschlossen sind und in denen überall der gleiche Druck herrscht.

Beobachtet man eine Amöbe in ihrem natürlichen Lebensraum, d.h. nicht herauspipettiert auf einem Objektträger, sondern frei in der Kulturschale, in der sie lebt, so ist man erstaunt über die Vielseitigkeit und Anpassungsfähigkeit ihres Verhaltens. Wäre sie so groß wie ein Hund, sagt der beste aller Protozoenkenner, H.S. Jennings, würde man nicht zögern, ihr ein subjektives Erleben zuzuschreiben. Es ist nur die einzige, oben beschriebene Bewegungsweise, mit der die Amöbe alle Umweltsituationen bewältigt. Man muß sich vor Augen halten, daß es ein und derselbe Mechanismus ist, mittels dessen sich die Amöbe einer schädlichen Einwirkung durch »ängstliche« Flucht entzieht, auf eine günstige zustrebt und im Optimalfall einen Gegenstand, der positive Reize ausstrahlt, »gierig« umfließt und sich einverleibt. Die Amöbe flieht und frißt mit einem und demselben Bewegungsmechanismus!

Die anpassende Information, die der scheinbaren Intelligenz der Amöbe zugrunde liegt, gründet sich ausschließlich auf ihre Fähigkeit, sehr verschiedene Außenreize selektiv zu beantworten, wobei allerdings die Quantität der Reaktion so verschieden sein kann, daß sie den Beobachter über die Identität des Bewegungsmechanismus täuschen kann. Eine Amöbe, die, durch irgendein Gefälle von Temperatur, Säurekonzentration und dergleichen gesteuert, träge einem günstigeren Wohnraum zukriecht, macht einen ganz anderen Eindruck als eine, die sich auf ein Beute-Objekt »stürzt«, oder gar eine, die mit scheinbarer Schlauheit ein raschbewegliches Wimpertier mit mehreren Pseudopodien zu umgarnen im Begriffe ist. Die große Variabilität des Verhaltens und seine auf so einfachem Wege zustande kommende Orientierung in allen drei Raumrichtungen lassen eine Amöbe als erstaunlich »intelligentes« Tier erscheinen. Sie sind indessen, wenn man so sagen will, kein »Verdienst« der Amöbe, denn sie beruhen nur auf Fähigkeiten, die dem Protoplasma als solchem zukommen und damit auch einem Lebewesen, das ausschließlich aus solchem besteht.

Erst wenn die proteushafte Fähigkeit, an beliebiger Stelle des Körpers ein funktionelles Vorder- oder Hinterende entstehen zu lassen, der festen Struktur geopfert wird, vor allem der langgestreckten Stromlinienform aller schnellschwimmenden Lebewesen, erhebt sich als völlig neues Problem die Frage, wie das schnelle, aber starre Schiff zweckmäßig in den drei Richtungen des Raumes gesteuert werden könne. Unter den Vielzellern gibt es nur einige wenige radiärsymmetrische Wesen, die, wie z. B. der Seestern, beliebig nach allen Seiten laufen können, wenn auch nur in zwei Dimensionen. Wenn jenes erstaunliche Märchenwesen, der Oktopus, bei oberflächlicher Betrachtung von den Schranken frei zu sein scheint, die feste Strukturen allen höheren Organismen auferlegen, und wenn er tatsächlich wie eine Amöbe volle Handlungsfreiheit in sämtlichen möglichen Raumrichtungen besitzt, so verdankt er dies nicht der Abwesenheit von Strukturen, sondern ihrer Vielheit und ihrer souveränen Beherrschung.

Wir werden nun eine Reihe von Steuerungsmechanismen zu besprechen haben, die es Tieren mit strukturell festgelegtem Vorder- und Hinterende ermöglichen, ihre Fähigkeit zur Ortsveränderung arterhaltend sinnvoll zu benutzen, indem sie Örtlichkeiten aufsuchen, die einen Gewinn von Energie wahrscheinlicher und einen Verlust weniger wahrscheinlicher machen. Es mag erstaunlich erscheinen, daß dies erreicht werden kann, ohne die *Richtung* der Bewegung zu beeinflussen. Und doch ist das möglich. Ein sich zufallsbedingt umherbewegender Organismus, der seine Lokomotion beschleunigt, sobald die Umgebungsbedingungen ungünstig werden, und sie verlangsamt, wenn sie günstig sind, erreicht durch diese rein quantitative Beeinflussung des Bewegungsvorganges die erwünschte Wirkung. Man denke zur Illustration an den allerdings unerwünschten Vorgang, durch den die Zahl der Automobile an Straßenstellen anwächst, die eine Verlangsamung der Fahrt erzwingen. Wären sie Urtierchen in der Nähe eines faulenden Pflanzenteilchens, so wäre ihr Verhalten zweckmäßig. Dieses einfachste Verfahren, um einen möglichst langdauernden Aufenthalt in möglichst günstigen Umgebungsbedingungen zu erzielen, wurde von Fraenkel und Gunn als *Kinesis* (= Bewegung) bezeichnet.

Der Vorgang wird bei vielen Organismen dadurch wirksamer gestaltet, daß Tiere, die sich nicht geradlinig fortbewegen, sondern mehr oder weniger im Zick-Zack, den Winkel dieser an sich rein zufallsverteilten Richtungsänderungen vergrößern, sobald sie in günstige Bedingungen geraten. Wie man sich leicht vorstellen kann, bestreichen sie auf diese Weise das gewinnversprechende Gebiet weit ausgiebiger. Dieser als Klino-Kinesis bezeichnete Vorgang findet sich, meist mit einfacher Kinesis kombiniert, bei den verschiedensten Lebewesen, und zwar durchaus nicht nur bei Protozoen und Wirbellosen, sondern in reinster Ausbildung bei manchen Asseln, die bekanntlich zu den höheren Krebsen gehören. Formal und funktionell gleiche, aber auf weit komplexeren sensorischen und nervlichen Vorgängen beruhende Verhaltensweisen gibt es auch bei Säugetieren, man denke an grasende Wiederkäuer oder Pilze suchende Menschen.

Bemerkenswert an der eigentlichen Kinesis ist die Einfachheit ihres Mechanismus. Es genügt ein einziger Rezeptor, der auf eine einzige Bewegungsweise rein quantitativ einwirkt. Dies ist, soweit ich sehen kann, das einfachste Verfahren, mittels dessen ein nicht-amöboid nach allen Seiten beweglicher Organismus *räumlich orientierende Augenblicksinformation* gewinnen und auswerten kann. Was der Organismus über die Außenwelt erfährt, läßt sich in die einfachen Worte kleiden: »Hier ist es besser« oder »Hier ist es weniger gut«. Die Konsequenzen, die er aus diesem »Wissen« zieht, sind nicht weniger einfach: »Hier laß uns ein wenig weilen« oder »Von hier laß uns forteilen«. Von der Richtung des Gefälles, durch das sich die Umwelt verbessert oder verschlechtert, erfährt das Tier nichts.

6 Die phobische Reaktion

Es gibt eine Reihe niederer Lebewesen, die mit einer stereotypen *Umkehr*-Reaktion antworten, wenn ihre Ortsbewegung sie in ein Reizgefälle führt, das eine rasche Verschlechterung der Umweltbedingungen bedeutet. Hier erfährt der Organismus also etwas über die *Richtung*, in der das zu Vermeidende liegt. Begibt es sich aber umgekehrt, daß das Tier ein Gefälle durcheilt, das eine Verbesserung der Lebensbedingungen bedeutet, so erfolgt keine Reaktion, woferne nicht, wie das bei vielen Protozoen der Fall ist, eine Kinesis mit im Spiel ist. Erst wenn das dumme Wesen aus der günstigen Gegend auf der anderen Seite wieder hinausgerät, und damit in ein ungünstigeres Milieu, antwortet es mit seiner Vermeidungsreaktion; Otto Koehler sagte: genauso wie ein Mensch, der eine Gehaltszulage einsteckt, ohne ein Wort darüber zu verlieren, aber über eine Kürzung seines Einkommens ein großes Wehgeschrei anstimmt.

Die Wendung, die das Tier bei seiner Abkehr von der ungünstigen Richtung vollführt, ist, wie H. S. Jennings zeigte und wie Alfred Kühn in seinem klassischen Buch ›Die Orientierung der Tiere im Raum‹ ausdrücklich betont, *in ihrem Ausmaß nicht von der Richtung des eintreffenden Reizes gesteuert*. Ein Pantoffeltierchen, Paramaecium, z. B. verhält sich bei seiner Abkehrreaktion folgendermaßen: Zuerst kehrt sich der Wimperschlag auf der ganzen Oberfläche des Tierchens um, so daß es ein Stück genau auf der Bahn zurückschwimmt, auf der es gekommen ist. Dann beginnen die Wimpern der einen Körperseite sowie die auf dem den Mund umgebenden Felde, die diesem Nahrung zustrudeln, wieder auf »Vorwärtsfahrt« zu arbeiten. Dies bewirkt, daß das Paramaecium zunächst weder vorwärts noch rückwärts schwimmt, sondern am Platze stehenbleibt und mit dem Vorderende im Kreise schwingt, wobei sich die Längsachse seines Körpers auf einem Kegelmantel bewegt. Nach einer Dauer, die von der Stärke und nicht von der Richtung des Reizes abhängt, kippt der Wimperschlag wieder in die vorherige Richtung um, und das Tier schwimmt nun in jener Richtung davon, in die seine Längsachse im Augenblick des Umschlages weist. Es kann sein, daß die Kegelmantel-Bewegung zufällig gerade 360 Grad durchlaufen hat, wenn das Tier seine Vorwärtsbewegung wieder aufnimmt; dann schwimmt es erneut in den auslösenden Reiz hinein. Ebensogut kann es vorkommen, daß die neue Richtung noch ungünstiger liegt als die alte und in ein noch steileres Gefälle des abschreckenden Reizes hineinführt. In beiden Fällen wiederholt das Tierchen seine Reaktion. Diese, von Alfred Kühn als *phobische* Reaktion bezeichnete Verhaltensweise ist der Kinesis – keineswegs der amöboiden Reaktion – in bezug auf die Menge der Information, die sie dem Tier übermittelt, stark überlegen. Sie sagt ihm nicht nur, daß eine bestimmte Umgebung ungünstig sei, sondern auch, in welcher Richtung die Bedingungen noch ungünstiger werden, wenn auch ohne ihm mitzuteilen, in welcher Richtung die größte zu vermeidende Ungunst der Verhältnisse liege, noch weniger, in welcher Richtung günstige Umstände zu suchen seien. Da die phobische Reaktion nicht nur, wie die Kinesis, einen quantitativen Einfluß auf die Lokomotion nimmt, sondern außerdem noch die qualitativ andersartige Umkehrreaktion bewirkt, kann sie das Tier dauernd dem ungünstigen Milieu fernhalten und in dem günstigen festhalten, nicht nur seine Aufenthaltsdauer in dem einen verkürzen und in dem anderen verlängern, wie die Kinesis es tut.

Die Information darüber, was ein günstiges und was ein ungünstiges Milieu ist, verdankt der Organismus bei der phobischen Reaktion, ganz wie bei der amöboiden Reaktion und bei der Kinesis, jenem Anteil des Gesamtvorganges, der die Reize aufnimmt und gewissermaßen filtert. Auf die Probleme dieser Leistung werde ich im achten Abschnitt dieses Kapitels einzugehen haben*.

* Es soll hier nicht der Eindruck entstehen, daß die phobische Reaktion den einzigen Orientierungsmechanismus darstellt, über den Paramaecium verfügt. Bei flacherem Gefälle und ebenso, wenn die Schwimmbahn des Tieres ein stärkeres Gefälle in flachem Winkel anschneidet, ist es – wie Waltraud Rose gezeigt hat

Auf einer sehr viel höheren Ebene, sowohl was die Menge der gewonnenen Augenblicksinformation als auch was die Komplikationen der beteiligten Vorgänge anlangt, steht ein Typus von Orientierungsreaktionen, den wir mit Alfred Kühn als topische Reaktionen oder Taxien bezeichnen. Seit der Veröffentlichung seines schon erwähnten Werkes sind über die Orientierung der Tiere im Raume viele bedeutende Untersuchungen angestellt worden. Für das Verständnis der zugrunde liegenden physiologischen Vorgänge sind besonders jene bedeutsam geworden, die vom Gesichtspunkt der Kybernetik, der Regelkreislehre, ausgingen, wie die von Mittelstaedt, Jander und anderen. Es würde den Rahmen dieses Buches sprengen, hier eine Zusammenfassung ihrer Ergebnisse zu versuchen.

Die einfachste topische Reaktion, von Kühn als Tropo-Taxis bezeichnet, beruht darauf, daß sich der Organismus so lange dreht, bis an zwei symmetrisch angeordneten Rezeptoren Erregungsgleichgewicht herrscht. Ein Plattwurm, der »positiv tropotaktisch« auf Strömungen reagiert, die ihm den Duft von Nahrung zutragen, dreht sich so lange, bis der Wasserstrom die beiden Seiten seines Kopfendes mit gleicher Stärke trifft, und kriecht dann stromaufwärts. Stellt man diese Situation künstlich her, indem man aus einem gegabelten Röhrchen zwei Wasserstrahlen symmetrisch gegen den Kopf des Wurmes richtet, so kriecht er in der Richtung der Resultierenden zwischen ihnen hindurch. Von diesem einfachen Mechanismus, der beinahe der Loebschen Abstraktion des »Tropismus« entspricht, führen alle nur denkbaren Übergänge empor zu nervlichen Organisationen mit kompliziertesten Rückkoppelungen, wofür der Apparat ein

– sehr wohl imstande, seinen Kurs in einem sinnvoll bemessenem Ausmaß zu ändern und ohne phobische Reaktion das ungünstige Milieu zu vermeiden. Unter natürlichen Bedingungen wird die phobische Reaktion nur selten beobachtet. Auch vermag das Pantoffeltierchen, wie Otto Koehler nachgewiesen hat, zwischen den Reizen zu unterscheiden, die sein Vorder- und die sein Hinterende treffen. Nur auf erstere antwortet es phobisch, auf letztere durchaus sinngemäß mit einer Beschleunigung seiner Vorwärtsbewegung. Diese Unterscheidungsfähigkeit versagt bei überstarken Reizen. Bringt man eine sehr heiße Heiznadel plötzlich an das Hinterende eines Pantoffeltierchens, so springt es ebenso nach hinten wie bei einer entsprechenden Reizwirkung auf das Vorderende. Diese von Otto Koehler als Schreckreaktion bezeichnete Verhaltensweise kann dem Tier zum Verderben werden, allerdings nur unter Bedingungen, die im normalen Freileben kaum je vorkommen.

gutes Beispiel liefert, mittels dessen die Gottesanbeterin (Mantis) ihren Schlag nach der Beute zielt, wie H. Mittelstaedt in jahrelangen Untersuchungen nachweisen konnte.

Allen diesen topischen Reaktionen, den einfachsten wie den kompliziertesten, ist das eine gemeinsam, daß sich das Tier direkt, ohne Versuch und Irrtum in die arterhaltende günstigste Raumrichtung einstellt. Mit anderen Worten, das *Ausmaß* des Winkels, um den das Tier sich dreht, ist unmittelbar von demjenigen abhängig, den die Richtung des eintreffenden Reizes mit der Körperlängsachse des Tieres einschließt. Die »ausmaßgesteuerte« Wendung ist kennzeichnend für alle topischen Reaktionen.

Während die phobische Reaktion dem Organismus nur über die Richtung Information gibt, in der er sich nicht bewegen soll, und ihm nichts über die Unzahl sämtlicher übrigen Raumrichtungen sagt, die er einschlagen könnte, informiert die topische Reaktion das Tier unmittelbar darüber, *welche* unter all diesen vielen möglichen Richtungen die günstigste sei. Die Taxis übertrifft also bezüglich der Menge der gewonnenen Information sowohl die phobische Reaktion als auch die Kinesis um ein Vielfaches, nicht aber, um dies nochmals zu betonen, die Pseudopodien-Reaktion der amöboiden Zelle.

8 Der angeborene Auslösemechanismus

In den Abschnitten über die Amöbenbewegung, über die Kinesis und über die phobische Reaktion habe ich schon neben der informationsgewinnenden Leistung des betreffenden Bewegungsvorganges die des physiologischen Mechanismus erwähnt, *der sie auslöst.* Der Organismus bedarf nicht nur jener Strukturen, die dem motorischen Ablauf einer arterhaltend zweckmäßigen Bewegungsweise zugrunde liegen, sondern auch eines Apparates, der dem Empfang jener Reize dient, die ihm sagen, in welchem Augenblick und unter welchen Umständen die betreffende Verhaltensweise Aussicht hat, ihren arterhaltenden Zweck zu erfüllen.

Als die Physiologie des Nervensystems das wichtige Prinzip des *Reflexbogens* entdeckt hatte, lag es nahe, alle Vorgänge, die Bewegungen auslösen, unter dem Begriff der Reflexe zusammenzufassen, und als I. P. Pawlow den nicht minder wichtigen Vorgang der Entstehung bedingter Reaktionen verständlich gemacht hatte, lag es nahe, alle angeborenermaßen, d. h. ohne Vorangehen von Lernvorgängen, sinnvollen Reaktionen als »unbedingte Reflexe« aufzufassen. Das ist an sich nicht falsch, verschleiert aber das wesentliche Problem. Es ist bei einem Tier mit zentralisiertem Nervensystem durchaus wahrscheinlich, daß der Reizempfangsapparat, der sog. Rezeptor, mit dem Effektor, d. h. jener nervlichen Organisation, die eine zweckmäßige motorische Antwort bewerkstelligt, durch eine Nervenbahn zu einem System verknüpft ist, das der allgemeinen Vorstellung von einem Reflexbogen recht gut entspricht. In sehr vielen Fällen ist es genau erforscht, wie eine solche Bahn verläuft und aus wie vielen Nervenelementen sie besteht.

Unser Problem liegt aber gar nicht in dem Reflexvorgang selbst, sondern gewissermaßen vor diesem, an seinem rezeptorischen Anfang. Wie kommt es, so müssen wir fragen, daß der Organismus genau »weiß«, was für eine Reaktion auf welchen bestimmten Reiz zu erfolgen hat, um ihre arterhaltende Leistung zu vollbringen? Wie kommt es, daß z. B. die Amöbe nicht alle kleinen Körperchen, sondern – mit seltenen Ausnahmen – nur solche umfließt und sich einverleibt, die ihr als Nahrung dienen können? Woher weiß das Kleinlebewesen, das sich mit Hilfe einer Kinesis durchs Leben schlägt, wann und wo es schnell oder langsam schwimmen soll?

Wir müssen annehmen, daß jeder solchen motorischen Antwort ein Mechanismus vorgeschaltet ist, der die Reize *filtert,* d. h. nur diejenigen wirksam werden läßt, die mit einer zureichenden statistischen Wahrscheinlichkeit jene Umweltsituation kennzeichnen, in der die ausgelöste Verhaltensweise sinnvoll wirken kann. Man kann diesen rezeptorischen Apparat auch mit einem Schloß vergleichen, das nur durch einen ganz bestimmten Schlüssel entriegelt werden kann. Deshalb spricht man auch von *Schlüsselreizen.* Den physiologischen Apparat, der die Reizfilterung leistet, bezeichnen wir als *angeborenen Auslösemechanismus,* abgekürzt AAM.

Bei Einzellern und niedrigen Vielzellern, deren Inventar an verschiedenen Bewegungsweisen nicht allzu reichhaltig ist und sich im wesentlichen auf das Aufsuchen von Beute und von Geschlechtspartnern sowie auf das Vermeiden gefährlicher Situationen beschränkt, werden an die Selektivität des AAM keine allzu hohen Ansprüche gestellt. Immerhin reagiert eine Amöbe selektiv auf eine ganze Anzahl verschiedener Reizsituationen, wenn auch nur mit quantitativ verschiedenen Verhaltensweisen. Ihr gegenüber erscheinen die in ihre feste Struktur eingeschnürten Wimperinfusorien, zu denen auch das Paramaecium gehört, weit weniger plastisch. Dieses Tier sucht mittels seiner phobischen und topischen Reaktionen ein Milieu auf, das neben anderen Eigenschaften vor allem durch eine bestimmte H-Ionen-Konzentration gekennzeichnet ist. Die in der Natur am häufigsten vorkommende Säure ist CO_2, und ihre erhöhte Konzentration findet sich in den Gewässern, in denen Paramaecien vorkommen, vor allem in der Nähe faulender pflanzlicher Stoffe, aus dem einfachen Grunde, weil die von diesen sich nährenden Bakterienschwärme Kohlensäure ausscheiden. Dieser Zusammenhang ist so verläßlich und das Vorkommen anderer und gar giftiger Säuren so ungemein selten, daß das Paramaecium aufs beste mit einer sehr einfachen Information auskommt, die, in Worte gefaßt, besagt, daß eine bestimmte Säurekonzentration das Vorhandensein einer nahrungspendenden Bakteriensammlung bedeutet. Der Fall, daß ein experimentierender Physiologe einen Tropfen der giftigen Oxalsäure in den Lebensraum von Paramaecien fallen läßt, kann begreiflicherweise nicht im Programm der Art vorgesehen sein.

Bei höheren Tieren mit wohlentwickeltem Zentralnervensystem und ebensolchen Sinnesorganen, sowie mit einem reichen Inventar von qualitativ verschiedenen Verhaltensweisen werden höhere Anforderungen an die Selektivität der angeborenen Auslösemechanismen gestellt, zumal dann, wenn von einem *einzigen Sinnesorgan aus* verschiedene Reizkombinationen verschiedene Antworten auslösen sollen. Wenn, wie das z. B. bei der weiblichen Grille der Fall ist, ein Sinnesorgan nur eine einzige Art von Reiz aufzunehmen vermag, der ein einziges Antwortverhalten auslöst, besteht dieses Problem nicht. Wie Regen gezeigt hat, hört das Grillen-Weibchen nichts als den Lockruf des Grillen-Männchens. Jungfische der meisten Cichliden-Arten dagegen reagieren optisch sowohl auf das Bild der Mutter, der sie nachfolgen, als auch auf das eines gleichgroßen Raubfisches, vor dem sie fliehen und Deckung nehmen müssen. Jede dieser beiden verschiedenen Verhaltensweisen würde, auf das falsche Objekt angewandt, sicheren Untergang bedeuten.

Im Fall unseres Grillen-Weibchens könnte theoretisch das Gehörorgan direkt mit dem motorischen Ausführungsapparat verbunden sein. Im Fall der Fische muß zwischen dem Rezeptor und dem Effektor ein Filterapparat eingeschaltet sein, der die beiden Arten von Schlüsselreizen zu trennen vermag. Dieser kann nur im Nervensystem selbst lokalisiert sein, d.h. zwischen den rezeptorischen und den effektorischen Organen.

Über die Art und Weise, in der der AAM seine physiologische Filterwirkung entfaltet, wissen wir nur wenig, wenn auch die von Lettwin und seinen Mitarbeitern sowie die von Eckhard Butenandt an der Netzhaut des Frosches durchgeführten Untersuchungen wichtiges Licht auf die Möglichkeiten des Zustandekommens einer solchen Reizauslese werfen. In neuerer Zeit haben Schwartzkopff und seine Schüler an Heuschrecken gezeigt, daß und auf welche Weise die Ganglienkette, die vom Schlüsselreiz durchlaufen werden muß, tatsächlich eine Filterwirkung ausübt.

Wenn man unter natürlichen Bedingungen zu sehen bekommt, mit welcher Sicherheit und Zweckmäßigkeit ein AAM dem Organismus mitteilt, welche besondere Verhaltensweise unter den obwaltenden Umständen arterhaltend sinnvoll ist, so neigt man dazu, die Menge der Information zu überschätzen, die in ihm enthalten ist. Wenn man gesehen hat, wie Paramaecien »klug« in der Nähe des nährenden Bakterienrasens bleiben und wie prompt ein frisch geschlüpftes Putenküken sich beim Anblick eines fliegenden Raubvogels in die nächste Deckung drückt oder wie ein junger Turmfalke, der zum ersten Mal mit Wasser in Berührung kommt, darin badet und anschließend sein Gefieder putzt, als hätte er das schon tausendmal getan, so ist man beinahe enttäuscht zu erfahren, daß, wie wir schon wissen, die Urtierchen sich nur nach der Säurekonzentration richten, daß das Putchen sich vor einer großen an der weißen Zimmerdecke kriechenden Fliege genauso drückt und daß eine glatte Marmorplatte bei dem jungen Turmfalken dieselben Bewegungsweisen auslöst wie Wasser.

Die angeborene Information des Auslösemechanismus ist so einfach kodiert, wie dies nur möglich ist, ohne ein Ansprechen auf eine andere als die biologisch adäquate Situation wahrscheinlich zu machen. Das klassische Beispiel einer einfachen, aber unter natürlichen Bedingungen für das Tier voll ausreichenden Information ist in dem AAM enthalten, der die Stechreaktion der gemeinen Zecke (Ixodes rhicinus) auslöst. Jakob von Uexküll hat gezeigt, daß dieses Tier alles sticht, was eine Temperatur von 37 Grad C. hat und nach Buttersäure riecht. So einfach diese Kennzeichnung des natürlichen Wirtes der Zecke, nämlich des Säugetieres, ist, so unwahrscheinlich ist es, daß die Reaktion durch irgendeinen anderen, im Walde vorkommenden Gegenstand ausgelöst wird.

Eine der gründlichsten und exaktesten Untersuchungen eines AAM wurde vom Ehepaar Kuenzer an Jungfischen von Cichliden angestellt. Eine gute Zusammenfassung unseres heutigen Wissens über die in Rede stehenden Probleme bietet die Arbeit von W. Schleidt (1964).

9 *Die arteigene Triebhandlung im Sinne von Oskar Heinroth*

Eine besondere Rolle spielt der angeborene Auslösemechanismus dort, wo durch ihn eine sogenannte Instinktbewegung in Gang gesetzt wird. Bei Organismen, bei denen ein festes, gegliedertes Skelett nur ganz bestimmte Bewegungsfreiheiten offenläßt, also vor allem bei den Gliederfüßlern und den Wirbeltieren, sind stets arteigene Bewegungskoordinationen vorhanden, die als Ganzes im Genom programmiert bereitliegen. Man nennt sie deutsch Erbkoordinationen oder Instinktbewegungen, englisch »fixed motor patterns«. Physiologisch zeichnen sie sich dadurch aus, daß ihre sehr feste Folge von Bewegungen nicht, wie zu glauben naheliegt, durch eine Verkettung von Reflexen bewirkt wird, sondern durch Vorgänge, die sich *ohne die Mitwirkung von Rezeptoren* im Zentralnervensystem selbst abspielen. Erich v. Holst, Paul Weiss und andere haben der Physiologie zentral koordinierter Bewegungsweisen ausführliche Untersuchungen gewidmet. Wie in jüngster Zeit E. Taub und A. J. Berman gezeigt haben, funktioniert selbst bei Primaten ein großer Teil ihrer oft hoch differenzierten Bewegungskoordinationen unabhängig von jeder Steuerung durch äußere und innere Rezeptoren. Die Führung durch afferente Kontrolle spielt bei den Erbkoordinationen nur eine allgemein im Raume orientierende Rolle, für das Zustandekommen der Bewegungsfolge selbst ist sie unwesentlich. Auch ohne den vivisektorischen Versuch der Desafferentierung (d.h. des Ausschaltens aller sensiblen Nerven) auszuführen, kann man dies aus den häufig auftretenden *Leerlaufbewegungen* entnehmen, in denen eine Erbkoordination als Ganzes abläuft, ohne daß das normalerweise auslösende Objekt vorhanden ist. So kann z.B. ein Webervogel, Quelia, die ganze komplizierte Bewegung, die beim Nestbau zum Befestigen eines Grashalmes an einem Zweige dient, auch ohne Grashalm oder irgendein ähnliches Objekt ausführen. Der Ablauf sieht dann so aus, als »halluziniere« der Vogel das Objekt.

Der Ablauf einer Erbkoordination ist, für sich betrachtet, kein kognitiver Vorgang. Das in ihr enthaltene, fertig angepaßte motorische Können steht dem Tier zur Verfügung wie ein wohlkonstruiertes Werkzeug, dessen Verwendbarkeit auf um so engere Zwecke begrenzt ist, je spezialisierter diese sind. Es gibt allgemein verwendbare Erbkoordinationen, wie z.B. die der Ortsveränderung, des Nagens, Kratzens, Hackens usw., und es gibt solche, die höchst speziell auf eine bestimmte Leistung zugeschnitten sind, wie z.B. die schon erwähnte Knüpfbewegung des Webervogels oder wie viele Bewegungsweisen der Balz und der Begattung.

Gerade bei diesen, im Dienste ganz besonderer Funktionen differenzierten Erbkoordinationen tritt ihre fest angepaßte Starrheit, ihre völlige Unabhängigkeit von jeglichem Lernen am deutlichsten zutage. Wenn man an einem jung aufgezogenen Tier, von dem man mit Sicherheit weiß, daß es über keinerlei eigene informierende Erfahrung verfügt, den erstmaligen Ablauf einer solchen Verhaltenskette in ihrer ganzen Zweckmäßigkeit und Vollkommenheit zu sehen bekommt, ist man auch als erfahrener Ethologe immer wieder aufs neue erstaunt. Oskar Heinroth beschreibt, wie ein aus dem Ei aufgezogener und eben flügge gewordener Habicht einen Fasan, der vom Tisch auf das Fensterbrett hinüber fliegen wollte, in der Luft ergriff und, ehe der Pfleger eingreifen konnte, mit der bereits getöteten Beute auf einer Schrankecke fußte. Heinroth fügt hinzu: »Diese erste Amtshandlung als Habicht hat auf uns einen unauslöschlichen Eindruck gemacht.« In der Tat setzt die Vereinigung von motorischem Können und dem genauen »Wissen« um die Situation, in der es anzuwenden ist, eine gewaltige Menge angeborener Information voraus.

Der eben besprochene, aus dem Ansprechen eines AAM und aus einer durch ihn in Gang gebrachten Erbkoordination zusammengesetzte Ablauf ist eine Funktionsganzheit, die im Tierreich ungemein häufig vorkommt. Oskar Heinroth hat sie als die »arteigene Triebhandlung« bezeichnet. Dieser Begriff erwies sich als äußerst fruchtbar, obwohl die weitere Analyse dieser Einheit und die Erkenntnis, daß die beiden Komponenten auch in anderer Weise zu einer funktionellen Ganzheit integriert sein können, erst sehr viel später folgten.

Bei höheren Tieren stellt die arteigene Triebhandlung den Prototyp eines kognitiven Vorgangs dar, der, wie im I. Kapitel (s. S. 42) auseinandergesetzt wurde, nicht eine Anpassung bedeutet, sondern die Leistung eines bereits angepaßten Mechanismus. Fertige Informationen, welche die biologisch »richtige« Situation betreffen, und ebenso solche, die dem Organismus die Mittel an die Hand geben, diese Situation zu meistern, sind vorgegeben. Der Augenblicksinformation liefernde Prozeß sagt dem Tiere nur: »Hic Rhodus, hic salta« – jetzt ist der Augenblick gekommen, diese besondere Verhaltensweise anzuwenden!

Die arteigene Triebhandlung ist das Musterbeispiel einer *linearen* Kette von Abläufen, die schon in dieser einfachen Form funktionstüchtig ist, die aber durch Integration mit anderen, an sich ebenfalls recht einfachen Vorgängen zur »Fulguration« von wahrhaft epochemachenden neuen Leistungen geführt hat. Die einfache Kette, wie sie oben beschrieben wurde, findet man in reiner Form eigentlich nur bei jenen Lebewesen, bei denen, wie z.B. bei Springspinnen und vielen Insekten, eine solche Handlung im Leben des Individuums überhaupt nur ein einziges Mal abläuft.

Bei höheren Tieren kommt aber zunächst noch ein weiteres Handlungsglied dazu, das Suchen nach der auslösenden Reizsituation, das wir mit Wallace Craig als *Appetenzverhalten* bezeichnen. Es ist denkbar, daß auch eine um dieses einleitende Glied vermehrte Verhaltenskette in rein linearem Ablauf arterhaltend funktionsfähig ist. Ich wüßte indessen hierfür kein konkretes Beispiel anzuführen. Fast überall dort, wo Appetenzverhalten nachweisbar ist, findet man auch eine *Rückwirkung des Erfolgs der Handlung* auf das ihr vorangegangene Verhalten. Mit dieser aber ist jener Kreisprozeß gegeben, auf dem das eigentliche Lernen, d.h. das Lernen durch Erfolg, sich aufbaut, von dem im übernächsten Kapitel die Rede sein wird.

10 Andere aus angeborenen Auslösemechanismen und Instinktbewegungen aufgebaute Systeme

Wie schon angedeutet, betrachteten mein Lehrer Oskar Heinroth und ich lange Zeit die »arteigene Triebhandlung« als den einfachsten und wichtigsten Baustein alles tierischen und menschlichen Instinktverhaltens. Die Erkenntnis, daß sie aus zwei physiologisch verschiedenen Bestandteilen zusammengesetzt ist, war eine unmittelbare Folgerung aus der Entdeckung Erich v. Holsts, der zwingend nachwies, daß die Erbkoordination nicht, wie man bis dahin als selbstverständlich angenommen hatte, aus Ketten von unbedingten Reflexen bestehe. Wie Holst zeigte, kommt nicht nur die Koordination der Bewegung ohne die Hilfe von Reflexen in exakt geordneter Weise zustande, sondern sie bedarf auch keiner von außen kommenden Reize, um in Gang zu kommen. Schleien, denen die hinteren Wurzeln sämtlicher Rückenmarksnerven durchschnitten waren, zeigten vollkommen normale Schwimmbewegungen, das Nervensystem eines Regenwurms, vom übrigen Körper völlig getrennt und in Ringerlösung suspendiert, sandte unentwegt in geordneter Reihenfolge die Nervenimpulse aus, durch welche die Muskulatur des Wurms, wäre sie noch vorhanden gewesen, zu wohlkoordinierten Kriechbewegungen angeregt worden wäre. Die Bewegung kommt also aufgrund einer *im Zentralnervensystem selbst* stattfindenden Reizerzeugung und Koordination zustande. Der »Mantel der Reflexe«, wie Erich v. Holst sich ausdrückte, dient nur dazu, die aus dem Inneren quellenden Bewegungen zeitlich und örtlich in sinnvoller Weise an die Gegebenheiten der Außenwelt anzupassen.

Die Erbkoordination bildet ein unveränderliches Skelett des Verhaltens, dessen Struktur ausschließlich phylogenetisch gewonnene Information enthält. Funktionstüchtig wird sie erst durch die vielen ihr dienenden, Augenblicksinformation aufnehmenden Mechanismen, die sie in der adäquaten Situation auslösen und in Raum und Zeit steuern. Diese Erkenntnis betrachte ich als den Geburtsakt der Ethologie, denn sie lieferte den archimedischen Punkt, von dem unsere analytische Forschung ausgegangen ist.

Die eben skizzierten physiologischen Erkenntnisse warfen ein neues Licht auf die Vorgänge, die im Verein mit der Erbkoordination die schon besprochenen funktionellen Einheiten bilden. Solange man die arteigenen Triebhandlungen für eine Kette unbedingter Reflexe hielt, erschien der Vorgang ihrer Auslösung als das erste Glied dieser Kette, als ein »Reflex« unter vielen anderen. So erschien sie physiologisch als von diesen nicht verschieden und daher auch nicht als besonders bemerkenswert. Als man aber verstanden hatte, daß die endogene Reizerzeugung jeder derartigen Bewegungsfolge ununterbrochen vor sich geht und dauernd durch besondere übergeordnete Instanzen unter Hemmung gehalten werden muß, d.h. als es klar wurde, daß die Auslösung der Instinktbewegung im Grunde genommen nur die *Ent-Hemmung* ihrer Spontaneität bedeutet, war damit die Frage nach dem besonderen physiologischen Mechanismus aufgeworfen, der diese Enthemmung bewirkte.

Bei vielen niedrigen Tieren ist es die wichtigste Funktion der obersten Instanzen des Nervensystems, eine dauernde Hemmung auf die verschiedenen, dem Organismus eigenen endogenen automatischen Bewegungsweisen auszuüben und ihnen aufgrund einer von außen kommenden Augenblicksinformation im geeigneten Moment »die Zügel schießen zu lassen«. Ein seines »Gehirns«, d.h. seines Oberschlundganglions, beraubter Regenwurm kriecht ununterbrochen und vermag nicht innezuhalten. Eine in gleicher Weise operierte Krabbe kann nicht aufhören zu fressen, solange Freßbares da ist, usw.

Durch die Entdeckung der endogenen Reizproduktion zentral koordinierter Bewegungsweisen wurde nicht nur der Vorgang ihrer Enthemmung, sondern auch eine Menge anders gearteter und höchst wichtiger Phänomene in ein neues Licht gerückt. Aufgrund von Beobachtungen Heinroths, Lissmanns und auch meiner selbst war schon lange bekannt, daß bei längerem Nicht-Gebrauch einer Instinktbewegung die Schwelle der sie auslösenden Reize nicht konstant bleibt, sondern allmählich mehr und mehr absinkt. Dadurch wird die betreffende Verhaltensweise immer leichter auslösbar, beginnt auf inadäquate Reize, auf »Ersatzobjekte« anzusprechen, und im Extremfall geht sie schließlich ohne jeden nachweisbaren Reiz los – wie wir zu sagen pflegen: »auf Leerlauf«. Diese Erscheinungen der Schwellenerniedrigung hatte ich zu einer Zeit studiert und beschrieben, zu der ich noch fest an die Kettenreflexnatur der Instinktbewegungen glaubte. Schon damals aber legte ich ehrlicherweise besondere Betonung auf solche Erscheinungen, die von der Kettenreflextheorie nicht eingeordnet werden konnten. Gerade diese Phänomene aber finden mit Hilfe der Holstschen Entdeckungen eine einleuchtende Erklärung. Die Schwellenerniedrigung der auslösenden Reize ist indessen nicht die einzige Wirkung, das das längere Vorenthalten der für eine bestimmte Instinktbewegung adäquaten Situation auf das Tier ausübt. Längeres Entbehren der Gelegenheit zum Ablaufenlassen einer bestimmten Erbkoordination versetzt meist den Organismus *als Ganzes in Unruhe* und veranlaßt ihn, *aktiv nach den Schlüsselreizen zu suchen.* Diese, schon am Ende des vorigen Abschnittes besprochene Erscheinung nennen wir mit Wallace Graig *Appetenzverhalten* (appetitive behavior).

Was das Tier »treibt«, der »Trieb«, der implizite in Heinroths altem Terminus »Triebhandlung« enthalten ist, ist also in vielen Fällen keineswegs mit einem der allgemeinen »großen« Antriebe tierischen und menschlichen Verhaltens – wie Hunger, Durst oder Geschlechtstrieb – identisch, deren physiologische Ursachen relativ leicht auffindbar sind und entweder im Mangel wichtiger Stoffe bestehen oder aber im Füllungszustande von Hohlorganen (»Detumeszenztrieb«) gelegen ist. Vielmehr repräsentiert jede kleinste spezielle Instinktbewegung einen autonomen Antrieb des Verhaltens, wenn sie einige Zeit hindurch nicht »abreagiert« wurde – um diesen nicht allzu schönen Ausdruck Sigmund Freuds zu gebrauchen. Dies spielt eine wichtige Rolle beim Zustandekommen bedingter Reaktionen, wie im übernächsten Kapitel dargestellt werden soll. Wie N. Tinbergen und G. P. Baerends als erste zeigten, können die drei wichtigen Untersysteme der Triebhandlung, das Appetenzverhalten, das Ansprechen eines angeborenen Auslösemechanismus und der triebstillende Ablauf der Instinktbewegung, auch in anderer und komplexerer Weise aneinander geschaltet sein. Sehr häufig ist eine längere Sequenz von Verhaltensweisen so programmiert, daß das sie einleitende Appetenzverhalten eine Reizsituation herbeiführt, die nicht unmittelbar den zielbildenden Ablauf der Instinktbewegung auslöst, sondern zunächst nur *eine weitere Art von Appetenzverhalten*. Ein Baumfalke fliegt auf Beutefang suchend umher – Appetenzverhalten erster Ordnung. Der Falke trifft auf eine Schar Stare und vollführt, nachdem er hoch über sie gestiegen ist, ein besonderes Flugmanöver, das darauf abzielt, einen einzelnen Star aus dem Schwarm abzusprengen – Appetenzverhalten zweiter Ordnung. Erst wenn dies Erfolg hat, hat der Raubvogel jene Situation erreicht, in der eine weitere Verhaltensweise, nämlich das Schlagen der Beute anwendbar wird, auf die dann weitere Instinktbewegungen, zunächst die des Rupfens und danach die des Auffressens der Beute, folgen. Für unsere Vorstellung vom Wesen der Instinktbewegung ist es von Wichtigkeit, daß in einer solchen Folge viele Erbkoordinationen nicht als triebbefriedigender Endzweck, sondern gewissermaßen als Zwischenziel eingebaut sind. Sie können daher ebensogut als ein Appetenzverhalten aufgefaßt werden, das nach jener Reizsituation strebt, die das nächste Glied auslöst. Eine solche Sequenz von Appetenzen nannte Tinbergen einen hierarchisch organisierten Instinkt.

Ein solches System hierarchisch angeordneter Appetenzen leitet das Tier in einem phylogenetisch »wohldurchdachten« Programm von Auslösesituation zu Auslösesituation, und zwar – und darauf kommt es an – stets von einer allgemeineren, leichter aufzufindenden zu einer spezielleren, die schwer zu finden wäre, wenn nicht der erste, von der Appetenz erster Ordnung auf die Appetenz zweiter Ordnung umschaltende Auslösemechanismus den Weg zu ihr wiese. Der Begriff des hierarchisch organisierten Instinktes ist alles andere als eine metaphysische Konstruktion: Die Zahl der beteiligten Auslösemechanismen ist experimentell feststellbar, und die beteiligten Erbkoordinationen sind deskriptiv genau erfaßbar.

Die Ketten der an einem solchen System beteiligten Appetenzen und Auslösemechanismen können auch »gegabelt« sein, indem nach Erreichen der vom Appetenzverhalten erster Ordnung angestrebten Reizsituation die Möglichkeit zu *mehreren* weiteren Verhaltensweisen gegeben ist, d.h. mehrere weitere Appetenzen geweckt werden. Ein Stichling, in dem bei zunehmender Tageslänge im Frühling auf hormonalem Wege Fortpflanzungsbereitschaft erzeugt wird, beginnt zunächst aus tiefem Wasser in seichtes zu wandern und setzt dieses Appetenzverhalten so lange fort, bis er mit Pflanzen bestandenes ruhiges Flachwasser findet. In dieser Situation wird er »territorial«, d.h. er nimmt eine ganz bestimmte Lokalität in Besitz, die er von nun an nicht mehr verläßt. Damit ändert sich seine »Stimmung«, d.h. seine Bereitschaft zu bestimmten Verhaltensweisen, was sich nach außen sowohl den Artgenossen des Tieres wie den Erforschern seines Verhaltens durch eine Veränderung seines Farbkleides kundtut. Von nun ab ist der Stichling gleichermaßen bereit, ein Nest zu bauen, Rivalen zu bekämpfen und ein Weibchen zu umwerben, zum Nest zu führen und mit ihm abzulaichen. Die vom Appetenzverhalten erster Ordnung erreichte Reizsituation bildet also die Voraussetzung dafür, daß nun mehrere verschiedenartige Appetenzen gleichzeitig erwachen. Das Instinktsystem des Stichlings hat N. Tinbergen, das der Sandwespe (Ammophila) G. P. Baerends tiefschürfend analysiert.

Ein solches hierarchisch organisiertes Instinktsystem ist um sehr viel »plastischer« als eine einfache Triebhandlung im Heinrothschen Sinne, weil jeder der vielen hintereinander geschalteten Auslösemechanismen Information über im Augenblick obwaltende Umstände erwirbt und das Verhalten an sie anpaßt. Außerdem tragen auch die vielen an dem Gesamtvorgang beteiligten und ihn im Raume steuernden Taxien erheblich zum Informationsgewinn bei.

Eine besondere, Zeit und Energie sparende Anpassungsfähigkeit erhalten die hierarchischen Instinktsysteme dadurch, daß in ihnen einzelne Glieder der Verhaltenskette gegebenenfalls auch übersprungen werden können. Wenn der Baumfalke in unserem obigen Beispiel einen einzelnen Star antrifft, erspart er sich selbstverständlich das Absprengmanöver und geht sofort zum Schlagen über. Wie Baerends zeigte, lassen sich entsprechende »Abkürzungen« bei der Sandwespe nicht immer hervorrufen, das Insekt beharrt in manchen Fällen in der obligaten Sequenz des hierarchischen Ablaufes.

Die oft ganz erstaunlich sinnvolle und daher »intelligent« wirkende Anpassungsfähigkeit der hierarchisch organisierten Systeme wird an sich – um dies nochmals zu betonen – durch Leistungen bewirkt, die der Aufnahme von Augenblicksinformationen dienen. Das System ist angepaßt, ermöglicht aber durch sein offenes Programm eine reiche Kombinatorik arterhaltend zweckmäßigen Verhaltens, *auch ohne* daß seine Maschinerie durch adaptive Modifikationen verändert wird. Es gehört somit durchaus zu der Kategorie der kognitiven Vorgänge, die ohne Beteiligung von Lernvorgängen funktionsfähig sind und die den Gegenstand dieses Kapitels bilden. Nachweisbar ist die Lernunabhängigkeit ihrer Funktion in den vielen Fällen, in denen komplexe, hierarchisch organisierte Verhaltensketten im Leben des tierischen Individuums nur ein einziges Mal ablaufen, wie z. B. das von dem Ehepaar Peckham und Jocelyn Crane so gründlich studierte Paarungsverhalten mancher Spinnen oder das von Ernst Reese untersuchte und gefilmte Verhalten der Larven von Einsiedlerkrebsen, die schon im Stadium der freischwimmenden Glaucothoe-Larve bei ihrer ersten Begegnung mit einem Schneckenhaus die ganze hochdifferenzierte Folge von Verhaltensweisen ausführen, mittels deren ein erwachsener Einsiedlerkrebs ein Schneckenhaus auffindet, untersucht, reinigt und bezieht.

Die prinzipielle Unabhängigkeit der Funktion hierarchisch organisierten Instinktverhaltens von Lernvorgängen schließt nicht aus, daß gerade sie zu der Grundlage geworden sind, auf der sich Mechanismen des Lernens entwickelt haben. Sie stehen zu den hochentwickelten Lernvorgängen in jenen »einseitigen« Beziehungen, die zwischen Geschehensweisen zu bestehen pflegen, die sich auf verschiedenen Integrationsebenen abspielen. Man vergegenwärtige sich das in II. 4 (s. S. 52) Gesagte.

Die Augenblicksinformation gewinnenden Mechanismen sind in ihrer Leistung unabhängig von den auf höherer Ebene hinzukommenden Vorgängen des Lernens, aber sie bilden *die Voraussetzung* für deren Entstehung. Die im nächsten und übernächsten Kapitel zu besprechenden Vorgänge der adaptiven oder »teleonomen« Modifikation des Verhaltens durch Lernen wären ohne sie nicht möglich. Bahnung durch Übung, reizmindernde Gewöhnung, Vermehrung der Selektivität von Auslösemechanismen durch Angewöhnung, kurz alle jene Vorgänge, von denen im nächsten Kapitel die Rede sein wird, sind nur auf der Grundlage der im vorliegenden Kapitel besprochenen Leistungen möglich. In besonderem Maße aber gilt dies für die im VI. Kapitel zu besprechende kognitive Leistung des *Lernens durch Erfolg* (conditioning by reinforcement). Die Entstehung dieser höchsten und wichtigsten Form des Lernens hatte zur Voraussetzung, daß vollfunktionsfähige Systeme vorhanden waren, die aus Appetenzverhalten, angeborenem Auslösemechanismus und zielbildender Endsituation bestanden. Ohne das Vorhandensein dieser drei Glieder hätte es nie zu der »Fulguration« jener Rückkoppelung kommen können, die den Erfolg auf das vorangegangene Verhalten rückwirken läßt und die das Wesen der bedingten Reaktionen im engeren Sinne ausmacht.

11 Zusammenfassung des Kapitels

Von den in den ersten drei Kapiteln besprochenen kognitiven Mechanismen ist *nur* der des Genoms mittels seiner Methode von Versuch und Erfolg dazu imstande, Information nicht nur zu erwerben, sondern auch zu speichern. Der Menge der so gewonnenen und bewahrten Information ist kaum eine Grenze gesetzt, aber die *Zeit,* die benötigt wird, um aus dem neugewonnenen Wissen die arterhaltenden Konsequenzen zu ziehen, entspricht mindestens der Dauer einer Generation. Deshalb können lebende Systeme ihre Angepaßtheit nicht – oder nur in einem unvorstellbar konstanten Milieu – aufrechterhalten, ohne daß sie durch *kurzfristig* funktionierende Mechanismen Information über *augenblicklich* in der Umgebung obwaltende Umstände erhalten und verwerten können.

Der ursprünglichste, älteste und allgegenwärtigste dieser Mechanismen ist der *Regelkreis,* der durch negative Rückkoppelung bestimmte innere Bedingungen des Organismus von den Schwankungen äußerer unabhängig macht und konstant erhält (Homöostase).

Bei freibeweglichen Organismen finden sich Vorgänge, die es ihnen ermöglichen, sich mit *räumlichen* Gegebenheiten ihrer Umwelt sinnvoll auseinanderzusetzen, wie z.B. die amöboide Reaktion, die *Kinesis,* die *phobische* Reaktion und die *Taxis,* die alle vier *Reizbarkeit* zur Voraussetzung haben.

Auf einer höheren Ebene der Differenzierung kommen der *angeborene Auslösemechanismus,* die Erbkoordination oder Instinktbewegung und komplexere aus diesen beiden aufgebaute Systeme hinzu.

Im Gegensatz sowohl zu kognitiven Leistungen des Genoms wie auch zu denen höherer, Lernen in sich schließender Erkenntnisfunktionen sind alle die in diesem Kapitel besprochenen Mechanismen *nicht imstande, Information zu speichern.* Ihre Leistungen sind nicht Vorgänge der Anpassung, sondern Funktionen fertig angepaßter Strukturen. Sie sind gegen jegliche Modifikation gesichert und müssen es sein, weil sie, vor jeder Erfahrung gegeben, die Grundlage aller möglichen Erfahrung sind. Sie entsprechen in dieser Hinsicht der Definition, die Kant vom »Apriorischen« gegeben hat.

Die in diesem Kapitel besprochenen, Augenblicksinformation erwerbenden Mechanismen sind zwar unabhängig von allem Lernen funktionsfähig, bilden aber ihrerseits die unentbehrliche Grundlage für die auf höherer Integrationsebene sich entwickelnden Lernvorgänge.

V. Kapitel
Teleonome Modifikationen des Verhaltens (ausschließlich des Lernens durch Belohnung – conditioning by reinforcement)

1 Allgemeines über adaptive Modifikation

Modifikation nennt man jede durch äußere Umstände im individuellen Leben des Organismus hervorgerufene Veränderung seiner Beschaffenheit. Modifikation bedingt auf der Basis der erblichen Anlagen, des Genotypus, das äußere Erscheinungsbild, den Phänotypus jedes Lebewesens. Modifikation ist ein allgegenwärtiger Vorgang. Es ist kaum eine Übertreibung, zu behaupten, daß jede kleine Verschiedenheit der Umweltbedingungen, unter denen zwei genetisch gleiche Individuen heranwachsen, eine kleine Verschiedenheit in ihren Eigenschaften – eben in ihrem Phänotypus – zur Folge hat. Diese Modifikationen des Bauplanes durch Umwelteinflüsse bedeuten jedoch keineswegs notwendigerweise Veränderungen, die im Sinne der Arterhaltung günstig sind. Vielmehr ist die Wahrscheinlichkeit, daß die *durch* eine bestimmte Umweltänderung hervorgerufene Modifikation eine Anpassung *an* eben diese Änderung bedeutet, nicht größer als diejenige, daß eine zufallsbedingte Mutation oder Neukombination von Genen einen Arterhaltungsvorteil mit sich bringt. Wenn in Antwort auf einen ganz bestimmten Umwelteinfluß *regelmäßig* eine Modifikation erfolgt, die eine teleonome, d. h. arterhaltende Anpassung an eben diesen Einfluß darstellt, so kann man mit einer an Sicherheit grenzenden Wahrscheinlichkeit annehmen, daß die betreffende, spezifische Modifikabilität bereits das *Ergebnis vorangegangener Selektion* sei.

Wenn also beispielsweise das Blut des Menschen in sauerstoffarmer, unter geringem Druck stehender Höhenluft reicher an Hämoglobin und roten Blutkörperchen wird oder wenn ein Hund in kaltem Klima ein dichteres Fell bekommt oder wenn eine Pflanze, die in schwachem Licht wächst, sich in die Länge streckt und so ihren Blättern bessere Beleuchtung verschafft, so sind alle diese adaptiven Modifikationen keineswegs *nur* die Folge des Umwelteinflusses, der sie hervorbringt, sondern ebenso die eines eingebauten genetischen Programms, das durch die Versuchs- und Erfolgsmethode des Genoms erarbeitet worden ist und nun als fertige Anpassung für diese besonderen Fälle bereitliegt. In Worte gefaßt würde die der Pflanze mitgegebene Anleitung etwa lauten: Bei ungenügender Beleuchtung soll der Stengel so weit in die Länge gezogen werden, bis erträgliche Lichtverhältnisse erreicht sind. Diese Art genetischer Information nennen wir mit Ernst Mayr *offenes Programm.*

Ein offenes Programm ist ein kognitiver Mechanismus, der imstande ist, nicht im Genom enthaltene Information über die Umwelt nicht nur zu erwerben, sondern auch zu speichern. Mit anderen Worten: Die ontogenetische Verwirklichung der passendsten unter den vom offenen Programm gegebenen Möglichkeiten *ist ein Anpassungsvorgang.*

Die Tatsache, daß das offene Programm in dieser Weise Information erwirbt und bewahrt, darf nicht vergessen machen, daß es zu dieser Leistung einer Menge an genetischer Information bedarf, *die nicht kleiner, sondern größer ist als die für ein geschlossenes Programm nötige.* Ein Gleichnis mag dies illustrieren. Ein Mann will ein Fertigteil-Häuschen aufstellen, an dem keinerlei anpassende Veränderungen vorgenommen zu werden brauchen – ein Beispiel eines völlig geschlossenen Programms. Der einzige Baugrund, auf dem dieses Vorhaben durchführbar wäre, ist eine absolut ebene Fläche, etwa eine der genau horizontalen Lavaterrassen, wie sie auf vulkanischen Inseln vorkommen. In diesem Fall benötigt der Erbauer nur sehr wenig Instruktion. Nun stelle man sich vor, daß ein ähnliches Häuschen auf unebenem oder abschüssigem Gelände aufgestellt werden solle, und vergegenwärtige sich, welche Menge an zusätzlicher Instruktion dem Bauenden erteilt werden müßte, um ihn in den Stand zu setzen, diese für jeden Baugrund etwas verschiedene Aufgabe zu lösen. Dieses Denkmodell illustriert gut, wie abwegig die disjunktive Begriffsbildung von »angeboren« und »erlernt« ist (nature and nurture). Alle Lernfähigkeit gründet sich auf offenen Programmen, die nicht weniger, sondern mehr im Genom festgelegte Information voraussetzen als eine sogenannte angeborene Verhaltensweise. Daß dies für so viele sonst scharfsinnige Denker so schwer zu verstehen ist, liegt wohl an der allgemeinen menschlichen Neigung, in Gegensätzen zu denken.

Adaptive Modifikationen gibt es auf allen Stufen organischer Entwicklungshöhe, von den allerniedrigsten Lebewesen aufwärts. So vermehren z. B. manche Bakterien, wenn man sie in phosphorarmem Milieu kultiviert, jene chemischen Strukturen der Zelle, die der Aufnahme dieses Stoffes dienen. Die Bakterien brauchen einige Zeit, um diese Umstellung zu bewerkstelligen; wenn man sie aber, nachdem dies geschehen ist, plötzlich in eine phosphorreiche Umgebung zurückbringt, so »überfressen« sie sich zunächst an Phosphor, bis sie die adaptive Modifikation ihrer Zellstrukturen der Nährstoffaufnahme wieder rückgängig gemacht haben. Die kognitive Funktion des beschriebenen Vorganges gleicht insofern der eines Regelkreises, als der Organismus durch ihn Information über eine »gegenwärtige Marktlage« erhält.

Die eben besprochene Leistung der Bakterien läßt an einen Lernvorgang denken. Im allgemeinen nennen wir allerdings nur solche adaptive Modifikationen Lernvorgänge, die das *Verhalten* betreffen. Den Gewinn von Augenblicksinformation, die nicht gespeichert wird, also alle kognitiven Vorgänge, die im vorigen Kapitel besprochen wurden, bezeichnen wir nicht als Lernen. Als Kennzeichen für alle Lernvorgänge betrachten wir den Umstand, daß eine anpassende Veränderung in der »Maschinerie« vor sich geht, d. h. also in den Strukturen der Sinnesorgane und des Nervensystems, deren Funktion das Verhalten ist. Eben in dieser Veränderung der Struktur liegt ja der Gewinn der Information, und, da die Veränderung mehr oder weniger permanent ist, auch ihre Speicherung.

Die adaptierende Modifikation und insbesondere die des Verhaltens ist ein kognitiver Vorgang besonderer Art. Sie ist sowohl dem Verfahren des Genoms als auch allen besprochenen Vorgängen des Erwerbs von Augenblicksinformation darin überlegen, daß sie nicht nur wie das erstere Informationen speichern, sondern auch – wie die letzteren – kurzfristig auftretenden Umweltveränderungen Rechnung tragen kann. Keiner der im vorangehenden diskutierten Prozesse kann *beides.*

Die Strukturen, die bei allen adaptiven Modifikationen des Verhaltens höherer Lebewesen verändert werden, sind höchstwahrscheinlich solche des Zentralnervensystems. Auf die Unwahrscheinlichkeit der Annahme, daß Lernergebnisse wie genomgebundene Information in Kettenmolekülen kodiert werden, müssen wir später zurückkommen. Je komplexer ein lebendes System ist, desto unwahrscheinlicher ist es, daß eine zufällige Änderung seiner Struktur eine andere Wirkung hat als die einer Störung. In der ganzen uns bekannten Welt gibt es kein komplexeres System als die zentralnervöse Organisation, die dem Verhalten der höheren Lebewesen zugrunde liegt. Es ist also eine sehr erstaunliche Errungenschaft des organischen Werdens, eine vielfältige adaptive Modifikabilität gerade in diesem System hervorgebracht zu haben. Diese Modifikabilität beruht auf unvorstellbar wunderbaren komplexen Strukturen, die offenen Programmen zugrunde liegen und die Möglichkeit zum Lernen offenhalten. Es gab kaum einen größeren Irrtum in der menschlichen Geistesgeschichte als die Meinung der Empiristen, daß der Mensch vor jeder individuellen Erfahrung ein unbeschriebenes Blatt, eine »tabula rasa« sei. Ebensogroß ist allerdings der nur scheinbar entgegengesetzte, im wesentlichen aber identische Irrtum, dem viele nicht biologisch denkende Psychologen huldigen und der in der Annahme besteht, daß Lernen ganz selbstverständlich an allen, auch noch so kleinen Elementen tierischen und menschlichen Verhaltens beteiligt sei. Beide Irrtümer haben die verderbliche Folge, daß sie das zentrale Problem allen Lernens verschleiern. Dieses liegt in der Frage: Wie kommt es, daß Lernen die arterhaltende Wirkung des Verhaltens verbessert?

2 *Das Zeugnis der experimentellen Embryologie*

Beim Ablaufen eines offenen Programms wird eine kognitive, d. h. anpassende Leistung vollbracht. Eine äußere Einwirkung liefert die Information, die bestimmt, daß eine von den im Programm vorgesehenen Möglichkeiten verwirklicht wird, die nämlich, die auf die Situation am besten paßt.

Über diesen immer noch sehr rätselhaften Vorgang hat die Entwicklungsmechanik oder experimentelle Embryologie wesentliche Erkenntnis gebracht. Ein klassisches Beispiel für ein offenes Programm, das mehrere Möglichkeiten bietet, liefert uns die Embryologie der äußeren Zellschicht, des Ektoderms, von Wirbeltier-Embryonen. Je nach der Stelle, an der Ektodermzellen im Körper des Keimlings liegen, können sie Oberhaut, Teile eines Auges oder ein Gehirn samt Rückenmark bilden. *Jede* Ektodermzelle enthält die zum Bau jedes dieser Organe nötige Information. Welches der Programme verwirklicht wird, hängt von Einflüssen ab, die von der Umgebung ausgehen. Sich selbst überlassen, z. B. in einem aus der Bauchseite eines Froschkeimlings herausgeschnittenen Stück, bildet das Ektoderm immer nur Oberhaut. Dort, wo es in enger Nachbarschaft über der Rückensaite, der Chorda dorsalis – dem Vorläufer der Wirbelsäule –, liegt, bildet es ein Rückenmark und ein Gehirn; dort wo, etwas später, das aus dem Gehirn sich vorstülpende Augenbläschen sich dem Ektoderm nähert, bildet dieses genau am richtigen Ort die Linse eines Auges. Daß es vom Nachbargebilde ausgehende Einflüsse sind, die jeweils diese spezielle Form der Entwicklung »induzieren«, kann man experimentell leicht nachweisen: Wenn man einem Froschkeimling ein kleines Stück Chorda dorsalis unter die Bauchhaut inplantiert, bildet sich im darüberliegenden Ektoderm ein Stückchen Neuralrohr.

Die ursprünglich vorhandenen Möglichkeiten, die *prospektive Potenz,* wie Spemann, der erste große Untersucher dieser Vorgänge, sagt, ist also reichhaltiger als die *prospektive Bedeutung* jedes Gewebeanteils, denn diese hängt jeweils von dem *Ort* ab, an dem die betreffenden Stücke sich entwickeln. Einflüsse, die von diesem Ort ausgehen, *induzieren* eine bestimmte von den möglichen Entwicklungsrichtungen, und diese ist, nachdem sie einmal eine Strecke weit verfolgt wurde, endgültig *determiniert,* d. h. sie kann nun nicht mehr geändert werden, und die prospektive Potenz des betreffenden Organsystems ist nunmehr auf dessen prospektive Bedeutung eingeschränkt.

Alle die mannigfachen Arten des Geschehens, die sich bei adaptiven Modifikationen abspielen, sind den eben skizzierten Vorgängen der Embryogenese wesensverwandt. Es ist nicht sehr wesentlich, ob ein induzierender Einfluß von der Umgebung eines Gewebeanteils innerhalb eines Keimlings oder von der äußeren Umgebung eines Organismus ausgeht. Immer enthält das modifizierbare System genetische Information für *alle* Teilprogramme, die es potentiell zu verwirklichen imstande ist. Das Ektoderm bekommt nicht etwa von der Rückensaite »gesagt«, wie es ein Rückenmark und ein Gehirn zu machen hat, noch auch von der Augenblase, wie eine Linse auszusehen hat. Deshalb ist Spemanns vitalistisch gefärbter Begriff des »Organisators« auch etwas irreführend. Man weiß heute, daß auch anorganische Einwirkungen imstande sind zu »induzieren«, z. B. das Ektoderm zu veranlassen, eins der genannten Organe zu bilden. Entsprechendes gilt von vielen adaptiven Modifikationen, auch von jenen, die das Verhalten betreffen. Alles Lernen gleicht der entwicklungsmechanischen Induktion darin, daß aus den mannigfachen Möglichkeiten eines offenen Programms durch bestimmte äußere Einwirkungen die auf die Umweltsituation am besten passende verwirklicht wird. Diese äußeren Einwirkungen sind selbst auch »vorgesehen«, d. h. aufgrund vorangegangener Anpassungsvorgänge in das Programm eingebaut.

Wie fest und spezifisch solche Einflüsse auf einen bestimmten Lernvorgang programmiert sein können, zeigen die Versuche von J. Garcia und seinen Mitarbeitern, auf die wir später in einem anderen Konnex noch näher eingehen müssen. Hier sei nur gesagt, daß man einer Ratte das Fressen eines bestimmten Nahrungsstoffes durch keinerlei schmerzerzeugende Strafreize abdressieren kann, wohl aber durch solche, die eine in den Verdauungsorganen lokalisierte Übelkeit bewirken.

Lernen im weitesten Sinne, definiert als teleonomische Modifikation des Verhaltens, ist somit dem entwicklungsmechanischen, von Spemann als Induktion bezeichneten Vorgang wesensverwandt. (Der den Naturwissenschaften fernstehende Leser sei darauf aufmerksam gemacht, daß man als »Induktion« auch eine Methode des naturwissenschaftlichen Vorgehens bezeichnet, ein Begriff, der mit dem Spemannschen nichts zu tun hat.)

Es gibt einen wesentlichen Punkt, in dem sich die entwicklungsmechanische Induktion von den meisten, wenn auch nicht von allen Lernvorgängen unterscheidet. Sie ist, nachdem sich die einengende *Determination* vollzogen hat, nicht mehr rückgängig zu machen, während bekanntlich erlerntes Verhalten wieder vergessen, ja durch entgegengesetzte Dressur in sein Gegenteil verwandelt werden kann. Karl Bühler hat seinerzeit ernstlich in Frage gezogen, ob man nicht diese Reversibilität in die Definition alles Lernens aufnehmen sollte. Indessen gibt es bemerkenswerterweise auch Lernvorgänge, die *nicht* reversibel sind und die durch eine Determination im vollen Spemannschen Sinne ein für alle Mal festgelegt werden. Es sind dies erstens die Vorgänge der sogenannten *Prägung*, durch die das Objekt bestimmter Triebhandlungen irreversibel festgelegt wird, zweitens aber gewisse Vorgänge des Erwerbens von intensiven Vermeidungsreaktionen die, vor allem bei jugendlichen Individuen, als sogenannte »psychische Traumen« eine unauslöschbare Spur hinterlassen.

Ob man alle teleonomen Modifikationen, die das Verhalten betreffen, mit dem Worte »Lernen« bezeichnen will, ist Geschmackssache. Es gibt Autoren, die selbst den Wissenserwerb des Genoms so bezeichnen. Ich selbst habe in meinem Buche ›The Innate Bases of Learning‹ alle arterhaltend sinnvollen Modifikationen des Verhaltens unter dem Begriff des Lernens zusammengefaßt. Da die gesamte Psychologenschule des Behaviorismus ihre Arbeit auf die Hypothese gründet, daß das Lernen durch Erfolg – conditioning by reinforcement – die einzige Form des Lernens, ja der einzige untersuchungswerte Vorgang im gesamten tierischen und menschlichen Verhalten sei, halte ich es für angebracht, die Eigenart dieses Lernvorganges auch dadurch zum Ausdruck zu bringen, daß ich ihn in einem besonderen Kapitel behandeln werde, in dem vorliegenden hingegen nur die einfacheren Formen des individuellen Wissenserwerbs.

3 *Bahnung durch Übung*

Die Maschinerie eines Autos erfährt bekanntlich eine adaptive Veränderung durch den Vorgang, den man als »Einfahren« bezeichnet. Etwas Ähnliches kommt offenbar auch bei manchen Mechanismen des Verhaltens vor. M. Wells hat z. B. gefunden, daß bei frisch aus dem Ei geschlüpften Tintenfischen (Sepia officinalis) die Beutefangreaktion schon beim ersten Male mit vollkommener Koordination, jedoch erheblich langsamer abläuft als nach mehrmaliger Wiederholung. Auch die Zielgenauigkeit nahm zu. E. Hess fand einen ähnlichen Effekt der Übung an der Pickbewegung frisch geschlüpfter Haushuhnküken. Das Treffen des Zieles spielt, wie er nachweisen konnte, keine Rolle für die Verbesserung der Bewegungsweise. Hess setzte den Hühnchen Brillen auf, die durch Prismengläser eine seitliche Verschiebung des Zieles vortäuschten. Die Tiere lernten es nie, die Abweichung zu korrigieren, und pickten dauernd in der zu erwartenden Richtung am Ziele vorbei. Dennoch verminderte sich die Streuung der Bewegung nach einiger Übung ganz wesentlich.

4 *Sensitivierung*

Zu den Vorgängen der motorischen Bahnung bilden, auf der sensorischen Seite des Verhaltens, die der sogenannten *Sensitivierung* das Gegenstück. So bezeichnet man eine durch wiederholte Auslösung einer Reaktion bewirkte Herabsetzung der Schwellenwerte ihrer Schlüsselreize. Das Tier wird durch die erste Reaktion gewissermaßen alarmiert; man möchte anthropomorphisierend sagen, es werde *aufmerksam gemacht*. Mit diesem

Gleichnis ist auch schon ausgedrückt, daß Sensitivierung meist *kurzfristiger* ist als motorische Bahnung.

Einen arterhaltenden Sinn hat der Alarmzustand, den die Sensitivierung hervorruft, offensichtlich nur dort, wo das einmalige Eintreffen einer auslösenden Reizsituation ein Zeichen dafür ist, daß die *Wahrscheinlichkeit einer Wiederholung* nunmehr zu erwarten ist. Dies gilt besonders für fluchtauslösende Reize. Ein Regenwurm, der eben ein wenig gezwickt wurde, aber durch seine rasche Fluchtreaktion entkam, tut gut daran, »damit zu rechnen«, daß die gefährliche Amsel noch um die Wege ist. Einen besonders hohen Arterhaltungswert entwickelt Sensitivierung, wie M. Wells gezeigt hat, dort, wo das Objekt der Reaktion, sei es Feind oder Beute, regelmäßig in Scharen auftritt, wie dies bei vielen Organismen des freien Meeres der Fall ist. Eins der eindrucksvollsten Beispiele für eine Sensitivierung des Beutefangverhaltens bildet das sogenannte »feeding frenzy« beim Hochseefischen, z. B. von Haien, Makrelen und Heringen. Wenn die Fische einige Beutetiere erschnappt haben, scheinen sie buchstäblich verrückt zu werden – »frenzy« heißt ja Verrücktheit – und schnappen wie wild um sich, wobei die Schwellenwerte der Schlüsselreize so stark gesenkt sind, daß z. B. Thunfische nach groben, unbeköderten Haken schnappen; eben darauf beruht die in tropischen Meeren übliche Fangtechnik der Fischerei.

Sensitivierung* ist eine bei niederen Tieren weitverbreitete Form des Lernens, besonders typisch nach M. Wells für vielborstige Ringelwürmer (Polychaeten). Unter diesen gibt es hochentwickelte und mit guten Sinnesorganen ausgestattete räuberische Formen.

Sowohl bei der motorischen Bahnung wie bei der Sensitivierung wird eine Funktionsverbesserung eines Systems *durch die Funktion selbst* bewirkt, und dies ist einer der konstitutiven Charaktere des Lernens. Bei beiden fehlt indessen noch ein anderes Merkmal, das man als für Lernen konstituiv zu betrachten pflegt, nämlich die sogenannte *Assoziation.* Man versteht darunter das Ausbilden einer neuen Verbindung zwischen zwei Nervenvorgängen, die vor diesem individuellen Lernvorgang unabhängig voneinander funktionierten. Assoziation ist kennzeichnend für alle im folgenden zu besprechenden Lernvorgänge.

* Das für diesen Vorgang gebräuchlich gewordene Wort Sensitierung ist, zumindest in der deutschen Sprache, falsch, während im Englischen »sensitation« gebräuchlich ist.

Eine Reizsituation, die bei ihrem ersten Eintreten eine Reaktion von bestimmter Intensität auslöst, verliert häufig schon beim zweiten Mal etwas von ihrer Wirksamkeit, und nach einer Reihe weiterer Wiederholungen kann ihre auslösende Wirkung völlig geschwunden sein. Man bezeichnet dies im Deutschen als Reizgewöhnung oder auch als Sinnesadaptation, was aus später zu erörternden Gründen kein sehr glücklicher Ausdruck ist. Im Englischen spricht man von »habituation«.

Das Schwinden der Reaktion ist im typischen Falle nicht davon abhängig, ob dem betreffenden Schlüsselreiz eine andressierende, »bestärkende« Reizsituation folgt oder nicht. Die Erscheinung ist in manchen Punkten einer *Ermüdung* ähnlich, ja, sie hat sich vielleicht stammesgeschichtlich aus ganz besonderen Ermüdungserscheinungen entwickelt. Dennoch liegt ihr hoher arterhaltender Wert gerade darin, daß sie eine Ermüdung der betreffenden Reaktion, vor allem auf ihrer motorischen Seite, *verhindert.*

Dieser Zweck wird dadurch erreicht, daß die Gewöhnung nur eine ganz bestimmte Art von Reizen betrifft. Ein Süßwasserpolyp (Hydra) beantwortet eine ganze Reihe verschiedener Reize damit, daß er Körper und Fangarme auf kleinsten Raum zusammenzieht. Eine Erschütterung der Unterlage, eine Berührung, eine kleine Bewegung des umgebenden Wassers, ein chemischer oder ein Wärmereiz haben alle den gleichen Effekt. Wenn sich nun aber eine Hydra, was häufig vorkommt, in langsam strömendem Wasser ansiedelt, in dem ihr Körper dauernd von der Turbulenz des Stromes hin und her bewegt wird, dann verlieren diese Strömungsreize allmählich jede auslösende Wirkung, und der Polyp läßt Leib und Arme weit ausgestreckt der Bewegung des Mediums passiv folgen. Dabei wird aber – und darauf kommt es an – *der Schwellenwert aller anderen, Zusammenziehung auslösenden Reize nicht verändert.* Gerade dies aber wäre zweifellos der Fall, wenn die Strömungsreize ihre Wirkung nicht völlig verlören und immer wieder eine, wenn auch noch so geringe Kontraktion des Tieres hervorrufen würden. Dann würde nämlich die motorische Seite der Reaktion ermüden, und damit wäre die Reaktionsfähigkeit auch auf alle anderen *Reize* herabgemindert. Eben dies wird durch die Reizgewöhnung verhindert.

Man kann Gewöhnung auch als *De-Sensitivierung*, als Unempfindlichmachung bezeichnen. Der schon erwähnte Ausdruck Sinnesadaptation, englisch »sensory adaptation«, ist insofern irreführend, als er sprachlich die Vorstellung erweckt, die in Rede stehenden Vorgänge vollzögen sich im Sinnesorgan, wie etwa die Hell- und Dunkeladaptation in der Netzhaut unseres Auges, die ebenso wie die Veränderlichkeit der Pupillengröße dazu dient, die Empfindlichkeit eines Auges den jeweiligen Lichtverhältnissen anzupassen. Man kann zwar auch diesen Vorgang Gewöhnung nennen; jemand, der aus dem hellerleuchteten Zimmer in die Nacht hinausgeht, mag wohl sagen: »Ich muß mich erst an die Dunkelheit gewöhnen.« Doch handelt es sich bei dem Inbegriff dessen, was wir hier unter Gewöhnung verstehen, um Vorgänge, die nur in wenigen Fällen, wie z. B. im Auge, auf Veränderungen im Sinnesorgan selbst zurückzuführen sind, sondern sich im Zentralnervensystem abspielen. Auch sind sie meist *langfristiger* als die eigentliche Sinnes»adaptation«. Margret Schleidt benützte die Reaktion des sogenannten Kollerns beim Truthahn, um Reizgewöhnung zu studieren, und bewies, daß der Vorgang sich nicht im Sinnesorgan vollzieht. Das Kollern ist durch vielerlei Laute auslösbar, und wenn mit einem Tongenerator ein kurzer Ton von konstanter Höhe in Abständen geboten wird, kollert der Truthahn zunächst auf jeden dieser Reize, dann allmählich immer seltener und schließlich gar nicht mehr. Bietet man dann Töne von anderer Höhe, so zeigt sich, daß die so erworbene De-Sensitivierung nur einen ganz engen Bereich von Tonhöhen dicht ober- und unterhalb des Reiztones betrifft. Die »Adaptationskurve« fällt beiderseits des Gipfels steil ab, die Schwellenwerte von Tonhöhen, die dem gewohnten Ton in der Tonleiter auch nur etwas ferner lagen, waren nicht beeinflußt. So weit hätten sich die Erscheinungen immer noch der Annahme gefügt, daß eine Adaptation oder Ermüdung im Sinnesorgan selbst stattgefunden habe. Daß dem indessen nicht so war, wies M. Schleidt durch einen Versuch nach, der durch seine Einfachheit imponiert: Sie bot den unwirksam gewordenen Ton in gleicher Höhe und Länge wie vorher, aber um sehr viel leiser. Zu unser aller Erstaunen entwickelte dieser leisere Ton erneut volle auslösende Wirkung, ganz als ob man einen völlig anderen Ton geboten hätte. Die reiz-spezifische De-Sensitivierung lag also ganz sicher nicht im Sinnesorgan, denn dieses hätte in seinem adaptierten oder ermüdeten Zustand auf den leiseren Ton noch viel weniger ansprechen können als auf dessen vorherige Lautstärke.

Bei den unter natürlichen Umständen zu beobachtenden Vorgängen der Gewöhnung wird auch ohne gezieltes Experimentieren klar, wie sehr das Schwinden der ursprünglich vorhandenen Reaktion an eine ganz bestimmte Kombination von Außenreizen gebunden ist. Schon die Komplikation dieser Bedingungen zeigt, daß an dem Gesamtvorgang höhere Leistungen des Zentralnervensystems beteiligt sein müssen. Hierfür ein Beispiel: Viele Entenvögel (Anatidae) reagieren auf Raubtiere, die sich am Rande ihres Gewässers bewegen, indem sie »auf sie hassen« – wie es in der Jägersprache heißt –, sie verfolgen den Feind unter Ausstoßen von Warnlauten und lassen ihn so lange wie möglich nicht aus den Augen. Diese Reaktion gilt vor allem dem Fuchs und spricht besonders gut auf rotpelzige Objekte an, was die holländischen Entenfänger in den sogenannten Kojen in geradezu tückischer Weise ausnutzen: Sie binden einem dressierten Hund ein Fuchsfell auf den Rücken und lassen ihn die Enten in einen langen spiralig gebogenen Kanal, die sogenannte Pfeife, locken, an deren Ende die Falle sitzt. Als wir mit unserem reichen Anatiden-Bestand an den Ess-See übersiedelten, der damals noch nicht fuchsdicht umzäunt war, fürchteten wir, daß die Gewöhnung unserer Vögel an meine Chow-Schäferhund-Mischlinge, die rotpelzig und recht fuchsähnlich sind, für unsere Vögel gefährlich werden könne. Sie ließen die Hunde so nahe an sich heran, daß ein entsprechendes Verhalten dem Fuchs gegenüber verderblich hätte werden können. Diese Besorgnis erwies sich als unbegründet, der Reaktionsschwund bezog sich nur auf unsere eigenen individuellen Hunde, selbst der Chow einer Bekannten wurde in unverminderter Heftigkeit »behaßt« und Füchse erst recht.

Oft wundert man sich, welche geringen Veränderungen ausreichen, um die Gewöhnung an eine Gesamtsituation zusammenbrechen zu lassen. Es genügte z. B., daß einer unserer Hunde an dem unserem Institut gegenüberliegenden Seeufer erschien, um die volle Haßreaktion der Enten und Gänse erneut aufflammen zu lassen. Entsprechendes erlebte ich mit Schamadrosseln (Copsychus malabaricus). Ein Paar dieser Vögel, das in meinem Zimmer gebrütet hatte, vertrieb die Jungen der ersten Brut zu jener Zeit aus seinem Revier, als die nächste Brut sich dem Flüggewerden näherte. Als ich ein junges Männchen in einen Käfig sperrte und so den Angriffen der Eltern, vor allem des Vaters, entzog, gewöhnten sich die Altvögel, gewissermaßen unter Einschleichen des Reizes, an die Gegenwart des unvertreibbaren Sohnes.

Sie beachteten den Käfig samt seinem Insassen nicht mehr. Als ich den Käfig aber unvorsichtigerweise an einen anderen Ort des Zimmers brachte, war die »Adaptation« völlig vernichtet, und beide Eltern griffen das junge Männchen durch das Gitter hindurch so hartnäckig an, daß sie alles andere, vor allem die Jungen der nächsten Brut, völlig vergaßen. Da diese noch nicht selbst fraßen, wären sie verhungert, hätte ich den Stein des Anstoßes nicht aus dem Raum entfernt.

Das Phänomen der Gewöhnung gibt uns insofern Rätsel auf, als der Vorgang der »Adaptation« in vielen Fällen ausgesprochen unzweckmäßig erscheint. Wir kennen eine Reihe sehr spezifischer Reaktionsweisen, die, ihrem offensichtlichen Arterhaltungswert zum Trotze, so schnell de-sensitiviert werden, daß sie eigentlich nur bei ihrer allerersten Auslösung ihre volle Wirksamkeit entfalten, wie dies Robert Hinde an der durch Eulen ausgelösten Warn- und Fluchtreaktion des Buchfinken gezeigt hat. Selbst nach einer Ruheperiode von mehreren Monaten hatte die Reaktion nicht entfernt die Intensität erreicht, die sie beim ersten Male zeigte. Auch hatte der stärkste überhaupt denkbare andressierende, »bestärkende« Reiz, nämlich die Verfolgung des Versuchstieres durch einen lebenden Kauz, der ihm sogar ein paar Federn ausriß, durchaus nicht die erwartete Wirkung, die Abstumpfung der Reaktion wieder aufzuheben. Man kann sich schlecht vorstellen, daß ein in der Stammesgeschichte so ausgesprochen zum Zwecke einer bestimmten Funktion entstandener und in ihrem Dienste so hochdifferenzierter Mechanismus nur dazu gemacht sein sollte, um einmal oder höchstens zweimal im Leben des Individuum seine Wirkung zu entfalten. Es muß noch irgendein Fehler in unserer Argumentation oder in unseren Versuchsanordnungen stecken. Die Reaktion junger Graugänse auf den nachgeahmten elterlichen Warnlaut schwand in unseren Versuchen ebensoschnell wie die Eulen-Reaktion des Buchfinken in den Versuchen Hindes und erholte sich ebensowenig. Vielleicht machen wir die Reaktion einfach dadurch zunichte, daß wir sie in menschlicher Ungeduld zu schnell und zu oft hintereinander auslösen, oder vielleicht leisten wir einer abnorm schnellen Adaptation dadurch Vorschub, daß wir in unseren »wohlkontrollierten« Versuchsanordnungen eine Einförmigkeit der Gesamtsituation herstellen, wie sie im Freileben niemals vorkommt.

Wolfgang Schleidt hat einen Fall untersucht, in dem die De-Sensitivierung tatsächlich anpassende Information vermittelt. Truthühner haben, wie schon S. 78 angedeutet, einen Auslösemechanismus der Fluchtreaktion vor Raubvögeln, der auf eine sehr einfache Konfiguration von Reizen anspricht: Alles, was sich gegen einen hellen Hintergrund schwarz silhouettiert abhebt und mit einer bestimmten, mit der Eigenlänge in Beziehung stehenden Winkelgeschwindigkeit fortbewegt, ist für die Wildpute ein »Raubvogel«, z. B. eine an einer weißen Zimmerdecke langsam kriechende Fliege ebenso wie der am Himmel dahinziehende Bussard, Hubschrauber oder Freiballon. Bei dem Versuch, verschiedene Formen in bezug auf ihre Wirksamkeit miteinander zu vergleichen, etwa die einer fliegenden Gans mit der eines Adlers, zeigte sich, daß die Form als solche völlig gleichgültig war, nur vollzog sich die Gewöhnung an eine bestimmte Attrappe so schnell, daß jeweils diejenige am wirksamsten war, die man dem Versuchstier am längsten nicht geboten hatte. Im Freien zeigten unsere Wildputen die stärkste »Raubvogelreaktion« auf das kleine Pralluftschiff einer Münchner Reklamefirma, das ein- oder zweimal im Jahre über unser Gelände fliegt, eine viel geringere auf die weit häufiger vorüberkommenden Hubschrauber und die schwächste auf die Bussarde, die fast täglich über uns kreisen. Die Information, die diese schnelle Gewöhnung dem Vogel erteilt, würde also, in Worte gefaßt, lauten: »Hüte dich vor langsam am Himmel dahinschwebenden Gegenständen, am meisten aber vor jenen, die du am *seltensten* zu sehen bekommst«. Das wäre unter natürlichen Bedingungen in Nordamerika ganz eindeutig der weißköpfige Adler (Haliaetus albicilla), der einzige Raubvogel, der erwachsene wilde Truthühner gefährden kann.

Der Vorgang der Gewöhnung oder De-Sensitivierung unterscheidet sich, wie schon angedeutet, von den vorherbesprochenen einfachsten Vorgängen der Verhaltensmodifikation, von Bahnung und Sensitivierung, in einem wesentlichen Punkte: Sie geht mit einer sogenannten Assoziation einher, die eine Verbindung des angeborenen Auslösemechanismus mit hochkomplizierten Leistungen der Gestaltwahrnehmung herstellt, mit Leistungen, die in einem späteren Kapitel besprochen werden müssen. Diese Verbindung bewirkt eine besondere und in ihrer Physiologie noch rätselhafte *Hemmung*. In der *gewohnten* Reizsituation, die durch eine ungeheuer komplizierte Kombination einzelner Reizdaten gekennzeichnet sein kann, *verlieren* angeborenermaßen wirksame Schlüsselreize ihre auslösende Wirkung, *behalten* sie aber in allen anderen, wenn auch nur ganz wenig verschiedenen Kombinationen mit anderen Reizen.

In unserer Umgangssprache benützen wir das Wort Gewöhnung nicht nur, wenn wir von dem Vorgang sprechen, durch den wir uns an einen vorher lästigen Reiz gewöhnen, so daß er unwirksam und uns nicht mehr bewußt wird, sondern auch dann, wenn uns eine bestimmte Reizsituation oder Verhaltensweise durch mehrmalige Wiederholung lieb, ja sogar unentbehrlich geworden ist. Auch in diesem Falle findet, ganz wie bei der de-sensitivierenden Gewöhnung, eine feste »Assoziation« statt, die eine Verbindung zwischen den Schlüsselreizen, auf die ein Auslösemechanismus anspricht, und dem Reiz-Komplex jener Umweltsituation herstellt, von denen die ersteren wiederholt begleitet wurden. Die Folge dieser Assoziation liegt darin, daß hinfort die Reaktion, die ursprünglich durch die einfache Konfiguration der Schlüsselreize hervorgerufen werden konnte, nunmehr zu ihrer Auslösung des Gesamtkomplexes sämtlicher Reizdaten, der angeborenen wie der »angewöhnten«, bedarf. Die Assoziation hat also hier eine genau umgekehrte Wirkung wie bei der De-Sensitivierung, die wir im vorigen Abschnitt besprochen haben. In jener macht sie die ursprünglich wirksamen Schlüsselreize unwirksam, bei dem hier in Rede stehenden Vorgang bleiben die Schlüsselreize nicht nur in ihrem Zusammenwirken mit der angewöhnten Reizsituation wirksam, sondern sie entfalten ihre Wirksamkeit *nur* im Verein mit dieser. Der Arterhaltungswert des letztgenannten Vorganges liegt in der starken Vermehrung der *Selektivität* des Auslösemechanismus. Beispiele finden sich, im Gegensatz zur de-sensitivierenden Gewöhnung, vor allem bei höheren Tieren. Ein alter Käfigvogel, der jahrelang aus derselben Futterschüssel gefressen hat, kann verhungern, wenn diese zerbrochen wird und nun von ihm erwartet wird, daß er aus einem anderen Gefäß fresse. In pathologischer Weise tritt die Angewöhnung bei altersblödsinnigen Menschen in Erscheinung, deren sinnvolles Verhalten bei der geringsten Veränderung ihrer Umgebung zusammenbricht.

Der arterhaltende Sinn der Angewöhnung wird am deutlichsten in der ontogenetischen Entwicklung mancher Tiere. Eine frischgeschlüpfte Graugans z. B. reagiert mit »Grüßen« und anschließend mit Nachlaufen auf jedes Objekt, das ihr »Pfeifen des Verlassenseins« mit rhythmischen Lauten mittlerer Stimmlage beantwortet und sich dabei bewegt. Hat sie dies ein oder mehrere Male einem Menschen gegenüber getan, so ist sie hinfort kaum dazu zu bewegen, einer Gans oder einer Attrappe zu folgen, und tut dies, wenn man sie mit Geduld doch dazu bringt, nie mit derselben Intensität und Treue, die sie dem ersten Objekt gegenüber aufbringt. Diese irreversible Fixierung eines Triebes auf sein Objekt, die *Prägung*, wird noch in einem besonderen Abschnitt besprochen. Die Prägung der Nachfolgereaktion eines Gänschens, sei sie nun auf einen Menschen oder eine Gans erfolgt, bezieht sich zunächst nur auf die Art und nicht auf die Individualität des prägenden Objektes. Eine bereits lauffähige und eindeutig gänsegeprägte kleine Gans kann noch ohne weiteres von einer Gänsefamilie zu einer anderen versetzt werden. Ist sie aber ihren Eltern durch eine Zeit von etwa zwei vollen Tagesläufen gefolgt, so erkennt sie diese mit Sicherheit individuell, und zwar an der Stimme etwas früher als an den Gesichtszügen – merkwürdigerweise erkennen ja Anatiden einander, so wie wir es tun, an der Konfiguration des Gesichtes. Sie können die Identität eines Artgenossen, wenn sie sein Gesicht nicht sehen, noch schlechter feststellen als wir.

Diese selektive Gewöhnung des Gänschens an die Identität seiner Eltern erfolgt ohne Mitwirkung andressierender oder abdressierender Faktoren. Es kommt vor, daß Gänschen während der ersten Stunde ihres Nachfolgens ihre Eltern verlieren und dann versuchen, sich an ein anderes, Junge führendes Gänsepaar anzuschließen, das den Fremdling dann meistens wegbeißt. Die üblen Erfahrungen, die ein solches Kücken mit fremden Artgenossen macht, tragen nun durchaus nicht dazu bei, es vor der Wiederholung seines Irrtums zu bewahren und, falls es seine Eltern wiedergefunden hat, nunmehr fester zu ihnen zu halten. Im Gegenteil, es scheint, als ob ein wenn auch nur kurzes Nachlaufen hinter fremden Gänsen das Bild der Eltern verwischen würde: Gänschen, die einmal von ihren Eltern zu einem fremden Paar abgeirrt sind, neigen erfahrungsgemäß dazu, dies wieder und wieder zu tun. Die üblen Erfahrungen, die sie dabei machen, bleiben offenbar ohne Einfluß auf ihr Verhalten.

Ein anderes Beispiel: Beim etwa zwei Monate alten menschlichen Säugling, der eben die Motorik des *Lächelns* ausgebildet hat, läßt sich, wie René Spitz in exakten Experimenten gezeigt hat, diese Bewegungsweise der Begrüßung durch sehr einfache Attrappen auslösen. Wesentlich ist neben der Konfiguration von zwei Augen und der Nasenwurzel eine nickende Bewegung des Kopfes, wobei eine deutliche Haargrenze die optische Wirkung verstärkt. Als zusätzlicher Schlüsselreiz wirkt ein an den Winkeln breit nach oben gezogener grinsender Mund. Ein Kinderluftballon mit grob darauf gemalten Merkmalen erwies sich in seiner Wirkung dem nickenden Pfleger zunächst als ebenbürtig. Wenige Wochen später jedoch, in denen der Säugling mehr wirklichen Menschen als Attrappen zugelächelt hat, ist die Wirkung der einfachen Attrappe ziemlich plötzlich verschwunden. Das Baby hat gelernt, »wie ein Mensch aussieht«, und fürchtet sich nun vor dem bemalten Luftballon, den es zuerst angelächelt hatte, wiewohl es – und dies muß betont werden – keinerlei unangenehme Erfahrungen mit ihm gemacht hat, die eine abdressierende Wirkung hätten entfalten können.

Wesentlich später, zwischen dem sechsten und dem achten Lebensmonat, erfährt der das Lächeln auslösende Mechanismus eine weitere diesmal recht sprunghafte Zunahme seiner Selektivität. Das Kind beginnt, wie die Kinderpfleger sagen, »zu fremdeln«, das heißt, es begrüßt von nun ab nur mehr die Mutter und einige wenige andere wohlbekannte Personen mit Lächeln; allen anderen gegenüber zeigt es deutliches Flucht- oder Vermeidensverhalten. Mit dem Lernvorgang, der das persönliche Erkennen bestimmter Personen bewirkt, erwachen in dem Menschenkind die wesentlichen Vorgänge der menschlichen Kontaktbildung. Es hat die schrecklichsten Folgen, wenn, wie das durch den ständigen Wechsel des Personals in Spitälern und Kinderbewahranstalten auch heute noch geschieht, dem Kind die Möglichkeit genommen wird, in der beschriebenen Weise die auslösenden Mechanismen seines sozialen Verhaltens schrittweise selektiver zu machen und dadurch soziale Bindungen an bestimmte Personen zu knüpfen.

Auch das »Fremdeln« des menschlichen Säuglings beruht ganz sicher auf einer Angewöhnung, die nicht durch ab-dressierende Erlebnisse mit fremden Leuten zusammenhängt. Im Gegenteil, je weniger Fremde ein Kleinkind zu sehen bekommt, desto intensiver fremdelt es.

7 Durch »Trauma« erworbene Vermeidungsreaktionen

Ich komme nun zur Besprechung eines Lernvorganges, der von den meisten Lernpsychologen mit dem Erwerben eines echten bedingten Reflexes gleichgesetzt wird. Ich glaube aber, daß es sich um ein viel einfacheres Geschehen handelt, zu dessen Erklärung man nicht den komplizierten Rückkoppelungsmechanismus der bedingten Reaktion postulieren muß, von dem im nächsten Kapitel die Rede sein wird.

Ein Schlüsselreiz, der angeborenermaßen eine Fluchtreaktion von maximaler Intensität auslöst, wird häufig schon nach einer einzigen Einwirkung unlösbar mit der begleitenden und unmittelbar vorangehenden Gesamtreizsituation assoziiert. Bei niedrigen Tieren ist diese besondere Art der Assoziation diejenige, die schon auf der niedrigsten Stufe auftritt. Sie ist wahrscheinlich durch fließende Übergänge mit Vorgängen einfacher Sensitivierung verbunden. So erfährt z. B. bei manchen Plattwürmern ein Lichtreiz, der möglicherweise an sich schon eine unmerkbare, eben noch unterschwellige Fluchtreaktion auslöst, durch Assoziation mit einem angeborenermaßen stark fluchtauslösenden Reiz eine Verstärkung seiner Wirkung, die von vielen amerikanischen Verhaltensforschern als »conditioning« aufgefaßt wird. Alles Erwerben bedingter Reaktionen – wenn man sie so nennen will – beruht bei niedrigen wirbellosen Tieren ohne zentralisiertes Nervensystem auf einem Vorgang dieser Art. Ihr gesamtes Lernen beschränkt sich auf ihn und auf die auf S. 97ff. für den Süßwasserpolypen beschriebene Art der Gewöhnung.

Bei höheren Lebewesen ist der in Rede stehende Erwerb von Fluchtreaktionen wie die Gewöhnung mit der Funktion komplexer Gestaltwahrnehmung assoziiert. Ein Hund, der einmal in einer Drehtüre eingeklemmt und dadurch in größten Schrecken versetzt worden war, vermied fortan nicht nur generalisierend alle Drehtüren, sondern ganz besonders auch die weitere Umgebung des Ortes, an dem er das Trauma erlebt hatte. Mußte er durch die betreffende Straße laufen, so kreuzte er, ehe er sich dem Orte näherte, auf den gegenüberliegenden Gehsteig und galoppierte mit eingezogenem Schwanz und zurückgelegten Ohren in voller Karriere vorbei.

Derartige »psychische Traumen«, wie sie der Psychoanalytiker bei Menschen bezeichnet, stellen eine nahezu irreversible Assoziation zwischen einer komplexen Reizsituation und einer Fluchtreaktion her, wie Hundedresseure und Reiter nur zu gut wissen: Ein Tier kann durch eine einmalige Reizeinwirkung für immer »verdorben« sein.

Eine irreversible Fixierung einer Reaktion auf eine Reizsituation, der das Individuum nur wenige Male in seinem Leben begegnet ist, wird auch von dem schon erwähnten Vorgang bewirkt, den wir *Prägung* nennen. Das physiologisch Merkwürdige an diesem Geschehen liegt darin, daß die unlösbare Assoziation der Verhaltensweise mit ihrem Objekt zu einer Zeit hergestellt wird, in der sie noch gar nicht funktionsfähig ist, in den meisten Fällen nicht einmal in Spuren nachweisbar. Die *sensitive Periode* der Prägbarkeit liegt oft sehr früh in der Ontogenese des Individuums und ist in manchen Fällen auf Stunden beschränkt, immer aber ziemlich scharf umschrieben. Die einmal vollzogene Determination (S. 93) des Objektes kann nicht rückgängig gemacht werden. So sind z. B. sexuell auf fremde Arten geprägte Tiere für immer und unheilbar »pervers«.

Die meisten der bekannten Prägungsvorgänge betreffen *soziale* Verhaltensweisen. Geprägt werden z. B. die Nachfolgereaktion junger Nestflüchter, der Rivalenkampf vieler Vögel und vor allem sexuelles Verhalten. Es ist irreführend zu sagen, dieser Vogel oder jenes Säugetier sei geprägt, etwa »auf den Menschen geprägt«. Das was in dieser Weise determiniert ist, ist immer nur das Objekt einer ganz bestimmten Verhaltensweise. Ein sexuell auf eine fremde Art fixierter Vogel braucht dies in bezug auf andere Belange, auf Rivalenkämpfe oder sonstiges soziales Verhalten, durchaus nicht zu sein. Bei der Graugans sind, sehr zum Vorteil unserer Untersuchungen, die kindlichen Nachfolgereaktionen und andere soziale Verhaltensweisen sehr leicht auf den Menschen zu prägen, ohne daß dabei eine sexuelle Prägung auf diesen stattfindet.

Es sind auch Fälle bekannt, in denen das Verhalten von Parasiten auf die Art ihres Wirtstieres geprägt wird, z. B. legen, wie W. H. Thorpe zeigen konnte, Schlupfwespen ihre Eier in diejenige Art von Mottenraupen, in der sie selbst geschlüpft sind. Durch »Transplantation« der Larven kann man Schlupfwespen, die normalerweise an Wachsmotten parasitieren, auf Mehlmotten prägen. Bei Ameisen hat Bruns gezeigt, daß jedes Individuum seine sozialen Reaktionen auf diejenige Ameisenart fixiert, deren Vertreter ihm beim Ausschlüpfen aus der Puppe behilflich waren. Hierauf basiert das sogenannte Sklavenhalten mancher Ameisenarten. Von Eulen hat Monika Holzapfel gezeigt, daß das

Verhalten des Beutefangs auf eine bestimmte Art von Beutetieren geprägt wird, ja, daß nach ungenutztem Verstreichen der sensitiven Periode ein Individuum für immer unfähig werden kann, Beute zu schlagen.

Prägung ist durch mancherlei Übergänge mit anderen Prozessen assoziativen Lernens verbunden. So ist z. B. das Lernen des arteigenen Gesanges, wie M. Konishi zeigte, bei manchen Singvögeln ebenso an eine sensitive Periode gebunden und ebenso irreversibel wie typische Prägungsvorgänge. Solche Übergänge führten zu Mißverständnissen. Manche Autoren, wie R. Hinde, P. Bateson u. a., untersuchten Vorgänge, die von denen typischer Prägung ganz erheblich verschieden sind, wie z. B. diejenigen, durch die sich Hühnerkücken an ihre Mutter oder ein Ersatzobjekt anschließen. Diese sind gewöhnlichen Lernvorgängen ähnlicher als typischer Prägung. Aufgrund der so gewonnenen Ergebnisse wurden Zweifel an den Beobachtungen erhoben, die C. O. Whitman, O. Heinroth und ich selbst gemacht haben. Neuere Ergebnisse von C. Immelmann, M. Schein, M. Konishi, F. Schutz u. a. haben indessen alles voll bestätigt, was die älteren Autoren schon vor mehr als zwanzig Jahren gefunden hatten.

Wie Gewöhnung und Angewöhnung ist auch die Prägung mit komplexen Wahrnehmungsvorgängen »assoziiert«, und wie bei jenen beiden Vorgängen wird bei ihr »in einen angeborenen Auslösemechanismus hinein« gelernt. Dieser wird daher durch den Prägungsvorgang selektiver gemacht.

Eine der interessantesten und rätselhaftesten Leistungen der Prägung besteht darin, daß sie bei der Wahrnehmung der auslösenden Reizkombination eine merkwürdige Abstraktion leistet. Die sexuellen Reaktionen eines in Gesellschaft einer Brandente aufgezogenen Stockerpels sind nicht etwa auf dieses eine Individuum von Tadorna tadorna L. geprägt, sondern auf diese *Spezies*. Vor die Wahl zwischen vielen Brandenten gestellt, wählt der Versuchsvogel fast nie seinen »Prägungspartner« – dies wird durch inzesthemmende Mechanismen verhindert –, sondern einen anderen Vertreter seiner Art. Eine von mir selbst aufgezogene und dadurch »sexuell menschengeprägte« Dohle richtete ihr Balzverhalten auf ein kleines, dunkelhaariges Mädchen. Was den Vogel dazu veranlaßte, uns beide für Vertreter der gleichen Art zu halten, ist mir unerfindlich.

Eine ungelöste Frage ist es auch, ob bei dem Prägungsvorgang nicht vielleicht doch irgendwelche belohnenden, d. h. andressierenden Reize eine Rolle spielen, mit anderen Worten, ob die

Prägung als eine bedingte Reaktion (conditioned response) im Sinne I. P. Pawlows und der amerikanischen Lernpsychologen aufzufassen sei. Dagegen spricht der schon erwähnte Umstand, daß das geprägte Objekt oft zu einem Zeitpunkt fest determiniert ist, zu dem das Tier die auf dieses Objekt bezogene Verhaltensweise noch nie, auch nicht in leisesten Andeutungen durchgeführt hat. Eine Dohle z. B. ist kurz vor dem Verlassen des Nestes sexuell geprägt, und es kann mit Sicherheit behauptet werden, daß sie sich bis zu diesem Zeitpunkt noch nie auch nur in einer Andeutung von sexueller Stimmung befunden hatte. Es müssen zwei Jahre vergangen sein, ehe die Triebhandlungen der Kopulation in ihr erwachen, von denen man annehmen muß, daß sie als triebbefriedigende Endhandlung die wesentlichste andressierende Wirkung ausüben. Dies schließt indessen nicht ganz aus, daß vielleicht andere andressierende Reize am Werke sein könnten, die noch nicht als solche erkannt sind. Doch zwingt nichts zu dieser Annahme, und aller Wahrscheinlichkeit nach ist die Prägung ein assoziativer Lernvorgang analoger Art wie die in den beiden vorangehenden Abschnitten besprochenen Vorgänge. In ihrer Irreversibilität und ihrer Gebundenheit an eng umschriebene Phasen der Ontogenese trägt die Prägung deutlicher als alle anderen Lernvorgänge den Stempel der *Induktion* im Spemannschen Sinne.

9 Zusammenfassung des Kapitels

Im vorangegangenen vierten Kapitel wurden physiologische Mechanismen besprochen, die kurzfristig Information aufnehmen, augenblicklich verwerten, aber nicht speichern. Sie alle können unbegrenzt oft funktionieren, ohne daß ihre Maschinerie durch diese Funktion verändert würde. Sie bilden die Grundlage aller möglichen Erfahrung und müssen eben deshalb gegen jede Modifikation durch Erfahrung resistent sein.

Im vorliegenden fünften Kapitel wurde ein grundsätzlich andersartiger Vorgang erörtert, durch den im Laufe des individuellen Lebens die Maschinerie des Verhaltens selbst verändert wird, und zwar in einer Weise, die ihre arterhaltende Funktion verbessert.

Daß der Arterhaltungswert einer Struktur samt ihrer Funktion durch Modifikation gesteigert werde, ist nicht wahrscheinlicher, als daß dies durch eine Mutation oder Neukombination von Erbanlagen erzielt wird. Wann immer bestimmte äußere Umstände regelmäßig bestimmte Modifikationen hervorrufen, die eine Anpassung *an eben diese Umstände* bewirken, kann mit erdrückender Wahrscheinlichkeit angenommen werden, daß im Genom verankerte *offene Programme* im Sinne von Ernst Mayr vorhanden sind.

Ein solches genetisches Programm enthält *mehrere Einzelprogramme* zum Bau einer Maschinerie und setzt daher nicht weniger genetische Information voraus als ein einziges geschlossenes Programm, sondern im Gegenteil sehr viel mehr. Dafür aber ist das offene Programm imstande, weitere von außen kommende Informationen aufzunehmen, indem es durch diese bestimmen läßt, *welche* von den ihm potentiell innewohnenden Möglichkeiten es verwirklicht. Durch diese Verwirklichung aber wird eine neue Anpassung permanent gemacht und so die ihr zugrunde liegende Information gespeichert.

Damit wiederholt das Zentralnervensystem auf höherer Ebene eine Leistung, die schon dem Genom eigen ist, den im vierten Kapitel besprochenen Vorgängen des Gewinnes von Augenblicksinformation aber fehlt.

Alles Lernen ist eine teleonome Modifikation jener physiologischen Mechanismen, deren Funktion das Verhalten ist.

Ein tragfähiges Modell für offene Programme und adaptive Modifikation liefert die Entwicklungsmechanik oder experimentelle Embryologie. Welche von den »prospektiven Potenzen« eines embryonalen Gewebes verwirklicht wird, hängt von den »induzierenden« Einflüssen der Umgebung ab. Alle Vorgänge der adaptiven Modifikation einschließlich derjenigen des Lernens sind mit Induktion im Sinne Spemanns wesensverwandt.

Die einfachsten Formen adaptiver Verhaltensmodifikation sind die Bahnung motorischer und die Sensitivierung rezeptorischer Vorgänge. Letztere sind nur dort von Arterhaltungswert, wo die auslösende Situation mit hoher Wahrscheinlichkeit *in Serien* auftritt.

Alle weiteren in diesem Kapitel besprochenen Modifikationsvorgänge beruhen auf einer *Assoziation,* einer Verknüpfung zwischen zwei vorher nicht in ursächlichem Zusammenhang stehenden nervlichen Funktionen. Durch diesen Vorgang gewinnt eine oft sehr komplexe Reizsituation Einfluß auf eine angeborene Verhaltensweise.

Bei der Gewöhnung oder De-Sensitivierung ist dieser Einfluß *hemmend,* die ursprünglich auslösenden Schlüsselreize verlieren durch die Assoziation ihre Wirksamkeit, behalten sie aber bzw. bekommen sie wieder, sobald an dieser Komplexsituation auch nur das Geringste verändert wird. Wie jede Köchin weiß, bewirkt »Abwechslung« neue Wirksamkeit abflauender Schlüsselreize.

Bei dem reziproken Vorgang der Angewöhnung assoziieren sich die angeborenermaßen wirksamen Schlüsselreize in der Weise mit einer komplexen Kombination von Reizen, daß sie *nur mehr* in ihrer Begleitung wirksam bleiben. Dadurch erfährt ein angeborener Auslösemechanismus einen gewaltigen Zuwachs an Selektivität.

Bei intensiven Fluchtreaktionen werden häufig die auslösenden Schlüsselreize schon nach einer einzigen sehr starken und als »psychisches Trauma« bezeichneten Einwirkung mit der begleitenden komplexen Reizsituation assoziiert, die fortan eine starke fluchtauslösende Wirkung entfaltet. Diese Assoziation ist häufig irreversibel.

Manche Verhaltensweisen, besonders soziale, werden in frühen sensitiven Entwicklungsphasen, während deren sie noch gar nicht funktionsfähig sind, irreversibel auf ein Objekt fixiert. Durch ihre Bindung an eine sensitive Periode und ihre Irreversibilität gleichen diese, als Prägung bezeichneten Vorgänge mehr als alle anderen Lernvorgänge dem von Spemann als Induktion und Determination bezeichneten Geschehen.

Bei den Vorgängen, die in den Abschnitten vier bis sieben dieses Kapitels besprochen wurden, wird durch Lernen eine neue Verbindung zwischen unabhängig funktionierenden Nervenvorgängen hergestellt. Die Vorstellung, die ältere Lernpsychologen, wie Wilhelm Wundt und C. L. Hull, vom Lernen im allgemeinen hatten, treffen auf die besprochenen Vorgänge ziemlich genau zu. Vergleicht man kritisch die verschiedenen amerikanischen Lerntheorien wie es C. Foppa in seiner ausgezeichneten gedrängten Übersicht getan hat, so fällt immer wieder auf, wie sehr die Theorienbildung der meisten Autoren durch die (S. 59) beschriebene Tendenz zur einheitlichen Erklärung beeinträchtigt wird. Immer wieder wird versucht, *allen* Lernvorgängen durch eine einzige, allumfassende Theorie gerecht zu werden. Dasjenige, was dabei als »das Lernen« beschrieben wird, ist ein in Wirklichkeit nicht existierendes Mittelding zwischen den im letzten Kapitel besprochenen Vorgängen und jenen anderen, denen eine völlig andersartige und komplexere Organisation von Nervenvorgängen zugrunde liegt. Diese bilden den Gegenstand des nächsten Kapitels.

VI. Kapitel
Die Rückmeldung des Erfolges und die Dressur durch Belohnung (conditioning by reinforcement)

1 Die neue Rückkoppelung

Bei allen animalischen Wesen, deren Zentralnervensystem eine bestimmte Differenzierungshöhe erreicht hat, d.h. bei Kopffüßern, Krebsen, Spinnentieren, Insekten und Wirbeltieren einschließlich des Menschen, findet sich eine Fähigkeit des Wissenserwerbes, die an Leistungsfähigkeit alle bisher besprochenen kognitiven Mechanismen übertrifft, nämlich die Fähigkeit zum Lernen im engeren Sinn des Wortes. Ihr Vorhandensein bei so vielen verschiedenen Lebewesen hat Psychologen, die der Biologie fernstanden und die von konvergenter Anpassung nichts wußten, zu der Meinung verführt, daß es sich um ein Urphänomen, um die Grundform allen Wissenserwerbs, ja um das einzige Element des Verhaltens überhaupt handle. In Wirklichkeit haben die fünf genannten Tierstämme die nervliche Apparatur, die der in Rede stehenden Leistung zugrunde liegt, ebenso unabhängig voneinander durch konvergente Anpassung ausgebildet, wie sie Augen und Extremitäten entwickelt haben, die ebenfalls bei jedem dieser Stämme unabhängig entstanden sind.

Das Lernen durch Erfolg und Mißerfolg ist als eine typische Fulguration in dem (S. 47) auseinandergesetzten Sinne dadurch entstanden, daß eine neue Verbindung zwischen schon vorhandenen und unabhängig voneinander funktionsfähigen nervlichen Mechanismen zustande gekommen ist. Die Leistung jedes dieser konstituierenden Mechanismen haben wir hier bereits kennengelernt.

Der Verhaltenskomplex, den Heinroth als arteigene Triebhandlung bezeichnet hat, besteht, wie wir bereits wissen, aus Appetenzverhalten, Ansprechen eines angeborenen Auslösemechanismus und dem Ablauf einer genetisch programmierten Verhaltensfolge mit schließlichem Erreichen einer triebbefriedigenden Endsituation. Diese aus drei gesonderten Vorgängen bestehende Kette ist die Grundlage, auf der alles Lernen durch Erfolg und Mißerfolg (conditioning) entstanden ist. Die lineare Sequenz der Prozesse erhält ungeahnte neue Systemeigenschaften durch die im wahrsten Sinne des Wortes epochemachende »Erfindung«, *den Enderfolg des Ablaufes modifizierend auf die ihn einleitenden Verhaltensweisen rückwirken zu lassen.*

Die Bewegungsweisen des Suchens, die im Appetenzverhalten mehr oder weniger zufällig aufgetreten waren, werden durch diese Rückwirkung *verstärkt,* wenn der arterhaltende Erfolg des Gesamtablaufes erreicht wird, im gegenteiligen Falle aber abgeschwächt. Mit anderen Worten: Der Erfolg wirkt als das, was man im allgemeinen als »Belohnung« bezeichnet, der Mißerfolg als das, was man »Strafe« nennt. In der englischen Literatur wird alles, was in dieser Weise zur Verstärkung oder zur »Andressur« vorangehenden Verhaltens führt, als *Reinforcement* bezeichnet, ein Wort, das leider auch von deutsch schreibenden Psychologen gebraucht wird; die naheliegenden deutschen Ausdrücke werden von ihnen als »subjektivistisch« abgelehnt. Da der Begriff von Ivan Petrowich Pawlow stammt, bat ich eine gut Russisch sprechende Mitarbeiterin, bei diesem Autor nachzusuchen, wo er zum ersten Mal einen Terminus dafür gebraucht hat und wie dieser auf russisch lautete. Es stellte sich heraus, daß der große Physiologe die frühen Arbeiten, in denen er den Begriff prägte, in deutscher Sprache geschrieben hat und die Worte »Verstärkung« und »verstärken« gebraucht hat. Diese Wahl des deutschen Ausdruckes scheint mir nicht voll befriedigend. Am besten wird man dem, was durch den in Rede stehenden Lernvorgang bewirkt wird, dadurch gerecht, daß man sagt, das Tier werde durch den Erfolg in jenem Verhalten *bestärkt,* das zu ihm führt.

Mit der neuen Rückkoppelung entsteht ein kognitiver Vorgang, der dem Individuum in einem einzigen Ablauf mehr bleibenden Wissensgewinn bringt, als die Methode des Genoms im günstigsten Falle im Verlauf einer Generation zu tun vermag, und zwar mindestens doppelt so viel, weil er nicht nur, wie das Genom, aus dem Erfolg, sondern auch aus dem Mißerfolg Information zu gewinnen imstande ist. Auch »würfelt« der in Rede stehende Lernvorgang nicht blind, wie das Genom es tut, mit allen überhaupt möglichen relevanten wie irrelevanten Faktoren, sondern verfährt aufgrund wohlerprobter angeborener Arbeitshypothesen, jener nämlich, die in Form der im IV. Kapitel erörterten, Augenblicksinformation erwerbenden Mechanismen in das Verhaltenssystem aller höherer Tiere fest eingebaut sind. Das durch Erfolg und Mißerfolg modifizierbare Verhalten ist dadurch von vornherein in Richtung größerer Erfolgswahrscheinlichkeit gesteuert. Daß »von vornherein« auf lateinisch »a priori«

heißt, ist kein Zufall. In den Abschnitten über Einsicht und Lernen werden wir hierüber noch Näheres hören.

Die auf solche Weise zustande kommende große Leistungsfähigkeit des neuen kognitiven Apparates macht es verständlich, daß unter höheren und rasch beweglichen Tieren nur solche konkurrenzfähig sind, die ihn besitzen.

2 *Die Minimalkomplikation des Systems*

Auf der anderen Seite wird aus dem Gesagten auch verständlich, weshalb Lernen durch Erfolg bei einzelligen Tieren und niedrigeren Vielzellern, die eines zentralisierten Nervensystems entbehren, unmöglich entstehen konnte: Ein System, das imstande ist, Erfolg oder Mißerfolg einer bestimmten, vorangegangenen Verhaltensweise als Wissensquelle auszuwerten und das Resultat dieser Auswertung auf die Maschinerie jener Verhaltensweise modifizierend rückwirken zu lassen, hat offensichtlich die Existenz mehrerer und nicht allzu einfacher Untersysteme zur Voraussetzung, deren Aktion sehr wohl organisiert sein muß. Wir haben diese Untersysteme und ihr Wirkungsgefüge bei Besprechung der arteigenen Triebhandlung kennengelernt.

Am leichtesten läßt sich noch ein Mechanismus denken, der das Tier in Verhaltensweisen bestärkt, die zu der einfachen Befriedigung von Gewebebedürfnissen führen. Hier wäre ein einziger »Fühler« ausreichend, der Vorhandensein oder Fehlen einer lebensnotwendigen Substanz registriert und seine Meldung an den Apparat des vorangehenden Verhaltens erstattet. Diese einfachste Möglichkeit einer echten bedingten Reaktion ist wohl auch in einzelnen Fällen verwirklicht, so z. B. nach Dethier beim Nahrungserwerb mancher Fliegen. Im allgemeinen aber und bei den meisten durch echtes Lernen adaptiv modifizierten Verhaltenssystemen müssen folgende drei Voraussetzungen erfüllt sein.

Erstens: Die Verhaltensweise, von der die ganze Handlung eingeleitet wird, muß ein »weit offenes«, d. h. die Möglichkeiten zu vielfältigen adaptiven Modifikationen bietendes Programm haben; wir wissen bereits, daß ein solches einen besonders *großen* Schatz an genetischer Information zur Voraussetzung hat.

Zweitens: Es muß in irgendeiner Weise »zu Protokoll genommen« oder »erinnert« werden, welche Form der Ablauf der einleitenden Handlungs-Glieder im Einzelfall das letzte Mal genommen hat, und diese Erinnerung muß mit dem rückgemeldeten Erfolg in Beziehung gesetzt werden.

Drittens: Diese Rückmeldung muß in genügendem Maße *verläßlich* sein. Die den Trieb befriedigende Endhandlung, »consummatory act« im Sinne Wallace Craigs oder, im Falle einer Appetenz nach Ruhezuständen im Sinne Meyer-Holzapfels, die zielbildende Reizsituation, muß durch innere und äußere rezeptorische Vorgänge so eindeutig gekennzeichnet sein, daß eine irrtümliche Meldung von Erfolg oder Mißerfolg mit genügender Wahrscheinlichkeit ausgeschlossen ist. Mit anderen Worten: Der rückmeldende rezeptorische Apparat muß ähnliche Leistungen vollbringen wie ein angeborener Auslösemechanismus (Seite 75). *Ein einfacheres Gedankenmodell des physiologischen Apparates, der Lernen durch Erfolg (conditioning by reinforcement) leistet, ist nicht denkbar.*

Ein Verhaltenssystem, das dieser Leistung fähig ist, kann daher auch niemals ein einfacher »Reflex« sein, wie die Terminologie I. P. Pawlows impliziert. Es gibt wohl einfache »reflektorische« Vermeidungsreaktionen, wie die in V. 6 besprochenen, die durch einfache Assoziation zwischen der Fluchtreaktion und einer erworbenermaßen auslösenden Reizsituation zustande kommen und eine äußerliche Ähnlichkeit mit der jetzt in Rede stehenden Art von Lernvorgängen haben. Wir kennen dagegen keinen einzigen Fall, in dem es gelungen wäre, ein Verhaltenssystem durch andressierende, d.h. positiv wirkende, »belohnende« Reize adaptiv zu modifizieren, *an dem nicht Appetenzverhalten beteiligt ist.* E. C. Tolman hat schon vor langer Zeit auf diese Tatsache hingewiesen.

Auch im klassischen Fall des bedingten Speichel-»Reflexes«, wie I. P. Pawlow ihn untersucht hat, ist es durchaus nicht nur der genannte reflektorische Vorgang, der durch die Dressur bekräftigt wird, vielmehr ist das Speicheln nur ein kleiner Anteil einer viel komplexeren Folge von Verhaltensweisen, von denen aber die meisten im klassischen Laborversuch durch die einfache Maßnahme ausgeschaltet werden, daß der Hund durch ein wohldurchdachtes Ledergeschirr so gefesselt wird, daß er kaum einer Bewegung fähig ist. Mein verstorbener Freund Howard Lidell hat als Arbeitsgast in einem Pawlowschen Laboratorium durch einen unorthodoxen Versuch einiges Befremden erregt. Er dressierte zunächst einen Hund auf einen bedingten Reiz, der im Schnellerwerden eines dauernd tickenden Metronoms bestand.

Als der Hund auf diesen Reiz verläßlich speichelte, befreite ihn Lidell von seinen Fesseln. Der Hund lief daraufhin sofort zum Metronom, das gleichmäßig weitertickte, sprang zu ihm empor, umschmeichelte es mit Schwanzwedeln und Winseln, mit anderen Worten, er zeigte das gesamte Verhalten eines Hundes, der seinen Herrn oder einen älteren Rudelgenossen um Futter anbettelt. Dazu speichelte er heftig, obwohl das Metronom seinen Schlag nicht verschnellert hatte, den bedingten Reiz also gar nicht bot. Futterbetteln und gegenseitiges Füttern ist bei sozialen Caniden weit verbreitet. Wölfe füttern nach Crisler schon als einjährige Tiere fremde kleinere Junge, beim Hyänenhund (Lycaon pictus L.) füttert ein erfolgreicher Jäger alle Rudelmitglieder. Die Erbkoordinationen des Bettelns sind bei beiden Formen denen des Haushundes gleich. Diese, und durchaus nicht nur der Speichelfluß, verkörpern die Reaktion, die im klassischen Versuch bedingt wird!

Nichts liegt mir ferner, als den Wert der Pawlowschen Versuche herabsetzen zu wollen. Es ist durchaus legitim, eine Einzelreaktion künstlich zu isolieren, zumal wenn dadurch so gute Möglichkeiten der quantifizierenden Untersuchung entstehen wie beim Speicheln des Hundes. Nur muß man, wenn man solches tut, sich der Tatsache bewußt bleiben, daß man aus einem System *ein Stück herausgeschnitten hat.* Man darf beileibe nicht in den Denkfehler verfallen, der offenbar analytisch begabten Menschen naheliegt, zu glauben, das System bestehe jetzt nur mehr aus dem isolierten Teil und dieser sei allein hinreichend, um alle Eigenschaften des ganzen Systems verständlich zu machen.

Wenn man nun, vom Gesichtspunkt einer biologisch systemgerechten Analyse, einen Blick auf die wichtigsten Tatsachen wirft, die heute über das Auftreten bedingter Reaktionen durch *Bestärkung* (reinforcement) bekannt sind, wird man durchaus in der hier dargestellten Meinung bestärkt: Die positive Dressur durch Belohnung ist ein wichtiges Kriterium der »echten« bedingten Reaktion. In die Liste »bedingbarer« Reaktionen, die C. Foppa in seinem Buche anführt, haben sich einige Fälle eingeschlichen, in denen eine der auf einfacher Assoziation beruhenden Vermeidungsreaktionen ein echtes »conditioning« vortäuscht.

Ehe ich mich nun der Frage zuwende, an welchen Teilen einer durch Lernen modifizierbaren Systemganzheit die adaptive Modifikation angreift und woher die neue Information stammt, die das tut, möchte ich einiges Allgemeine über die physiologische Natur des Lernens und des Gedächtnisses sagen.

Die Suche nach dem *Engramm*, nach der Gedächtnisrune, die das Lernen hinterläßt, ist bisher in einer beinahe entmutigenden Weise erfolglos geblieben. Zu seinem geistvollen Vortrag ›In Search of the Engram‹ wählte K. S. Lashley den Untertitel ›Thirty years of frustration‹. In Wirklichkeit hat die geduldige Forschung Lashleys neben anderen höchst wichtigen Erkenntnissen die eine gezeitigt, daß das Engramm nicht an einer bestimmten Stelle des Gehirns lokalisiert ist, sondern in einer alle möglichen Gehirnteile verbindenden Organisation besteht. Welche physiologischen Vorgänge ihr zugrunde liegen, vermögen wir allerdings auch heute nicht zu sagen. Dies erklärt, warum viele ernst zu nehmende Forscher, als die genetische Codierung von Information in den Kettenmolekülen bekannt wurde, alsbald die Hypothese aufstellten, daß das durch individuelle Erfahrung erworbene und im Gedächtnis gespeicherte Wissen durch das gleiche Verfahren festgehalten werde. Dieser Hypothese stehen indessen schwere Bedenken entgegen. Sollte sie richtig sein, so müßte es zwei unabhängig voneinander funktionierende Mechanismen geben, von denen der eine alle einlaufenden nervlichen Impulse alsbald »auf Band aufnimmt«, d. h. aus ihrer zeitlichen Reihenfolge die örtliche Konfiguration eines entsprechenden, die Tatsachen in seinem Code verschlüsselnden Kettenmoleküls herstellt. Der andere müßte imstande sein, diesen chemischen Code abzulesen und in zeitlich und örtlich koordinierte nervliche Impulse zurückzuübersetzen. Abgesehen von ihrer allgemeinen Unwahrscheinlichkeit vermag diese Hypothese nicht zu erklären, weshalb bei allen bekannten Lebewesen die Lernfähigkeit in einem direkten Verhältnis zu der Zahl der Ganglienzellen und überhaupt zu der Größe und Differenzierung des Zentralnervensystems steht. In jüngster Zeit haben Biochemiker gezeigt, daß eine chemische Codierung individuell erworbener Information in Kettenmolekülen aus zeitlichen Gründen unmöglich ist. Da sich auch ein großer Teil der Ergebnisse, die eine chemische Übertragung individuell erworbener Information zu erweisen schienen, bei kritischer Wiederholung als nicht reproduzierbar erwies, halte ich an der Annahme fest, daß alle Lernleistungen, zumindest soweit sie kompliziertere adaptive Modifikationen des Verhaltens bedingen, sich in den Synapsen, d. h. in den Verbindungen zwischen den einzelnen Nervenelementen, abspielen und daß diese Veränderungen, wie schon gesagt wurde (S. 92 ff.), den embryogenetischen Vorgängen der Induktion aufs nächste verwandt sind. Daß in diesem lokalen Geschehen Veränderungen der Codierung von Kettenmolekülen eine Rolle spielen mögen, sei hiermit nicht geleugnet.

4 Die angeborenen Lehrmeister

Das offene Programm der Verhaltensmechanismen, das jedem Individuum von der stammesgeschichtlichen Entwicklung seiner Vorfahrenreihe auf den Lebensweg mitgegeben wird, ist stets in wohlerprobter Weise so konstruiert, daß sich die offengelassenen, veränderlichen Teile auf solche Umweltgegebenheiten beziehen, deren Beschaffenheit und zeitliches wie räumliches Auftreten *nicht voraussagbar*, wohl aber im Leben des Individuums genügend konstant sind, um die Speicherung der sie betreffenden Information wünschenswert zu machen. Die frisch geschlüpfte Graugans kann unmöglich wissen, wie die Individuen aussehen, denen sie als ihren Eltern monatelang zu folgen hat, noch kann die junge Biene angeborene Information darüber besitzen, wie die Geographie der Umgebung ihres Stockes beschaffen ist. Die Fähigkeit, Artgenossen individuell wiederzuerkennen, und die, Wegdressuren zu erwerben, sind gute Beispiele für jene Lernbereitschaften, die solche relevante Information erwerben, die weder vom Genom noch von den Augenblicksinformationen erwerbenden Mechanismen geliefert werden *kann*.

Auf der anderen Seite setzt, wie wir wissen, gerade ein offenes Programm große Mengen phylogenetisch erworbener, genomgebundener Information voraus. Diese Information wird auf einem anderen Wege als durch morphogenetische Entwicklung in sinnvolles Verhalten des Tieres umgesetzt. Es ist zwar zunächst die Morphogenese, die auf der Grundlage dieser Information ganz bestimmte neutrale Organisationen entstehen läßt, wie z. B. die auf Seite 105 besprochene angeborene Lerndisposition, um einen sehr starken Fluchtreiz schlagartig mit der gesamten begleitenden Reizsituation zu assoziieren. Auch die gesamte in VI. 2 besprochene Strukturierung des Apparates der Bestärkung durch Erfolg wird selbstverständlich auf der Basis genomgebundener Information aufgebaut. Es ist, woferne man im Rahmen natürlicher Erklärungen bleiben will, nicht vorstellbar, daß sich genomgebundene Information in anderer Weise in arterhaltend sinnvolles Verhalten umsetzen könne als durch die Ausbildung realer Strukturen des Nervensystems und der Sinnesorgane.

Diese Strukturierung ist es, die Lernen in sinnvolle Bahnen leitet. Aus ihr erwachsen die »Lehrmeister«, die dafür sorgen, daß die offenen Stellen der verschiedenen Programme jeweils in arterhaltend sinnvoller Weise ausgefüllt werden. Wie schon wiederholt gesagt wurde, dürfen diese Strukturen selbst durch Modifikation sowenig wie nur irgend möglich veränderlich sein, um nichts von der in ihnen enthaltenen angeborenen Information zu verlieren. Wenn in einem System von Verhaltensweisen ein Untersystem stark durch Lernen modifizierbar ist, so setzt dies unweigerlich voraus, daß andere Untersysteme hinreichend resistent gegen Modifikation sind, um die Erfüllung des Lernprogramms der modifizierbaren Teile zu sichern.

Woferne man nicht außernatürliche Faktoren, wie etwa eine prästabilierte Harmonie zwischen Organismus und Umwelt, annehmen will, muß man die Existenz angeborener Lehrmechanismen postulieren, um die offensichtliche arterhaltende Leistung der meisten Lernvorgänge zu erklären. Auch diese Lehrmeister gehören zu den Bedingungen möglicher Erfahrung, die der Kantischen Definition des Apriorischen entsprechen: Die angeborenen Lehrmeister sind dasjenige, war vor allem Lernen da ist und da sein muß, um Lernen möglich zu machen.

Es ist ein für den Naturforscher höchst reizvolles Unterfangen, in einem komplexen System von Verhaltensweisen, das zu seiner Funktionsfähigkeit der adaptiven Modifikation durch Lernen bedarf, nach jenen Stellen zu fahnden, die das genetisch festgelegte, offene Programm für die Lernvorgänge enthalten. Die genomgebundene Information, die alldem zugrunde liegt, kann in den verschiedensten Mechanismen der Sinnesorgane und des Nervensystems stecken. Sie kann z. B. in rein rezeptorischen Mechanismen konzentriert sein. Bei jenem Typ von Verhalten, den Wallace Craig *Aversionen* genannt hat und den ich lieber mit Monika Meyer-Holzapfel als *Appetenz nach Ruhezuständen* bezeichne, sind es phylogenetisch programmierte rezeptorische

Vorgänge, die dem Organismus sagen, daß in der Außenwelt irgend etwas »nicht stimmt«. Es kann zu trocken, zu naß, zu warm, zu kalt, zu hell, zu dunkel sein, die Salinität des Wassers kann zu hoch oder zu niedrig sein, der Biotop kann zuwenig Deckung bieten oder zuviel sichtbehindernde Strukturen enthalten, usw. usf. Die motorische Erregung, die das Tier beherrscht, solange die »aversionserregende« Reizsituation besteht, kann die verschiedensten Formen und Organisationshöhen haben, von der einfachsten Kinesis bis zu komplizierten, zielgerichteten Verhaltensweisen, die Lernen und Einsicht in sich schließen. Die adaptive Modifikation betrifft, wo vorhanden, stets die Verhaltensweisen der Wegfindung. Es entstehen, als echte bedingte Reaktionen, *Wegdressuren*, die den Organismus auf schnellstem Wege dem Störungsreiz entziehen.

Noch eine andere Art des Entstehens von bedingten Reaktionen, die ähnlich weit verbreitet ist und ein ähnlich einfaches angeborenes Programm hat, erfüllt die wichtige Leistung, durch äußeres Verhalten innerhalb des Organismus konstante Bedingungen aufrechtzuerhalten, d. h. *Homöostasen* durch zweckmäßige Reaktionen zu sichern. Von uns selbst wissen wir, daß wir verläßliche Meldung davon erhalten, wenn in irgendeinem der verschiedenen Regelkreise unseres Körpers etwas nicht stimmt. Die Meldung des »Fühlers« kann spezifischer Art sein, wie z. B. bei Mangel an bestimmten Stoffen in den Geweben. Hunger und Durst sind die geläufigsten Beispiele. Die ältesten Behavioristen, so Thorndike, waren der Ansicht, daß die Stillung von Bedürfnissen der Gewebe (tissue needs) die wichtigste Bekräftigung sei, die Selbstdressuren erzeugt. Dabei wurde die Frage gar nicht gestellt, woher der Organismus als Ganzes, vor allem sein Zentralnervensystem, »wissen« soll, was fehlt und durch welche Verhaltensweisen er dem Mangel abhelfen könne.

Ein anderes Beispiel eines Mechanismus, der in einem schon etwas anderen Sinne Übelstände vermeldet, ist der Schmerzsinn. Seine besondere Leistung ist das Lokalisieren der Störung, wir erfahren sogleich, *wo* ein Fehler steckt, und es wird uns nicht gestattet, dies zu vergessen. Besonders interessant aber sind die am wenigsten lokalisierbaren Meldungen, die uns unser Körper von der Störung seiner Homöostasen zukommen läßt. Wir können da nur sagen, es sei uns übel. Bei einer kleinen Infektion z. B. sind wir völlig außerstande, den Ort der Störung anzugeben, auch wenn uns »hundeelend« ist. Wenn einem dagegen »speiübel« ist, verfügt man schon über eine genauere örtliche Information, und oft vermag man sogar zu sagen, warum einem so übel sei. Gerade darin liegt offensichtlich der Arterhaltungswert einer solchen Meldung. Stammt die Übelkeit z. B. vom Genuß verdorbener Nahrung, so fällt uns meist in »freier Assoziation«, wie die Psychoanalytiker zu sagen pflegen, eine leicht anrüchige Speise ein, die wir am Vortage gegessen haben, und sowie sie uns eingefallen ist, ist uns der ursächliche Zusammenhang subjektiv sicher. Die als Folge solcher Erlebnisse auftretenden bedingten Vermeidungsreaktionen können sich lange, oft lebenslang erhalten.

Der angeborene Lehrmechanismus, der diese bedingten Reaktionen erzeugt, indem er Übelbefinden als »Strafe« und Wohlbefinden als Bestärkung wirksam werden läßt, kann sehr allgemein programmiert sein. Er braucht nur einen Fühler, im regeltechnischen Sinne, in verschiedenen Regelkreisen des Organismus zu haben und jede Veränderung zu bestrafen, die sich vom erwünschten Sollwert fortbewegt, und jede zu belohnen, die sich ihm nähert. Auf diesem Prinzip beruht tatsächlich der Mechanismus, der bei manchen »euryphagen«, d. h. von einer breiten Vielfalt verschiedener Nahrungsstoffe lebenden Tieren die Auswahl der Nahrung bestimmt. Curt Richter hat schon vor Jahren festgestellt, daß Ratten, denen man die verschiedenen, zu ihrer Ernährung nötigen Stoffe einzeln in vielen getrennten Gefäßen darbot – die Eiweiße sogar in ihre einzelnen Aminosäuren zerlegt –, aus jedem Schüsselchen gerade soviel entnahmen, wie einer wohl ausgewogenen Kost entsprach. Da eine Ratte unmöglich phylogenetisch erworbene Information darüber besitzen kann, welche Aminosäuren sich zu den für sie bekömmlichen Eiweißstoffen synthetisieren lassen und wieviel man von jeder braucht, muß das Wissen des Tieres anderswoher kommen. Die Untersuchungen von J. Garcia und F. R. Ervin brachten hochwichtige Ergebnisse in bezug auf das Programm des angeborenen Lehrmechanismus, der einer Ratte diese Information beibringt. Man kann ihr *nur* durch Erlebnisse, die von den Eingeweiden ausgehen, die Aufnahme bestimmter Nahrungsstoffe an- oder abdressieren. Als Strafreize benutzten die genannten Autoren Apomorphin-Injektionen, die Übelkeit und Erbrechen hervorrufen, oder aber jene Dosis von Röntgenbestrahlung, die in Gestalt des sog. »Röntgen-Katers« dasselbe bewirkt. Alle Versuche, den Ratten durch Schmerzreize und andere stärkste Strafen die Aufnahme bestimmter Futterstoffe abzudressieren, verliefen ergebnislos. Andererseits erwies es sich als ebenso unmöglich, den Tieren durch die genannten Intestinalreize andere Verhaltensweisen abzudressieren als die der Aufnahme bestimmter Futtermittel.

Sowohl bei der adaptiven Modifikation des nach Ruhezuständen strebenden Appetenzverhaltens als auch bei den zuletzt besprochenen Selbstdressuren auf bestimmte Nahrungsstoffe stehen bedingte *Vermeidungs*-Reaktionen im Vordergrund. Es ist daher bis zu einem bestimmten Grade berechtigt, verallgemeinernd von Aversionen zu sprechen, wie Craig es getan hat. Doch läßt es sich objektiv nie entscheiden, ob ein Tier, das z. B. von einem kälteren in ein wärmeres Milieu kriecht, vor der Kälte flieht oder ob es die Wärme sucht; eben darum ziehe ich den Terminus Meyer-Holzapfels vor. Doch steht fest, daß sich der Organismus in beiden Fällen in einem Erregungszustande befindet und daß es das Abklingen dieser Erregung ist, die als andressierende Bestärkung wirkt. Es ist dies der von C. L. Hull als besonders wichtig erkannte Typus der Bestärkung durch Nachlassen von Spannung – relief of tension.

Es gibt auch modifizierbare Verhaltenssysteme, in denen die angeborene Information nicht nur im rezeptorischen, die Reizsituation analysierenden Auslösemechanismus sitzt, sondern vielmehr in der ausgelösten Erbkoordination selbst. Ein gutes Beispiel bildet das Nestbauen der Dohle (Coloeus monedula L.) sowie anderer Corviden. Im Mittelpunkt des prospektiven Nestes stehend, vollführt der Vogel mit Material im Schnabel eine eigenartig zitternde, in weitem Kreise seitlich und etwas abwärts gehende Schiebebewegung, die das Nistmaterial gegen die Unterlage oder die schon vorher gebauten Teile des Nestes drückt und in diese hineinstößt. Trifft das so behandelte Material auf einen Widerstand, so verstärken sich die Zitterbewegungen, und aus dem kontinuierlichen zeitlichen Schub wird eine Serie kräftiger, in gleicher Richtung geführter Stöße, die in ihrer mechanischen Wirkung jenen nicht unähnlich sind, die ein Mensch mit einem Pfeifenreiniger vollführt, wenn dessen Einführung in das Pfeifenrohr auf Widerstand stößt. Wenn nun der Vogel einen Zweig oder dergleichen trägt, dringt dieser vor, bis er schließlich, nach langem Bemühen des Vogels, festklemmt und weder vorwärts noch rückwärts bewegt werden kann. Sowie dies eintritt, erreichen die Bewegungen des »Zitterschiebens« ein orgastisches Maximum und hören mit kritischer Plötzlichkeit auf. Der Vogel hat nun jegliches Interesse an dem Objekt und, für den Augenblick, am Nestbauen überhaupt verloren. Das Zitterschieben mit seinem plötzlichen triebbefriedigenden Ende ist ein typisches

Beispiel einer Endhandlung, eines »consummatory act«, im Sinne Wallace Craigs.

Im Gegensatz zu vielen anderen Singvögeln besitzen Dohlen und andere Rabenvögel offensichtlich keine im Auslösemechanismus lokalisierte Information darüber, was zum Nestbau geeignet ist. Wenn der Trieb dazu zum ersten Male in ihnen erwacht, tragen sie die unglaublichsten Gegenstände herbei und versuchen sie durch Zitterschieben an einer zum Nestbauen geeigneten Stelle zu befestigen. Die Kenntnis einer solchen nun wiederum ist angeboren. Ich habe Dohlen und Raben mit Glassplittern, alten Glühlampenfassungen, ja mit Eisstückchen zitterschieben sehen. Natürlich haften diese Dinge nicht, die triebbefriedigende Endhandlung wird nicht ausgelöst. Und in sehr kurzer Zeit *lernt* der Vogel, nur solche Gegenstände zu verwenden, die beim Zitterschieben jene Rückmeldungen oder »Reafferenzen« ergeben, die im angeborenen Lernmechanismus als bestärkend einprogrammiert sind. Diese genügen, um den Vogel auf die Wahl jener Nistmaterialien zu dressieren, die durch die Instinktbewegung zu einem besonders festen Bau verwoben werden können. Fehlleistungen dieses angeborenen Lehrmeisters kommen gelegentlich vor, was aus der Sparsamkeit der angeborenen Information leicht erklärlich ist: Draht oder Blechstreifen ergeben offensichtlich besonders bestärkende Reafferenzen, und so kann es vorkommen, daß sich ein Vogel auf dieses Material dressiert, das wegen seiner Wärmeleitfähigkeit biologisch ungeeignet ist. In der Nähe von Industrieunternehmungen kommen metallene Nester nicht allzu selten vor. Der beschriebene Vorgang ist ein Beispiel für die Wirkung eines sogenannten *übernormalen* Objektes, die Reaktion auf dieses trägt, wie wir später noch sehen werden, den Charakter eines Lasters.

Komplizierter sind die Lernvorgänge, durch die bei der Ratte die verschiedenen Instinktbewegungen des Nestbaues zu einer Gesamtleistung integriert werden. Jede einzelne der beteiligten Erbkoordinationen ist, wie dies I. Eibl-Eibesfeldt zeigen konnte, völlig angeboren. Ebenso in einem einzigen Falle die Reihenfolge zwischen ihnen: Die Ratte »weiß« angeborenermaßen, daß der Nestbau damit zu beginnen hat, fern vom prospektiven Nestort Material aufzunehmen und es dann heimzutragen. Ratten, die Eibl-Eibesfeldt in Käfigen groß werden ließ, die keinerlei tragbare lose Objekte enthielten, benützten den eigenen Schwanz als Ersatzobjekt, indem sie ihn fern von dem gewohnten Ruheplatz zwischen die Zähne nahmen, heimtrugen und sorgfältig an der richtigen Stelle ablegten. Da man mit erfahrungslosen Individuen experimentieren wollte, mußte der Versuch mit anderen Individuen wiederholt werden, denen man in früher Jugend, lange vor Erwachen der Nestbauhandlungen, den Schwanz amputiert hatte. Als man solchen Tieren nach ihrem Heranwachsen erstmalig weiche Papierstreifen bot, begannen sie sofort zu bauen. Diejenigen unter ihnen, die in dem ungegliederten Behälter einen festen Schlafplatz bevorzugt hatten, legten die eingetragenen Papierstreifchen sofort dort nieder. Bei jenen, die vor dem Versuch bald hier, bald dort zu ruhen pflegten, dauerte es einige Minuten, bis sie sich für einen bestimmten Nestort entschieden hatten. Abschirmung einer Behälterecke durch ein wenige Quadratzentimeter großes Blechstück veranlaßte alle Versuchstiere, in dieser Deckung zu bauen.

Die Bautätigkeit der erfahrungslosen Ratten unterschied sich in vielsagender Weise von der normaler Kontrolltiere. Sie war zunächst um sehr viel intensiver. Die Versuchstiere fielen mit einer wahren Gier über das Baumaterial her, was sich aus der Stauung der nie abreagierten Instinktbewegungen erklärte und durchaus zu erwarten war. Der wichtige Unterschied aber lag darin, daß die für den Nestbau erfahrener Ratten kennzeichnende *Reihenfolge* der Erbkoordinationen *fehlte.* Eine erfahrene Ratte beschränkt sich zu Beginn des Nestbauens so lange auf das Eintragen, bis sich eine beträchtliche Menge von Nistmaterial angesammelt hat. Dieses zieht sie dann, sich um eine vertikale Achse drehend, konzentrisch an sich heran, so daß ein ringförmiger Wall um den Nestmittelpunkt herum angehäuft wird. Erst wenn dieser Wall eine genügende Höhe erreicht hat, geht ein erfahrenes Tier zu der sogenannten »Tapezierbewegung« über, die darin besteht, daß es die Innenwand des Nestwalles mit den Vorderpfoten festklopft und glättet. Die Versuchstiere Eibls brachten jede dieser Bewegungsweisen sofort in vollendeter Koordination, die auch in der Analyse durch Zeitdehnungsfilm keine Unterschiede gegenüber denen erfahrener Artgenossen aufwiesen. Die oben erwähnte Reihenfolge aber fehlte völlig, die Ratten kamen eifrig mit einem Papierstreifchen an, legten es nieder und vollführten danach in der leeren Luft die Bewegung des Aufhäufens oder des Glättens in regellosem Durcheinander.

Das ganze modifizierbare System ist bei der Ratte komplizierter als bei der Dohle, aber jeder der in Mehrzahl vorhandenen angeborenen Lehrmechanismen funktioniert nach dem gleichen Prinzip. Die Andressur und Bestärkung einer bestimmten Folge von Bewegungen wird in beiden Fällen durch zwei Vorgänge bewirkt. Erstens dadurch, daß die Form der Erbkoordination nur in einer ganz bestimmten, vom Programm vorgesehenen Umweltsituation die belohnende Rückmeldung geben kann. Zweitens aber durch eine Rückmeldung, die von exterozeptorischen und wahrscheinlich auch propriozeptorischen Mechanismen über Erfolg oder Mißerfolg erstattet wird.

Wahrscheinlich wirkt es auch unmittelbar abdressierend, wenn eine Instinktbewegung sozusagen im Leeren verpufft, ohne irgendwelche Reafferenzen zu erzeugen. Jedenfalls hat man bei unmittelbarer Beobachtung der in Rede stehenden Lernvorgänge den Eindruck, daß die Ratte die Aufhäufbewegung viel schöner und befriedigender genießen kann, wenn das Material zum Aufhäufen schon vorhanden ist, und daß die Tapezierbewegung volle Befriedigung erst dann gewährt, wenn das Nestmaterial bereits zum Wall gehäuft ist.

Für den an Lerntheorie interessierten Leser sei hier bemerkt, daß die Lernvorgänge, bei denen ein Großteil der angeborenen Information nicht im rezeptorischen Sektor, sondern in der erbkoordinierten Bewegungsweise selbst lokalisiert ist, sich unter den Begriff des »operanten« Lernens (operant conditioning) einordnen lassen. Nur besteht in diesem Falle der »operant« nicht in einer einfachen vielfach anwendbaren Bewegung, wie etwa Kratzen oder Scharren mit der Vorderpfote, die leicht einmal durch reinen Zufall den bestärkenden Erfolg herbeiführen kann – wie etwa das Niederdrücken eines Hebels in einer Skinner-Box oder in einer der älteren »Vexierkisten« –, sondern in einer hochdifferenzierten Instinktbewegung, die nur zu einer einzigen spezifischen Leistung tauglich ist, eben zu jener, zu der sie in der Stammesgeschichte der betreffenden Tierart entstanden ist.

Im Falle der einfachen, vielfach anwendbaren Bewegungsweise gelten die Gesetzlichkeiten, die B. F. Skinner für den Lernvorgang aufgestellt hat, den er als Typ R des Konditionierens bezeichnet. Das erste dieser Gesetze besagt, daß die Stärke des Operanten zunimmt, wenn er von dem Eintreten der bestärkenden Reizsituation gefolgt wird. Das zweite besagt, daß seine Stärke abnimmt, wenn der bereits durch Konditionierung bestärkte Operant nicht von dem bestärkenden Reize gefolgt wird. Diese Gesetze stimmen, wenn der Operant eine sogenannte Werkzeugreaktion ist, wie es eben Lokomotion oder andere einfache verschiedenen Trieben dienende Bewegungsweisen sind. Sie gelten nur teilweise, wenn der Operant eine Instinktbewegung ist, deren Appetenz das Tier motiviert. In diesem Fall wird wohl auf lange Sicht das vorangehende Verhalten durch den Erfolg bestärkt werden, für den Augenblick aber wird es sogar radikal ausgelöscht. Der Trieb ist zunächst befriedigt. Die Dressurwirkung wird erst nach seinem Wiedererwachen bemerkbar. Das Ausbleiben der Bestärkung veranlaßt das Tier aber keineswegs zum Aufgeben des Operanten. Da dieser eine Erbkoordination mit autonomem Antriebe ist, hat das Ausbleiben der Befriedigung nur die Folge, daß das Tier die Bewegungsweise in anderen Situationen und an anderen Objekten, aber mit steigender Appetenz zu befriedigen trachtet.

Diese Unterschiede herauszustellen ist deshalb wichtig, weil das Versuchs- und Irrtumsverfahren, wie es eben für Dohle und Ratte beschrieben wurde und in prinzipiell gleicher Weise bei sehr vielen Tieren vorkommt, mit dem sogenannten *explorativen oder Neugierverhalten* verwechselt werden könnte, von dem später die Rede sein wird.

Die Instinktbewegung steht bei den oben beschriebenen Vorgängen unter ihrem eigenen autochthonen Motivationsdruck, und diese eine Bewegungsweise wird unverändert an den verschiedensten Objekten versucht. Beim echten Neugierverhalten dagegen wird der Organismus von einer völlig andersartigen, vom Triebdruck der einzelnen Instinktbewegung unabhängigen Motivation getrieben, wie Monika Meyer-Holzapfel überzeugend dargetan hat. Bei diesem wird nicht *eine* Instinktbewegung an *verschiedenen* Objekten versucht, sondern *viele* Instinktbewegungen, oft das ganze Aktivitätsrepertoire des Tieres wird an *einem* Objekt hintereinanderweg durchprobiert. Beide Lernvorgänge sind vom klassischen »operant conditioning« insofern verschieden, als bei diesem eine allgemein verwendbare Werkzeugreaktion, die unter dem Druck der verschiedensten Motivationen ausgelöst werden kann, den »Operant« repräsentiert.

Eine besonders interessante und unerwartete Lokalisation angeborener Information hat M. Konishi bei seinen Untersuchungen der Gesangsentwicklung junger Singvögel entdeckt. Von vielen Arten dieser Gruppe ist bekannt, daß der unerfahrene Jungvogel den Gesang eines erwachsenen Artgenossen hören muß, soll er einen in allen Einzelheiten normalen Artgesang entwickeln. Ebenso war durch die Untersuchungen J. Nicolais die erstaunliche Tatsache ans Licht gekommen, daß gewisse Vögel, wie z. B. Gimpel, nur von ganz bestimmten Individuen lernen, zu denen sie in ebenso bestimmten und sehr engen Sozialbeziehungen stehen. Wie man ebenfalls wußte, wählen Jungvögel vieler Arten, die durch Nachahmung lernen müssen, den Artgesang auch dann zum Vorbild, wenn sie viele andere Vogelstimmen hören und wenn darunter die ihrer Artgenossen durchaus nicht die lautesten und auffallendsten sind. Oskar Heinroth hatte außerdem beobachtet, daß isoliert aufgezogene Jungvögel solcher Arten, bei denen das Vorbild des Artgenossen nötig ist, nach langem Herumprobieren schließlich doch ein annähernd artgerechtes Lied zustande brachten. Heinroth vermutete eine »Selbstnachahmung«.

Alle diese Erscheinungen finden durch die Entdeckungen Konishis ihre Erklärung. Vögel, deren Gehörorgan er in frühester Jugend zerstörte, brachten als Erwachsene einen Gesang, der mehr aus Geräuschen als aus Tönen bestand und jeglicher Struktur entbehrte. Dies war auch bei solchen Arten der Fall, bei denen Individuen, die in schallisolierenden Kammern aufwuchsen, einen gut erkennbaren Artgesang entwickelten. Es ergibt sich die erstaunliche, aber zwingende Folgerung, daß der erfahrungslose Vogel ein rezeptorisches Vorbild – Konishi sagt »auditory template« – von seinem Artgesang besitzt. Im spielerischen, leisen Vorgesang versucht der Vogel, ähnlich dem lallenden Menschenkind, die verschiedensten Lautkombinationen und behält diejenigen, die am besten der arteigenen akustischen Schablone entsprechen, die ihm »vorschwebt«. Der leise Vorgesang, den unsere Vogelliebhaber so nett als »Dichten« bezeichnen, trägt also den Charakter eines explorativen Spielens.

Die besprochenen Beispiele für phylogenetisch programmierte Lehrmechanismen genügen, um drei Tatsachen zu zeigen, die im Kontexte dieses Buches wichtig sind.

Erstens: Es läßt sich grundsätzlich immer durch eine entsprechende experimentelle Analyse zeigen, in welchem Untersystem eines komplexen modifikationsfähigen Verhaltenssystems die angeborene Information steckt, die Gewähr dafür leistet, daß dem Tier arterhaltend zweckmäßige Verhaltensweisen andressiert werden.

Zweitens: Kein einziger Lernvorgang kann verstanden werden, wenn man nicht das ganze System kennt, dessen adaptive Modifikation er bewirkt.

Drittens: Es lassen sich keine für alles Lernen gültigen Aussagen darüber machen, was als Bestärkung – »reinforcement« – wirkt. Die Theorie Thorndikes, daß Befriedigung von Gewebebedürfnissen die wesentliche Bestärkung darstellt, oder die

Hulls, der in der Lösung nervlicher Spannung – »relief of tension« – den wesentlichen andressierenden Faktor sieht, sind beide nur für Spezialfälle zutreffend. Die physiologische Natur des Bestärkungsvorgangs muß in jedem Einzelfall vom Lernen gesondert untersucht werden.

5 Die modifizierbaren Untersysteme und ihre adaptive Veränderlichkeit

Ich habe im Vorangehenden und noch gründlicher in meinem Buch ›Evolution and Modification of Behaviour‹ (Harvard University Press 1965) zu zeigen versucht, daß es unmöglich ist, adaptive Modifikabilität *aller* überhaupt existierenden Teilvorgänge des Verhaltens anzunehmen, es sei denn, man nehme seine Zuflucht zur vitalistischen Annahme einer prästabilierten Harmonie zwischen Organismus und Umwelt. Jede Modifikabilität hat, wenn sie Arterhaltungswert entwickeln soll, selbstverständlich ein stammesgeschichtlich entstandenes offenes Programm zur Voraussetzung und dazu noch einen ebenso phylogenetisch programmierten Lehrmechanismus von der im vorangehenden Abschnitt besprochenen Art. Allgemeine und restlose Plastizität aller Verhaltensweisen würde eine *unendliche* Menge sowohl dieser Information als auch dieser Lehrapparate voraussetzen, was selbstverständlich Unsinn ist.

6 Bedingte Reaktion, Kausalität und Kraftverwandlung

Wie schon eingangs (S. 24) erwähnt, kommt es öfter vor, daß kognitive Apparate verschiedener Integrationshöhe ganz offensichtlich in Anpassung an dieselbe außersubjektive Gegebenheit entstanden sind. Manchmal sind solche Apparate auf verschieden hoch entwickelte Tierformen verteilt, manchmal finden sie sich, unabhängig nebeneinander funktionierend, bei derselben Art. Dies gilt auch für die nun zu besprechenden.

Die wichtigste Leistung, die von der Fähigkeit zur Ausbildung bedingter Reaktionen vollbracht wird, liegt, wie E. C. Tolman in seinem Buche ›Purposive Behaviour of Animals and Man‹ betont hat, darin, daß sie es dem Organismus ermöglicht, eine bestimmte, an sich biologisch nicht relevante Reizkombination als *Vorzeichen* für das baldige Eintreffen einer lebenswichtigen Situation zu werten und *Vorbereitungen* für deren Eintreten zu treffen.

An den halbwilden Ziegen des armenischen Berglandes konnte ich einst beobachten, wie sie schon bei fernem Donnern bestimmte Felsenhöhlen aufsuchten, in sinnvoller Vorsorge für den zu erwartenden Regenguß. Bei krachenden Sprengungen in der näheren Umgebung taten die Tiere dasselbe. Ich erinnere mich ganz genau, wie mir bei dieser Beobachtung zum ersten Mal schlagartig klar wurde: Unter natürlichen Bedingungen leistet die Ausbildung bedingter Reaktionen nur dann arterhaltend Sinnvolles, *wenn der bedingte Reiz in ursächlichem Zusammenhang mit dem unbedingten steht.*

Das verläßlich regelmäßige »post hoc«, das die Voraussetzung für die arterhaltende Leistung der bedingten Reaktion ist, kommt in der freien Natur nie ohne ursächliche Zusammenhänge vor, die dann leicht zu durchschauen sind. Sie obwalten aber prinzipiell auch dann, wenn ein Experimentator regelmäßig vor der Fütterung des Pawlowschen Hundes die »Essensglocke« ertönen läßt. Allerdings entzieht sich die kausale Determination im Verhalten des Forschers vorläufig noch unserer Analyse.

Ich glaube, daß der Nachweis der Teleonomie der bedingten Reaktion ein wichtiges Licht auf einen bestimmten Irrtum des Humeschen Empirismus wirft, den auch Karl R. Popper in seinem Buch ›Objective Knowledge‹ kritisiert. Vom Standpunkt reiner Logik ist es, wie Hume zeigt, nicht möglich, aus einer noch so großen Zahl von Präzedenzfällen darauf zu schließen, daß dieselbe Folge von Ereignissen sich wiederholen müsse, oder auch nur darauf, daß die Wahrscheinlichkeit dieser Annahme mit der Zahl der Wiederholungen zunehme. Hume stellt dann, in Zusammenhang mit dieser logischen These, die psychologische Frage, woher es komme, daß jeder vernünftige Mensch mit großer Sicherheit erwarte, daß die Sonne auch morgen wieder aufgehen, der losgelassene Stein zur Erde fallen und überhaupt die Ereignisse der Welt so weitergehen werden wie bisher. Der große Empirist beantwortet diese Frage, indem er sagt, dies sei eine Folge der Gewohnheit – »custom or habit« – mit anderen Worten, weil durch die vielfache Wiederholung ein Mechanismus der Ideenassoziation in Gang gesetzt werde, ohne den wir, wie Hume sagt, gar nicht lebensfähig wären.

Der Widerspruch zwischen Logik und gesundem Menschenverstand – »common sense« – hat, wie Popper zeigt, nicht nur viele Denker an der Möglichkeit objektiven Wissens verzweifeln lassen, sondern auch Hume selbst in den Glauben an eine nichtrationale Erkenntnislehre getrieben. Popper sagt von ihm: »Sein Ergebnis, daß sich aus der Wiederholung keinerlei beweiskräftiges Argument gewinnen lasse, obwohl sie doch unser kognitives Leben und unser ›Verstehen‹ beherrscht, führte ihn zu dem Schlusse, daß Verstandesgründe und Vernunft in unserem Verstehen nur eine untergeordnete Rolle spielen. Unser ›Wissen‹ wird als etwas entlarvt, dem nur die Natur des Glaubens zukommt, ja nur die eines verstandesmäßig gar nicht vertretbaren Glaubens – einer nichtrationalen Überzeugung.« (His result that repetition has no power whatever as an argument, although it dominates our cognitive life or our »understanding« led him to the conclusion that argument or reason plays only a minor role in our understanding. Our »knowledge« is unmasked as being not only of the nature of belief, but of rationally indefensible belief – of an irrational faith.)

Von dem klaren Gedankengang, durch den Karl Popper den Ausweg aus dieser Aporie zeigt, möchte ich zwei Sätze zitieren, die, selbst aus ihrem Zusammenhang gerissen, die grundsätzliche Übereinstimmung zwischen den Ergebnissen der Logik und der Verhaltensforschung dokumentieren. Popper schreibt: »Ich betrachte die Unterscheidung zwischen einem logischen und einem psychologischen Problem als äußerst wichtig, die aus Humes Behandlung beider hervorgeht. Aber ich finde, daß seine Anschauung darüber unbefriedigend ist, was ich Logik nennen möchte. Er beschreibt, klar genug, Prozesse gültiger Folgerungen; aber er sieht diese für ›rationale‹ *bewußte Prozesse* an.« (I regard the distinction, implicit in Hume's treatment, between a logical and a psychological problem as of the utmost importance. But I do not think that Hume's view of what I am inclined to call »logic« is satisfactory. He describes, clearly enough, processes of *valid inference*, but he looks upon these at »rational« *mental process.*)

Es gehört zu Poppers methodischen Grundsätzen, alle subjektive Terminologie in eine objektivierende zu übertragen, wann immer *logische* Probleme mit im Spiele sind. Er sagt ganz einfach: »Was in der Logik wahr ist, ist in der Psychologie wahr« (what is true in logic, is true in psychology). Dieses Prinzip der Übertragbarkeit – »principle of transference« – zwischen Subjektivem und Objektivem entspricht genau unserer schon in den Prolegomena ausgesprochenen Überzeugung von der grundsätzlichen Identität aller Erlebnisvorgänge mit physiologischen Prozessen.

Das logische Denken ist, nicht anders als das Bilden bedingter Reaktionen und unzählige andere »psychologische« Vorgänge, eine Leistung des menschlichen Weltbildapparates, der als Ganzes in jenem Entsprechungsverhältnis zu den Gegebenheiten der außersubjektiven Wirklichkeit steht, von dem schon wiederholt (S. 20) gesprochen wurde. Die bittere Konsequenz des Humeschen Empirismus, daß all unser Wissen in Wahrheit nur ein völlig grundloses Glauben sei, wäre nur dann richtig, wenn der Satz richtig wäre: »Nihil est in intellectu quod non antefuerat in sensu« – es ist nichts in unserem Verstande, was nicht vorher in unserer Sinneswahrnehmung gewesen war.

Wir wissen aber bereits, wie falsch dieser Satz ist, wir wissen, daß alles Anpassungsgeschehen ein kognitiver Vorgang ist und daß dieser Apparat, der uns a priori gegeben ist und durch den das individuelle Gewinnen von Erfahrung erst möglich wird, schon eine gewaltige Menge von stammesgeschichtlich erworbener und im Genom gespeicherter Information zur Voraussetzung hat. Dies weiß Hume noch nicht – die Behaviouristen wollen es nicht wissen.

Jedem von uns wohnt der Zwang inne, nach wiederholtem Eintreten eines bestimmten Ereignisses einen irgendwie gearteten, zunächst nicht näher definierbaren *Zusammenhang* zwischen den einzelnen Geschehnissen anzunehmen. Ich erinnere mich genau, wie ich als Schüler meinem Mathematiklehrer lange nicht glauben wollte, daß, wenn auf dem Rouletterad sehr viele Male Rot gekommen war, mit der Zahl der Wiederholungen die Wahrscheinlichkeit nicht zunehme, daß beim nächsten Wurf die Kugel auf Schwarz zur Ruhe kommen werde. Mein Lehrer überzeugte mich schließlich damit, daß er sagte: »Schau, das Radl *erinnert* sich doch nicht, was bei den letzten Malen gewesen ist, jeder weitere Wurf ist genau wie der erste und hat die gleiche Wahrscheinlichkeit von Schwarz und Rot.« Ich habe mit sehr vielen Menschen gesprochen, die denselben logisch nicht erklärbaren Denkzwang an sich beobachteten. Es ist eine nicht leicht zu beantwortende, aber interessante Frage, welcher reale Mechanismus es eigentlich ist, den man bei diesen Erwartungen dem Rouletterad zuschreibt. Es ist beinahe, als erwarte man von ihm wie von einem Lebewesen, daß es einer einzigen Verhaltensweise nach so vielen Wiederholungen müde werde und zu einer anderen übergehen wolle.

Viel leichter zu beantworten ist die Frage, weshalb wir nach mehrmaligem Erleben einer *Sequenz* von Ereignissen dazu neigen, die zuerst eintretenden als sichere Vorzeichen für die später kommenden zu betrachten. Dieser Denk- und Verhaltenszwang wäre unsinnig, wenn die außersubjektive Realität ein Rouletterad wäre und ihre Ereignisse wie bei einem solchen zufallsverteilt aufeinander folgen würden.

Rein zufallsverteilte Ereignisse, deren Aufeinanderfolge den am Rouletterad sich abspielenden gleichen, kommen aber in der freien Natur ungeheuer selten vor. Ketten von Geschehnissen, in denen der *Effekt der Kraftverwandlung* eine regelmäßige Folge ursächlich bedingt, sind dagegen nicht nur häufig, sondern geradezu allgegenwärtig. Wenn der Donner auf den Blitz folgt oder ein Regenguß auf fernen Donner und wenn diese Ereignisse auch nur einige Male in derselben Reihenfolge hintereinander eintreten, ist es eine geradezu erdrückend wahrscheinliche Annahme, daß alle drei in einem *ursächlichen Zusammenhang miteinander stehen.* Verursachung eines Ereignisses durch ein anderes hat aber immer irgendeine Form der Kraftverwandlung zur Voraussetzung. Auch wächst die Wahrscheinlichkeit der Annahme, daß eine bestimmte Kette von Geschehnissen durch ursächliche Verknüpfung zusammengehalten werde, tatsächlich mit der Zahl der beobachteten Fälle. Die außersubjektive Realität, die der Physiker mit dem Satz von der Erhaltung der Energie zu erfassen trachtet, ist zweifellos dieselbe, die sich in der Anpassungsform von mindestens zwei verschiedenen kognitiven Apparaten widerspiegelt, erstens in der hier in Rede stehenden Fähigkeit zum Ausbilden bedingter Reaktionen, ja überhaupt schon zum Bilden von Assoziationen, zweitens aber in der menschlichen Denkform der Kausalität.

Die Ausweichreaktion des Pantoffeltierchens und die komplexe zentrale Repräsentation des Raumes bei den höchsten Lebewesen, sind Anpassungen an dieselbe reale Gegebenheit, nämlich an die Undurchdringlichkeit der Körper und ihre Verteilung im Raume. In analoger Weise sind die Ausbildung bedingter Reaktionen und das kausale Denken Anpassungen an dieselbe Realität, nämlich an die Erhaltung und Verwandlungsfähigkeit der Energie.

Es ist eine falsche Meinung der Empiristen, daß das kausale Denken des Menschen nur durch Gewohnheit entstünde und daß unser »propter hoc«, unser »weil«, identisch sei mit einem oft erlebten und verläßlichen »post hoc«, einem »regelmäßig danach«. Die axiomatische Natur unseres kausalen Denkens kommt nirgends klarer zutage als in den Sätzen, mit denen James Prescott Joule seine klassische Arbeit über das Wärmeäquivalent einleitet. Er sagt dort ebenso naiv wie apodiktisch, es sei absurd anzunehmen, daß eine Form von Energie verschwinden könne, ohne sich in eine andere zu verwandeln, und postuliert damit das, was er anschließend beweist, zu postulieren also gar nicht nötig gehabt hätte. Ebenso äußert sich der apriorische Charakter des kausalen Denkens in dem ewigen »warum?« jedes intelligenten Kindes.

Es war schon mehrfach davon die Rede (S. 18), daß die Leistung einfacherer kognitiver Apparate vom Standpunkte komplexerer aus kontrolliert werden kann und daß sich bei einer solchen Kontrolle ihre Meldungen niemals als falsch, sondern immer nur als ärmer an Information erweisen als die der höheren. Dieselbe Beziehung besteht ganz offensichtlich zwischen der bedingten Reaktion und dem kausalen Denken. Das Lernen durch Erfolg, ja überhaupt jede Assoziationsbildung erfaßt von den Tatsachen der Kraftverwandlung nur die eine, daß die Ursache zeitlich vor der Wirkung auftritt. Dies genügt, um dem Organismus lebenswichtige Vorbereitungen möglich zu machen.

7 *Das motorische Lernen*

Meines Wissens war der Wiener Zoologe Otto Storch der erste, der in klaren Worten die Tatsache würdigte, daß adaptive Modifikation des Verhaltens im rezeptorischen Sektor des tierischen Verhaltens schon auf einer weit niedrigeren Entwicklungsstufe zu finden ist als im motorischen. Außer dem im ersten Abschnitt des vorigen Kapitels besprochenen, sehr einfachen Lernvorgang der motorischen Bahnung bezieht sich alles, was bisher über teleonome Veränderung des Verhaltens durch Lernen gesagt wurde, auf rezeptorische Vorgänge, auf die »Erwerbsrezeptorik«, wie Storch sich ausdrückt: Sensitivierung, Gewöhnung, Angewöhnung, traumatische Assoziation von Fluchtverhalten mit bestimmten Reizsituationen wie auch die Selektivitätszunahme angeborener Auslösemechanismen sind lauter Vorgänge, die auf Veränderungen rezeptorischer Apparate beruhen.

Worin bestehen nun die einfachsten teleonomen Modifikationen *motorischer* Leistungen? Dieselbe Leistung der bedingten Reaktion, die, in der Zeit vorgreifend, den Organismus in den Stand setzt, auf den bedingten Reiz mit arterhaltend zweckmäßigen Vorbereitungen auf den zu erwartenden unbedingten zu antworten, macht es ihm auch möglich, die Reihenfolge zu lernen, in welcher er bestimmte Instinktbewegungen ausführen muß, deren jede ihm in ihrer Form angeborenermaßen zur Verfügung steht. Im Nestbau der Ratte haben wir schon ein Beispiel eines solchen Lernvorganges kennengelernt. Ich möchte annehmen, *daß alles motorische Lernen auf demselben Prinzip beruht,* soweit es sich nicht um die in V. 2 besprochene einfache Bahnung, sondern um echte bedingte Reaktionen handelt. In den primitivsten Fällen sind die aneinandergefügten Bewegungsweisen ganzheitliche, als solche leicht zu erkennende Instinktbewegungen, wie die des Nestbauens der Ratte. Wenn nun die Bewegungselemente, die sich in dieser Weise aneinanderfügen, zeitlich kürzer und einfacher sind, entsteht weit deutlicher der Eindruck des Lernens einer neuen Bewegungsweise. Ein relativ einfaches Beispiel für die Entstehung einer in dieser Weise einheitlich wirkenden Bewegungsfolge bildet das Erlernen einer Wegdressur bei Mäusen. Beobachtet man, wie eine Maus das Durchlaufen eines Hochlabyrinthes erlernt, so wird einem der Unterschied zwischen einer freien, von Augenblicksinformationen gesteuerten Bewegungsfolge und dem Abhandeln einer festgefahrenen, erlernten Sequenz anschaulich, z. B. in den Filmen, die O. Koehler und W. Dingler 1952 von diesen Vorgängen gemacht haben. In unbekanntem Gelände arbeitet sich das Tier nach rechts und nach links schnurrhaartastend und immer wieder ein Stück rückwärtsgehend buchstäblich Schritt für Schritt vorwärts. Schon bei der dritten oder vierten Wiederholung des Weges aber durchläuft es manchmal ein kleines Wegstück schneller, stockt aber alsbald und kehrt zu der vorher gebrauchten Form der Raumorientierung zurück. Mit weiteren Wiederholungen treten neue kurze Schnelläufe an anderen Wegstellen auf, mehren sich und werden länger, bis sie schließlich an den Berührungsstellen zusammenfließen. Die Wegdressur ist vollendet, wenn schließlich alle diese »Schweißnähte« des raschen Laufes verschwunden sind. Nun durcheilt die Maus in einer einzigen glatten Bewegungsfolge den ganzen Weg.

Der Zusammenschluß der einzeln verfügbaren Stückchen von Lokomotionsbewegungen vollzieht sich tatsächlich dadurch, daß eine bedingte Reaktion an die andere, nächste gekoppelt wird. Jede Bewegung stellt eine *erwartete* Reizsituation her, die einerseits dem Organismus sagt, daß er noch auf dem rechten Wege sei, und andererseits den nächsten motorischen Impuls auslöst.

Alfred Kühn hat in seinem klassisch gewordenen Buch ›Die Orientierung der Tiere im Raum‹ unter dem Begriffe der Mnemotaxis und der mnemischen Homophonie genau diese Art von Lernen und eben diese Form der sensorischen Kontrolle des erlernten motorischen Vorganges beschrieben, aber nur als eine theoretische Möglichkeit. Es wurde dann von verschiedenen Seiten der Einwand erhoben, daß, wenn diese Annahmen richtig sein sollten, das Tier gezwungen wäre, genau auf diesem einmal gelernten Pfade zu laufen, und daß es desorientiert sein müsse, sobald es auch nur einen Schritt von ihm abwiche. Da Kühn kein Tier kannte, das diese Anforderungen erfüllte, zog er in der nächsten Auflage seines Buches das Kapitel über Mnemotaxis und mnemische Homophonie zurück – zu Unrecht, denn die Tiere, von denen hier die Rede ist, wie z. B. die Wasserspitzmaus, verhalten sich ganz genau, wie nach seiner Theorie zu fordern ist. Besonders eindrucksvoll ist das dann, wenn ein solches Wesen tatsächlich einmal vom Wege abirrt oder wenn man im Experiment absichtlich die homophone Übereinstimmung zwischen seiner fest eingefahrenen Bewegungsfolge und den Gegebenheiten des Weges stört. Entfernte ich aus der Bahn meiner Wasserspitzmäuse ein erhabenes Hindernis, auf das hinaufzuspringen und auf dem weiterzulaufen sie gewohnt waren, so sprangen sie an der betreffenden Stelle in die leere Luft und blieben dann zunächst desorientiert auf dem Boden sitzen, auf dem der verschwundene Gegenstand – ein kleines Holzkistchen – vorher gestanden hatte. Dann begannen sie schnurrhaartastend zu explorieren, wandten sich rückwärts und erkannten dann sichtlich ein Wegstück wieder, das sie eben, vor der Störung, durchlaufen hatten. Nun faßten sie neuen Mut, wandten sich in die vorherige Richtung, sausten los – und sprangen an der kritischen Stelle noch einmal ins Leere! Sie erinnerten mich an Kinder, die im Aufsagen eines Gedichtes steckenbleiben, an einer früheren Stelle wieder anfangen, um »mit Schwung« über die betreffende Stelle hinwegzukommen.

Man darf wohl mit Sicherheit annehmen, daß auch das Lernen komplizierterer zweckmäßiger Bewegungsformen nach den eben geschilderten Prinzipien vor sich geht. Zwar handelt es sich im

Falle der Wegdressur fast ausschließlich um ein lineares Aneinanderkoppeln einzelner, den Erbkoordinationen der Lokomotion entstammender Bewegungselemente, aber es ist nicht einzusehen, weshalb die Integration gleichzeitig ablaufender Teilbewegungen nicht durch gleichartige Vorgänge bewirkt werden sollte.

Manche Autoren haben das »Auswendigkönnen« erlernter Bewegungsfolgen als »kinästhetisch« bezeichnet. Sicher spielen die Rückmeldungen von Propriozeptoren, wie dieses griechische aus Kinesis = die Bewegung und aisthanomai = ich fühle zusammengesetzte Wort nahelegt, bei dem Erwerben der »gekonnten« Bewegung (engl. »motor skill«) eine erhebliche Rolle. Auch phänomenologisch trifft der Ausdruck zu, denn man hat ja wirklich die gut gekonnte Bewegungsweise »im Gefühl«. Andererseits legt der Terminus die Vorstellung nahe, daß es propriozeptorische Erinnerungsbilder seien, die uns die genaue Wiederholung einer solchen Bewegungsfolge möglich machen, und diese Annahme ist wahrscheinlich unrichtig. Erich v. Holst hat schon vor Jahren gezeigt, daß auch willkürlich hergestellte Bewegungskoordinationen den Gesetzen des Magneteffektes und der zentralen Koordination unterliegen, was neuerdings mehrfach bestätigt wurde. Durch die Forschungen von J. Eccles wissen wir, daß das Organ, in dem die Koordination gekonnter Bewegungen bewerkstelligt wird, das *Kleinhirn* ist.

Wie in dem Abschnitt über die Willkürbewegung noch näher zu besprechen sein wird, unterscheidet sich das Bewegungslernen, selbst auf der höchsten Ebene, nicht prinzipiell von dem Wegelernen niedriger Säuger. Immer sind es fertig programmierte und zentral koordinierte Bewegungsweisen, die dem Tier angeborenermaßen zur Verfügung stehen und durch das Lernen nur zu einer neuen Ganzheit integriert werden. Mit der phyletischen Höherentwicklung der Fähigkeit der Tiere zum Bewegungslernen werden diese motorischen Elemente immer kleiner. Sie liegen aber selbst bei den echten Willkürbewegungen noch hoch über der Integrationsebene der fibrillären Zuckung, ja sie umfassen sicherlich in den meisten Fällen noch die Kontraktionen mehrerer synergistischer, d.h. im gleichen Sinne wirkender Muskeln; sie sind aber klein genug, um sich, sowohl in gleichzeitiger Aktivierung als in zeitlicher Aufeinanderfolge, zu fast beliebigen »Bewegungsmelodien« zusammenfügen zu lassen.

Wir wissen von den Bewegungselementen der Lokomotion mit einiger Sicherheit, daß endogene Reizproduktion und zentrale Koordination ihre Grundlage bilden. Ich glaube, daß diese Art von physiologischem Geschehen überhaupt nicht durch Lernen – oder sonstige Einflüsse – adaptiv abgeändert werden kann, sondern daß sich nur die Vielheit jener Vorgänge, die wir oben (S. 82) als den Mantel der Reflexe bezeichnet haben, überlagernd zwischen sie und die Anforderungen der Außenwelt schieben kann. Für diese Annahme spricht ja auch der uns schon bekannte Umstand, daß dort, wo die vermittelnde Funktion des Mantels der Reflexe nicht ausreicht, die zugrundeliegende Erbkoordination nicht etwa »weich wird« und sich von den Taxien biegen läßt, sondern in kleine Stücke zerfällt, die zwar in sich ebenso »hart« sind wie der Galoppsprung des braven Rosses, die aber eben wegen ihrer Kürze leichter und vielseitiger für die Forderungen der Raumeinsicht verwendbar werden.

Der besondere Arterhaltungswert der eingeschliffenen, »gekonnten« Bewegung liegt ohne allen Zweifel in erster Linie darin, daß sie *ohne Verzögerung durch Reaktionszeiten abschnurren kann.* Wie sehr sich die auswendig gekonnte Bewegungsfolge hinsichtlich ihrer Zielsicherheit und Schnelligkeit von der Schritt für Schritt durch Orientierungsmechanismen gesteuerten unterscheidet, merkt man, wenn man in freier Wildbahn territoriale Tiere, wie Eidechsen oder Korallenfische, zu fangen trachtet. Solange sich das Tier auf seinen eingefahrenen Wegdressuren bewegt, ist es so schnell und zielsicher, daß kaum Hoffnung besteht, es mit raschem Griff oder Netzschwung zu erhaschen. Gelingt es einem aber, durch einen plötzlichen Vorstoß die angestrebte Beute soweit in Panik zu versetzen, daß sie aus dem mittels Wegdressuren beherrschten Gebiet hinausgerät, so kriegt man sie in den meisten Fällen. Ich glaube, daß der Vorteil, den Wegdressuren in der eben angedeuteten Weise bringen, den größten Teil des Selektionsdruckes ausgeübt hat, der Tierarten des genannten ökologischen Typus territoriales Verhalten ausbilden ließ.

Noch niemand hat den Versuch gemacht, erlernte, eingeschliffene Bewegungsfolgen von Tieren mit jenen Methoden zu untersuchen, die Erich v. Holst seinerzeit anwandte, um zu zeigen, daß zentral koordinierte Bewegungen von afferenten Vorgängen unabhängig sind. Der von Erich v. Holst vorgenommene Eingriff der »Desafferentierung«, der Ausschaltung aller zuleitenden Nerven, bedeutet begreiflicherweise eine schwere Allgemeinschädigung des Organismus, so daß es nur wenig beweisen würde, wenn ein desafferentiertes Tier eine erlernte und vor der

Operation beherrschte Bewegungsweise nicht mehr kann. Von Menschen, die an Tabes dorsalis erkrankt sind und bei denen als Krankheitsfolge jene Nervenendigungen, die uns die Stellung unserer Gliedmaßen melden, die sogenannten Lage-Propriozeptoren, nicht mehr funktionieren, wissen wir, daß die Koordination ihrer Bewegungen wesentlich gestört ist. Man muß aber bedenken, daß der Mensch gewissermaßen Weltmeister in beherrschten und einsichtgesteuerten Willkürbewegungen ist und daß daher sehr wohl bei ihm Bewegungsweisen afferent kontrolliert sein können, deren Entsprechungen bei Tieren es nicht sind.

Ich will es dahingestellt sein lassen, ob alle erlernten Bewegungsweisen von Tieren und Menschen in physiologischer Hinsicht gleicher Natur sind, ich spreche hier nur von jenem Typus der eingeschliffenen und in tausendfacher Wiederholung geglätteten Bewegungsabläufen, von denen solche in natürlichem Wachstum unserer Umgangssprache entstandenen Ausdrücke gelten wie »etwas im Schlafe können«, »in Fleisch und Blut übergegangen sein«, »zur zweiten Natur geworden« oder auch »ganz automatisch«. Von solchen Bewegungsfolgen möchte ich allerdings annehmen, daß ihre physiologischen Mechanismen die gleichen sind, auf denen sich auch die beschriebenen Wegdressuren von Kleinsäugern aufbauen. Die Frage nach diesen Mechanismen ist deshalb interessant, weil jene Bewegungsfolgen in mehrfacher Hinsicht überraschende Ähnlichkeiten mit Erbkoordinationen, also mit Instinktbewegungen aufweisen.

Erstens gelten für die Koordination eingeschliffener Bewegungen, wie schon Erich v. Holst gezeigt hat, manche Gesetze ganz ebenso wie für die zentrale Koordination angeborener Bewegungsweisen. So beeinflussen die Rhythmen der verschiedenen, in die Gesamtkoordination eingewobenen Elementarbewegungen einander in beiden Fällen in gleicher Weise. Die Phänomene der »relativen Koordination« und des »Magneteffektes«, bezüglich deren ich auf die Arbeiten v. Holsts verweise, bewirken ein im buchstäblichen Sinne harmonisches Zusammenspiel der Einzelrhythmen, indem sie diese in eine Phasenbeziehung zu bringen suchen, die sich in niedrigen ganzen Zahlen ausdrücken läßt. Je vollkommener dies gelingt, desto stabiler ist die Koordination der Rhythmen. Bewegungsweisen, die sich den beschriebenen Tendenzen des Vorganges zentraler Koordination widersetzen, bleiben instabil, d.h., sie sind schwierig aufrechtzuerhalten, wie der Klavierspieler weiß, der mit einer Hand Triolen und mit der anderen Achtel zu spielen hat. Es sind eben diese Funktionen der relativen Koordination und des Magneteffektes, die sowohl jeder gut gekonnten erlernten Bewegung wie der von Lernvorgängen unabhängigen Instinktbewegung jene arbeitsparende und elegante Form verleihen, die unser Schönheitsempfinden so sehr anspricht.

Die zweite Eigenschaft der gekonnten Bewegung, hinsichtlich deren sie angeborenen Erbkoordinationen ähnelt, liegt in ihrer großen Resistenz gegen Versuche, sie abzuändern. Karl Bühler pflegte zu sagen, es sei eine zu postulierende Eigenschaft des Erlernten, daß es wieder vergessen werden könne. Das war zwar sicher als Aphorismus gemeint, hat aber einen tieferen Sinn, denn es gilt, wie ich glaube, nur für »echtes« Lernen, nicht aber für jenen Erwerbungsvorgang, durch den eingeschliffene Bewegungskoordinationen entstehen. Es will mir scheinen, als ob diese überhaupt nie ganz vergessen werden können und daß Abänderungen und Anpassungen des äußeren Bewegungsablaufs mehr durch Überlagern der früheren Bewegungsweise, durch zusätzliche Erwerbungen, als durch Auslöschen des Altgewohnten zustande kommen. Dafür sprechen Beobachtungen, die man z.B. an Autofahrern beim Umwechseln von einem Wagentyp auf einen anderen immer wieder machen kann. Wenn irgendwelche Bewegungen Attribute wie »eingeschliffen«, »im Schlafe gekonnt« verdienen, so sind es die eines wirklich guten Fahrers. Wenn ein solcher durch lange Zeit nur einen Wagen fährt und dann zu einem Wechsel gezwungen wird, tritt die Starrheit dieser Bewegungen sehr deutlich zutage. Als meine Frau von einem Wagen mit Knüppelschaltung zu einem mit Lenkradschaltung überging, griff sie noch lange Zeit zunächst ins Leere nach dem nicht vorhandenen Knüppel und erst dann hinauf zum Lenkradhebel. Dieser Umweg wurde allmählich zu einer schwunghaften, für jeden mit der Vorgeschichte nicht Vertrauten affektiert aussehenden Bogenbewegung der Hand, die noch nicht ganz verschwunden war, als der lenkradgeschaltete Wagen altersschwach wurde und einem neuen, nunmehr wieder einem mit Knüppelschaltung ausgestatteten, Platz machte. Meine Frau, die während der mehr als 5jährigen Zeit der Lenkradschaltung dauernd auf diese geschimpft und der Knüppelschaltung nachgetrauert hatte, erwies sich als nicht fähig, die Bewegungskoordinationen der Lenkradschaltung einfach aus der Welt zu schaffen. Ich überlasse es dem Leser, sich auszudenken, auf welchem Weg die Hand der Dame nunmehr zum Schalthebelknopf wandert; sie tut das, wie nach allem Gesagten verständlich, in einer sehr eleganten Bewegung. Die Zähigkeit, mit der gekonnte Bewegungen jedem Versuch, sie auszulöschen, widerstehen, ist den Sportlehrern sehr wohl bekannt. Diese sehen es gar nicht gerne, wenn ein Schüler, der etwa Tennisspielen oder sportliches Schwimmen erlernen will, schon vorher als Autodidakt einige Fähigkeit in der betreffenden Sportart erworben hat: Diese sind nämlich aus den oben dargelegten Gründen durchaus keine Hilfe, sondern ein schwer zu überwindendes Hindernis für das Erlernen der optimalen Koordinationen, wie sie für die Wettbewerbsfähigkeit unerläßlich sind.

Die dritte und merkwürdigste Übereinstimmung zwischen der eingeschliffenen Bewegung und der Erbkoordination liegt darin, daß sich nach längerem Nichtgebrauch der einen wie der anderen ein deutliches, auf ihr Ablaufenlassen gerichtetes Appetenzverhalten bemerkbar macht. Eines der stärksten Motive, das Menschen dazu treibt, zu tanzen, eiszulaufen oder sonstigen Sportarten zu frönen, ist die nach einer ganz bestimmten wohleingeschliffenen Bewegung gerichtete Appetenz, deren Intensität mit der Gekonntheit der Bewegung und mit dem Grade ihrer Schwierigkeit zunimmt.

Die gleiche Appetenz, schwierige gekonnte Bewegungen auszuführen, wies H. Harlow bei Makaken nach, die erlernte Manipulationen ohne weitere Belohnung »zum Vergnügen« immer wieder durchführten. Die »Funktionslust«, wie Karl Bühler das Phänomen treffend genannt hat, spielt offensichtlich eine wichtige Rolle bei der Entstehung wohlausgeschliffener gekonnter Bewegungsfolgen. Wir wissen von uns selbst, daß jede Vervollständigung, jedes Glätten einer noch vorhandenen »Rauhigkeit« einen deutlich zu beobachtenden Lustgewinn darstellt. Die Vervollkommnung der Bewegung ist ihre eigene Belohnung, ich habe in meinem Buche ›Evolution and Modification of Behaviour‹ von einem »perfection-reinforcing mechanism« gesprochen.

Phänomenologisch betrachtet hat das Können gut eingeschliffener Bewegungen noch einige merkwürdige Eigenschaften, von denen zumindest eine sehr wesentlich für die Rolle ist, die der Willkürbewegung beim *explorativen* Verhalten zufällt, von dem im nächsten Kapitel die Rede sein soll. Diese Eigenschaften sind in eigenartiger Weise widersprüchlich. Auf der einen Seite spielt sich nämlich das Können der erlernten Bewegung so sehr und so ausschließlich in unterbewußten und sogar unbewußten Schichten unserer Person ab, daß wir den Ablauf nur behindern, wenn wir ihn bewußt zu verfolgen und zu kontrollieren suchen. Ja, wir wissen oft in den bewußtseinszugänglichen Schichten nicht, was wir machen und wie wir es machen. Wenn man eine gekonnte Bewegung sehr lange nicht ausgeführt hat, wenn man z. B. nach mehr als zehnjähriger Pause zum erstenmal wieder Ski fährt, glaubt man zunächst, wenn man da oben am Hang steht, man könne überhaupt nicht mehr fahren, aber im Augenblick, wo man die Bewegung in Gang gesetzt hat, läuft sie zum eigenen Erstaunen reibungslos wie früher.

Auf der anderen Seite gelingt es bei gut eingefahrenen Bewegungsweisen nicht selten, eine so lebhafte Vorstellung von der Kinästhesie ihres Ablaufens wachzurufen, daß man selbstbeobachtend Einzelheiten des Vorgangs feststellen kann, die man auf der Ebene des Bewußtseins nicht mehr weiß. Als ich jüngst von meinem Enkel gefragt wurde, welches von den beiden größeren Pedalen meines Wagens das der Kuppelung und welches das der Bremse sei, mußte ich zu meinem Erstaunen feststellen, daß ich dies einfach nicht wußte und zu dem eben beschriebenen Verfahren greifen mußte, ehe ich Antwort geben konnte.

Ich glaube nun, daß für die spezifisch menschliche Differenzierung der zentralen Repräsentation räumlicher Gegebenheiten, und damit für unser begriffliches Denken das Entstehen von derartigen Vorstellungsbildern eigener Bewegungen eine wichtige, ja ausschlaggebende Rolle spielt. Jene Tätigkeit des einsichtig gesteuerten Greifens, das im wesentlichen ein Tasten mit den Fingerspitzen und insbesondere mit der Spitze des rechten Zeigefingers ist, bildet höchstwahrscheinlich eine der Voraussetzungen des Begreifens. Dafür spricht auch das gewaltige Ausmaß des Areals, in dem Hand und Finger an der Großhirnrinde in sensorischer und motorischer Hinsicht repräsentiert sind, sowie die Beziehung der motorischen Felder zu den Pyramidenbahnen, den wichtigsten Nervenleitungen willkürlicher Bewegung.

Schon in seiner primitivsten Form, wie sie etwa in dem beschriebenen »Auswendiglernen« einer Folge von Lokomotionsbewegungen bei der Wasserspitzmaus gegeben ist, ist das Erwerben einer gekonnten Bewegungskoordination ein kognitiver Akt, und zwar einer von außerordentlicher Wirksamkeit. Die Erbkoordination kann naturgemäß nur jenen Umweltgegebenheiten angepaßt sein, die jedem Individuum der betreffenden Tierart in voraussagbarer Weise entgegentreten werden.

Die »eingeschliffene« Bewegungsweise besitzt manche auch für die Erbkoordination kennzeichnende Funktionseigenschaften: Ihr Ablauf wird nicht durch Reaktionszeiten verzögert; sie besitzt ihr eigenes Appetenzverhalten und wird damit zur *Motivation.* Wie die Instinktbewegung ist sie »nach Maß geschneidert«, aber nicht nur hinsichtlich genereller Bedürfnisse der Spezies, sondern in bezug auf ganz besondere Bedingungen des individuellen Lebens. Der hohe Arterhaltungswert dieser Kombination von Eigenschaften ist leicht einzusehen. Am höchsten ist er bei Tieren, die sich mit komplex strukturierten und variablen Lebensräumen auseinandersetzen müssen. Bei baumbewohnenden Wesen, die sich mit Hilfe von greifenden Händen fortbewegen und die gleichzeitig ihren gewohnten Pfad durchs Geäst mit Hilfe einer eingeschliffenen, gekonnten Bewegung beherrschen müssen, muß buchstäblich jeder Schritt und jeder Griff in der erlernten Bewegungsfolge vorgebildet sein. Die große Genauigkeit der Anpassung ist bei diesen Greifhandkletterern besonders deshalb nötig, weil sich die Zangenhand, soll sie Halt gewähren, im rechten Augenblick und in der richtigen Raumlage um einen Ast schließen muß. Unter den Greifhandkletterern sind es nur die langsamen, nächtlichen Halbaffen, wie die Loris und der Potto, die es sich leisten können, ihre Raumorientierung den Augenblicksinformation liefernden Mechanismen zu überlassen. Alle rasch beweglichen und vor allem alle springenden Halbaffen und Affen dagegen sind vollendete Meister der gekonnten Bewegung. Auch hierin liegt eine Ursache davon, daß der Mensch aus einer Gruppe solcher Lebewesen seinen Ursprung nahm.

Da ich keinen prinzipiellen Unterschied zwischen den Vorgängen sehe, die bei dem einfachen Erwerben von Wegdressuren und die beim Erlernen komplexester gekonnter Bewegungen beteiligt sind, erscheint es mir nicht nötig, zur Erklärung des rezeptorischen und des motorischen Lernens grundsätzlich verschiedene zentralnervöse Vorgänge zu postulieren. Das Neue, das durch den Lernvorgang auf rezeptorischem wie auf motorischem Gebiete gebildet wird, besteht in *neuen Verbindungen.* Mit anderen Worten: Die adaptive Modifikation betrifft wahrscheinlich immer die Synapsen und ist der Induktion im Spemannschen Sinne immer aufs nächste verwandt.

8 *Anpassung der Lehrmechanismen unter dem Selektionsdruck ihrer Funktion*

Mit der großen Fulguration des neuen Rückkoppelungskreises, durch den das Lernen aus dem Erfolg zustande kommt, erlangten die *Endglieder* der bis dahin linearen Geschehenskette eine neue Funktion. *Vor* der großen Erfindung der bedingten Reaktion hatte die Endhandlung nur die recht einfache Aufgabe, nach einem starren »geschlossenen« Programm eine Folge von Bewegungen abzuhandeln, die Rückmeldung zu erstatten, daß dies geschehen sei, und damit das Appetenzverhalten abzuschalten. Daß eine solche Rückmeldung tatsächlich ergeht, kann man schon aus dem plötzlichen kritischen Abklingen der Erregung nach Vollzug der Endhandlung schließen; nachgewiesen ist es durch Experimente von F. Beach, der operativ die Rückmeldung ausschaltete, die beim Begattungsvorgang des männlichen Schimpansen von der Entleerung der Samenblasen erstattet wird.

Wie wir bereits wissen (S. 82), haben alle Erbkoordinationen die Tendenz, ununterbrochen abzulaufen. Die erste Funktion, in deren Dienst übergeordnete und zentralisierte Instanzen im Zentralnervensystem entstanden sind, ist die der *Hemmung* der zentralkoordinierten Bewegungen. Gleichzeitig mit ihrer Hemmungsfunktion müssen diese »Zentren« die Fähigkeit besitzen, jede der betreffenden Bewegungsweisen im biologisch richtigen Augenblick zu enthemmen; mit anderen Worten, sie müssen imstande sein, Augenblicksinformation darüber zu empfangen, wann dieser günstige Moment eingetreten ist. Die Erbkoordination, das ihr vorgesetzte Hemmungszentrum und der auslösende Mechanismus bilden von vornherein eine funktionelle Einheit. Heinroth hatte dies mit genialem Blick erschaut, als er den Begriff der arteigenen Triebhandlung schuf.

Die Meldung, die von der Erbkoordination an das »Zentrum« erstattet wird, hat ursprünglich nur den Inhalt »Programm abgehandelt«, worauf die vorgesetzte Instanz die eben aufgehobene Hemmung erneut wirksam werden läßt. Nur in Ausnahmefällen kommt die triebbefriedigende Endhandlung durch »Auslaufen«, d.h. durch Erschöpfung ihrer aktionsspezifischen Erregung, zum Stillstand, wie z.B. beim Singen vieler Vögel, das ganz allmählich verebbt.

Sehr wahrscheinlich hat der Mechanismus des besprochenen einfachen Systems dem Selektionsdruck jene Angriffspunkte geboten, die es ermöglichten, aus dem Mechanismus der *Vollzugs*meldung denjenigen einer *Erfolgs*meldung zu machen. In dieser neuen Funktion wird der Endhandlung eine erhebliche Mehrleistung abverlangt; es ist gleichsam, als ob ein braver Soldat, der bislang nur imstande war, zu melden: »Befehl ausgeführt«, nun auf einmal die Fähigkeit entwickeln sollte, der höchsten Generalität einen einsichtsvollen Bericht darüber zu erstatten, welchen Erfolg seine Aktion hatte, ja selbst darüber, was die Generalität falsch angeordnet habe. Zu dieser neuen Leistung ist eine Fülle von extero- und propriozeptorischer Information vonnöten, und dazu sind noch Mechanismen nötig, die über genügend phylogenetisches »Wissen« verfügen, um Erfolg und Mißerfolg mit ausreichender Sicherheit voneinander unterscheiden zu können.

Mit der Erfindung der bedingten Reaktion werden somit neue Anforderungen an den Mechanismus der Endhandlung gestellt; es muß nicht nur ein Apparat entstehen, der eine informationsreiche Meldung von ihrem Erfolg erstattet, sondern es entstehen auch Anforderungen an die Quantität der nervlichen Energie, die nötig ist, um eine eindrucksvolle Nachricht bis an die vielen und verschiedenen Instanzen des Zentralnervensystems gelangen zu lassen, deren Funktionen in adaptiver Weise geändert werden sollen. Unter dem Selektionsdruck dieser neuen Funktionen haben die Mechanismen der Endhandlung besondere Strukturen und physiologische Eigenschaften entwickelt, die von den älteren Ethologen lange Zeit nicht richtig verstanden wurden: Ein *nicht* konditionierbares Verhaltenssystem vom Typus der arteigenen Triebhandlung pflegt ohne sichtliche Betonung der Endhandlung abzulaufen. Dies gilt besonders für Verhaltensketten, die, wie etwa die Begattung vieler Gliedertiere, nur einmal im Leben des Individuums ablaufen. Man sieht dem Tier keineswegs beim Ausführen der Endhandlung eine besondere Steigerung der allgemeinen Erregung an. Nach dem erregten Balztanz, mit dem z. B. ein Springspinnen-Männchen sein Weibchen umwirbt, erscheint der Vollzug der Begattung, der den Schluß der Verhaltenskette bildet, geradezu schläfrig.

Selbst bei den sehr lernfähigen Cichliden, hochentwickelten brutpflegenden Fischen, vollzieht sich die Eiablage und Befruchtung durchaus ohne merkbare Erregungssteigerung, im Gegenteil, die einleitenden Zeremonien der Paarbildung mit ihren tänzerischen Bewegungen und ihrer prachtvollen Darbietung bunter Farben verraten eine sehr viel höhere Allgemeinerregung als die Endhandlung. Dabei wird viel *gelernt,* die Fische lernen einander individuell kennen, und die Dauerehe, in der sie fortan zusammenleben, hat eben diese individuelle Bekanntschaft zur Voraussetzung. Die andressierende Wirkung der Paarbildungsbewegungen ist sehr wahrscheinlich stärker als die der Eiablage und Befruchtung, der männliche Fisch vollzieht diese mit derselben »pflichtmäßigen« Hingabe wie andere Brutpflegehandlungen auch, was einst einer Mitarbeiterin beim Beobachten des Ablaichens von Etroplus maculatus den unsterblichen Ausruf entlockte: »Er vollzieht dieses Geschäft mit einer Lässigkeit, die an Tugend grenzt.«

Vergleicht man Begattungshandlungen dieser Art mit denen eines Hengstes oder überhaupt mit zielbildenden Endhandlungen höherer Lebewesen, etwa mit dem Beutetöten eines Raubtieres oder dem Schlagen eines Raubvogels, so kann man sich bei Beobachtung dieser Verhaltensweisen dem Eindruck eines lodernden Feuers der Erregung nicht entziehen, das den *ganzen* Organismus zu verzehren scheint. Diese hohe Allgemeinerregung ist offenbar wichtig, um rein quantitativ die Zahl und Stärke der nervlichen Impulse zu schaffen, die nötig sind, um die sehr zahlreichen Stellen des Zentralnervensystems zu beeinflussen, an denen die Rückmeldung der Endhandlung Modifikationen induzieren soll. Dieses Feuerwerk der Allgemeinerregung und – auf der subjektiven Seite – die brennende Sinneslust sind also keineswegs funktionslose Epiphänomene, nicht Nebenprodukte, sondern unentbehrliche Bestandteile des physiologischen Mechanismus, der aus Erfolg und Mißerfolg Information zu gewinnen vermag.

Bei allen Verhaltenssystemen des eben besprochenen Typus folgt unmittelbar auf die Vollzugsmeldung ein *kritischer Abfall* der Erregung. Es scheint mir aber angesichts des besprochenen »Feuerwerks der Allgemeinerregung« als reichlich gekünstelt, nur den Abfall des Erregungszustandes für die Ursache der andressierenden Wirkung zu halten, die der Ablauf der Endhandlung entfaltet. Die Ansicht Hulls, daß »relief of tension«, das Nachlassen der Erregung, der wesentliche andressierende Faktor sei, ist in so manchen anderen Fällen richtig, bezüglich der zielbildenden Endhandlung ist sie sicher falsch, wie die einfachste Selbstbeobachtung lehrt.

Auch der Auslösemechanismus wird einem stark veränderten Selektionsdruck ausgesetzt, wenn er im Rahmen eines konditionierbaren Verhaltenssystems andere und neue Teilfunktionen erhält, als er in einem nichtlernfähigen, linearen System erfüllte. Dieser neue Selektionsdruck fordert von ihm in mancher Hinsicht das Gegenteil von dem früher wirksamen, der möglichste Selektivität von ihm verlangte. In der nicht-modifizierbaren, linearen Verhaltenskette einer Triebhandlung ist der angeborene Auslösemechanismus die einzige Instanz, die »weiß«, wann und wo die ganze Handlung ausgeführt werden soll. Die in diesem Falle unentbehrliche Selektivität wird nicht nur unnotwendig, sondern geradezu nachteilig, wenn ein zweiter informationsgewinnender Vorgang seine Lehrmeisterrolle zu spielen beginnt. Sowie erst die Rückmeldung der triebbefriedigenden Endhandlung dem Organismus mitteilt, welcher Augenblick, welcher Ort und welches Objekt für die Ausführung der ganzen Verhaltensweise am günstigsten seien, wird es zu einem Vorteil, wenn der Auslösemechanismus *weniger* selektiv ist. Demgemäß finden wir oft bei nah verwandten Tieren sehr verschiedene Selektivität analoger, ja vielleicht sogar homologer angeborener Auslösemechanismen. Von der Unselektivität des angeborenen Auslösemechanismus, der bei den lernfähigen Rabenvögeln die Wahl des Nistmaterials bestimmte, haben wir schon gehört. Bei den sehr viel weniger lernfähigen Prachtfinken (Estrildini) und Webervögeln (Ploceini) ist die Kenntnis des Nistmaterials, das allein zu den bei diesen Vögeln hoch differenzierten Nestbaubewegungen paßt, völlig angeboren, ja viele dieser Vögel geraten überhaupt erst dann in Fortpflanzungsstimmung, wenn die richtigen Schlüsselreize von seiten des Baumaterials auf sie einwirken.

Das Verfahren der bedingten Reaktion, Information *über* das Objekt, *aus* der Form der angeborenen Bewegungsweise zu gewinnen, bringt einen erheblichen Vorteil: Es werden selektiv jene Eigenschaften des Objektes abstrahiert, die für die erfolgreiche Ausführung der konditionierbaren Verhaltensweise *wesentlich* sind. Dieses Verfahren, durch Versuch und Irrtum eine Dressur auf das jeweils günstigste erreichbare Objekt zu erzielen, wird von sehr vielen höheren Tieren angewandt. Je größer die Rolle ist, die es spielt, desto geringer kann begreiflicherweise die im angeborenen Auslösemechanismus niedergelegte Kenntnis des Objektes sein, ja, es muß arterhaltend günstig sein, wenn der angeborene Auslösemechanismus durch größte Vereinfachung dem Lernvorgang breitesten Spielraum läßt. Es verbleibt ihm nur, dem Jungtiere einen »leisen Hinweis« zu geben, in welcher Richtung seine Versuche am hoffnungsvollsten sind. Diese Form des Versuchs- und Irrtums-Verhaltens ist von dem später zu besprechenden explorativen oder Neugierverhalten grundsätzlich verschieden, wie schon (S. 81) betont wurde und wie (S. 186ff.) noch genauer ausgeführt werden wird.

VII. Kapitel
Die Wurzeln des begrifflichen Denkens

1 *Die integrierten Teilfunktionen*

Jede der kognitiven Leistungen, die in diesem Kapitel besprochen werden sollen, kommt bei Tieren vor, und jede von ihnen hat ihren eigenen, von dem jeder anderen unabhängigen Arterhaltungswert, in dessen Dienst und unter dessen Selektionsdruck sie entstanden ist. Wenn man diese Leistungen nur an Tieren kennen würde, käme man kaum auf den Gedanken, daß sie überhaupt der Integration in ein System höherer Ordnung fähig seien. Wie schon (S. 55) gesagt, ist das höhere System aus den prä-existenten Teilsystemen so wenig deduzierbar wie das höhere Tier aus seinen niedriger stehenden Vorfahren. Am wenigsten aber würde man aus der Kenntnis der Teilfunktionen die wahrhaft epochemachenden neuen Leistungen voraussagen, die sich als spezifische Systemeigenschaften der aus ihrer Integration entstandenen Ganzheit ergeben haben: die Fähigkeiten zum begrifflichen Denken und zur Wortsprache, zur Anhäufung überindividuellen Wissens, zur Voraussicht der Folgen eigenen Handelns und damit zur verantwortlichen Moral.

Bei der Darstellung der Teilfunktionen gerate ich in die Zwangslage, mich wiederholen zu müssen. Ich habe schon vor Jahren erkannt, welche hohe Bedeutung die Abstraktionsleistung der Wahrnehmung, die Raumorientierung samt der zentralen Repräsentation des Raumes und das Neugierverhalten für die Entstehung des Menschen gehabt haben. Ich habe diese Leistungen schon damals in einer Weise dargestellt, der ich heute nicht allzuviel hinzuzufügen habe. Was ich damals, als ich jene Einzeldarstellungen schrieb, noch nicht voll erfaßt hatte, war, daß es einer Integration dieser drei kognitiven Fähigkeiten miteinander und mit mindestens zwei weiteren bedurfte, um jenes einzigartige Systemganze zu schaffen, dessen Leistung das begriffliche Denken ist und dessen Entstehen die sogenannte »Menschwerdung« bedeutet.

Die beiden damals vernachlässigten und hier neu zu besprechenden kognitiven Leistungen sind erstens die Willkürbewegung, die im Verein mit den Rückmeldungen, die sie hervorruft, eine kognitive Funktion sui generis ist, zweitens die Nachahmung, die in engem Zusammenhang mit der reafferenzreichen Willkürbewegung die Voraussetzung für das Erlernen der Wortsprache und damit der objektunabhängigen Tradition darstellt. Ich bin vor die Wahl gestellt, entweder einer ausführlichen Wiederholung von früher Geschriebenem schuldig zu werden oder den Leser zum Nachschlagen in früheren Arbeiten aufzufordern. Da er dieser Aufforderung erfahrungsgemäß nur sehr selten nachkommt, setze ich mich lieber dem Vorwurf der Redundanz aus.

Die sechs genannten kognitiven Leistungen will ich nun einzeln und in ihrer ursprünglichen, bei Tieren verwirklichten Form besprechen, gleichsam als wüßten wir noch gar nicht, daß sie Teilsysteme und damit unabdingbare Voraussetzungen der höchsten, spezifisch menschlichen Leistungen sind. Die Reihenfolge, in der sie hier behandelt werden, ist, eben wegen der Unabhängigkeit der Untersysteme voneinander, ziemlich gleichgültig. Ich beginne mit der abstrahierenden Leistung der Wahrnehmung, einer besonderen Art kognitiver Funktion, die schon in den Prolegomena (S. 21) erwähnt wurde. Wir wissen auch bereits (S. 113), daß sie an verschiedenen Lernleistungen beteiligt ist.

In der Darstellung komplexer Systeme sind Nachträge und Vorwegnahmen dieser Art nicht zu vermeiden, die lineare Folge geschriebener oder gesprochener Worte kann eben leider gleichzeitig Vorhandenes nur in zeitlichem Hintereinander darstellen.

2 *Die abstrahierende Leistung der Wahrnehmung*

Die Nachrichten, die von der außersubjektiven Wirklichkeit auf dem Wege über unsere Sinnesorgane in unser Zentralnervensystem gelangen, dringen niemals oder doch nur ausnahmsweise in ihrer ursprünglichen Form als gesondert von einzelnen Rezeptoren aufgenommene Sinnesdaten bis zur Ebene unseres Erlebens vor. Höchstens bei den sogenannten »niederen« Sinnen kann es geschehen, daß beispielsweise eine Einzelreizung eines Tastkörperchens oder eine bestimmte Geruchsqualität den Weg vom Rezeptor bis zum Ich durchläuft, ohne besonderen Vorgängen der Bearbeitung, Auswertung und Interpretation unterworfen zu werden. Was unser sensorischer und nervlicher Apparat auf optischem wie auf akustischem Gebiet unserem Erleben präsentiert, ist immer schon das Ergebnis von höchst komplizierten Verrechnungsvorgängen, die aus den Sinnesdaten auf jene Gegebenheiten der außersubjektiven Realität zu schließen trachten, die ihnen zugrunde liegen und die das hinter allen Erscheinungen stehende Wirkliche sind – wie wir als hypothetische Realisten annehmen.

Bei diesen selbstverständlich unbewußten »Schlüssen« unseres Verrechnungsapparates kommt es, wie schon eingangs betont (S. 21), darauf an, ein durch die Zeit invariantes Zueinander und Miteinander von Reizdaten wiedererkennbar zu machen. Ich habe schon erklärt, daß jegliches Erkennen und Wiedererkennen realer Gegebenheiten darauf beruht, daß äußere in den Sinnesdaten obwaltende Konfigurationen oder »Muster« mit solchen zur Deckung gebracht werden, die, entweder aus der individuellen Erfahrung oder aus der Stammesgeschichte gewonnen, als Grundlage weiterer Erkenntnis bereitliegen – »pattern matching« im Sinne von Karl Popper. Konstante Konfigurationen räumlicher Natur bedeuten meist das, was wir gemeinhin als Gegenstände bezeichnen. Jakob von Uexkülls einfache Definition lautet: Ein Gegenstand ist das, was sich zusammen bewegt.

Die realen Dinge unserer Umwelt wären für uns nicht wiedererkennbar, wenn wir darauf angewiesen wären, immer genau dieselben Reizdaten in genau derselben Konfiguration von ihnen zu empfangen, wenn etwa das Bild eines Gegenstandes immer genau auf derselben Stelle unserer Netzhaut in gleicher Form, Farbe und Größe entstehen müßte. Die wunderbare Leistung unseres Wahrnehmungsapparates besteht gerade darin, mit Hilfe der schon erwähnten Verrechnungsmechanismen das Wiedererkennen der Dinge von dieser unerfüllbaren Bedingung unabhängig zu machen.

Im optischen Sektor beginnt eine solche Verrechnung nachweislich schon in der Netzhaut. Wie Lettwin und seine Mitarbeiter sowie später E. Butenandt gezeigt haben, sind die Sinneszellen in der Retina des Frosches dadurch zu einzelnen Gruppen vereinigt, daß ihre zentripetalen Neuriten zu je einer Ganglienzelle leiten. Diese aber spricht selektiv auf bestimmte kollektive Meldung der Gruppe an: wenn z.B. eine dunkle Kontur von rechts nach links über die Netzhaut wandert oder wenn, bei einer anderen derartigen Zelle, alle zu ihrer Gruppe integrierten Sinneszellen gleichzeitig ein Hellerwerden der Beleuchtung melden.

Ja, es gibt sogar solche Gruppen, die selektiv nur auf eine konvexe, in bestimmter Richtung wandelnde Verdunklungsgrenze reagieren. Der eigentliche Reiz, im strengen physiologischen Sinne, ist nur das Licht, das ein Stäbchen oder einen Zapfen trifft. Die »dunkle Konvexität von rechts nach links über die Netzhaut wandernd« ist bereits die Meldung einer höchst komplexen senso-neuralen Organisation, die auf eine bestimmte Konfiguration, auf ein »Muster« von Einzelreizen, selektiv anspricht.

Es ist daher eine abgekürzte und irreführende Ausdrucksweise, wenn wir Ethologen von »einem Reiz« sprechen und damit beispielsweise das Merkmal »rot auf der Unterseite« meinen, auf das ein brünstiges Stichlingsmännchen mit den Bewegungsmustern des Rivalenkampfes antwortet. Wenn wir dieses Merkmal als »einen Schlüsselreiz« bezeichnen, setzen wir als bekannt voraus, daß seine Wahrnehmung auf der Meldung eines sehr komplizierten Verrechnungsapparates beruht, der in selektiver Weise eben nur diese besondere Reizkonfiguration in einer bestimmten Weise wirksam werden läßt.

Auf dem Prinzip des »pattern matching« baut sich ein Großteil unserer Erkenntnis auf. In den Vorgängen aber, die uns die Wahrnehmung aller uns in der Außenwelt entgegentretenden »Muster« vermittelt, steckt eine Leistung, die echter Abstraktion durchaus gleichkommt. Nichts anderes als Abstraktion ist es, wenn die Meldungen der Sehzellen in der Froschretina zu den oben besprochenen Nachrichten vereinigt werden und wenn dieser Vorgang unabhängig von den absoluten Reizgrößen funktioniert: Es kommt dabei nur auf Relationen und Konfigurationen an.

Die Fähigkeit, eine konstante Beziehung zwischen Reizdaten unabhängig von deren quantitativen und qualitativen Veränderungen wahrzunehmen, wurde von dem Gestaltpsychologen Christian von Ehrenfels entdeckt, der diese *Transponierbarkeit* der Gestaltwahrnehmung als eines ihrer wichtigsten Kriterien herausstellte. Sein klassisches Beispiel ist die Wahrnehmung einer Melodie, die in jeder Tonhöhe und auf jedem denkbaren Instrument gespielt als dieselbe wiedererkannt wird. Keineswegs aber ist die Fähigkeit, transponieren zu können, ausschließlich jenen hochintegrierten Vorgängen der Wahrnehmung zu eigen, die man als Gestaltwahrnehmung bezeichnet. Wie die wenigen hier bereits mitgeteilten Tatsachen über die Farbkonstanz (S. 24) sowie über die Leistungen der Froschretina (S. 150) beweisen, ist jene Transpositionsleistung, die ein Absehen vom Akzidentellen und einer Abstraktion des Wesentlichen gleichkommt, eine Grundleistung der Wahrnehmung überhaupt und damit auch die Basis der *Objektivation* in dem eingangs (S. 13) definierten Sinne.

Was dabei abstrahiert wird, sind immer Eigenschaften, *die dem Gegenstand invariant anhaften.* Dies läßt sich besonders gut an jenen einfacheren Leistungen der Wahrnehmung demonstrieren, die man herkömmlicherweise als die Konstanzphänomene bezeichnet. Dieser Terminus bezieht sich auf einen ausschließlich nach einer Funktion bestimmten Begriff, denn die physiologischen Mechanismen, die für so verschiedene Leistungen wie etwa Farbkonstanz und Formkonstanz verantwortlich sind, unterscheiden sich grundsätzlich in ihrem ursächlichen Zustandekommen. Sie alle aber zielen, wie schon gesagt, darauf hin, die Dinge unserer Umwelt auch dann als »dasselbe« wiedererkennbar zu machen, wenn die begleitenden Umstände ihres Wahrgenommenwerdens so stark schwanken, daß die absoluten Reizdaten, die unsere Sinnesorgane treffen, in jedem Einzelfall völlig andere sind.

Wir alle verstehen ohne weiteres, wenn man von der Farbe eines Gegenstandes spricht, und legen uns dabei gar nicht Rechenschaft davon ab, daß dieses Ding je nach Beleuchtung völlig verschiedene Wellenlängen des Lichtes reflektiert. Ich sehe das Papier in meiner Schreibmaschine als weiß, obwohl es im Augenblick das stark gelbliche Licht einer elektrischen Lampe zurückstrahlt; in der roten Beleuchtung des Sonnenunterganges würde ich es ebenfalls als weiß wahrnehmen. Der Apparat meiner Konstanzwahrnehmung bewirkt dies, indem er ohne mein bewußtes Zutun die Gelb- oder Rotkomponente der Beleuchtung von der Farbe »subtrahiert«, die das Papier im Augenblick tatsächlich zurückstrahlt. Die Farbe der Beleuchtung, die er zum Zwecke dieser Berechnung sehr wohl »wissen« muß, übergeht er in seiner Meldung, denn sie interessiert den wahrnehmenden Organismus im allgemeinen nicht. Auch eine Biene, die einen weitgehend analogen Apparat der Farbkonstanz besitzt, ist durchaus uninteressiert an der Farbe der herrschenden Beleuchtung; was sie können muß, ist, eine honigreiche Blüte an »ihrer Eigenfarbe«, d.h. an den ihr konstant anhaftenden Reflexionseigenschaften, wiederzuerkennen, gleichgültig, ob sie vom bläulichen Morgenlicht oder rötlichen Abendlicht bestrahlt wird.

Andere, analoge Leistungen vollbringende Apparate ermöglichen es uns, die *Größe* eines Gegenstandes als eines seiner konstanten Merkmale wahrzunehmen, obwohl die Ausdehnung des

Bildes, das auf unserer Netzhaut von ihm entworfen wird, mit dem Quadrat seiner Entfernung abnimmt. Wieder andere Mechanismen bringen das bewunderungswürdige Kunststück zuwege, uns den *Ort*, an dem sich ein Sehding befindet, als konstant wahrnehmen zu lassen, obwohl sein Bild auf unserer Netzhaut bei jeder kleinsten Bewegung unseres Kopfes und erst recht unserer Augen die wildesten Zickzacksprünge vollführt. Die Physiologie dieser beiden Konstanzleistungen ist besonders von Erich v. Holst untersucht worden, auf dessen Schriften hier verwiesen sei.

Weit komplexer und in seiner physiologischen Verursachung kaum erforscht ist jener Verrechnungsapparat, der uns erlaubt, die dreidimensionale *Form* eines Gegenstandes als konstant wahrzunehmen, während er sich vor unseren Augen bewegt, z. B. dreht, so daß die Form seines Netzhautbildes weitgehenden Veränderungen unterworfen wird. Es sind ganz ungeheuer komplizierte stereometrische oder darstellend-geometrische Operationen nötig, um die uns allen selbstverständliche Leistung zu vollbringen, die darin besteht, alle diese Veränderungen des Netzhautbildes – ja selbst die eines Schattenbildes – als Bewegungen eines formkonstanten Gegenstandes im Raum zu interpretieren und nicht als Veränderungen seiner Form.

Die von Chr. von Ehrenfels, M. Wertheimer und W. Köhler untersuchten Funktionen der Wahrnehmung sind zweifellos Konstanzleistungen, wiewohl es vielleicht in dem (S. 53) diskutierten Sinne irreführend wäre, zu sagen, sie seien »nichts anderes als« solche. Dem an Gestaltpsychologie interessierten Naturwissenschaftler empfehle ich die Lektüre der Schriften Wolfgang Metzgers; eine kurze Zusammenfassung findet sich in meiner Arbeit ›Gestaltwahrnehmung als Quelle wissenschaftlicher Erkenntnis‹.

Es kommt in der Evolution von Organen und selbst in der technischen Entwicklung von Maschinen nicht allzu selten vor, daß ein Apparat, der im Dienste einer ganz bestimmten Leistung entwickelt wurde, sich unerwarteterweise als fähig erweist, außer dieser einen noch eine ganz andere Funktion zu erfüllen. So hat es sich einmal ereignet, daß ein zur Berechnung von Zinseszinsen konstruierter Rechenapparat seine eigenen Konstrukteure durch die Fähigkeit überraschte, auch Integral- und Differentialrechnungen ausführen zu können. Etwas Ähnliches ist mit den Konstanzleistungen der Wahrnehmung geschehen. Wie wir wissen, sind sie alle im Dienste der Ding-Konstanz entwickelt worden;

der Selektionsdruck unter dem dies geschah, wurde von der Notwendigkeit ausgeübt, bestimmte Gegenstände der Umwelt verläßlich wiederzuerkennen. Dieselben physiologischen Mechanismen, die uns dazu befähigen, sind nun erstaunlicherweise auch imstande, konstante Eigenschaften herauszuheben, zu *abstrahieren*, die nicht nur *ein* Ding, sondern vielmehr eine bestimmte *Gattung* von Dingen kennzeichnen. Sie vermögen von den Eigenschaften abzusehen, die nicht gattungskonstant sind, sondern nur einzelne Individuen auszeichnen. Mit anderen Worten, sie behandeln diese individuellen Merkmale als den akzidentellen Hintergrund, von dem sich eine allen individuellen Vertretern der Gattung gemeinsam anhaftende und für sie alle konstante Gestaltqualität abheben läßt. Diese wird dann unmittelbar als Qualität der Gattung wahrgenommen.

Diese höchste Leistung der Konstanzmechanismen ist ursprünglich von rationaler Abstraktion durchaus unabhängig, sie ist höheren Säugetieren und Vögeln ebenso zu eigen wie kleinen Kindern. Wenn ein Einjähriger alle Hunde richtig als »Wauwau« bezeichnet, hat er keineswegs die Bestimmungsformel von Canis familiaris L. abstrahiert, noch weniger hatte der kleine Sohn von Eibl-Eibesfeldt die Begriffe »Säugetier« und »Vogel« gebildet, als er die Angehörigen dieser Klassen als »Wauwau« und »Pipi« ansprach, wobei er eine große Gans und einen winzigen Laubsänger ebenso richtig in die Klasse der Vögel einordnete wie seine neugeborene Schwester in die der Säugetiere. Ganz sicher wird in solchen Fällen vom kleinen Adam ein Name einer unmittelbar wahrgenommenen Gattungsqualität verliehen. Alle diese von der Gestaltwahrnehmung vollbrachten Leistungen der Abstraktion und der Objektivierung sind anderen und einfacheren Funktionen der Konstanzwahrnehmung nicht nur verwandt, sondern bauen auf ihnen auf, d.h. sie enthalten sie als unentbehrliche Teilfunktionen. Die Gestaltwahrnehmung besitzt als höher integrierte Ganzheit selbstverständlich neue Systemeigenschaften, wozu noch der Umstand hinzutritt, daß sie auch mit Lernen und Gedächtnis in Beziehung tritt.

Die Gestaltwahrnehmung scheint sogar ihren eigenen, besonderen Mechanismus des Informationsspeicherns zu besitzen. In meiner schon erwähnten Arbeit über Gestaltwahrnehmung habe ich ausführlich geschildert, wie sich der Vorgang des Herausgliederns einer Gestalt, ihres Abhebens vom akzidentellen Hintergrund, über sehr lange Zeiträume, ja über viele Jahre erstrecken kann. Der Verhaltensforscher wie der Arzt machen immer wieder die Erfahrung, daß eine in sehr vielen Einzelerfahrungen wiederkehrende Gesetzlichkeit, wie etwa eine Aufeinanderfolge von Bewegungen oder ein Syndrom von Krankheitserscheinungen, erst dann als invariante Gestalt wahrgenommen wird, wenn die Beobachtung sehr oft, in machen Fällen buchstäblich Tausende von Malen wiederholt worden war.

Mit diesem Geschehen gehen ganz eigenartige subjektive Erscheinungen einher. Lange, ehe man die Gründe dafür formulieren könnte, merkt man schon, daß ein Komplex beobachteter Erscheinungen interessant und anziehend wirkt. Erst etwas später taucht die Vermutung auf, daß Regelhaftes in ihm enthalten sei. Beides drängt natürlich zu Wiederholungen der Beobachtungen. Das Ergebnis dieses erstaunlichen, aber keineswegs übernatürlichen Vorganges wird dann häufig einer »Intuition«, wenn nicht gar einer »Inspiration« zugeschrieben.

Was in Wirklichkeit geschieht, ist wunderbar genug. Offensichtlich besitzen wir einen Verrechnungsapparat, der imstande ist, schier unglaubliche Zahlen einzelner »Beobachtungsprotokolle« aufzunehmen und über lange Zeiträume festzuhalten, und der dazu noch die Fähigkeit besitzt, echte Statistik mit ihnen zu treiben. Diese beiden Leistungen müssen angenommen werden, um die unbezweifelbare Tatsache zu erklären, daß unsere Gestaltwahrnehmung fähig ist, aus einer Vielzahl von Einzelbildern, deren jedes mehr akzidentelle als essentielle Daten enthält und die sie über große Zeiträume gesammelt hat, die essentielle Invarianz zu errechnen oder, wie man es im Jargon der Nachrichtentechniker ausdrücken kann, den »Lärm« des Informations-»Kanals« durch die Redundanz der Information zu kompensieren.

Wir müssen einem System, das solches vollbringt, eine sehr hohe Komplikation zuschreiben. Dennoch wundern wir uns nicht über die Tatsache, daß sich all diese sensorischen und nervlichen Vorgänge trotz ihrer so weitgehenden Analogie zu rationalem Geschehen in jenen Regionen unseres Nervensystems abspielen, die unserem Bewußtsein, unserer Selbstbeobachtung völlig unzugänglich sind. Egon Brunswik hat für sie den Terminus *ratiomorph* eingeführt, um anzudeuten, daß sie in formaler wie in funktioneller Hinsicht logischen Verfahrensweisen streng analog sind, mit bewußter Vernunft aber sicherlich nichts zu tun haben. Der naheliegende Verdacht, es handele sich um Vorgänge, die primär rationaler Natur gewesen, aber im psychoanalytischen Sinne ins Unterbewußtsein »verdrängt«

worden seien, ist leicht zu widerlegen: An ratiomorphen Vorgängen werden schon bei geistig minderbegabten Kindern und selbst bei Tieren kompliziierteste mathematische, stereometrische, statistische und sonstige Operationen vollzogen, die selbst begabte Forscher rational nur unvollkommen nachzuvollziehen vermögen.

Auch die Fähigkeit der Gestaltwahrnehmung, Informationen zwecks späterer Auswertung zu speichern, ist unserem rationalen Gedächtnis analog, beruht aber wahrscheinlich auf andersartigen physiologischen Vorgängen. In der Fähigkeit, Einzeldaten zu behalten, *übertrifft* die ratiomorphe Leistung die rationale um ein Vielfaches, dagegen mangelt uns die Fähigkeit, die von ihr gespeicherten Inhalte willkürlich abzurufen. In bezug auf die sonstigen Unterschiede und die besonderen Schwächen und Stärken der beiden analogen Arten von Vorgängen, verweise ich auf meine schon erwähnte Schrift über Gestaltwahrnehmung.

Meine Ausführungen über die Analogien zwischen den rationalen und den ratiomorphen Leistungen sollen keineswegs besagen, daß die abstrahierende und objektivierende Leistung unseres begrifflichen Denkens beziehungslos neben der der Gestaltwahrnehmung stehe. Die ratiomorphen Leistungen sind unabhängig vom begrifflichen Denken funktionsfähig, sie sind erdgeschichtlich uralt, denn man darf mit Sicherheit annehmen, daß die Netzhaut bei den Stegocephalen der Steinkohlenzeit prinzipiell gleiche Abstraktionsleistungen vollbracht hat, wie wir sie von der Netzhaut unserer Frösche kennen. Funktionell sind die Abstraktions- und Objektivationsleistungen der Wahrnehmung Vorläufer der entsprechenden Funktionen unseres begrifflichen Denkens. Sie sind aber, wie dies bei der Integration präexistenter Systeme zu höherer Ganzheit der Fall zu sein pflegt, durch die Fulguration des begrifflichen Denkens keineswegs überflüssig geworden, sondern bilden nach wie vor seine unentbehrlichen Voraussetzungen und Bestandteile.

3 *Einsicht und zentrale Repräsentation des Raumes*

Die Begriffe des »einsichtigen« Verhaltens und der »Intelligenz« hängen eng zusammen: Für intelligent gilt ein Wesen mit hoch entwickelter Fähigkeit, einsichtig zu handeln. Darüber, wie diese

Fähigkeit zustande kommt, hat sich die ältere Psychologie offenbar wenig Gedanken gemacht, vielleicht deshalb, weil man diese höchst geistige Leistung von vornherein für physiologisch unerklärlich erachtete. Deshalb beschränkt sich die Definition des Vermögens, einsichtig zu handeln, herkömmlicherweise auf *negative* Feststellungen. Als einsichtig gilt, wie schon (S. 42) angedeutet, eine Verhaltensweise, durch die der Organismus eine spezielle Umwelt-Gegebenheit in arterhaltend sinnvoller Weise meistert, wiewohl ihm weder stammesgeschichtlich erworbene noch auch im individuellen Leben gewonnene Informationen über diese besondere Gegebenheit zur Verfügung stehen. Wie wir schon in I.3 und ausführlich im ganzen IV. Kapitel gehört haben, können wir dieser rein negativ – »per exclusionem« – bestimmten Definition eine andere, positive entgegenstellen, die auf Kenntnis der Mechanismen gegründet ist, die dem einsichtigen Verhalten zugrunde liegen: Einsichtig nennen wir jene Verhaltensweisen, deren besondere Angepaßtheit auf den Vorgängen des kurzfristigen Informationsgewinnes beruht, die im IV. Kapitel besprochen wurden.

Die optische Wahrnehmung räumlicher Tiefe und Richtung spielt in der Orientierung höherer Wirbeltiere eine besonders große Rolle. Es ist deshalb nicht ganz falsch, wenn auch der naive Beobachter die Intelligenz einzelner Tierarten nach der höheren oder geringeren Ausbildung dieser Fähigkeiten beurteilt. Es gibt indessen auch eine große Zahl von Wirbeltieren, die ihre räumlich orientierende Information hauptsächlich aus den parallaktischen Verschiebungen der Netzhautbilder einzelner Gegenstände gewinnen, die von der Eigenbewegung des Tieres bewirkt werden. Diese Art der Raumwahrnehmung findet sich nicht nur bei Fischen, sondern auch bei unzähligen Vögeln und Säugetieren, man denke etwa an einen Regenpfeifer oder ein Rotkehlchen, die zwecks Lokalisation eines Sehdinges die charakteristischen Nick- oder Wippbewegungen ausführen müssen. Auch Huftiere fixieren nur in Ausnahmefällen beidäugig, und selbst ein Hund, der seinen Herrn freilaufend begleitet und dabei engen Kontakt mit ihm aufrechterhält, blickt ihn kaum je beidäugig an, es sei denn, daß der Herr ihn ruft oder niest, stolpert usw. und so die Aufmerksamkeit des Tieres erregt. Selbst wenn dies geschieht, blickt der Hund den Herrn meist mit schief gehaltenem Kopf an, was besagt, daß er in erster Linie akustische Orientierung anstrebt.

Das Vorherrschen der parallaktischen Orientierung bei so vielen höheren Tieren erweckt erfahrungsgemäß bei vielen Leuten die irrtümliche Meinung, daß alle diese Wesen nicht imstande seien, beidäugig zu fixieren. Deshalb muß hier besonders betont werden: Der Orientierungsmechanismus, der darin besteht, das Netzhautbild eines Gegenstandes durch Konvergenz der Augen beiderseits an die Stelle schärfsten Sehens zu bringen und dann aus den Rückmeldungen der Augenmuskeln die Entfernung des Gegenstandes zu ermitteln, ist grundsätzlich allen zweiäugigen Wirbeltieren gemeinsam. Bei den wenigen, die nicht über ihn verfügen, ist er wahrscheinlich sekundär rückgebildet, wie bei manchen Welsen (Siluriden), Schmerlen (Cobitiden) und wenigen anderen. Das binokuläre Fixieren der Beute ist sehr wahrscheinlich die Leistung, unter deren Selektionsdruck das beidäugige Sehen überhaupt entstanden ist.

Bei vielen Fischen, Amphibien und Reptilien, bei denen sich die Augen, solange das Tier nicht binokular fixiert, unabhängig voneinander bewegen, vollzieht sich das Anpeilen der Beute etwa in folgender Weise. Das Tier fixiert die Beute zunächst mit einem Auge, das allen ihren Bewegungen getreulich folgt. Wenn die Intensität der Reaktion ansteigt, wendet sich auch das zweite Auge der Beute zu. Danach stellt das Tier seinen Kopf oder seinen ganzen Körper in die Symmetrieebene zwischen den Blickrichtungen seiner beiden, unverwandt auf die Beute gerichteten Augen und bewegt sich anschließend so lange auf die Beute zu, bis die für das Zuschnappen richtige Entfernung erreicht ist. Dabei liefern sehr wahrscheinlich dieselben Mechanismen Informationen über Größe und Entfernung des fixierten Gegenstandes, die Erich v. Holst am Menschen nachgewiesen hat. Sowohl die Konvergenz der Augenachsen wie auch der Vorgang der Naheinstellung der Linsen liefert auf dem Wege der Reafferenz die benötigten Daten. Manche Tiere, deren Beutefangmechanismen besonders differenziert sind, können auch dann nicht zuschnappen, wenn die Beute ihrem Maule zu nahe ist. Seepferdchen z. B. müssen sich in einem solchen Falle mühsam rückwärts bewegen und manchmal ihren Körper in grotesker Weise verkrümmen, um ein in unerwünschter Weise auf sie zuschwimmendes Krebschen in die Symmetrie-Ebene ihres Kopfes und gleichzeitig in die richtige »Schußdistanz« zu bekommen.

Bei der großen Mehrzahl der Wirbeltiere dient die Auswertung der parallaktischen Verschiebung der Sehdinge zur groben Orientierung, das binokuläre Fixieren dagegen zur Lokalisation der Beute. Beidäugiges Fixieren von unbelebten Umweltdingen, die nur als Hindernis oder Substrat der Lokomotion von Bedeutung sind, kommt nur in jenen besonderen Fällen vor, in denen ein solcher Gegenstand präzise geortet werden muß, z.B. wenn im Zuge der Ortsbewegung ein Bein des Tieres genau auf ihn aufgesetzt werden muß oder ein Greiforgan ihn mit Sicherheit zu erfassen hat. Diese Anforderungen treten schon an gewisse Fische heran, nämlich an jene bodenbewohnenden oder kletternden Formen, die ihre Fähigkeit zum freien Schweben im Wasser verloren haben und, schwerer als Wasser, der Unterlage aufruhen, solange sie sich nicht durch angestrengte Schwimmbewegungen über diese erheben. Wenn solche Bodenformen sich in reichstrukturierter Umgebung, etwa im Felsgeröll des Litorals oder dem Gewirr von Mangrovewurzeln, gezielt bewegen sollen, bedürfen sie der Fähigkeit, die Einzelheiten der Unterlage, auf der sie klettern, genau zu lokalisieren.

Mehrere Gruppen barschähnlicher Fische (Percomorphae) haben Formen entwickelt, die hierauf spezialisiert sind. Besonders gut ausgestattet sind in dieser Richtung Vertreter der Schleimfische (Blenniidae) und der Grundeln (Gobiidae). Die »Intelligenz« dieser interessanten Fischchen wird von fast jedem ihrer Beobachter betont. William Beebe sagt von ihnen: »Of all fishes, they are least bound-up in fishiness«, und mein Lehrer Prof. Heinrich Josef sagte von ihnen scherzhaft, aber sehr treffend: »Blennius gehört überhaupt nicht zur Klasse der Fische, sondern zu den Dackeln.« Dies kennzeichnet sehr gut die Komik, die für den geschulten Beobachter immer dann entsteht, wenn ein Tier etwas ganz Unerwartetes tut, vor allem etwas, das man nur von weit höheren Lebewesen zu sehen gewohnt ist. Sieht man einen Blennius, der »zu Fuß« an einen hohen Stein herangehüpft kommt, sich dann auf den weit vorn eingelenkten Bauchflossen hoch aufrichtet, den Kopf – der bei fast allen anderen Fischen starr mit dem Rumpf verbunden ist – stark nach oben abwinkelt und die obere Kante des Felsstückes beidäugig fixiert, ehe er sich mit genau gezieltem Sprunge hinaufschwingt, so wirkt dies immer wieder unwiderstehlich komisch. Noch erheiternder wirkt der zu den Gobiiden gehörige Periophthalmus, der es im beidäugigen Fixieren unbelebter Gegenstände und auch im Klettern noch weiter gebracht hat als alle Blenniiden. Er ist imstande, das Wasser zu verlassen, an Mangrovewurzeln emporzuklettern und gezielt von einer zur anderen zu hüpfen.

Unter Blenniiden wie unter Gobiiden finden sich ursprüngliche Formen, die nicht in der besprochenen Richtung differenziert sind und deren Schwimmblase voll funktionsfähig ist, so daß sie wie andere Fische ohne Muskelarbeit frei im Wasser zu schweben vermögen. Vergleicht man diese mit den kletternden Formen ihrer Gruppe, so fällt einem eine wesentliche Verschiedenheit der Kopfformen auf. Bei den schwebefähigen Formen ist die Stirne wie bei anderen Fischen flach, und die Augen stehen beidseitig am Kopfe. Je weiter die Anpassung ans Boden- und Kletterleben geht und je wichtiger damit die Funktion genauer optischer Raumorientierung wird, desto steiler wird die Stirne, und desto mehr rücken die Augen an die Kante zwischen der Rückenlinie und der Vorderseite des Kopfes, so daß vor ihnen freier Raum für beidäugiges Fixieren liegt. Am extremsten ist diese Anpassung bei dem schon erwähnten Schlammspringer, Periophthalmus. Die umstehende Abbildung 2 zeigt die Anpassungsreihe an verschiedenen Arten der beiden Ordnungen.

An sich sind die Auswertung der parallaktischen Verschiebung der Sehdinge und die Ortung durch binokuläres Fixieren zwei Orientierungsmechanismen, die zwar verschieden, aber einander durchaus gleichwertig sind. Dennoch ist die anthropomorphe Anschauung, daß fixierende Tiere klüger seien als starrblickende, nicht ganz unrichtig. Die dem Menschen am besten bekannten

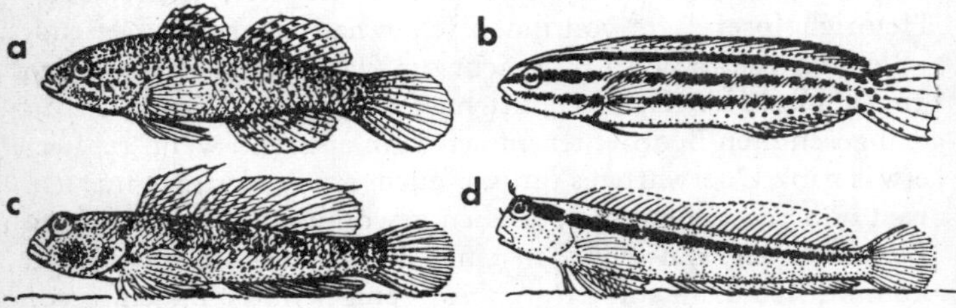

Abb. 2 Konvergente Anpassung der Augenstellung an binokuläres Fixieren der Unterlage bei Gobiiden und Blenniiden. Die freischwimmenden Formen, der Gobiide Dormitator (a) wie der Blenniide Petroscirtes (b), haben eine Kopfform wie die meisten freischwimmenden Fische. Die bodenbewohnenden Formen wie Gobius jozo (c) und Blennius rouxi (d) haben ein steiles Kopfprofil, das starke Konvergenz der Augen nach vorne ermöglicht. Bei dem landbewohnenden Gobiiden Periophthalmus (e) ist diese Anpassung am weitesten getrieben.

Fischarten, wie z.B. der Goldfisch und viele andere, haben das sprichwörtlich starre »Fischauge«. Sie alle empfangen räumlich orientierende Information nur, solange sie sich bewegen, da sich nur dann die Netzhautbilder der verschiedenen Raumdinge gegeneinander verschieben. Wenn ein solcher Fisch dicht vor einem Hindernis, einem Stein oder einem dichten Busch von Wasserpflanzen, zum Stillstand gekommen ist, so kann man oft beobachten, daß er, wenn er sich wieder in Bewegung setzt, dies zunächst genau in der Richtung tut, die von diesem Gegenstand versperrt ist. Erst wenn die Eigenbewegung entsprechende Verschiebung der Netzhautbilder verursacht und damit die der Orientierung zugrunde liegenden Informationen geliefert hat, beginnt das Tier, seine Schwimmrichtung zu ändern.

Von dem eben beschriebenen Verhalten unterscheidet sich das der durch Fixieren sich orientierenden Tiere in einem wesentlichen Punkte: Während, wie wir gesehen haben, bei parallaktischer Orientierung Ortsbewegung und Ortung zeitlich zusammenfallen, sind sie bei den fixierenden Lebewesen zeitlich voneinander getrennt. Die Lokalisation erfolgt zeitlich *vor* der Ortsbewegung. Tiere, die sich durch »telotaktisches« Fixieren orientieren, d.h. einen Gegenstand nach dem anderen auf der Stelle schärfsten Sehens zur Abbildung bringen und auf diese Weise den Raum um sich herum gewissermaßen austasten, tun dies stets, während sie am Platze bleiben. Auf die Phase dieses Orientierungsvorganges folgt dann eine Ortsbewegung, die bereits voll orientiert ist und wie geplant wirkt. Analogien zu dieser Aufeinanderfolge einer inneren Vorbereitung und nachfolgenden Ausführung einer Bewegung werden wir auf den höheren Ebenen einsichtiger Leistungen ein zweites Mal begegnen.

Parallaktische und fixierende Raumorientierung kommen selbstverständlich bei einem und demselben Organismus nebeneinander vor, die Rolle, die sie spielen, ist nur quantitativ verschieden. Für die parallaktische Orientierung ist das periphere Sehen, d.h. die Auswertung der vom Mittelpunkt der Netzhaut entfernter liegenden Anteile von Wichtigkeit, deshalb sind die parallaktisch gut orientierungsfähigen Wesen häufig großäugiger als die dauernd fixierenden. Ein Zeisig z.B. fixiert ununterbrochen in allen Richtungen »im Raume umher«, seine winzigen Äuglein sind in ständiger Bewegung. Das große Auge des Rotkehlchens oder das eines Regenpfeifers bleibt in Relation zum Kopfe fast unbewegt, dafür folgt in regelmäßigen Abständen das schon erwähnte Wippen.

Merkwürdigerweise können die beiden Orientierungsweisen in vielen Fällen nicht vikariierend für einander eintreten. Wie schon gesagt, ist die primäre Funktion der binokulären Tiefenwahrnehmung das Zielen nach der Beute, während die parallaktische Tiefenwahrnehmung der Groborientierung im Raume und dem Vermeiden von Hindernissen dient. Hochseefische, die als Raubtiere über ein ganz ausgezeichnetes binokuläres Sehen verfügen, sind nicht imstande, es zum Vermeiden von Hindernissen zu verwenden. An der Adriatischen Küste habe ich es erlebt, daß Hunderte von Jungfischen einer Art von Hornhechten (Belonidae) ganz einfach ans Ufer schwammen und dort zugrunde gingen. Sie kamen nicht im geschlossenen Schwarm, sondern einzeln in meterweiten Abständen voneinander, aber genau parallel zu einander herangeschwommen, offensichtlich von irgendeiner Orientierung nach Licht, Salzgehalt oder sonst etwas gesteuert. Wenige Meter vor der Küste waren alle Tiere noch völlig gesund, in der Brandungszone kämpften sie um ihr Leben und am Ufer türmte sich ein kleiner Wall von Leichen. Auch von gefangengehaltenen Hochseefischen weiß man, daß sie rechtwinklig zur Schwimmrichtung liegende Hindernisse nicht zu berücksichtigen imstande sind und sich deshalb auch in sehr großen Becken nur allzuoft den Kopf an der Wand einrennen. Im freien Meere weichen sie, parallaktisch orientiert, vor großen und undurchsichtigen Gegenständen schon von weitem im flachen Bogen aus. Der Situation, allseitig von solchen Hindernissen umgeben zu sein, sind sie nicht gewachsen.

Die enge Korrelation zwischen der Fähigkeit zur räumlichen Orientierung und der räumlichen Struktur des Lebensraumes haben wir schon bei der Anpassung von Gobiiden und Blenniiden an das Boden- und Kletterleben kennengelernt. Dieselbe Korrelation besteht aber ganz allgemein im Tierreich. Am wenigsten Einsicht wird von jenen Organismen verlangt, die in dem nach allen Raumrichtungen homogenen Medium der Hochsee leben. Die »dümmsten« von den uns derzeit bekannten vielzelligen und freibeweglichen Tieren dürften gewisse Quallen sein, die, wie z.B. die Lungenqualle (Rhizostoma pulmo) räumlich gesteuerter Reaktionen überhaupt entbehren. Sie bedürfen ihrer nicht, da ihre leichte Glocke und ihr schwerer Magenstiel sie in stabilem Gleichgewicht halten und da sie ihre Nahrung aus dem Meerwasser filtern, ohne einzelne Futterpartikelchen mit gezielten Bewegungen ergreifen zu müssen. Die einzigen gerichteten Bewegungen, die bei ihnen vorkommen, sind die der amöboiden

Zellen ihrer Magenwand. Die einzige Antwort des Gesamtorganismus auf Reize besteht darin, daß jeder Schlag des Schirmes bestimmte Rezeptoren, die sogenannten Randkörper, reizt und dadurch die nächste Zusammenziehung dieses Organes auslöst. »Sie vernimmt nichts als den Schlag der eigenen Glocke«, wie Jakob von Uexküll von der Lungenqualle so schön gesagt hat.

Von der Unfähigkeit mancher Hochseefische, sinnvoll auf räumliche Gegebenheiten zu reagieren, haben wir schon gehört. Auch bei Landtieren besteht ein enger Zusammenhang zwischen der Strukturierung des Lebensraumes und der Fähigkeit, ihrer durch räumlich wohlorientiertes Verhalten Herr zu werden. Die offene Steppe kann gewissermaßen als zweidimensionales Analogon der in allen drei Raumrichtungen homogenen Hochsee betrachtet werden. Vergleicht man z. B. die Fähigkeit zur räumlichen Einsicht bei nahverwandten Tierformen, von denen die einen Steppenbewohner, die anderen aber Felsen- oder Baumbewohner sind, etwa Rebhuhn und Schopfwachteln oder Oryx-Antilope und Gemse, so findet man erstaunliche Unterschiede in der Fähigkeit zur Erfassung räumlicher Gegebenheiten.

Ein Paar Rebhühner, die ich vom Ei ab aufgezogen hatte, erwiesen sich als unfähig, eine weiß getünchte Wand als undurchdringliches Hindernis zu verstehen. Wenn die Lust sie ankam wegzuwandern, so liefen sie in Richtung der dem Fenster gegenüber liegenden Zimmerwand, weil diese heller belichtet war als die unter dem Fenster liegenden Wandteile. Am Hindernis angelangt, rannten sie nicht nur leicht mit dem Schnabel dagegen an, sondern sie drängten, bestrebt, ihre Richtung einzuhalten, dauernd weiter gegen die Wand, während sie rastlos an ihr auf- und abliefen. Beim Wenden drückten sie stets besonders stark vorwärts und rieben sich dabei allmählich das Horn des Oberschnabels und das Gefieder des Vorderhalses ab, so daß ich, um ernstere Beschädigungen zu vermeiden, einen dunklen Vorhang vor der Wand anbringen mußte. Um die Vögel auf einen bestimmten Teil des Zimmers zu beschränken, grenzte ich diesen durch ein Brett ab, das knapp hoch genug war, um die Tiere am Darüberwegsehen zu hindern. Die Rebhühner rannten oft an diesem Brett auf und nieder, lernten es aber nie, es gezielt zu überfliegen, auch dann nicht, als sie mehrmals nach ungezieltem Auffliegen zufällig auf die andere Seite des Bretts geraten waren.

Bemerkenswerterweise waren sie im Fluge weit besser raumorientiert als auf dem Boden. Wenn sie plötzlich mit der gewaltigen Beschleunigung losflogen, deren diese Vögel fähig sind, erwartete man unwillkürlich, im nächsten Augenblick einen harten Aufprall an Wand oder Fensterscheibe zu hören und einen toten Vogel vorzufinden. Dergleichen geschah nie, die Rebhühner wendeten immer völlig einsichtig um, sowie sie in die Nähe einer Wand gerieten, und landeten stets zielgerichtet auf dem Boden. Es ist einzusehen, daß das Rebhuhn es sich »leisten« kann, auf dem Steppenboden auf Hindernisse keine Rücksicht zu nehmen, während es fähig sein muß, im Fluge lotrechte Hindernisse wie Bäume, Waldränder oder steile Böschungen zu vermeiden. Die für den Flug »vorgesehene« Orientierungsfähigkeit kann das Rebhuhn genausowenig benutzen, wenn es zu Fuß geht, wie der Hornhecht sein zum Beutefang »vorgesehenes« binokuläres Sehen dazu verwenden kann, eine steile Felsküste zu vermeiden.

Die Fähigkeiten zum Meistern komplizierter räumlicher Gegebenheiten sind, wie gesagt, bei sehr nah verwandten Formen oft stark verschieden. Der Hornhecht, der nicht einmal imstande ist, eine Steilküste als Hindernis zu »verstehen«, hat nahe Verwandte im Süßwasser, die selbst mit den Glaswänden eines kleinen Aquariums einigermaßen zurechtkommen, wenn sie auch, wie man auf vielen Photographien sieht, meist eine Beschädigung ihrer spitzen Kiefer davontragen. Die Schopfwachtel zum Beispiel, ein naher Verwandter des Rebhuhns, ist räumlich außerordentlich gut orientiert usw. Da man kaum annehmen möchte, daß bei diesen Tieren die Sinnesorgane anders organisiert seien als bei ihren »dümmeren« Verwandten, darf man annehmen, daß die Fähigkeit zur besseren oder schlechteren Repräsentation des Raumes von der zentralnervösen Organisation abhängt.

Welcher Lebensraum ist es nun, der an seine Bewohner die höchsten Anforderungen bezüglich der Fähigkeit zur Raumeinsicht stellt? Dies ist zweifellos das Geäst der Bäume! Unter den Baumtieren aber bedürfen diejenigen der genauesten und bis in die kleinsten Einzelheiten gehenden Informationen über räumliche Gegebenheiten, die nicht mit Haftscheiben oder Krallen an den Ästen Halt finden, wie dies Baumfrösche, Eichhörnchen und viele andere Baumbewohner tun, sondern jene, die mit Greiforganen klettern, die wie Zangen Äste oder Zweige umfassen. Haftscheiben- und Krallenkletterer können es wagen, sich ungefähr in die Richtung des angestrebten Zieles zu werfen; die Wahrscheinlichkeit, irgendwo mit einer oder zwei Zehen hängenzubleiben, ist genügend groß, und auch der Absturz endet bei diesen meist kleinen Wesen nicht unbedingt tragisch. Die Greifhand dagegen verleiht nur dann Halt, wenn sie sich am richtigen

Ort, in der richtigen Raumlage und im richtigen Augenblick schließt; sie haftet weder, wenn sie offen, noch wenn sie zur Faust geschlossen ist.

Das Greifen mit der Zangenhand ist bei Säugetieren in analoger Weise mit einer bestimmten Stellung der Augen im Kopf korreliert wie bei den Fischen die Reduktion von Schwimmblase und Schwebefähigkeit, und zwar aus analogen Gründen. Beides macht eine besonders genaue Raumerfassung nötig. Unter den Beuteltieren wie unter den Plazenta-Tieren gibt es krallenkletternde und greifhandkletternde Baumbewohner. Bei beiden Unterklassen der Säuger haben die erstgenannten meist seitlich stehende und etwas vorquellende Augen, wie wir sie vom Eichhörnchen kennen, während die zweiten meist »eulenartig« nach vorne gerichtete Augen besitzen. Bei den Beuteltieren ist die in Rede stehende Korrelation weniger deutlich, wahrscheinlich weil es bei ihnen viele sehr langsam kletternde Formen gibt, die für ihre chamäleonähnliche Lokomotion keiner besonders guten Raumorientierung bedürfen. Sicher aber ist, daß alle jene Tiere, die nach weitem Sprunge mit einer Zangenhand ihr Ziel ergreifen, dieses vorher binokulär fixieren.

Das Hangeln und Klettern der Anthropoiden mit der Hakenhand stellt keine geringeren Anforderungen an die Genauigkeit räumlicher Einsicht, als es die Greifhand anderer Primaten tut. Der Hakenhand allein aber kommt eine besondere Eigenheit zu, auf die ich im Abschnitt über Neugierverhalten und Selbstexploration zurückkommen werde: Sie befindet sich, während sie zufaßt, in unmittelbarer Nachbarschaft des Fixationspunktes.

Bei der Beschreibung des Verhaltens jener Tiere, die sich dadurch orientieren, daß sie verschiedene Gegenstände der Umgebung fixieren, habe ich schon gesagt, daß das zeitliche Nacheinander von Augenbewegungen mittels deren der Raum »ausgetastet« wird, und der anschließenden erfolgssicheren Bewegung außerordentlich »intelligent« wirkt, und zwar deshalb, weil sie ein einfaches Analogon des planenden *Denkens* sind, wie wir es bei Menschenaffen finden.

Wenn ein Anthropoide vor ein durch Einsicht zu lösendes Problem gestellt wird, so verhält er sich ganz anders als ein Waschbär oder ein Rhesusaffe in der gleichen Lage. Jene laufen unruhig suchend auf und nieder und probieren motorisch verschiedene Möglichkeiten durch. Der Menschenaffe aber setzt sich ruhig hin und läßt seine Blicke aufmerksam über die Versuchsanordnung schweifen. Seine innere Anspannung äußert sich in sogenannten Übersprungbewegungen, er kratzt sich z. B. sehr häufig wie ein nachdenkender Mensch am Kopfe. Auch er »probiert« verschiedene Möglichkeiten, dies verrät das Wandeln seines Blickes, der rastlos von einem Punkte der Versuchsanordnung zum anderen springt. Sehr schön zeigt dies ein Film, der in Suchum, in der Sowjetunion, von Versuchen mit einem Orang-Utan hergestellt wurde. Der Affe wird vor die Aufgabe gestellt, eine Kiste, die in einer Ecke des Raumes steht, unter eine Banane zu schieben, die in der gegenüberliegenden Ecke an einem Faden von der Decke herabhängt. Zunächst durchwandern die Blicke des Affen ziemlich ratlos die Raumdiagonale zwischen der links unten stehenden Kiste und der rechts oben hängenden Banane. Dann wird der Orang böse, weil er keine Lösung findet; er versucht, sich der peinlichen Lage durch Wegwenden – cut-off behaviour im Sinne von Chance – zu entziehen. Das Problem läßt ihm aber keine Ruhe, er wendet sich der Versuchsanordnung wieder zu. Da plötzlich beginnen seine Blicke andere Wege einzuschlagen. Sie gehen zur Kiste, von dort zu dem Ort am Fußboden genau unter der Banane, von da empor zum lockenden Ziel, wieder lotrecht hinab zum Boden und zurück zur Kiste. Dann folgt blitzartig der erlösende und problemlösende Einfall, der an dem ausdrucksvollen Gesicht des Orang eindeutig abzulesen ist, und sogleich begibt er sich, vor Freude einen Purzelbaum schlagend, zur Kiste, schiebt sie unter die Banane und holt sich diese. Er braucht zu dem noch nötigen einsichtigen Verhalten kaum ein paar Sekunden. Niemand, der eine solche Problemlösung an einem Affen beobachtet hat, kann ernstlich daran zweifeln, daß das Tier im Augenblick der Lösungsfindung ein dem unseren analoges Aha-Erlebnis im Sinne von Karl Bühler hat.

Was spielt sich nun objektiv und subjektiv in dem Affen ab, während er still, aber innerlich schwer arbeitend, dasitzt und sich durch Umherblicken über die gebotene Situation informiert? Was er erlebt, wissen wir nicht, aber wir können mit erheblicher Sicherheit annehmen, daß der Gesamtvorgang dem analog ist, den wir bei uns selbst *Denken* nennen. Ich persönlich bin davon überzeugt, daß er nichts anderes tut als ich selbst, daß er nämlich in einem *vorgestellten*, d.h. in seinem Zentralnervensystem modellmäßig repräsentierten Raum eine ebenso repräsentierte Kiste verschiebt und »sich vorstellt«, wie er dann auf diese klettern und die Banane erreichen kann.

Ich sehe nicht, was Denken grundsätzlich anderes sein soll als ein solches probeweises und nur im Gehirn sich abspielendes

Handeln im vorgestellten Raum. Zumindest behaupte ich, daß Vorgänge dieser Art auch in unseren höchsten Denkoperationen mit enthalten sind und ihre Grundlage bilden. Jedenfalls gelingt es mir nicht, mir irgendeine Form des Denkens vorzustellen, die von dieser Grundlage unabhängig wäre. W. Porzig hat schon vor mehr als 20 Jahren in seinem Buche ›Die Wunder der Sprache‹ folgende Sätze geschrieben: »Die Sprache übersetzt alle unanschaulichen Verhältnisse ins Räumliche. Und zwar tut das nicht eine oder eine Gruppe von Sprachen, sondern alle ohne Ausnahme tun es. Diese Eigentümlichkeit gehört zu den unveränderlichen Zügen (›Invarianten‹) der menschlichen Sprache. Da werden Zeitverhältnisse räumlich ausgedrückt: vor oder nach Weihnachten, innerhalb eines Zeitraumes von zwei Jahren. Bei seelischen Vorgängen sprechen wir nicht nur von außen und innen, sondern auch ›Über und unter der Schwelle‹ des Bewußtseins, vom Unterbewußten, vom Vordergrunde oder Hintergrunde, von Tiefen und Schichten der Seele. Überhaupt dient der Raum als Modell für alle unanschaulichen Verhältnisse: Neben der Arbeit erteilt er Unterricht, größer als der Ehrgeiz war die Liebe, hinter dieser Maßnahme stand die Absicht – es ist überflüssig, die Beispiele zu häufen, die man in beliebiger Anzahl aus jedem Stück geschriebener oder gesprochener Rede sammeln kann. Ihre Bedeutung bekommt die Erscheinung von ihrer ganz allgemeinen Verbreitung und von der Rolle, die sie in der Geschichte der Sprache spielt. Man kann sie nicht nur am Gebrauche der Präpositionen, die ja ursprünglich alle Räumliches bezeichnen, sondern auch an Tätigkeits- und Eigenschaftswörtern aufzeigen.«

Ich habe schon in einer 1954 erschienenen Arbeit die Anschauung geäußert, daß die obigen Ausführungen des Sprachforschers »nicht nur für die Geschichte der Sprache, sondern mehr noch für die phylogenetische Entwicklung des Denkens schlechthin, also auch des vor- und unsprachlichen Denkens von grundlegender Bedeutung sind«. Diese Anschauung hat in neuerer Zeit eine höchst gewichtige Bestätigung durch die Untersuchungen von Noam Chomsky und seinen Mitarbeitern erfahren[5]. Diese Forscher sind aufgrund umfassender vergleichender Sprachstudien zu dem Schluß gekommen, daß gewisse grundlegende Strukturen der Sprache *und* des Denkens allen Menschen aller Kulturen in gleicher Form zu eigen und angeboren seien. Nach ihrer Meinung sind diese allgemeinmenschlichen und für die Art spezifischen Leistungen nicht unter dem Selektionsdruck der Verständigung, sondern unter dem des logischen Denkens entstanden. Unabhängig von Chomsky ist Gerhard Höpp zu der Erkenntnis gelangt, die er in seinem Buche ›Evolution der Sprache und Vernunft‹ dargelegt hat: »Die Sprache ist nicht nur ein Mittel äußerer Verständigung, sondern *ein konstitutiver Bestandteil der Vernunft selbst.*«

4 *Einsicht und Lernen*

Einsichtiges Verhalten haben wir weiter oben (S. 42ff.) als Leistung der Mechanismen der Augenblicksinformation definiert. Die zuletzt beschriebenen höchsten Leistungen einsichtigen Verhaltens enthalten aber auch Lernvorgänge, wie umgekehrt sehr viele Lernvorgänge Elemente einsichtigen Verhaltens in sich schließen.

Bei allen einigermaßen komplexen Vorgängen einsichtiger Lösungsfindung funktionieren die Mechanismen, die Augenblicksinformation in zeitlichem Hintereinander gewinnen. Die zuerst empfangenen Meldungen müssen in irgendeiner Weise *gespeichert* werden, da sie ja nachweislich mit späteren zusammenwirken, um eine einsichtige Lösung zu ermöglichen. Auch wurde schon gesagt, daß Anthropoiden *nie sofort* handeln, wenn sie einer einsichtig zu lösenden Aufgabe gegenübergestellt werden. Schon auf einer niedrigeren Ebene der Raumorientierung haben wir gesehen, daß die orientierte Bewegung auf eine Zeit des Stillhaltens folgt, während der das Tier unter ständigem Wechsel der Blickrichtung Information über räumliche Gegebenheiten *sammelt.*

Schon in diesem Falle und erst recht bei höher organisiertem einsichtigem Verhalten müssen die Meldungen der Augenblicksinformation gewinnenden Mechanismen miteinander verglichen und in Beziehung gesetzt werden. Die *Lösung* der Aufgabe muß offenbar die Funktion eines Systems sein, das aus der Integration eben dieser Mechanismen entsteht. An der Leistung dieses Systems aber müssen Gedächtnisleistungen beteiligt sein. Wolfgang Köhler schildert, wie die Schimpansen, an denen er seine klassischen Experimente über einsichtiges Verhalten anstellte, die Einzelheiten des gestellten Problems systematisch und schrittweise überblickten und alle Einzelheiten gewissermaßen memorierten. An dem Orang-Utan, dessen Verhalten oben beschrieben wurde, war ähnliches zu beobachten.

Eine andere Kombination der Leistungen von Einsicht und Lernen findet sich schon bei den primitivsten Formen des Lernens durch Versuch und Erfolg. Selbst dort, wo, wie (S. 79) beschrieben, eine einzige Instinktbewegung an verschiedenen Objekten durchprobiert wird – ein echtes exploratives Verhalten also noch nicht vorliegt –, sind die allerersten Versuche des noch gänzlich erfahrungslosen Tieres *niemals* völlig ungerichtet, wie die »Experimente« des Genoms es sind. Selbst dort, wo der Organismus scheinbar nicht die geringste Information besitzt, die ihm zur Lösung des gestellten Problems dienen könnte, etwa wenn man eine Katze in eine der klassischen »Vexierkisten« sperrt, beginnen die Lösungsversuche stets in einer Richtung, die durch Augenblicksinformation gesteuert ist. Sie bestehen von Anfang an durchaus nicht etwa in blinden Kombinationen von Muskelkontraktionen; die Katze versucht nicht etwa dadurch aus der Kiste herauszukommen, daß sie ein Auge zukneift oder eine Pfote leckt. Das Tier greift vielmehr sofort zu weit »vernünftigeren« Maßnahmen, indem es an den Wänden kratzt, Pfoten und Nase in Spalten zu zwängen versucht, ja sogar indem es seine Befreiungsversuche von Anfang an gegen jene Stellen seines Gefängnisses richtet, an denen sie am aussichtsreichsten sind. Seinem Tun liegt eine Fülle von Augenblicksinformationen zugrunde, die seine Erfolgsaussicht ganz erheblich vermehren und die einer Arbeitshypothese funktionell analog sind.

Zusammenfassend kann man sagen: Es gibt keine Leistungen höherer und komplexerer Einsicht, die nicht ein Mitspielen von Lernen und Gedächtnis zur Voraussetzung haben. Auf der anderen Seite aber kommt Lernen durch Versuch und Erfolg nie ohne eine Steuerung durch Orientierungsmechanismen vor, die von Einsicht nicht zu trennen sind. Auch beim echten Neugier-Lernen spielen, wie in einem späteren Kapitel zu besprechen sein wird, Elemente einsichtigen Verhaltens eine wesentliche Rolle.

Schließlich will ich in diesem Abschnitt noch eine weitere, und zwar eine antagonistische Beziehung zwischen Lernen und einsichtigem Verhalten besprechen, deren Wichtigkeit Wolfgang Köhler in seinen Schimpansen-Untersuchungen betont hat. Eine Folge von Handlungen, die bei ihrem ersten Ablauf ganz eindeutig durch Einsicht zustande gekommen war, verfestigt sich nach mehrmaliger Wiederholung zu einem routinemäßig abgehandelten Dressurverhalten. Bietet man, nachdem dies geschehen ist, das vorherige Problem mit einer ganz kleinen Änderung, die an sich keine Erschwerung bedeutet, auf die aber die zur Routine gewordene Lösungsmethode nicht mehr paßt, so *versagt* das Tier, und zwar ausschließlich deshalb, weil es sich von dem zur Dressur gewordenen Verhalten nicht mehr losreißen kann. Je geringer die verlangte Veränderung, desto fester blockiert die Gewohnheit eine Lösung, die das unvoreingenommene Tier ohne weiteres finden würde.

Norman Maier hat dasselbe Phänomen an Ratten ausführlich studiert und auch mit Menschen folgenden hübschen Versuch angestellt: Einer größeren Anzahl von Versuchspersonen wurde in einem Turnsaal die Aufgabe gestellt, zwei von der Decke herabhängende Seile miteinander zu verknüpfen. Der Abstand der Seile voneinander war so groß gewählt, daß man mit dem einen in der Hand das andere nicht erreichen konnte. Als einziges Werkzeug wurde ein großer Stein geboten. Die Lösung bestand selbstverständlich darin, diesen an das eine Seil zu knüpfen, ihn pendeln zu lassen und mit dem anderen Seil in der Hand dem schwingenden Stein entgegenzutreten, um ihn am Kulminationspunkt seiner Schwingung abzufangen. Ein erstaunlich geringer Teil der Versuchspersonen, nämlich nur wenig über 60%, fand die Lösung. Nun wurde einer zweiten Gruppe dieselbe Aufgabe gestellt, nur wurde jetzt ein Ofenhaken an die Stelle des Steines gesetzt. Dieser ließ sich weit müheloser an das Seil knüpfen und ebensogut als Pendelgewicht verwenden, dennoch sank der Prozentsatz derjenigen, die das Problem lösten, auf wenig über 50%. Dies erklärte sich dadurch, daß eine erhebliche Zahl von Personen in dem vergeblichen Bemühen befangen blieb, den Haken als Haken zu gebrauchen, d.h. zu versuchen, mit einem Seil in der Hand das andere mit dem Haken zu erreichen, was selbstverständlich durch entsprechende Bemessung der Entfernung verhindert war.

Maier schließt überzeugend, daß Erlerntes zwar die Voraussetzung für alle einsichtigen Lösungsfindungen bildet – ohne Erfahrung mit verschiedenen pendelnden Dingen hätte niemand die besprochene Aufgabe lösen können –, daß aber umgekehrt die Lösungsfindung sehr leicht durch das »Kleben« an Denkgewohnheiten und erlernten Methoden verhindert werden kann. Maier definiert die Fähigkeit, einsichtige Problemlösungen zu finden, als die Bereitschaft, die Methode von Grund auf zu ändern.

Die Wissenschaftsgeschichte bietet viele Beispiele, die zeigen, wie hartnäckig Gewohnheiten des Denkens und des methodischen Verfahrens die Lösung von Problemen verhindern können, die eigentlich gar nicht so schwer wäre. Eben dieses Hemmnis erklärt, weshalb so oft große Entdeckungen von Menschen gemacht werden, die nicht Fachleute auf dem betreffenden Gebiet sind. Der zweite Satz der Wärmelehre wurde nicht von einem Physiker, sondern von einem Arzt, Robert Julius Maier, aufgestellt; der Erreger der Syphilis wurde weder von einem Bakteriologen noch von einem Pathologen entdeckt, sondern von Schaudinn, einem Zoologen. Die Geschichte dieser Entdekkung habe ich durch mündliche Überlieferung von meinem Vater, dem sie Schaudinn selbst erzählt hat. Er hatte nichts anderes getan, als was jeder Zoologe als ersten Schritt einer mikroskopischen Untersuchung unternommen hätte: Er sah sich das unfixierte, ungefärbte »Nativpräparat« von syphilitischem Sekret im Mikroskop an und bemerkte beim ersten Blick ein Gewimmel von Spirochäten. »Sind immer so viele Spirochäten im Abstrich von syphilitischen Geschwüren?« fragte er den befreundeten Pathologen, in dessen Labor sich dies abspielte. Er erhielt eine erstaunte, verneinende Antwort. Spirochäten lassen sich nämlich nicht färben und sind daher in einem Präparat, das nach den üblichen Methoden der Bakteriologie und der pathologischen Histologie hergestellt ist, unsichtbar.

5 *Die Willkürbewegung*

Hand in Hand mit der Evolution der Raumorientierung und der immer genauer werdenden und immer kleinere Einzelheiten abbildenden Repräsentation des Raumes mußte begreiflicherweise eine entsprechende Differenzierung und Verfeinerung der *Bewegungsmöglichkeiten* einhergehen. Ohne diese wäre es dem Organismus nicht möglich, in seinem Verhalten allen Einzelheiten dieser reichen Information Rechnung zu tragen; mit anderen Worten, ohne eine solche gewissermaßen spiegelbildliche Entsprechung im motorischen Verhalten wäre die hohe Entwicklung von Raumorientierung und Einsicht wirkungslos. Dies soll nicht besagen, daß die Evolution der Motorik in Anpassung an die Raumorientierung erfolgt ist, vielmehr sind beide, Willkürbewegung wie Raumeinsicht, als Anpassungen an die Anforderungen entstanden, die ein komplex strukturierter Lebensraum an den Organismus stellt. Die beiden Leistungen sind also sicher »Hand in Hand« miteinander entstanden. Daß sie voneinander dennoch physiologisch unabhängig sind, erhellt aus den seltenen Fällen, in denen eins dem anderen vorausgeeilt ist. Davon sollen einige Beispiele besprochen werden.

Es gibt alle nur denkbaren Übergänge zwischen zentral koordinierten Bewegungsweisen, die überhaupt nicht von Orientierungsmechanismen beeinflußt werden, und solchen, die in scheinbar unbegrenzter Anpassungsfähigkeit und Plastizität der Einsicht zur Verfügung stehen. Für die erstgenannten sind etwa die Instinktbewegungen der Balz mancher Entenvögel gute Beispiele, für letztere die sogenannten Willkürbewegungen, von denen schon (S. 136) die Rede war. Manche älteren Untersucher faßten sowohl den reflexmäßigen steuernden Anteil als auch den so gut wie stets endogen-automatischen lokomotorischen Vortrieb unter dem Begriff der Taxis als eine Einheit zusammen, was sie, funktionell betrachtet, ja auch sind. Wenn also früher von positiver oder negativer Phototaxis oder Heliotaxis oder noch früher von positiven oder negativen Tropismen gesprochen wurde, so war damit nicht nur die Wendung in eine neue Richtung gemeint, sondern auch die Fortbewegung in dieser.

Hier aber kommt es uns auf die *Beziehungen* an, die zwischen den kognitiven Leistungen der Raumorientierung und den motorischen Vorgängen bestehen, die von ihnen beherrscht werden. Wir müssen deshalb für den kognitiven wie für den motorischen Vorgang scharf getrennte Begriffe bilden. Wir müssen, um auf das oft gebrauchte Gleichnis von der Führung eines Schiffes zurückzugreifen, die Tätigkeit des Kapitäns, der aus verschiedenen Wissensquellen den Schiffsort und den günstigsten zum Ziele führenden Kurs errechnet, streng von den motorischen Leistungen des Fahrzeugs trennen, die ihm zur Erreichung dieses Zieles zur Verfügung stehen.

Die Art und die Möglichkeiten des Einflusses, den der Kapitän auf die Maschinerie seines Schiffes ausübt und den die Raumorientierung und Einsicht auf die Motorik eines Tieres nehmen, sind streng analog. Was der Maschinerie wie der Motorik »befohlen« werden kann, sind erstens Hemmung und Enthemmung, manchmal gekoppelt mit der Möglichkeit der Umsteuerung auf Rückwärtsfahrt, und zweitens die Überlagerung von umweltgesteuerten, in ihrem Ausmaß bestimmten Wendungen, wie sie durch die Bewegungsweisen des Schiffssteuers und durch viele topische Reaktionen (siehe S. 74) repräsentiert sind. Diese beiden Möglichkeiten können sowohl jede für sich als auch beide zugleich in allen nur denkbaren Kombinationen verwirklicht sein.

Hemmung und Enthemmung als einzige Einflußnahme des Systemganzen auf die Ortsbewegung gibt es wohl nur bei niedrigsten Einzellern, die nach dem in IV. 5 besprochenen Prinzip der Kinesis günstige Örtlichkeiten bevorzugen. Viele dieser Wesen, z. B. manche Geißeltierchen, scheinen nicht einmal die Möglichkeit zu haben, ihrem Bewegungsapparat das Kommando »full stop« zu geben, sie können nur zwischen verlangsamter Fahrt und voller Kraft voraus »entscheiden«. Ob es unter den Flagellaten solche gibt, die auch auf Rückwärtsgang schalten können, scheint unbekannt zu sein.

Wimperinfusorien wie das Pantoffeltierchen können, wie wir bereits wissen, weit mehr als das, sie beherrschen mindestens drei verschiedene Regionen ihrer Körperoberfläche, die mit rudernden Wimpern bekleidet sind, und können diese unabhängig voneinander stillegen oder auf Vorwärts- oder Rückwärtsfahrt schalten. Auf dieser Fähigkeit beruhen ihre phobischen und topischen Wendungen.

Die Methode, zweckmäßige Wendungen durch Hemmung und Enthemmung unabhängig verfügbarer Vortriebe zu bewerkstelligen, wird längst von menschlicher Technik angewandt. Jeder Freund Mark Twains weiß, daß bei den alten Mississippidampfern jedes der beiden Seitenräder von einer besonderen Maschine angetrieben wurde. Moderne Raupenfahrzeuge sind ein anderes Beispiel dafür. Diese beiden Fahrzeug-Triebwerke sind die einzigen von der Organismenwelt hervorgebrachten Systeme, deren Verhalten der Tropismentheorie von Jacques Loeb vollkommen entspricht.

Die zweite Möglichkeit, die Ortsbewegung eines Tieres in bestimmte Richtungen zu lenken, besteht darin, daß ein vom Vortriebsapparat unabhängiger Mechanismus den Kurs bestimmt, wie z. B. beim Schiff das Steuer und seine Bewegungen oder wie bei vielen Wirbeltieren die seitliche Krümmung des Körpers. Auch hierfür finden wir schon auf der Ebene der Einzeller Beispiele. Für den Flagellaten Euglena, der Chlorophyll besitzt, ist es zweckmäßig, sich an Orten aufzuhalten, an denen die Beleuchtungsintensität zur Photosynthese ausreicht. Dies erreicht Euglena, indem sie sich in einem eleganten Kreisbogen der Lichtquelle zuwendet und schließlich geradlinig auf sie zuschwimmt. Metzner hat überzeugend dargetan, wie diese Orientierung zustande kommt. Euglena schwimmt, wie viele Einzeller, unter ständiger Rotation um die Längsachse vorwärts. Sie besitzt zwei Organellen, eine lichtempfindliche Stelle im Protoplasma und einen intensiv rot pigmentierten Fleck, das Stigma. Wenn das Stigma bei der Rotation um die Längsachse einen Schatten auf die lichtempfindliche Stelle wirft, löst dies reaktiv einen Schlag der Geißel aus, der das Vorderende des Flagellaten um einen konstanten Winkelbetrag der Lichtrichtung zuwendet. Diese kleinen einseitig steuernden Wendungen wiederholen sich so lange, bis die Euglena genau auf das Licht zuschwimmt. Nun kreist das Stigma um die lichtempfindliche Stelle, ohne einen Schatten auf sie zu werfen. Die Schlußfolgerungen Metzners wurden seinerzeit bezweifelt. Doch spricht schon die genau kreisförmige Bahn, die das Wesen beschreibt und die auch von anderen Beobachtern als »wie mit dem Zirkel geschlagen« bezeichnet wurde, eindeutig für ihre Richtigkeit.

Ein Beispiel einer Bewegungsweise, in der bei einem höheren Wirbeltier eine Erbkoordination von einer Taxis gelenkt wird wie das Schiff von seinem Steuer haben N. Tinbergen und ich im Jahre 1938 zusammen untersucht. Wenn eine Graugans ein aus der Nestmulde geratenes Ei in diese zurückrollt, so vollführt sie mit Kopf und Hals eine genau in der Symmetrieebene des Vogels ablaufende Bewegung, die in sich völlig unveränderlich ist und durch äußere Reize weder in ihrer Form noch in der aufgewendeten Kraft verändert werden kann. Sie »klemmt«, wenn der zu rollende Gegenstand zu groß ist, sie versagt aus Schwäche an einem, der nur etwas schwerer ist als ein Gänseei, und sie hebt einen leichteren frei vom Boden ab. Daß das Ei während dieses Bewegungsablaufes auf dem Unterschnabel der Gans im Gleichgewicht bleibt, wird durch kleine seitliche Balancebewegungen bewirkt, durch Taxien, die durch Berührungsreize am Unterschnabel ausgelöst werden. Nimmt man, nachdem die Bewegung in Gang gekommen ist, das Ei mit einem geschickten Griff weg, so läuft die Bewegung in der Mittelebene des Vogels leer bis zu Ende, während die seitlichen Balancebewegungen aufhören, was sie übrigens auch dann tun, wenn man die Gans anstatt des Eies einen Holzwürfel »rollen« läßt, der bei der Bewegung auf beiden Unterkieferästen des Vogels stabil aufliegt und nicht, wie das Ei, seitlich wegzurollen droht. Beschauer des Films (Encyclopaedia cinematographica), den wir von diesem Vorgang aufgenommen haben, sind immer wieder erstaunt, wie mechanisch der beschriebene Vorgang bei einem in anderen Hinsichten so klugen Vogel abläuft.

Wir haben nun Beispiele für die beiden Prinzipien kennengelernt, die den höheren Instanzen des Organismus die zweckdienliche Beherrschung seiner Motorik ermöglichen: erstens das »Zuschneiden« der Erbkoordination, die durch Hemmung und Enthemmung in passende Stücke zerlegt wird, und zweitens die Steuerung einer Erbkoordination durch eine gleichzeitig ablaufende, durch Außenreize orientierte Bewegung. Es gibt nur wenige Beispiele, in denen der eine oder der andere Vorgang so weitgehend vorherrscht, wie in denen, die ich eben gebracht habe. In den meisten Fällen, vor allem bei höheren Tieren, sind beide gleichzeitig am Werke und arbeiten auf tausenderlei Weise zusammen.

Hemmung und Enthemmung behalten stets, auch bei den höchsten Lebewesen, ihre wichtige Rolle. Nicht nur beim Regenwurm, sondern auch beim Menschen läßt sich nachweisen, daß endogen-automatische, zentral koordinierte Bewegungsweisen *ununterbrochen* ablaufen würden, ständen sie nicht, solange sie nicht gebraucht werden, unter zentraler Hemmung. Fehlt diese, wie dies bei manchen Hirnschädigungen, vor allem nach Hirnentzündung, Encephalitis, vorkommt, so laufen gewisse endogen-automatische Bewegungskoordinationen, wie Saugbewegungen des Mundes und Greifbewegungen der Hand, in ununterbrochener Folge ab.

Auch bei niedrigen Wirbellosen hat das höchste »Zentrum« des Zentralnervensystems neben Hemmung und Enthemmung von Erbkoordinationen noch andere wesentliche Leistungen. Das Oberschlundganglion, das »Gehirn« des Regenwurms, bestimmt nicht nur, ob und bis zu welchem Grade eine zentral koordinierte endogene Bewegungskoordination enthemmt und gehemmt wird, sondern auch, *welche* von verschiedenen, dem Tiere zur Verfügung stehenden Bewegungsweisen im Augenblick gebraucht werden soll.

Zwar ist die Funktionsganzheit einer Erbkoordination und der ihr vorgesetzten Hemmungsmechanismen ein in sich geschlossenes und recht unabhängiges System, aber häufig beherrscht und benützt ein solcher Mechanismus, der ja nur immer einer ganz bestimmten Funktion dient, nicht die *gesamte* Muskulatur des Tieres. Es bleibt also noch Raum für andere motorische Vorgänge. So wie in der Eirollbewegung der Graugans erbkoordinierte und taxiengesteuerte Bewegungsimpulse gleichzeitig wirksam werden, so können sich auch unter Umständen zwei Erbkoordinationen in einer einzigen Bewegungsweise überlagern. Dies kann auf verschiedenen Integrationsebenen geschehen: Bei Fischen kommt es vor, daß zwei Lokomotionsorgane, wie Schwanzflosse und Brustflossen, gleichzeitig entgegengesetzten Bewegungsimpulsen gehorchen, indem die eine vorwärts, die andere rückwärts rudert. Antagonistische Impulse können sich aber auch in einer einzigen Muskelkontraktion überlagern. Erich v. Holst zeigte dies an reflektorischen und endogen-automatischen Flossenbewegungen von Lippfischen.

Wie schon zu Eingang des Kapitels gesagt wurde, wachsen die Anforderungen, die an die Anpassungsfähigkeit der Motorik des Tieres gestellt werden, mit der steigenden Komplikation der kognitiven Vorgänge, die Einsicht in komplexe Raumstrukturen vermitteln. Zu deren Bewältigung werden nun beide oben erwähnten Prinzipien der Anpassung von Bewegungsweisen verwendet, und es ist lehrreich, an nah verwandten Tieren aus verschiedenen Lebensräumen zu untersuchen, wieweit sie jeweils die eigene Motorik zu beherrschen vermögen. Je weniger homogen der Lebensraum, desto kleiner muß notwendigerweise das »Minimum separabile« der Lokomotion werden, d.h. der kleinste unabhängig verfügbare Teil der Erbkoordination. Bei schnell laufenden Tieren der offenen Steppe geht der Einfluß, den räumlich anpassende Mechanismen auf die Erbkoordinationen der Ortsbewegung ausüben, nicht viel über den hinaus, den der Kapitän auf die Maschinerie seines Schiffes hat: Schritt, Trab und Galopp können nur als ganze koordinierte Gangarten »befohlen« werden, neue Bewegungskombinationen können, wie der Reiter weiß, höchstens durch geduldige Dressur erzwungen werden. Wie Zeeb und Trumler gezeigt haben, sind sämtliche Bewegungen, die in der spanischen Reitschule den Pferden andressiert werden, dem Pferd als Erbkoordinationen zu eigen, nur ihre Auslösung durch die Befehle, die sogenannten »Hilfen« des Reiters beruht auf der Ausbildung bedingter Reaktionen.

Die kleinste Einheit der Bewegungskoordination kann bei einem Steppentier verhältnismäßig groß sein. Der Boden bietet hier jedem Galoppsprung so ziemlich die gleiche Unterlage wie dem vorhergehenden und dem nachfolgenden. Wenn sie dies im Einzelfalle einmal nicht tut, so ist das Hindernis meist schon aus einer Entfernung erkennbar, die dem Tier ein rechtzeitiges Anhalten oder Ausbiegen möglich macht. Über unvorhergesehene Hindernisse stürzen Pferde bekanntlich nur allzuleicht.

Die Überlagerung der lokomotorischen Erbkoordinationen

des Pferdes durch taxienmäßig gesteuerte Bewegungen ist äußerst bescheiden. Beim Bergaufreiten auf unebenem Boden merkt man zwar, daß das Tier keineswegs etwa blindlings vorwärtstrampelt, es beachtet den Weg wohl und tritt so ungefähr dorthin, wo sich guter Halt bietet, aber dieses Zielen ist höchst ungenau. Gezielt auf einen bestimmten Punkt treten, etwa von der Kuppe eines Geröllsteines auf die nächste, kann das Pferd nicht. Der Esel und auch die Maultiere sind dazu schon besser imstande, und Bergzebras sind nach Angaben guter Beobachter Meister in dieser besonderen Fähigkeit.

Völlig analoge Verhältnisse wie bei den Equiden der Steppe und des Gebirges finden sich bei den Antilopen. Steppenantilopen verhalten sich ähnlich wie das Pferd, unsere Gebirgsantilope dagegen, die Gemse, übertrifft an Anpassungsfähigkeit und Zielsicherheit ihrer Bewegungen wohl alle Säuger mit Ausnahme der Primaten. Dabei ist es besonders bewunderungswürdig, wie diese Tiere imstande sind, jeden Tritt gezielt an die richtige Stelle zu setzen, ohne dabei auf die energiesparende Erbkoordination des Galopps verzichten zu müssen. Selbst über eine aus groben und in der Größe sehr verschiedenen Blöcken gebildete Geröllhalde fließt der Rhythmus ihres Galopps ungehindert dahin, kaum daß einige kleine Synkopen, die ihn nur noch eleganter erscheinen lassen, die Tatsache verraten, daß die Überlagerung gesteuerter Bewegungen nicht ganz ausreicht und daß die Gemse doch manchmal gezwungen ist, zu Hemmung und Enthemmung der Erbkoordination zu greifen, um deren Anpassung an die Struktur der Unterlage zu bewirken.

Die Notwendigkeit, fest koordinierte Bewegungsfolgen zu zerbrechen, um räumliche Anpassung zu erzielen, tritt dann besonders klar hervor, wenn, wie schon S. 172 erwähnt, die Raumeinsicht eines Tieres zum Meistern einer bestimmten Aufgabe ausreichen würde, dies aber durch die Unvollkommenheit der verfügbaren Motorik verhindert wird. Ein anschauliches Gleichnis dieses seltenen Ereignisses bildet ein alter, sprichwörtlich gewordener Scherz der Donauschiffer. Der Pilot eines Raddampfers, dem im stehenden Wasser das Längsseitskommen an den Anlegesteg mißlungen ist und der das Schiff nun mit Vor- und Rückwärtsfahren an diesen heranzumanövrieren trachtet, kommandiert unzählige Male »Drei Schläg' vor, vier Schläg' z'ruck, fünfe vor« usw. usw., bis er in heller Verzweiflung kommandiert »zwa auf'd Seiten« – was der Schaufelraddampfer bekanntlich nicht kann. Eine Fähre mit Querpropeller im Bug und

Voith-Schneider-Antrieb könnte dem Befehl des desperaten Donaukapitäns Folge leisten.

Ein analoger Fall im Verhalten eines Tieres ist folgender. Eine Graugans lernt es, eine Treppe hinauf- und hinunterzusteigen, wobei letzteres die bei weitem schwierigere Aufgabe ist. Wenn nun Höhe und Breite der Stufen etwas größer sind, als der Schrittlänge der Gans entspricht, erweist sie sich als unfähig, die mit jedem Schritt ungünstiger werdende Phasenbeziehung zwischen Schritten und Stufen durch einen kleinen Zwischenschritt zu korrigieren. Schließlich trifft ihr Fuß eine Stufe so nahe an ihrem hinteren einspringenden Winkel, daß sie beim nächsten Schritt mit der Hinterseite des Laufes an die vordere Kante derselben anstreift und deshalb die nächstuntere mit ihrem Fuß nicht mehr erreicht. Sie zieht dann den Fuß zurück, aber nur, um viele weitere Male, mit dem Lauf an der Stufenkante abgleitend, nach unten ins Leere zu treten. Schließlich entzieht sie sich der Zwangslage, indem sie die Flügel zu Hilfe nimmt und, das ins Leere tretende Bein nicht belastend, einen einbeinigen Sprung auf die nächstuntere Stufe macht. Nun ist eine praktikable Phasenbeziehung wiederhergestellt, und der Vogel steigt eine Reihe weiterer Stufen ungestört abwärts, bis Stufen und Schritte erneut außer Phase geraten, worauf sich der ganze Vorgang wiederholt.

Türkenenten und Brautenten verfügen keineswegs über eine bessere Raumeinsicht als die Graugans, aber sie beherrschen als echte Baumvögel eine motorische Fähigkeit, die der Gans offensichtlich abgeht: Sie können einen einsichtsgesteuerten, wohlabgemessenen kleinen Schritt bis an die vorspringende Kante der Stufe tun, wenn ihnen der Schritt auf die nächstuntere zu weit ist.

Noch in einer anderen Situation zeigt die Graugans, daß sie nachweislich und buchstäblich »wider bessere Einsicht« von ihrer mangelhaften Beherrschung der Motorik zu ganz merkwürdigen und sinnlosen Bewegungsweisen gezwungen wird. Wenn eine Gans in die Lage kommt, ein für sie brusthohes festes Hindernis, z. B. eine Raseneinfassung aus Bandeisen, übersteigen zu müssen, so sieht man ihr die Einsicht in diese Notwendigkeit schon an, wenn sie noch mehrere Meter vom Hindernis entfernt ist. Sie beginnt nämlich, im Heranschreiten ihre Füße höher und höher zu heben, so daß sie oft schon einen ganzen Schritt vor Erreichen der Einfassung den Fuß höher hebt, als das Hemmnis tatsächlich ist. Selten trifft der Fuß dann genau auf die Oberkante des Bandeisens; trifft er allzuweit darüber hinaus, was ebensohäufig vorkommt wie Zukurztreten, so hilft sich die Gans, wie schon beschrieben, durch Fliegen. Ausnahmsweise verhalten sich Graugänse in solchen Fällen auch einmal anders: Statt in den beschriebenen lächerlich aussehenden »Paradeschritt« zu verfallen, gehen sie ruhig an die Raseneinfassung heran, zielen mit eingezogenem und vor Spannung zitterndem Hals nach ihrer Oberfläche, springen beidbeinig hinauf und sofort auf der anderen Seite wieder hinunter. Braut- und Türkenenten verhalten sich immer in dieser Weise, sie zeigen aber keine merkbare Erregung.

Die »Erfindung« der Evolution, aus der längeren Bewegungsfolge einer Erbkoordination ein von Orientierung und Einsicht bestimmtes Stück herauszuschneiden und als unabhängiges Bewegungselement verfügbar zu machen, war sehr wahrscheinlich der erste Schritt zum Entstehen der sogenannten Willkürbewegung. Mit dieser hat das herausgeschnittete Teilstück eine essentielle Eigenschaft gemeinsam: Es läßt sich mit seinesgleichen zu einer neuen Bewegungsfolge so zusammenfügen, daß sie ganz speziellen äußeren Umständen angepaßt ist und, wie eine Erbkoordination, in glattem Ablauf und nicht durch Reaktionszeiten verzögert ihr Ziel erreicht. Wie schon erwähnt, tritt diese Art von »Erwerbsmotorik«, wie Otto Storch sie nannte, stammesgeschichtlich später auf als die »Erwerbsrezeptorik«. Es wurde auch schon gesagt, daß das Erwerben von Wegdressuren die primitivste uns bekannte Form des Bewegungslernens ist, sowie auch, daß wahrscheinlich auch kompliziertere Bewegungsfolgen auf die gleiche Weise erlernt werden.

Wir wissen von den Bewegungselementen der Lokomotion, daß endogene Reizproduktion und zentrale Koordination ihre Grundlage bilden. Soweit untersucht, sind diese Bewegungsweisen in ihrer Impulsfolge überhaupt nicht durch Lernen modifizierbar, ihre scheinbare »Plastizität« beruht auf einer Vielheit jener Vorgänge, die sich teils hemmend und enthemmend, teils überlagernd zwischen sie und die Außenwelt einschieben. Erich v. Holst hat alle diese zeitlich und örtlich orientierenden Vorgänge als den »Mantel der Reflexe« bezeichnet. Die vermittelnde Funktion dieses physiologischen Apparates beruht, soweit ich sehen kann, auf den beiden schon besprochenen Vorgängen: Entweder wird die zugrunde liegende Erbkoordination von einer gesteuerten Bewegung überlagert oder, wo ihr Ablauf zu lang und zu starr ist, in Stücke gehackt, die wegen ihrer Kürze leichter und vielseitiger so zusammengefügt werden können, daß sie die Forderungen der Raumeinsicht erfüllen.

Was man herkömmlicherweise als Willkürbewegungen des Menschen bezeichnet, sind meist schon Produkte des Bewegungslernens, d.h. aus kleinsten motorischen Elementen zusammengesetzte, ›*gekonnte*‹ Bewegung. Die kleinsten motorischen Elemente liegen, wie schon gesagt (S. 136), stets auf einer Integrationsebene, die weit höher ist als die der fibrillären Zuckung. Genaugenommen müßte man unter dem Begriff der Willkürbewegungen die *noch nicht* durch vorhergehendes Lernen zu einem glatten Ablauf vereinte Verwendung dieser einzeln verfügbaren Kleinstkoordinationen verstehen. Diese Verwendung sieht stets in höchstem Maße ungeschickt aus, nicht anders als etwa das Verhalten des einen Weg zum ersten Male beschreitenden Kleinsäugers.

Wenn wir die Willkürbewegung funktionell definieren wollen, so müssen wir neben den schon besprochenen Eigenschaften noch eine weitere erwähnen: Sie muß zu jedem beliebigen Zeitpunkte aktivierbar sein. Nicht alle Lokomotionsbewegungen sind das. Wie wir durch die Untersuchungen Erich v. Holsts wissen, steht die Produktion der endogenen Reizerzeugung, von der eine bestimmte Bewegungsweise abhängt, in einer festen Beziehung zu dem »Normalverbrauch«, d.h. zu der Häufigkeit, mit der jene Bewegung im täglichen Leben des Tieres durchschnittlich ausgeführt wird. Ein Lippfisch schwimmt nahezu den ganzen Tag, seine Brustflossen stehen unter natürlichen Bedingungen von Sonnenaufgang bis zum Schlafengehen kurz vor dem Sonnenuntergang kaum einen Augenblick still. Die Schwimmtätigkeit eines Seepferdchens dagegen beschränkt sich durchschnittlich auf einige Minuten am Tage. Am enthirnten und künstlich beatmeten Lippfisch schlagen dementsprechend die der Ortsbewegung dienenden Brustflossen ununterbrochen; hingegen bewegt sich beim ebenso präparierten Seepferdchen die Rückenflosse, sein wichtigstes Lokomotionsorgan, überhaupt nicht. Sie liegt aber nicht wie beim intakten Fisch in Ruhe fest zusammengefaltet in der hierzu vorgesehenen Rinne am Rücken des Tieres, sondern sie steht »auf Halbmast«, sie ist teilweise aufgerichtet. Durch bestimmte Reize, z.B. durch Druck auf die Halsregion, kann man die Rückenflosse veranlassen, ihre gefaltete Normaleinstellung einzunehmen. Wenn man sie längere Zeit in dieser Haltung verharren läßt, richtet sie sich nach Aufhören des Druckes höher auf, als der vorherigen »Halbmaststellung« entspricht, und zwar um so höher, je länger der Außenreiz sie in gefalteter Stellung gehalten hatte. Ist diese Dauer genügend lang, so richtet sich die Flosse nach Aufhören der hemmenden Reizwirkung nicht nur maximal auf, sondern sie vollführt auch eine Zeitlang die wellenförmigen Bewegungen des Vorwärtsschwimmens. E. v. Holst interpretiert dieses schon Sherrington bekannte und von ihm als »spinaler Kontrast« bezeichnete Phänomen wie folgt: Das Aufrichten der Flosse wird von derselben endogenen Reizproduktion gespeist, die ihr Undulieren beim Schwimmen verursacht, und verbraucht dieselbe Art von aktivitätsspezifischer Erregung. Die Motorik des Aufrichtens der Flosse hat einen niedrigeren Schwellenwert als das lokomotorische Undulieren und verbraucht auch weniger von der spezifischen Erregung als jenes. Die Halbmast-Stellung der Flosse am ungereizten Rückenmarkspräparat verbraucht genausoviel endogene Erregung, wie laufend produziert wird. Das Zusammensinken der Flosse auf den Druck in der Halsregion hat die gleiche Wirkung wie diejenige, die normalerweise von den höheren Instanzen des Zentralnervensystems ausgeübt wird. Solange die Hemmung anhält, wird aktivitätsspezifische Erregung gespart, gewissermaßen gestaut und macht sich nach Enthemmung dadurch bemerkbar, daß sie nunmehr auch den höherschwelligen motorischen Vorgang aktiviert. Zu dieser Annahme stimmt auch, daß am Rückenmarkspräparat die Flosse, nachdem sie zu schlagen aufgehört hat, ganz allmählich in einer asymptotischen Kurve zu der vorherigen Halbmaststellung zurückkehrt.

Analoge Unterschiede in der Produktion von aktivitätsspezifischer Energie von häufig gebrauchten und von selten gebrauchten Bewegungsweisen findet man bei vielen Tieren, z.B. bei verschiedenen Vögeln. Bei Kleinvögeln, etwa bei Finken oder Meisen, wechselt die Ortsbewegung unzählige Male am Tage zwischen Hüpfen und Fliegen. Obwohl die Flugstrecken oft nur kurz sind, verbringt ein solches Tier doch einen erheblichen Teil seiner Wachzeit fliegend und muß vor allem jederzeit abflugbereit sein. Bei diesem Lokomotionstypus macht das Fliegen auf den Beobachter durchaus den Eindruck einer Willkürbewegung. Der Vogel kann nie in die Lage kommen, fliegen zu »wollen« und nicht zu können.

Bei Vögeln, die selten fliegen, wie etwa bei Gänsen, kann dieser Fall sehr wohl eintreten. Außerhalb der Zugzeit fliegen Gänse meist nur zweimal am Tage, morgens und abends. Selbst wenn man sie durch Dressuren dazu veranlaßt, zu anderen Tageszeiten zu fliegen, stellt man eine Situation her, in der sie die Bewegungskoordination, die nun nicht »um ihrer selbst willen« betätigt wird, in analoger Weise benutzen wie wir unsere Willkürbewegungen. Der Vorgang des Abfliegens spielt sich aber nun in einer sehr viel anderen Weise ab, als der mit Willkürhandlungen rechnende Mensch es erwartet. Wenn die ersten Rufe des Pflegers erschallen, der sich aufmacht, um den jeweiligen Futterplatz aufzusuchen, werden die Gänse sofort aufmerksam und begeben sich bedächtig, aber doch zielsicher an den Ort, von dem sie abzufliegen gewohnt sind. Wer nun aber meint, daß sie, dort angekommen, ohne weiteres die Flügel ausbreiten und fortfliegen würden, hat sich getäuscht. Die Gänse bleiben stehen, machen lange Hälse und beginnen umständlich, »sich in Flugstimmung hineinzureden«. Ihre Stimmfühlungslaute verändern sich allmählich, werden abgehackter und kürzer und gehen in fließendem Übergang in die typischen Abfluglaute über. Zugleich damit tritt mit zunehmender Häufigkeit ein seitliches Schnabelschütteln auf, das Flugstimmung ausdrückt und diese nachweislich auf den Artgenossen überträgt. Schließlich nimmt die Gans beide Flügel aus den Tragfedertaschen, duckt sich zum Absprung und breitet die Flügel, dann fliegt sie ab – oder auch nicht. Der beschriebene Vorgang des allmählichen Anwachsens von Flugerregung kann nämlich an jedem beliebigen Punkte, bei jedem beliebigen Grad der erreichten Erregungsintensität zum Stillstand kommen und rückläufig werden. Ich habe wiederholt gesehen, daß eine Gans »in die tiefe Kniebeuge« geht und die Flügel weit ausbreitet, um dann in dieser Stellung, in der sie wie schlecht ausgestopft aussieht, mehrere Sekunden »steckenzubleiben«, ehe sie sich wieder aufrichtet.

Der geübte Beobachter kann aus der Geschwindigkeit des Erregungsanstiegs entnehmen, ob eine Gans abfliegen wird oder nicht. Wenn der Vogel die Reihe der ersten, niedrig-schwelligen Ausdrucksbewegungen der Fluglust rasch durchläuft, kann man die Kurve des Anstiegs extrapolieren und voraussagen, daß die Erregung die höchsten Grade erreichen wird. Zeigt die Anstiegskurve dagegen Neigung zum Flacherwerden, kann man voraussagen, daß sie bald ein »Plateau« bilden wird, um danach wieder abzusinken. Aus uns vorläufig unbekannten Gründen macht die Linie des An- und Abstieges aktivitätsspezifischer Erregung niemals scharfe Winkel, es ist gewissermaßen, als ob die Intensitätsveränderung der Erregung ihre eigene Trägheit besäße.

Der menschliche Zuschauer wird bei Vorgängen dieser Art oft ungeduldig. Wenn man sieht, wie eine Gans viele Minuten lang bestrebt ist, ihre Flugerregung aufzuschaukeln, so hat der Beobachter denselben Drang, dem armen Tier irgendwie über die Reizschwelle wegzuhelfen, den man empfindet, wenn man sieht, daß ein Mensch gerne nießen möchte und mit allen von Wilhelm Busch so trefflich geschilderten Mittelchen darum ringt, den Schwellenwert der erlösenden Explosion zu erreichen. Wer Hunde gut kennt, verabscheut die beliebte Dressur »Wie spricht der Hund«, weil diese dem Tier eine Handlung abverlangt, die bei ihm nicht willkürlich ist und um deren Schwellenwert es in qualvoller Weise kämpfen muß.

Unter den Lokomotionsbewegungen sind jene selten gebrauchten Koordinationen wie das Schwimmen des Seepferdchens und das Fliegen der Graugans insofern Ausnahmen, als den meisten Tieren die Lokomotionsbewegungen jederzeit und in unbegrenzter Menge zur Verfügung stehen. Ein Stockerpel kann nicht jederzeit »auf Abruf« eine seiner Balzbewegungen ausführen, ein Hahn nicht krähen, so wenig, wie ein Mensch auf Befehl nießen kann, aber alle diese Wesen können, wenn nötig, jederzeit und sofort einen Schritt vorwärts tun. Dauernde Verfügbarkeit der Schreitbewegung ist aus begreiflichen Gründen unentbehrlich. Und dies ist sicherlich Voraussetzung und Grund dafür, daß sich die allermeisten Willkürbewegungen aus jenem Material von Erbkoordinationen herausgebildet haben, das in der Schreitbewegung enthalten ist. Wenn ein Tier »irgend etwas will, was es nicht kann«, so läßt es fast immer Schreitbewegungen oder zumindest Ansätze dazu oder Anteile von solchen beobachten. Ein Hund, der gierig zur Futterschüssel emporblickt, die sein Herr ins Zimmer trägt, trippelt von einem Vorderfuß auf den anderen, ein Pferd in analoger Lage scharrt mit dem Vorderhuf usw. Es ist verständlich, daß Stücke aus Koordinationen des Schreitens die häufigsten Bestandteile erlernter Bewegungsfolgen sind.

Wie schon gesagt, spielen propriozeptorische Vorgänge beim Zustandekommen gekonnter Bewegungen sicherlich eine Rolle, nicht aber beim vollendeten Ablauf der »gekonnten« Bewegung. Die wahre Willkürbewegung, d.h. eine wirklich neue Aneinanderreihung willkürlicher Bewegungselemente, sieht, wie ebenfalls schon erwähnt wurde, höchst ungeschickt aus. Die kontrollierenden Vorgänge der Reafferenz brauchen ganz offensichtlich erheblich viel Zeit.

Gerade diese Vorgänge der Rückmeldung beim Erlernen von Bewegungsweisen spielen eine ganz entscheidende Rolle für den Aufbau der zentralen Raumrepräsentation, die allen höheren

Formen einsichtigen Verhaltens zugrunde liegt. Die beiden Vorgänge des Bewegungslernens und des Wissensgewinns durch Reafferenz gehen untrennbar Hand in Hand. Phylogenetisch gesehen war es wahrscheinlich die arterhaltende Leistung gekonnter Bewegungen, die jenen Selektionsdruck ausübte, der zur Entstehung echter Willkürbewegung den Anlaß gab. Die an sehr spezielle räumliche Gegebenheiten angepaßte Bewegungsfolge, die, ohne durch Reaktionszeiten verzögert zu werden, mit Blitzesschnelle abschnurrt, ist für sehr viele Wirbeltiere lebenswichtig. Es genügt aber eine kleine Akzentverschiebung, wie sie beim Neugierverhalten höherer Tiere und vor allem bei der Selbstexploration unserer unmittelbaren Vorfahren stattgefunden haben muß, um den Arterhaltungswert des Wissensgewinns in den Vordergrund zu rücken. Die Fähigkeit, die ursprünglich nur dem motorischen Können diente, wird nun zu einem wichtigen Mittel der Forschung. Das exploratorische Spielen des menschlichen Kleinkindes ist für das Erwerben und Ausbauen des inneren Modells seiner räumlichen Umwelt mindestens ebenso wichtig wie für das Erlernen gekonnter Bewegungskoordinationen. Die durch den Tastsinn vermittelte Raumerfassung ist nicht die einzige Grundlage, auf der sich unsere Raumanschauung aufgebaut hat, wie die Untersuchungen von T. G. Bower und W. Ball gezeigt haben. Die Größenkonstanz der Wahrnehmung ist beim Säugling lange vor jeder taktilen Exploration des Raumes funktionsfähig. Wohl aber ist für das Erlernen der speziellen räumlichen Formen verschiedener Gegenstände das Zusammenspiel von Bewegungslernen und Entwicklung der inneren Raumrepräsentation von grundlegender Bedeutung. Wäre die aus kleinsten motorischen Elementen zu beliebigen Formen zusammensetzbare Willkürbewegung nicht imstande, jedes räumliche Gebilde – woferne dessen Größe es erlaubt – aktiv nachzuschaffen, so könnte unser Tastsinn nicht zu jener wichtigen Quelle räumlicher Erfahrung werden, die er tatsächlich ist.

Der enge Zusammenhang beider Funktionen drückt sich auch darin aus, daß jenem Organ unseres Körpers, das der feinsten Willkürmotorik fähig ist, nämlich dem Zeigefinger, die verhältnismäßig größte Repräsentation in der hinteren Zentralwindung unseres Gehirns entspricht, in der seine sensorische Region gelegen ist. Die Repräsentation von Zunge und Lippen ist in dem ihr zugeordneten Areal ebenfalls auffallend groß, größer noch als das der ganzen Hand zugeordnete. Beim Schimpansen ist all dies ähnlich. Zweifellos sind Mund und Zunge bei unseren Säugetierahnen die wichtigsten Tastorgane gewesen, ehe beim Anthropoiden die Hand diese Rolle übernahm. Beim Kleinkind, das bekanntlich alles Neue zunächst in den Mund steckt, um es zu explorieren, ist dies offenbar nicht viel anders. Aber auch beim Erwachsenen liefert, wie die Selbstbeobachtung lehrt, das Tasten mit der Zunge ganz erstaunlich genaue Raumvorstellungen.

Die besprochene Leistung der Willkürbewegung, auf dem Wege von Reafferenzen Information über äußere Gegebenheiten zu gewinnen, ist ein spezieller Fall eines weit allgemeineren Prinzips. Im Grunde genommen beruht jede Exploration überhaupt auf dem Einholen von Reafferenzen. Auch die einer bestimmten räumlichen Gegebenheit »angeformte« gekonnte Bewegung vollbringt dieselbe Leistung, nur tut sie es in besonderer Weise: Sie hat nämlich im Verlaufe des Lernvorganges, in dem sie, wie beschrieben, aus kleinen motorischen Elementen zusammengesetzt wurde, eine aus ebenso vielen Einzelheiten zusammengesetzte Abbildung ihres Gegenstandes geliefert; bei jedem neuen Ablaufen der gekonnten Bewegung wird dieses innere Bild mit der äußeren Realität verglichen und zur Deckung gebracht. Jede Abweichung wird alsbald rückgemeldet, zur Kenntnis genommen und korrigiert. Dies ist ein typischer Fall des grundlegenden Erkenntnisaktes, den wir als »pattern matching« (S. 40) kennengelernt haben.

Auf einer höheren Integrationsebene vollzieht sich eine analoge Leistung dort, wo mehrere Sinnesorgane den Ablauf einer Bewegung kontrollieren. Ich sagte schon, welche Bedeutung ein bestimmter, nur bei Anthropoiden obwaltender Umstand für die Entstehung der Selbstexploration und damit für die der Reflexion hat: Nur bei diesen Tieren agiert eine Greifhand im eigenen Gesichtsfeld, so daß die exterozeptorischen Meldungen des Gesichtssinnes mit den propriozeptorischen Wahrnehmungen der Gliedmaßenstellung und -bewegung gleichzeitig eintreffen und zu dem Erkenntnisakt des »pattern matching« herausfordern. Wenn das Kleinkind seine eigenen Hände und Füße entdeckt und explorativ damit zu spielen beginnt, so vermehrt sich nicht nur die Zahl der informationsbringenden Reafferenzen auf das Doppelte, sondern es wird auch ihre Herkunft von außen und von innen eindringlich deutlich gemacht.

Die »gewachsene« Umgangssprache hat, wie schon wiederholt betont, einen sehr feinen Sinn für tiefe psychologische Zusammenhänge: Die Wichtigkeit des menschlichen Wissensgewinns durch aktive Exploration, d.h. durch rückwirkungserzeugende

Willkürbewegungen, könnte nicht deutlicher unterstrichen werden als dadurch, daß das Eigenschaftswort *wirklich* der stärkste Ausdruck ist, den unsere Sprache für das an sich Seiende oder Geschehende hat. Im Englischen entspricht ihm »actual«.

6 Das Neugierverhalten und die Selbstexploration

In einem weiteren Sinne und nur von der Funktion her betrachtet kann man jegliches Verhalten als »explorativ« definieren, in dem der Organismus etwas *tut,* um etwas *zu erfahren.* Dann würden alle motorischen Aktivitäten unter diesen Begriff fallen, deren Rückwirkungen auf sensorischem Wege anpassende Information liefern. Dies geschieht auch in den auf Seite 122 besprochenen Fällen, in denen ein Tier eine und dieselbe Bewegungsweise in verschiedenen Situationen oder an verschiedenen Objekten durchprobiert; ich erinnere an das Beispiel des Raben, der durch dieses Verfahren das geeignete Nistmaterial kennenlernt. Die Motivation zu dieser Art von Versuchs- und Irrtumsverhalten wird, wie hier nochmals betont sei, ausschließlich durch die Appetenz nach jener einen Instinktbewegung geliefert!

Wahrscheinlich ist diese Art des Lernens, die man auch als »operant conditioning« im Sinne der behavioristischen Schule auffassen kann, aus der sich stammesgeschichtlich eine sehr viel wirkungsvollere Form des Explorierens entwickelt hat. Diese unterscheidet sich von der zuvor besprochenen in zwei wesentlichen Punkten. Erstens: Es wird nicht *eine* Erbkoordination versuchsweise auf verschiedene Situationen und Objekte angewandt, sondern es werden an einem und demselben Objekt hintereinander so ziemlich alle Erbkoordinationen durchprobiert, die der betreffenden Tierart zur Verfügung stehen. Zweitens: Die Motivation, die dieses Verhalten antreibt, ist nicht in der Appetenz nach einer einzigen zielbildenden und triebbefriedigenden Endhandlung gelegen, sondern stammt aus einer anderen Quelle, der die merkwürdige Fähigkeit zukommt, viele, ja vielleicht sogar alle arteigenen Erbkoordinationen des Tieres aktivieren zu können. Diese Art des Wissenserwerbs, dessen besondere Eigenschaften Monika Meyer-Holzapfel als erste klar durchschaut hat, nennen wir exploratives oder Neugierverhalten.

Im Spiel von höheren Säugetieren und Vögeln zeigt sich ohne weiteres, daß die Motivation der mannigfachen, rasch aufeinanderfolgenden Instinktbewegungen sicher nicht aus den Triebquellen kommen kann, aus denen sie im Ernstfalle gespeist wird. Im Spiel eines Kätzchens z. B. werden Bewegungen, die aus dem Funktionskreis des Beuteerwerbs, des Rivalenkampfes und der Verteidigung gegen größere Raubtiere stammen, im Laufe von Sekunden hintereinander ausgeführt. Nun würde eine Katze, die durch einen bedrohlichen Freßfeind, etwa einen großen Hund, dazu veranlaßt wird, die bekannte Buckelstellung des defensiven Drohens einzunehmen, viele Minuten, ja Viertelstunden brauchen, um sich so weit zu beruhigen, daß sie einer anderen Stimmung, wie der des Beutefangens oder der des Rivalenkampfes, überhaupt zugänglich wird. Im Spiel hingegen folgen Einzelhandlungen, die zu verschiedenen Stimmungen gehören, regellos und pausenlos aufeinander. Monika Meyer-Holzapfels Schluß, daß die im Spiel auftretenden Erbkoordinationen aus einer *anderen* Motivationsquelle gespeist werden als aus derjenigen, die sie im Fall ihres arterhaltenden Ablaufes aktiviert, ist meines Erachtens zwingend.

Es ist schwer zu entscheiden, ob das, was wir gewöhnlich als das »Spiel« eines jungen Tieres bezeichnen, aus dem sogleich zu besprechenden explorativen Verhalten im engeren Sinne entstanden ist oder umgekehrt. Alle denkbaren Übergänge und Zwischenstufen zwischen beiden Vorgängen sind vorhanden. Der Charakter des Explorierens wird um so deutlicher, je mehr *verschiedene* Verhaltensweisen an *demselben* Objekt oder in *derselben* Situation durchprobiert werden. Ein junger Kolkrabe z. B., dem man einen ihm völlig unbekannten Gegenstand von geeigneter Größe bietet, reagiert zunächst mit den Verhaltensweisen, mit denen ein erfahrener Altvogel auf ein Raubtier »haßt«. Er nähert sich vorsichtig, seitlich hüpfend und bringt schließlich einen gewaltigen Schnabelhieb an, um dann sofort zu fliehen. Malt man auf einen länglichen Gegenstand an einem Ende zwei grobe Augenattrappen, so setzt der Rabe seinen Schnabelhieb auf das entgegengesetzte Ende. Reagiert das Objekt nicht mit Verfolgung – wie ein größeres Raubtier es täte –, so geht der Rabe seinerseits zum Angriff über, etwa so, wie er es im Ernstfalle einer ziemlich wehrhaften Beute gegenüber täte. Er hackt dann stets in den »Kopf« oder in die Augen. Erweist sich das Objekt als »bereits tot«, so beginnt der Vogel es mittels aller hierzu verfügbaren Instinktbewegungen zu zerkleinern, wobei er es gleichzeitig auf Eßbarkeit untersucht. Schließlich versteckt er die Stücke. Zu einem noch späteren Zeitpunkte, wenn das Objekt völlig indifferent geworden ist, benützt er dessen Bruchstücke gelegentlich, um andere, nunmehr interessantere Dinge darunter zu verbergen oder um auf größeren Stücken zu sitzen.

Auf diesen Vorgang paßt ganz genau die Aussage, die Arnold Gehlen vom explorativen Verhalten gemacht hat: Ein Gegenstand wird durch die Untersuchung »intim gemacht« und anschließend »ad acta« gelegt, in dem Sinne, daß das Tier im Bedarfsfalle sogleich auf ihn »zurückgreifen« kann.

Bis zum Eintreten dieses Bedarfsfalles merkt man im beobachtbaren Verhalten des Tieres nicht, daß es durch sein Neugierverhalten irgend etwas gelernt hat. Wenn z. B. eine Wanderratte durch einen Explorationsvorgang, der dem eben für den Kolkraben beschriebenen im wesentlichen analog ist, sämtliche in ihrem Aktionsgebiet möglichen Wege durchlaufen, durchschlüpft und durchklettert hat, weiß sie an jedem denkbaren Punkte dieses Raumes ganz genau, welcher Weg zur nächsten Deckung führt und wie sicher der Schutz ist, den diese Deckung gewährt. Dieses reichhaltige Wissen kommt indessen nur dann zum Vorschein, wenn an dem betreffenden Punkte ein stark fluchtauslösender Schlüsselreiz auf die Ratte einwirkt. Bis dahin bleibt das, was erlernt wurde, verborgen; man spricht deshalb vom »latenten Lernen«, obwohl ja, wie eben ausgeführt, der Lernvorgang selbst völlig offenkundig und nur das durch ihn erworbene »Wissen« latent ist, und auch dieses nur so lange, als es nicht gebraucht wird.

Wie die im Spiel auftretenden Bewegungsweisen, so sind auch die beim Neugierverhalten vorkommenden nicht von den Stimmungen aktiviert, denen sie sonst zugeordnet sind. Nicht nur, daß die Bewegungen verschiedener Stimmungsqualitäten, wie beim Spiel, weit rascher aufeinander folgen, als die betreffenden Stimmungen im Ernstfall wechseln können, es kann auch in anderer Weise gezeigt werden, daß ihnen eine besondere gemeinsame Motivation zugrunde liegt: Das Explorieren erlischt nämlich sofort, wenn eine andere als eben die spezifische »Neugierstimmung« aktiviert wird. Der explorierende Kolkrabe in unserem Beispiel läßt Bewegungen der Flucht, des Beuteerwerbs, des Fressens usw. beobachten, hört aber damit sofort auf, wenn wirkliche Fluchtstimmung, wirklicher Jagdtrieb oder wirklicher Hungertrieb bei ihm aktiviert werden. Wenn der explorierende Rabe hungrig wird, geht er zur bekannten Futterquelle oder bettelt den Pfleger an; mit anderen Worten, er greift »im Ernstfalle« auf Objekte und Verhaltensweisen zurück, deren hungerstillende Wirkung *er schon kennt.* Es war Gustav Bally, der als erster die Tatsache klar festgestellt hat, daß Spielen nur »im entspannten Feld« vor sich gehen kann, wie er sich in der Terminologie von Kurt Lewins Feldtheorie ausdrückt.

Arnold Gehlen hat das Wesen des Explorierens richtig gekennzeichnet. Er sagt, es handele sich »um ›sensomotorische‹, mit Seh- und Tastempfindungen vereinigte Bewegungsvollzüge, welche Kreisprozesse sind, die den Reiz zur Fortsetzung selbst erzeugen. Sie geschehen begierdelos, sie haben keinen unmittelbaren Wert der Triebbefriedigung ... Dieses produktive Umgangsverhältnis (mit den Umweltbedingungen) ist zugleich ein *sachliches.*« Besser kann man die Besonderheit des explorativen Lernens gar nicht kennzeichnen noch es von den gewöhnlichen Vorgängen des operanten Erwerbens bedingter Reaktionen unterscheiden, von denen in den vorangehenden Abschnitten dieses Kapitels gesprochen wurde. Von ihnen sagt Gehlen: »Es ist nur der Situationsdruck des präsenten Triebreizes, der die Lernvorgänge hervortreibt, so daß das Tier wesentlich abhängig arbeitet ... Es verselbständigt sein Tun eben nicht, das deshalb unsachlich ist.« In dem Buch, dem diese Zitate entnommen sind, beging Gehlen allerdings den inzwischen von ihm selbst berichtigten Irrtum, das sachlich explorierende Neugierverhalten dem Menschen allein zuzuschreiben. Ich will deshalb noch einmal betonen, daß echtes Explorationsverhalten durchaus sachlich ist: Der Rabe, der einen Gegenstand untersucht, will nicht fressen, die Ratte, die alle Schlupfwinkel ihres Gebietes durchkriecht, will sich nicht verstecken, sie wollen wissen, ob der betreffende Gegenstand *im Prinzip* – man wäre versucht zu sagen »theoretisch« – eßbar oder als Versteck brauchbar sei. Jakob von Uexküll hat einmal gesagt, alle Dinge in der Umwelt von Tieren seien Aktionsdinge. Im besonderen Sinne sind dies alle durch Exploration intim gemachten und dann ad acta gelegten Gegenstände in der Umwelt von Neugierwesen. Sie sind zweifellos in einem anderen und höheren Sinne »objektiviert«, da das Wissen um die Art ihrer Verwendbarkeit unabhängig vom Situationsdruck der wechselnden Triebsituationen sowohl erworben als auch aufbewahrt wird.

Lebewesen, die imstande sind, die Eigenschaften der verschiedensten Gegenstände ihrer Umwelt zu erlernen, sind begreiflicherweise in besonderem Maße anpassungsfähig. Dadurch, daß sie *jeden* unbekannten Gegenstand so behandeln, als wäre er biologisch relevant, finden sie tatsächlich alle Gegenstände heraus, die das wirklich sind. Aufgrund dieser Leistung ist z.B. der Kolkrabe imstande, sein Leben in verschiedenen Biotopen zu führen, als wäre er auf jedes von ihnen besonders spezialisiert. Er lebt als Aasfresser in der nordafrikanischen Wüste das Leben eines Geiers, auf den Vogelinseln der Nordsee das Leben einer Raubmöwe, die sich parasitisch von Eiern und Jungen der Koloniebrüter ernährt, und er kann sich in Mitteleuropa nach Art einer Krähe mit der Jagd auf Kleinlebewesen durchschlagen.

Die phylogenetischen Programme solcher Neugierwesen sind stets im allerhöchsten Maße das, was wir mit Ernst Mayr als »offen« bezeichnen. Die Aktionsdinge, aus denen sich ihre Umwelt aufbaut, sind nicht durch merkmal- und informationsreiche angeborene Auslösemechanismen in artbezeichnender Weise festgelegt, sondern werden durch objektivierendes Forschen gewonnen. Die typischen Neugierwesen besitzen die Eigenschaft der »Weltoffenheit«, die Arnold Gehlen als eine den Menschen vom Tier abgrenzende Eigenschaft darstellte, in prinzipiell gleicher Weise wie dieser, wenn auch in bescheidenerem Maße und nicht mit den übrigen in diesem Kapitel aufgeführten Voraussetzungen des begrifflichen Denkens zu einem übergeordneten System integriert.

Ein Verhaltensprogramm, das innerhalb so weiter Grenzen modifizierbar ist wie bei den hier in Rede stehenden Neugierwesen, verlangt eine Motorik, die in vielfältiger Weise anwendbar ist. Analoge Ansprüche werden an die benutzten Organe gestellt. Höhere morphologische Organspezialisation schließt die Vielfalt der Verwendungsmöglichkeiten aus. Deshalb sind alle typischen Neugierwesen in morphologischer Hinsicht verhältnismäßig *wenig spezialisierte* Vertreter ihrer taxonomischen Gruppen. Sie sind, wie ich zu sagen pflege, »Spezialisten auf Nicht-Spezialisiertsein«. Solche sind beispielsweise die Ratten unter den Nagetieren, die Raben unter den Singvögeln und schließlich der Mensch unter den Primaten. Es ist kennzeichnend, daß unter den höheren Tieren ausschließlich solche Spezialisten auf Nicht-Spezialisiertsein zu Kosmopoliten werden konnten. Gewiß kann eine Ratte oder ein Mensch vergleichsweise geringere körperliche Spitzenleistungen vollbringen als ein in der betreffenden Hinsicht hochspezialisiertes Wesen, aber beide übertreffen an Vielseitigkeit ihres motorischen Könnens ihre nächsten zoologischen Verwandten. Wollte der Mensch die ganze Klasse der

Säugetiere zu einem sportlichen Wettbewerb auffordern, der auf Vielseitigkeit ausgerichtet ist und beispielsweise aus den Aufgaben besteht, 30 km weit zu marschieren, 15 m weit und 5 m tief unter Wasser zu schwimmen, dabei ein paar Gegenstände gezielt heraufzuholen und anschließend einige Meter an einem Seil emporzuklettern, was jeder durchschnittliche Mann kann, so findet sich kein einziges Säugetier, das ihm diese drei Dinge nachzumachen imstande ist. Nähme man einen Baum anstelle eines Seiles, so könnte der Eisbär mit dem Menschen konkurrieren, verminderte man die Tauch- sowie die Marschstrecke um einiges, so könnten es ihm manche Makaken gleichtun. Nur die Ratte wäre ein erfolgreicher Konkurrent, vorausgesetzt, daß man alle Dimensionen ihrer Körpergröße entsprechend verkleinerte.

Bedenkt man die Konsequenzen, die das Neugierverhalten nach sich gezogen hat, vor allem auch seine Wichtigkeit für die Entstehung des begrifflichen Denkens, so ist man erstaunt über die scheinbare Geringfügigkeit der Veränderungen und Integrationen der vorher bestehenden Systeme, die so umwälzende Folgen zeitigten. Um die Entstehung des explorativen Verhaltens zu ermöglichen, mußte keiner der bekannten Mechanismen, die als Untersysteme beim Erwerben bedingter Reaktionen mitspielen, in seiner Funktion wesentlich geändert werden, auch wurde keiner entbehrlich. Die neue »Erfindung« besteht nur darin, das Appetenzverhalten so zu generalisieren, daß nicht die Auslösesituation einer ganz bestimmten triebbefriedigenden Endhandlung sein Ziel ist, sondern die Lernsituation als solche. Um dies zu erreichen, war eigentlich nur eine Akzentverschiebung notwendig, denn nahezu alles Appetenzverhalten höherer, lernfähiger Tiere geht sowieso mit Lernen, mit dem Erwerb bedingter Reaktionen Hand in Hand. Dies ist ja auch schon bei den auf S. 36ff. beschriebenen Vorgängen der Fall, in denen die Information in der Form der Erbkoordination verschlüsselt ist und die Art des passenden Objektes durch Versuch und Irrtum erlernt wird. Das qualitativ Neue liegt darin, *daß der Lernvorgang selbst* und nicht der Vollzug der Endhaltung die Motivation liefert.

Mit diesem scheinbar so kleinen Schritt tritt ein völlig neues kognitives Geschehen auf den Plan, das mit dem Forschen des Menschen grundsätzlich identisch ist und ohne Wesensänderung zur wissenschaftlichen Naturforschung überleitet. Im Laufe dieses Entwicklungsgeschehens bleibt der Zusammenhang von Spiel und Forschung gleich eng und ist auch beim erwachsenen menschlichen Forscher voll erhalten, während er beim adulten Tier zum Schwinden neigt. »Der Mensch ist nur dort ganz Mensch, wo er spielt«, sagt Friedrich Schiller. »Im echten Manne ist ein Kind versteckt«, sagt Friedrich Nietzsche, und meine Frau hat hinzugefügt: »Wieso versteckt?«

Wie ich anderen Ortes genau auseinandergesetzt habe, ist die Verlangsamung der menschlichen Jungendentwicklung, die Bolk als Retardation bezeichnete, sowie das Stehenbleiben der Entwicklung auf einem jugendlichen Stadium, die sogenannte Neotenie, die Voraussetzung dafür, daß der Mensch nicht, wie die meisten Tiere es tun, sein Neugierverhalten mit dem Erwachsenwerden einstellt, sondern seine konstitutive Weltoffenheit beibehält, bis das Greisenalter ihr ein Ende bereitet.

Wie die Gestaltwahrnehmung, obwohl sie im Dienste einfacher Dingkonstanz entstanden war (S. 154), sich imstande erwies, überindividuelle, in vielen Einzeldingen obwaltende Gesetzlichkeiten zu abstrahieren, so hat auch das neugierige Forschen ohne wesentliche Änderung des ihm zugrunde liegenden Mechanismus eine neue Leistung vollbracht, die bei unseren nächsten zoologischen Verwandten schon in Andeutungen vorhanden ist, aber erst beim Menschen zu einer wesentlichen, ja konstitutiven Fähigkeit geworden ist: zur Selbstexploration.

Es ist eine erlaubte Spekulation, sich zu fragen, wie und wann unsere Vorfahren sich ihrer eigenen Existenz bewußt geworden sind. Bei einem Wesen, bei dem Neugierverhalten eine der wichtigsten arterhaltenden Leistungen ist, konnte es kaum ausbleiben, daß es früher oder später seinen eigenen Körper als ein der Exploration würdiges Objekt entdeckte. Daß es gerade Anthropoiden waren, die diesen entscheidenden Schritt taten, ist Umständen zu danken, die wir bereits kennen: Als Greifhandkletterer besitzen sie eine hohe Ausbildung der Einsicht und der Fähigkeit zur zentralen Repräsentation des Raumes sowie eine hohe Ausbildung der Willkürbewegung. Dazu kommt, daß bei ihrer besonderen Bewegungsart die greifende Hand dauernd im Gesichtsfeld des Tieres agiert. Dies ist nämlich bei den meisten Säugetieren, einschließlich vieler Affen, nicht der Fall. Ein Hund tritt mit der Vorderpfote auf eine Stelle, die er soeben, Bruchteile von Sekunden früher, gesehen hatte, sein eigener Körper kommt ihm bei seiner Lokomotion nicht ins Gesichtsfeld; auch bei den Meerkatzen, den Makaken und den Pavianen ist dies nur wenig anders. Der bedächtig kletternde Menschenaffe aber sieht seine Hand fast dauernd gleichzeitig mit dem Gegenstand, den er zu ergreifen im Begriffe ist, und dies gilt ganz besonders beim nicht-lokomotorischen, sondern explorierenden Greifen. Beim Menschen selbst wird die Richtung, in der man mit Arm und Hand weist, wie H. Mittelstaedt durch seinen bekannten Zeigeversuch demonstriert hat, dauernd durch die Rückmeldungen kontrolliert und berichtigt, die unser Auge uns über die Lage unserer Extremität in weit genauerer Weise erstattet, als die Propriozeptoren unserer Tiefensensibilität dies zu tun vermögen. Ein analoger Versuch mit Menschenaffen wurde meines Wissens bisher noch nicht angestellt. Ich habe einmal beobachtet, wie ein Schimpanse, auf dem Rücken liegend, das Licht einer Glühbirne durch vorsichtige kleine Bewegungen seiner Hand abwechselnd abschirmte und in das eine seiner Augen fallen ließ. Man hatte den Eindruck, er exploriere die Folgen seiner eigenen Bewegung. Wie dem auch sei – die Menschenaffen sind unter allen bekannten Tieren diejenigen, die ihre Vorderextremität, das wichtigste Organ ihres Neugierverhaltens, mit dem explorierten Gegenstande gleichzeitig im Gesichtsfeld haben. Das gibt ihnen Gelegenheit, die Wechselwirkung zwischen beiden zu beobachten. Eine weitere wichtige Gelegenheit, die Wechselwirkung zwischen dem eigenen Körper und dem zu untersuchenden Gegenstand zu entdecken, bietet das soziale Spiel. Diese Tätigkeit nimmt bei jungen Affen einen sehr großen Teil ihrer täglichen Aktivitätsperiode ein, und die »dialogische« Funktion, die allem explorativen Spiele zukommt, wird dabei in einem engeren und höheren Sinne zum Zwiegespräch: Bei jeder Exploration wird eine Frage an das Objekt gestellt und dessen »Antwort« registriert. Wenn zwei neugierige junge Schimpansen miteinander spielen, wird diese Wechselbeziehung verdoppelt. Wenn eines der Tiere die Hand des anderen zwischen den seinen hält und sie eingehend untersucht, was man junge Schimpansen gar nicht selten tun sieht, sind alle Voraussetzungen für die bahnbrechende Einsicht gegeben, daß die eigene Hand gleicher Natur sei wie die des Bruders. Es scheint mir sehr wahrscheinlich, daß die Dinghaftigkeit des eigenen Körpers in jenem Spiegelbild entdeckt wurde, das ein Menschenaffe in seinem artgleichen Spielgefährten zu sehen bekam.

Die Entdeckung des eigenen Körpers, vor allem die der eigenen Hand, als eines explorierbaren Dinges unter vielen anderen, braucht noch keineswegs echte Reflexion zu sein. Noch hat es nicht jenes Sich-Verwundern geweckt, das man als den Uranfang des Philosophierens zu bezeichnen pflegt. Aber schon die schlichte Einsicht in die Tatsache, daß der eigene Körper oder die eigene Hand ebenso ein »Ding« in der Außenwelt sei und genauso konstante, kennzeichnende Eigenschaften habe wie jedes andere Umweltding auch, muß von tiefster, im wahrsten Sinne epochemachender Bedeutung gewesen sein. Mit der Einsicht in die Dingnatur des eigenen Körpers und seiner Erfolgsorgane entsteht zwangsläufig ein neues und tieferes Verständnis der Wechselwirkungen, die sich zwischen dem Organismus und den Dingen seiner Umgebung abspielen. Der eigene Körper wird mit der Einsicht in seine Dingkonstanz mit allen anderen Umweltdingen *vergleichbar* und damit zu ihrem *Maß*.

Dies aber erschließt dem Organismus in echter Fulguration eine neue Ebene der Objektivierung seiner Umwelt: In dem Augenblick, in dem unser Ahne zum ersten Male die eigene, greifende Hand und den von ihr ergriffenen Gegenstand gleichzeitig als Dinge der realen Außenwelt erkannte und die Wechselwirkung zwischen beiden durchschaute, wurde sein Verständnis für den Vorgang des Greifens zum Begreifen, sein Wissen um die wesentlichen Eigenschaften des ergriffenen Dinges zum Begriff. Selbstverständlich steht der eben geschilderte Vorgang in enger Wechselwirkung mit den anderen in diesem Kapitel besprochenen Leistungen und hat sie zur Voraussetzung. So ist z. B. die im ersten Abschnitt behandelte abstrahierende Leistung der Wahrnehmung die Voraussetzung dafür, daß der Organismus explorierte Gegenstände unter den verschiedensten Bedingungen als die gleichen wiedererkennt. Die zentrale Repräsentation des Raumes mit allen in sie eingehenden Leistungen, vor allem die unerschöpfliche Wissensquelle der von den Willkürbewegungen gelieferten Reafferenzen, sind ebenso unentbehrliche Voraussetzungen der Selbstexploration.

7 Die Nachahmung

Das Nachahmen von Bewegungen ist eine Leistung, die nur in einem weiten Sinne als kognitiv bezeichnet werden kann. Sie ist insofern Voraussetzung des begrifflichen Denkens, als sie unentbehrlich zur Integration der in den vorangehenden Abschnitten dieses Kapitels besprochenen Leistungen mit der im nachfolgenden Abschnitt zu besprechenden Tradition ist. Sie ist wahrscheinlich stammesgeschichtlich aus Spiel und Neugierverhalten sozialer Tiere mit lang dauerndem Familienzusammenhalt entstanden. Das Nachahmen hat seinerseits die untrennbar miteinander verschränkten Leistungen der Willkürbewegungen und ihrer propriozeptorischen und exterozeptorischen Kontrolle zur Voraussetzung.

Sie ist ihrerseits Vorbedingung für das Erlernen der menschlichen Wortsprache und damit mittelbar für unzählige andere spezifische menschliche Leistungen. Warum gerade der Mund zum Organ dieses Signalsystems geworden ist, ist eine Frage, über die man Spekulationen anstellen kann. Wie wir bereits wissen, sind Lippen und Zunge schon bei unseren Vorfahren zu Organen geworden, die zu besonders feinen Willkürbewegungen befähigt und entsprechend informationsreiche Reafferenzen zu bringen imstande sind. Gleichzeitig ist ihre Motorik zusammen mit der des Kehlkopfes sehr stark am Hervorbringen von Ausdrucksbewegungen und -lauten beteiligt. Das Gesicht und besonders der Mund sind bei unseren näheren und weiteren zoologischen Verwandten bei jeder sozialen Wechselwirkung der Gegenstand größter Aufmerksamkeit aller Beteiligten und damit zu Signalgebern prädestiniert.

Dagegen ist der eigentliche Vorgang der Nachahmung rätselhaft, sowohl was sein physiologisches Zustandekommen als auch was seine Verteilung im Reiche des Animalischen betrifft. Nachahmungsfähigkeit findet sich außer beim Menschen genaugenommen nur bei gewissen Vögeln, vor allem bei Singvögeln und Papageien – allerdings eng auf den Bereich des Stimmlichen beschränkt. Die Nachahmungsfähigkeit der Affen ist zwar sprichwörtlich geworden, »aping« heißt im Englischen ganz einfach »genaueste Nachahmung«. Ein genaues Nachvollziehen eines wahrgenommenen Bewegungsvorganges ist aber auch bei den Menschenaffen nur in Andeutungen vorhanden und reicht an Genauigkeit nicht einmal annähernd an die Leistungen der Vögel heran. Ein Schimpanse versteht zwar sofort den Sinn des Vorganges, wenn er z.B. sieht, wie ein Mensch einen Schlüssel benützt, um eine Türe zu öffnen, und ahmt ihn insofern nach, als er dasselbe zu tun versucht, was ihm nach einigem Probieren auch gelingt. Aber gerade das, was wir mit »Nachäffen« bezeichnen, das Nachvollziehen einer Bewegung oder eines Gesichtsausdruckes, nur um des Nachahmens willen, kommt bei Affen meines Wissens höchstens in schwachen Andeutungen vor.

Menschenkinder – und merkwürdigerweise die erwähnten Vögel – tun dies aber ausgesprochen. Die Sozialpsychologen wissen mit Sicherheit, daß Kinder die Bewegungen Erwachsener nur aus Spaß am Nachahmen mit größter Formgenauigkeit nachmachen, lange ehe sie Sinn und Zweck des betreffenden Verhaltensmusters verstanden haben. Peter Berger und Thomas Luckmann haben in ihrem Buche ›The Social Construction of Reality‹ eine sehr genaue Analyse der Vorgänge gegeben. Kinder zeigen dabei einen sehr feinen Sinn für gestaltet-einprägsame Bewegungsformen, wie dies viele Ausdrucksformen des sozialen Umgangs sind. Mein ältester Enkel war im Alter von nicht ganz zwei Jahren zutiefst beeindruckt von der formvollendeten Verbeugung eines japanischen Freundes und ahmte sie in einer Weise nach, die man mit Recht als »unnachahmlich« bezeichnen kann, denn kein Erwachsener hätte auf Anhieb eine ebenso genaue Kopie zustande gebracht. Der Vorgang war von unwiderstehlicher Komik, und nur dem Umstande, daß mein Freund Verhaltensforscher ist, war es zu danken, daß er sich nicht »geäfft« fühlte.

Beim Menschen ist gerade die Genauigkeit der Nachahmung von Ausdrucksbewegungen und -lauten von größter sozialer Bedeutung, weil gruppengemeinsame Einzelheiten des Akzents und der Manieren die Voraussetzung für die »Kohäsion«, den Zusammenhalt der Gruppe, sind.

Auch Singvögel und Papageien, vor allem Jungvögel in gewissen Altersstufen, zeigen eine deutliche Appetenz nach prägnanten, im Bereiche ihrer Nachahmungsfähigkeit liegenden Lautgestalten. Ein jung aufgezogener Gimpel, dem der Pfleger etwas vorpfeift, kommt eifrig nach vorn ans Gitter, hält den Kopf etwas schief, ein Ohr der Tonquelle zugewendet und sträubt dazu die Ohrfedern, um wie gebannt zuzuhören. Stare verhalten sich ähnlich, und bei der Schama (Copsychus malabaricus) ist es ganz reizend zu beobachten, wie die Kinder aufmerksam und gespannt dem Gesang ihres Vaters lauschen.

Die Aufnahme des Gehörten, die sich dabei vollzieht, wird in vielen Fällen erst nach Monaten in die Motorik der Vokalisation umgesetzt. Heinroth berichtet von einer Nachtigall, die in ihrem ersten Frühling zwischen ihrem 12. und 19. Lebenstage eine bestimmte Mönchsgrasmücke hatte singen hören, daß sie den individuellen Gesang dieses Mönches nach Weihnachten, als sie zu singen begann, mit gleicher Genauigkeit reproduzierte wie die Schallplatte, die Heinroth davon aufgenommen hatte. Diese Nachtigall muß also ein akustisches Erinnerungsbild des Grasmückenliedes aufbewahrt haben, das sie nach Monaten in Motorik zu transponieren vermochte.

Wie sich eine solche Transposition vom Sensorischen ins Motorische vollziehen kann, wissen wir durch die Arbeiten von M. Konishi. Bei manchen Arten ist der Artgesang insofern »angeboren«, als er sich auch bei einem schalldicht isolierten Jungvogel in annähernd normaler Weise entwickelt. Doch ist dabei keineswegs die Motorik des Gesanges als Erbkoordination festgelegt, sondern der Vogel besitzt angeborenermaßen ein akustisches Muster (»template«), das dann ganz wie eine früh gehörte Tonfolge, unter Kontrolle des Gehörs und durch Versuch und Irrtum, in die Motorik des Gesanges umgesetzt wird. Heinroth hat dies früh vermutet, als er von »Selbstnachahmung« sprach. M. Konishi hat den Nachweis für die Richtigkeit dieser Vermutung erbracht, indem er Vögel dieses Typus in frühem Lebensalter operativ des Gehörs beraubte. Die Versuchsvögel brachten dann nur ein völlig formloses Gezwitscher zustande, das nicht einmal reine Töne enthielt, sondern wegen der Vielzahl starker Obertöne nur als Geräusch wirkte. Lock- und Warnrufe sind auch bei Arten, deren Gesang sich in der in Rede stehenden Weise entwickelt, echte Erbkoordinationen und in ihrer Motorik angeboren. Sie werden daher auch vom früh ertaubten Vogel in völlig normaler Weise geäußert. Gleiches gilt für alle Lautäußerungen von Hühnern und Entenvögeln sowie von den meisten anderen nicht nachahmungsfähigen Vogelarten.

Die angeborene akustische »Schablone« – dieses Wort ist die genaueste Übersetzung von »template« – hat bei den meisten Vögeln, bei denen sie nachweisbar ist, zwei verschiedene, einander oft überlappende Funktionen. Nur in wenigen Fällen ist sie so vollkommen, daß sie dem Jungvogel die gesamte Information darüber zu geben vermag, wie der Artgesang zu klingen hat. Meist bringt der schallisolierte, aber nicht ertaubte Jungvogel einen vereinfachten, wenn auch noch erkennbaren Artgesang. Man muß also annehmen, daß unter den Bedingungen des Freilebens das angeborene einfache akustische Vorbild dem Vogel mitgeteilt hätte, *welchen* von den vielen, in der Umgebung erklingenden Vogelgesängen er nachzuahmen habe.

Etwas Ähnliches hatte ich vor langen Jahren aufgrund einer Beobachtung an einem Haussperling vermutet. Heinroth und andere hatten zu ihrem Erstaunen gefunden, daß das Schilpen des Sperlings trotz seiner Einfachheit nicht angeboren ist, sondern wie ein echter Gesang durch Nachahmung erlernt werden muß.

Sperlinge, die in Gesellschaft von Stieglitzen aufgezogen wurden, lernten, wie F. Braun berichtet, den komplizierten Gesang dieser Art ohne weiteres. Als ich nun einen zwei Tage alten, dem Nest entnommenen männlichen Sperling aufgezogen hatte, war ich gespannt, welchen der vielen in meiner Vogelstube ertönenden Gesänge mein Spatz nachahmen würde. Zu meiner Enttäuschung schilpte er ganz einfach und schien damit die Angaben namhafter Ornithologen zu widerlegen. Es dauerte einige Zeit, bis es mir auffiel, daß der Vogel nicht wie ein Spatz, sondern genau wie ein Wellensittich schilpte. Unter den vielen, weit lauteren und prägnanteren Vogelliedern hatte er die Lautäußerung des Wellensittichs, die dem Schilpen des Sperlings tatsächlich ähnlich ist, zur Nachahmung auserkoren, weil sie die nächste Annäherung an seine eigene angeborene akustische Schablone war.

Während wir von den nachahmungsfähigen Vögeln durch die Untersuchungen Konishis mit Sicherheit wissen, daß eine afferente oder genauer gesagt reafferente Kontrolle, also eine Rückmeldung des eigenen Tuns, einen integrierenden Anteil des Nachahmungsgeschehens darstellt, wissen wir über die physiologischen Vorgänge der menschlichen Nachahmung überhaupt nichts. Ich bin grundsätzlich der Anschauung, daß in derartigen Fällen totaler Ignoranz des Physiologischen die Phänomenologie, die Selbstbeobachtung, als Wissensquelle benutzt werden darf und muß. Phänomenologie aber kann genaugenommen nur jeder bei sich selbst treiben, ihre überindividuelle Gültigkeit hängt nur davon ab, wie weit andere das beschriebene Erlebnis nachzuempfinden vermögen. Nach dieser Präambel will ich zu beschreiben versuchen, was in mir vorgeht, wenn ich motorisch irgend etwas nachzuahmen versuche.

Zunächst erfaßt mich beim Anblick irgendeiner charakteristischen Bezugsweise oder eines Gesichtsausdruckes ein »primärer«, das heißt durch keine erkennbaren anderen Motivationen verursachter Drang, das Gesehene nachzuahmen, und dies gelingt mir dann merkwürdigerweise beinahe auf Anhieb. So hatte ich schon bei meinem ersten Versuch, das verkniffene Gesicht Ulbrichts nachzuahmen, einen unerwarteten Lacherfolg. Ich brauchte niemandem zu erklären, wen ich nachzuahmen versucht hatte. Allerdings mag die Gleichheit der Barttracht zum Erfolge beigetragen haben.

Das erste Phänomen, das bei dieser Art von Leistung meiner Selbstbeobachtung zugänglich wird, ist merkwürdigerweise ganz eindeutig kinästhetischer Art: Ich vermeine zu empfinden, wie »es sich anfühlen muß«, wenn man ein derartiges Gesicht schneidet oder eine derartige Bewegung vollführt. Mit mehrmaliger Wiederholung verbessert sich die Nachahmung um ein gewisses, sehr bescheidenes Maß. Die Selbstbeobachtung im Spiegel hilft nur wenig, es genügt die propriozeptorische Reafferenz, um mir zu sagen, daß meine Nachahmung annähernd das erreicht, was mir kinästhetisch vorschwebt. Allzu häufige Wiederholung verbessert nichts, sondern zerstört nur das ursprüngliche, durch tief unbewußte Vorgänge entstandene innere Bild der nachzuahmenden Bewegung, oder besser gesagt, sie überdeckt es durch Überlagerung mit Erinnerungsbildern der eigenen Bewegung, und so verschwindet das Original allmählich hinter den Kopien.

Schon der Umstand, daß Kleinkinder die in Rede stehende Leistung besser vollbringen als Erwachsene, spricht dafür, daß sie mit rationalen Vorgängen nichts zu tun hat. Ebenso spricht für diese Annahme, daß man sie keineswegs willkürlich produzieren oder jederzeit reproduzieren kann, sondern dazu in einer ganz bestimmten Weise »inspiriert« sein muß, ähnlich wie zu den Leistungen höherer Gestaltwahrnehmung. Der ganze Vorgang hat auch insofern eine gewisse Verwandtschaft zum Spiel, als er sich nur in ruhiger, heiterer Stimmungslage und im »entspannten Feld« abspielen kann. Wer beides, das Nachahmen kleiner Kinder und das Singenlernen junger Vögel, aus eigener Anschauung kennt, ist immer wieder über die offenkundigen Parallelen zwischen beiden Vorgängen erstaunt, die sich bei so verschiedenen Wesen finden und deren physiologische Grundlagen aller Wahrscheinlichkeit nach verschieden sind.

Die Phänomenologie des Vorganges legt uns die Annahme nahe, daß der erste Schritt des menschlichen Nachahmens in der Entstehung eines sensorischen Vorbildes bestünde. Diese Annahme würde uns sicherlich als höchst unwahrscheinlich vorkommen, sagten uns nicht die beschriebenen Beobachtungen und Versuche an Singvögeln, daß deren stimmliche Nachahmung offensichtlich auf einem solchen Wege zustande kommt. Zweifellos aber muß in beiden Fällen den analogen Leistungen ein hoch komplizierter sensorischer und nervlicher Apparat zugrunde liegen, und wir sind gewohnt, einen solchen nur dort vorzufinden, wo ein erheblicher Arterhaltungswert seiner Funktion am Werke war. Beim Menschen ist die Frage nach der arterhaltenden Leistung der Nachahmung beinahe überflüssig, sie wurde vorwegnehmend zu Beginn dieses Abschnittes beantwortet. Was aber die physiologischen Vorgänge sind, die bei uns Menschen das sensorische Vorbild in Motorik umsetzen, ist uns bisher völlig unbekannt. Ganz sicher geschieht es nicht durch Versuch und Irrtum, wie wir für die analoge Leistung der Vögel mit großer Sicherheit annehmen können. Umgekehrt aber wissen wir bei diesen unseren einzigen Kollegen in der Kunst der Nachahmung und der Musik so gut wie nichts über den Arterhaltungswert dieser bei nicht-menschlichen Lebewesen sonst nicht vorkommenden Fähigkeiten. Alle der Kommunikation dienenden Signale, wie Lock-, Balz-, Warnlaute und dergleichen, sind bekanntlich auch bei nachahmungsfähigen Vögeln angeboren.

8 Die Tradition

Es ist bei hochentwickelten und sozial lebenden Tieren eine Anzahl von Fällen bekannt, in denen sich individuell erworbenes Wissen über die Lebensdauer des erwerbenden Individuums hinaus in der Sozietät fortvererbt. Wir sind so daran gewöhnt, an genetische Vorgänge zu denken, wenn ein Biologe das Zeitwort »erben« gebraucht, daß wir allzuleicht die ursprüngliche, juridische Bedeutung dieses Wortes vergessen. Den Vorgang, durch den erlerntes Wissen von einem Individuum auf ein anderes, von einer Generation auf die nächste weitergegeben wird, nennen wir Tradition.

Solche Weitergabe von Wissen kann in zweierlei Weise vor sich gehen: Erstens kann eine fluchtauslösende Reizkombination, wie etwa der Warnlaut oder die »ansteckend« wirkende Flucht eines erfahrenen Artgenossen, in der auf S. 104ff. besprochenen Weise durch Assoziation des Schreckreizes mit der gesamten Umweltsituation verknüpft werden, in der er einmal oder einige wenige Male wirksam wurde. Zweitens können Lernvorgänge höherer Ordnung dazu führen, daß ein jüngeres Tier Verhaltensweisen eines erfahreneren nachvollzieht. Dies braucht nicht echte Nachahmung zu sein, es genügt, daß das explorative Verhalten des unerfahrenen Tieres durch das Beispiel des erfahrenen in bestimmte Richtung gelenkt wird. Den ersten sicheren Nachweis echter Tradition bei Tieren habe ich selbst in den zwanziger

Jahren an Dohlen erbracht. Ich mußte zunächst die unangenehme Erfahrung machen, daß die von mir mit der Hand aufgezogenen und daher sehr zahmen Jungvögel nicht die geringste Angst vor Hunden, Katzen und anderen Raubtieren hatten und daher beim Freiflug aufs höchste gefährdet waren.

Die einzige arteigene Triebhandlung der Dohle, die sie vor Raubfeinden schützt, besteht aus einem angeborenen Auslösemechanismus und einer einzigen durch ihn in Gang gesetzten Instinktbewegung. Der Auslösemechanismus spricht auf eine Reizkombination an, die folgende Kennzeichen besitzen muß: Es muß etwas Schwarzes und in sich Bewegliches von einem Lebewesen getragen werden. Harte schwarze Gegenstände, z.B. Kameras, wirken ebensowenig auslösend wie weiche, baumelnde oder zappelnde, die nicht schwarz sind. Die weichen schwarzen Papierlaschen des damals üblichen Packfilms lösten die Reaktion ebenso aus wie eine nasse schwarze Schwimmhose oder eine zappelnde lebende Dohle, wenn ich mit einem dieser Objekte vor den Augen meiner Dohlen hantierte. Die Art des Lebewesens, das in diesem »Schema« die Rolle des beutetragenden Raubfeindes spielt, ist völlig gleichgültig. Eine Dohle, die eine schwarze Rabenschwungfeder zu Neste tragen wollte, löste die Reaktion in voller Stärke aus.

Auf eine solche Reizkombination hin stößt jede in Sichtweite befindlich erwachsene Dohle ein durchdringendes lautes Schnarren aus, wobei sie eine eigenartige vorgebeugte Körperhaltung einnimmt und mit den weitgebreiteten Flügeln zittert. Selbst im Fliegen sind diese Bewegungsweisen deutlich. Jede in Hörweite befindliche Dohle eilt daraufhin herbei, stimmt in das Schnarrkonzert ein, und wenn eine genügend große Zahl von Artgenossen beisammen sind, greifen sie den Feind wütend an, wobei sie nicht nur auf ihn stoßen; sie verkrallen sich vielmehr in den Feind und lassen einen Hagel von Schnabelhieben auf ihn niederprasseln. Im Versuch war der »Feind« meine, eine Dohlenattrappe haltende Hand, deren Rücken alsbald blutüberströmt war.

Schon beim ersten Male, als ich unwissentlich einen Schnarrangriff der Dohlen auf mich lenkte, fiel mir das langanhaltende Mißtrauen auf, das mir die Vögel danach entgegenbrachten. Es war mir sofort klar, daß ich nicht weiter Experimente über die Auslösung der Schnarreaktion anstellen durfte, wollte ich nicht die für meine Zwecke wichtige Zahmheit meiner Vögel gefährden. Meine damaligen Dohlen waren auch daran gewöhnt, Artgenossen frei auf meinem Arm oder meiner Schulter sitzen zu sehen, und reagierten auf diese Situation nicht wie auf einen »von einem Lebewesen getragenen weichen schwarzen Gegenstand«. Dies war indessen die Folge einer speziellen Gewöhnung, was daraus hervorgeht, daß die Dohlen in späteren Jahren, als sie zu scheu geworden waren, um auf meiner Person zu landen, sofort in Schnarren ausbrachen, wenn ich mich mit einer zahmen Jungdohle auf der Faust vor ihnen sehen ließ. Dieses Verhalten vereitelte gründlich meine Absicht, die durchschnittliche Zahmheit meiner scheu gewordenen Dohlen durch Zusetzen zahmer, jung aufgezogener Vögel zu heben, wie dies bei einer Wildgansgruppe so gut möglich ist.

Wenn irgendein Lebewesen von einer Dohle mehrmals »dabei betreten« worden ist, als es ein schwarzes, weiches, baumelndes Ding mit sich trug, so ist der Träger durch eine echte bedingte Reaktion zum erlernten auslösenden Reiz der Schnarreaktion geworden und löst sie hinfort auch dann aus, wenn er ohne den ominösen schwarzen Gegenstand erscheint. Krähen haben eine fast gleiche Verhaltensweise. Wenn mein Freund Gustav Kramer mit seiner zahmen Rabenkrähe in den Wäldern bei Heidelberg spazierenging, wurde er regelmäßig von wilden Krähen angehaßt, sowie sein Vogel sich auf seine Schulter setzte. Mit der Zeit wurde er bei den Krähen der Umgebung so »verrufen«, daß ihn die Vögel unter lauten Haßrufen auch dann verfolgten, wenn er im Stadtanzug, in dem er nie in Gesellschaft seiner zahmen Krähe gesehen worden war, sein Haus verließ. Entsprechendes geschah mir, sooft ich den Versuch machte, eine Dohle zahm aufzuziehen. Ich erzielte das Gegenteil der beabsichtigten Wirkung.

Da die jungen sozialen Rabenvögel ihren Eltern getreulich nachfolgen und überdies in ihrer ersten Jugend normalerweise nie aus der nächsten Nachbarschaft des Brutplatzes hinausgeraten, an dem es dauernd von Altvögeln wimmelt, kann es kaum vorkommen, daß ein Jungvogel auf einen gefährlichen Raubfeind trifft, ohne daß ein erfahrener Altvogel anwesend ist, der sofort mit lautem Schnarren reagiert. Wie Sverre Sjölander dank seiner Begabung zur Tierstimmen-Nachahmung experimentell zeigen konnte, genügt es, einer erfahrungslosen Jungdohle ein- oder zweimal eine Katze oder ein sonstiges Tier zu zeigen und dazu den Schnarrlaut ertönen zu lassen, um dem Vogel die Furcht vor dem betreffenden Objekt für immer einzuprägen. Ja, es gelang Sjölander sogar, seiner Dohle mit derselben Methode einen Widerwillen gegen Artgenossen und sonstige Rabenvögel beizubringen und sie dadurch abzuhalten, mit herbstlichen Wanderscharen davonzufliegen.

Bei Gänsen spielt Tradition in anderer Hinsicht eine wichtige Rolle, nämlich für die Kenntnis des Zugweges. Elternlos aufgezogene Gänse pflegen als echte Standvögel am Orte ihrer Aufzucht zu bleiben. Wie unsere Erfahrungen mit der künstlich angesiedelten Wildganskolonie in Seewiesen lehrten, wagen führerlose Jungvögel zunächst nicht, an ihnen fremden Orten einzufallen. Um sie zum Grasen auf Wiesen zu veranlassen, die außerhalb des Institutszaunes lagen und die wir eigens zu diesem Zwecke gepachtet hatten, erwies es sich als nötig, mit handaufgezogenen Tieren, deren Nachfolgetrieb auf den Pfleger geprägt war, dahin zu wandern und durch Fütterung geduldig für den Besuch dieser Grasflächen zu werben.

Die einmal erworbenen Wegdressuren haften bei Gänsen ungemein fest, wie folgende Beobachtung zeigt. Ich hatte in den dreißiger Jahren in Altenberg eine Schar von vier Graugänsen, die daran gewöhnt waren, mich in das weite und baumarme Überschwemmungsgebiet der Donau zu begleiten. Ich fuhr mit dem Fahrrad auf dem Grenzdamm dieses Gebietes, und die Gänse kreisten entweder um mich oder landeten von Zeit zu Zeit in meiner Nähe. Um den Gänsen möglichst wirkungsvoll bestärkende Reizsituationen zu bieten, suchte ich mit ihnen verschiedene verschilfte und verkrautete Tümpel auf, wo Gänse sich wohl fühlen. Die Vögel liebten diese Ausflüge ebensosehr wie Hunde den täglichen Spaziergang und warteten zur gewohnten Stunde vor der Haustüre, um meist schon loszufliegen, wenn ich das Fahrrad aus dem Schuppen holte.

Nun wollte ich einmal beobachten, was die Gänse wohl täten, wenn ich nicht zur gewohnten Zeit mit ihnen losführe. Vom Dach unseres frei und hoch gelegenen Hauses ließ sich mit dem Fernglas das Überschwemmungsgebiet der Donau, soweit unsere Ausflüge zu reichen pflegten, gut überblicken. Zur Zeit des gewöhnlichen Abfliegens wurden die Gänse unruhig und äußerten immer intensiver werdende Laute der Flugstimmung. Dies zog sich viel länger hin, als wenn ich wie sonst mit dem Rade losgefahren wäre. Schließlich flogen die Gänse ab und zunächst dem Orte auf einer nahe gelegenen Wiese zu, an dem wir uns zu treffen pflegten, nachdem ich die von den Vögeln ängstlich gemiedene Dorfstraße durchfahren hatte. Über diesem Treffpunkt kreisten sie mehrere Male laut rufend und strebten dann jenem Tümpel zu, an dem wir am Vortage den Nachmittag verbracht hatten. Über diesem kreisten sie dann längere Zeit rufend, um dann ohne Zwischenlandung einem zweiten, seltener besuchten Teiche zuzustreben. Als sie mich auch dort nicht fanden, flogen sie noch weiter fort und suchten mich an einem Kiesgrubengewässer, das wir nur sehr selten und schon seit längerer Zeit nicht mehr aufgesucht hatten. Auch dort kreisten sie ein paar Mal und kehrten dann, ohne zwischengelandet zu sein, in den Garten meines Hauses zurück.

Nach diesen Beobachtungen ist es durchaus glaubhaft, daß nicht nur der allgemeine Verlauf des Zugweges von Generation zu Generation überliefert wird, sondern auch die Kenntnis jedes einzelnen Rastplatzes. Für diese Annahme spricht nicht nur alles, was wir aus anderen Quellen über das dauerhafte Gedächtnis dieser Vögel wissen, sondern auch die von holländischen Feldornithologen beobachtete Tatsache, daß an bestimmten Gewässern Jahr für Jahr am annähernd gleichen Datum Graugansscharen von annähernd gleicher Kopfzahl eintreffen, die nach Ansicht der Beobachter stets die gleichen Vögel mit ihren Jungen waren.

Bei der Wanderratte hat Steiniger eine über mehrere Generationen wirksame Tradition festgestellt. Das überlieferte Wissen betraf die Gefährlichkeit gewisser Gifte. Erfahrene Ratten signalisieren die Gefahr, indem sie auf den betreffenden Köder urinieren; es scheint aber auch schon als Warnung zu wirken, wenn sie ihn nur verschmähen. Ratten und andere Euryphage, d.h. von vielerlei Nahrung lebende Tiere pflegen von ihnen unbekannten Futterarten zunächst nur minimale Quantitäten zu fressen, wie wir schon auf S. 121 gehört haben. Das Mißtrauen der Tiere allem Unbekannten gegenüber unterstützt offenbar die Traditionsbildung.

An Makaken haben japanische Forscher, wie S. Kawamura, M. Kawai und J. Itani, echte Tradition von motorischen Verfahrensweisen beobachtet, die von einem bestimmten Individuum erfunden worden waren und sich, da sie sich als »lohnend« erwiesen, alsbald über die gesamte Sozietät verbreiteten. Diese Verbreitung konnte genau verfolgt werden. Interessanterweise war es in einem Falle dasselbe Individuum, ein jüngeres Weibchen, das mehrere Erfindungen machte. Zuerst erfand dieses Tier, erdige Süßkartoffeln in einem Bach abzuwaschen. Als eine ganze Anzahl Affen sich dieses Verfahren zu eigen gemacht hatten, versuchten einige es mit Seewasser und merkten, daß die Speise dabei in angenehmer Weise gewürzt wurde. Sie tauchten nun auch während des Fressens die Kartoffeln immer wieder ein. Als die Makaken mit Weizen gefüttert wurden, den man ihnen einfach auf den Sand des Meeresstrandes streute, begann ein Affe, und zwar bedeutsamerweise die Erfinderin des Kartoffelwaschens, den Weizen samt dem Sand, auf dem er lag, ins Wasser zu werfen. Wahrscheinlich war dies zunächst eine einsichtslose Anwendung des Verfahrens, das sich den Süßkartoffeln gegenüber bewährt hatte. Wie so oft brachte auch hier die Anwendung einer falschen Hypothese einen Zufallserfolg: Der Sand ging unter, die Körner schwammen, und im Nu war ein Verfahren entwickelt, das dem der Goldwäscher im Prinzip gleich ist und von einer größeren Zahl der Affen – zur Zeit der Publikation 19 – übernommen wurde.

Alle diese bekannten Fälle von tierischer Tradition unterscheiden sich von der menschlichen in einem wichtigen Punkte: Sie alle sind von der Gegenwart des Objektes abhängig, auf das sie sich beziehen. Daß Katzen gefährlich sind, kann eine erfahrene Dohle der unerfahrenen nur dann mitteilen, wenn ein solches Raubtier als »Demonstrationsobjekt« vorhanden ist, die erfahrene Ratte kann ihren unerfahrenen Artgenossen nur dann beibringen, daß ein Köder giftig ist, wenn dieser zur Verfügung steht. Analoges scheint für alle tierische Tradition zu gelten, für das einfachste Übertragen bedingter Reaktionen ebenso wie für das komplizierteste Lernen durch echte Nachahmung.

Diese *Objektgebundenheit* aller tierischen Tradition ist wahrscheinlich der Grund dafür, daß sie niemals in bemerkbarer Weise zur *Anhäufung* von überindividuellem Wissen geführt hat. Eine spezielle Tradition wie die Katzenkenntnis der Dohlen wird ja notwendigerweise unterbrochen, wenn einmal ihr Objekt durch den Zeitraum einer Generation nicht in Erscheinung tritt, und es ist gut vorstellbar, daß die so bedingte verhältnismäßige Kurzlebigkeit jeder Tradition bei Tieren verhindert, daß sich die eine zu der anderen gesellt und sich so allmählich ein Hort überindividuellen Wissens ansammelt.

Erst das begriffliche Denken und die mit ihm zugleich auftretende Wortsprache machen die Tradition *vom Objekt unabhängig*, indem sie das freie Symbol schaffen, das die Möglichkeit gibt, Tatsachen und Zusammenhänge ohne das konkrete Vorhandensein des Objektes weiter zu vermitteln.

9 *Zusammenfassung des Kapitels*

Der erste Abschnitt handelt von der methodischen Schwierigkeit, Systemganze sprachlich darzustellen. Goethe läßt im zweiten Teil des Faust die Helena sagen: »Doch red' ich in die Lüfte, denn das Wort bemüht sich nur umsonst, Gestalten schöpf'risch aufzubaun.« Bei meinem Versuch, komplexe Systeme in der linearen Aufeinanderfolge von Worten so aufzubauen, daß ich dem Leser einigermaßen vermittle, was ich selbst über sie zu wissen glaube, werde ich fast dauernd von dem peinlichen Gefühl verfolgt, »in die Lüfte zu reden«. Selten aber war diese Empfindung so stark wie bei der Niederschrift dieses Kapitels, in dem es galt, Leistungen zu schildern, die nur deshalb im gleichen Abschnitt dieses Buches zusammengefaßt werden mußten, weil sie sämtlich Voraussetzungen für das begriffliche Denken und damit für die Entstehung des menschlichen Wesens sind. Die Aufgabe, gerade diese Tatsachen verständlich zu machen, wurde noch dadurch weiter erschwert, daß sich diese Leistungen nicht wie die gleichwertigen Weidenruten eines Korbgeflechts zu dem System höherer Ordnung zusammenfügen, sondern ganz im Gegenteil einander höchst ungleichwertig sind und zueinander in einem Verhältnis teils sehr enger, teils sehr loser Wechselwirkung und gegenseitiger Abhängigkeit stehen. Dieser Beziehungen mußte schon in diesem Kapitel gedacht werden, weil sie auch schon auf vormenschlicher Ebene eine Rolle spielen. Im nächsten Kapitel, das von der Integration aller dieser Funktionen zu einem System höherer Ordnung handelt, müssen sie aber nochmals erwähnt werden, Wiederholungen sind unvermeidlich.

Der zweite Kapitelabschnitt handelt von den Leistungen der Gestaltwahrnehmung. Alle Konstanzleistungen, wie Farb-, Größen-, Richtungs- und Formkonstanz sind insofern *abstrahierend,* als sie die akzidentelle Form und Art der Reizdaten aus dem Vorgang des Wissensgewinns ausscheiden, sie sind insofern *objektivierend,* als sie Eigenschaften, die den Gegenständen konstant anhaften, unabhängig von den zufällig obwaltenden Wahrnehmungsbedingungen in stets gleicher Weise vermelden. Das Vermögen, Essentielles vom Akzidentellen zu trennen, beruht auf Sinnes- und Nervenvorgängen, die unserer Selbstbeobachtung und rationalen Kontrolle unzugänglich sind, aber funktionell vernunftmäßigen Berechnungen und Schlüssen durchaus gleichen. Man nennt derartige unbewußte Verrechnungsvorgänge mit Egon Brunswik *ratiomorph.*

Verrechnungsapparate, die solches leisten, sind schon bei verhältnismäßig niederen Tieren vorhanden und sind stammesgeschichtlich stets im Dienste der Fähigkeit entstanden, individuelle Gegenstände unter verschiedenen Bedingungen als dasselbe wiederzuerkennen. In ihrer höchsten Ausbildung aber vermögen diese »Computer« Eigenschaften herauszuheben, die *vielen* individuellen Dingen als gemeinsames und wesentliches Gattungsmerkmal anhaften.

Die abstrahierende Leistung der Gestaltwahrnehmung ist ganz sicher nicht nur ontogenetisch und phylogenetisch eine *Voraussetzung* für die Entstehung des begrifflichen Denkens, sondern sie bleibt auch weiterhin als unentbehrliche Teilfunktion in ihm enthalten.

Das einsichtige Verhalten, das den Gegenstand des dritten Abschnittes bildet, ist dadurch definiert, daß die arterhaltend sinnvollen Lösungen eines Problems aufgrund der Leistungen jener informationsliefernden Mechanismen erfolgen, die in I.3 besprochen wurden. Unter diesen Augenblicksinformation liefernden Mechanismen sind die der räumlichen Orientierung die wichtigsten, unter diesen wieder bei den höheren Wirbeltieren die optischen. Bei der großen Mehrzahl der Wirbeltiere dient die Auswertung der parallaktischen Verschiebung der Netzhautbilder bei Eigenbewegung zur groben Orientierung des Tieres und zum Vermeiden von Hindernissen. Beidäugiges Fixieren dient primär zur Lokalisation der Beute. Nur wo der Organismus einer sehr genauen Ortung unbelebter Umweltdinge bedarf, wird beidäugiges Fixieren dazu herangezogen. Je reicher der Lebensraum räumlich strukturiert ist, desto genauer muß die räumliche Orientierung sein. Boden-und Klettertiere bedürfen einer genaueren Orientierung als freischwimmende und flugfähige Wesen. Die höchsten Anforderungen an Orientiertheit stellt, wie gesagt, das Klettern mit Greifhänden im Gezweige der Bäume.

Bei Fischen, die Umweltobjekte fixieren, geht der Vorgang der optischen Orientierung dem der orientierten Motorik voraus. Auf einer höheren Ebene findet man Analoges bei Säugetieren. Sie gewinnen durch längeres optisches »Austasten« des Raumes genaue Einsicht in alle seine Gegebenheiten, um dann das Problem auf Anhieb zu lösen. Wahrscheinlich vollzieht sich eine »innere Handlung« im »vorgestellten«, d. h. in dem innerhalb des

Zentralnervensystems modellmäßig repräsentierten Raum. Alles menschliche Denken kann als ein solches probeweise, nur im Zentralnervensystem sich abspielendes »Handeln im vorgestellten Raum« aufgefaßt werden. Für diese Anschauung sprechen die schon von Porzig und neuerdings von Chomsky, Höpp und anderen an der menschlichen *Sprache* gefundenen Gesetzlichkeiten.

Der vierte Abschnitt handelt von den Beziehungen zwischen Einsicht und Lernen. Gedächtnisleistungen müssen überall dort eine Rolle spielen, wo das Sammeln räumlicher Informationen der Handlung zeitlich vorangeht. Besonders in die komplizierteren Leistungen einsichtigen Verhaltens gehen große Mengen durch Lernen erworbener Informationen ein.

Umgekehrt gibt es kaum eine Form des Lernens, die nicht schon zu Beginn des Lernvorganges durch räumliche Einsicht gesteuert wäre; auch das unerfahrene Tier handelt in einer Problemsituation niemals völlig richtungslos, sondern immer gesteuert von räumlicher Augenblicksinformation.

Schließlich können wohleingeschliffene erlernte Verhaltensweisen die einsichtige Lösung eines neu gestellten Problems verhindern. Dafür gibt es auch in der Wissenschaftsgeschichte Beispiele.

Im fünften Abschnitt des Kapitels wird die Willkürbewegung behandelt. Sie bildet das motorische Korrelat zu den sensorischen Mechanismen, die beim explorativen Verhalten räumliche Information liefern. Der gewonnenen Einsicht stehen nur beschränkte Möglichkeiten der Einflußnahme auf seiten der Motorik zur Verfügung. Der von der Einsicht geforderten räumlichen Bezugnahme muß eine motorische Möglichkeit entsprechen, soll die Einsicht sich arterhaltend sinnvoll auswirken. Stammesgeschichtlich sind die Verbesserungen der Raumeinsicht Hand in Hand mit solchen der Motorik vor sich gegangen. Beides, Raumrepräsentation und Anpassungsfähigkeit der Motorik, steht bei verschiedenen Tierformen in enger Beziehung zu den Anforderungen, die von den räumlichen Strukturen des Lebensraumes gestellt werden. Diese sind in strukturarmen Biotopen (Hochsee, Steppe) niedrig, in strukturreichen Korallenriff, Gebirge, Baumkronen) am höchsten. Die schrittweise Anpassung der Motorik an die höheren Anforderungen besteht darin, daß Lokomotionsbewegungen in immer kleineren einzelnen Abschnitten unabhängig verfügbar gemacht werden. Das Minimum separabile einzeln verfügbarer Bewegungselemente ist bei der sog. Willkürbewegung am kleinsten. Diese Elemente werden durch Lernvorgänge in der angestrebten Form zur sogenannten gekonnten Bewegung vereinigt (»motor skills« im Sinne von H. Harlow). Der ursprünglichste Arterhaltungswert der gekonnten Bewegung liegt in der Schnelligkeit ihres Ablaufes, der nicht durch Reaktionszeiten verzögert wird. Im Dienste des explorativen Verhaltens erhält die Willkürbewegung eine neue wichtige Funktion dadurch, daß die von ihr erzeugten Reafferenzen Information über räumliche Gegebenheiten liefern. Demzufolge haben die am stärksten der Willkür unterworfenen Erfolgsorgane (Zeigefinger, Lippen) die größten Areale der Repräsentation in der sensorischen hinteren Zentralwindung der dominanten Hemisphäre. Auch als Werkzeug der Nachahmung (übernächster Abschnitt) erhält die Willkürbewegung eine neue Funktion, die wie die vorbesprochenen zu den Voraussetzungen des begrifflichen Denkens gehören.

Der sechste Abschnitt des Kapitels handelt vom Neugierverhalten. Manche Tiere werden von jedem ihnen unbekannten Gegenstand aufs stärkste angezogen und wenden dann auf ihn in rascher Folge so ziemlich sämtliche ihnen zur Verfügung stehenden Bewegungsmuster an. Der schnelle Wechsel zeigt, daß die einzelnen Bewegungsweisen nicht von denselben Motivationen aktiviert werden, die sie im »Ernstfalle« antreiben. Auch erlischt das explorative Verhalten sofort, wenn eine »echte« Motivation aufwallt. Es kann nur im »entspannten Feld« vor sich gehen. Wie das Wort Neugier ausdrückt, ist die Appetenz beim explorativen Verhalten unmittelbar auf Situationen gerichtet, in denen das Tier durch seine Aktivität Wissen erwerben kann. Auch wenn es am unbekannten Objekt Bewegungsweisen eines bestimmten Funktionskreises, z. B. die des Nahrungserwerbs, probiert, will es nicht fressen, sondern erfahren, ob der betreffende Gegenstand prinzipiell freßbar ist. Der Arterhaltungswert des explorativen Verhaltens liegt im Erwerben *sachlichen* Wissens.

Weil das Verhaltensprogramm der Neugierwesen innerhalb weiter Grenzen modifizierbar ist, brauchen diese eine ebenso breite Anwendbarkeit ihrer Motorik und ihrer Organe. Solche Tiere sind morphologisch unspezialisiert, euryphag; sie sind häufig Kosmopoliten. Neugierverhalten ist, wie auch das mit ihm eng zusammenhängende Spiel, bei den meisten Tieren auf das Jugendalter beschränkt. Der Mensch verdankt das Erhaltenbleiben seiner Neugier über seine ganze Lebenszeit der Retardation seiner Entwicklung und seiner partiellen Neotonie, d. h. der

Verlangsamung seines Heranwachsens und dem dauernden Verharren auf einer jugendlichen Entwicklungsstufe.

Das vom Neugierverhalten geleistete sachliche Forschen vollbringt eine Objektivierungsleistung besonderer Art. Dadurch daß der Organismus schließlich den eigenen Körper in den Bereich seines neugierigen Forschens einbezieht, wird diese Leistung auf eine noch höhere Integrationsebene gehoben: Wenn der explorierende Anthropoide die eigene greifende Hand und den von ihr ergriffenen Gegenstand gleichzeitig als Dinge der realen Außenwelt wahrnimmt, nähert sich die Aktivität seines Greifens einem Begreifen und das Wissen um die essentiellen Eigenschaften des ergriffenen Dinges einem Begriff.

Die im siebenten Kapitelabschnitt besprochene *Nachahmung* ist genaugenommen keine eigenständige kognitive Leistung. Sie hat zur Voraussetzung, daß dem Organismus Willkürbewegungen und deren Reafferenzen zur Verfügung stehen. Ihrerseits bildet sie die Voraussetzung für das Entstehen einer tradierbaren Wortsprache. Echte Nachahmung komplexer Bewegungsvorgänge ist bei Anthropoiden nur angedeutet, sie findet beim Menschen und merkwürdigerweise bei Vögeln – bei denen sie aber auf Lautäußerungen beschränkt ist – ihre höchste Ausbildung. Manche Vögel besitzen angeborenermaßen ein akustisches Muster, das sie unter der Kontrolle des Ohres, d. h. mit Hilfe akustischer Reafferenzen, in die Motorik des Singens übertragen. Beim Menschen scheinen kinästhetische Vorgänge den Nachahmungsakt einzuleiten. Diese rein phänomenologische Tatsache ist so ziemlich alles, was wir über den physiologischen Mechanismus der menschlichen Nachahmung sagen können. Versuch und Irrtum spielen hier eine sehr geringe Rolle. Mensch und Vogel zeigen Appetenz nach Nachahmung und obliegen ihr ohne Einsicht in ihren Zweck, rein um der Funktionslust willen. Um etwas Gesehenes oder Gehörtes in Motorik umzusetzen, ist ein höchst komplexer physiologischer Apparat vonnöten, wie er in der organischen Welt nur unter starkem Selektionsdruck einer bestimmten Arterhaltungsleistung entsteht. Worin diese Leistung des Nachahmens beim Menschen liegt, ist offensichtlich, beim Vogel ist sie immer noch rätselhaft, zumal sie bei ihm *nicht* der Kommunikation von Signalen dient.

Der achte und letzte Abschnitt des Kapitels behandelt Tradition, d. h. die Weitergabe individuell erworbenen Wissens von einer Generation auf die nächste. Schon bei Vögeln und niedrigen Säugern wird manchmal die Kenntnis eines bestimmten Objektes traditionell weitergegeben, bei Affen sogar motorische Fähigkeiten, »Techniken«. In all diesen Fällen ist die Möglichkeit der Weitergabe von Wissen von der Verfügbarkeit des Objektes abhängig, auf die es sich bezieht. Erst das begriffliche Denken und die Wortsprache des Menschen machen durch die Bildung freier Symbole das Weitergeben traditionellen Wissens objektunabhängig. Diese Unabhängigkeit bildete die Voraussetzung für das dem Menschen allein mögliche Anhäufen von Wissen und seine Tradierung.

Keine der acht besprochenen Leistungen ist ausschließlich dem Menschen zu eigen, es ist aber auch keine unter ihnen, in der er nicht alle anderen Lebewesen überträfe. Ebensowenig ist eine unter ihnen, deren Mitwirkung bei der nur dem Menschen eigenen Leistung des begrifflichen Denkens und der Wortsprache entbehrt werden könnte. Mit Ausnahme der spezifisch menschlichen Art der Nachahmung ist auch keine unter ihnen, die erst im Dienste und unter dem Selektionsdruck dieser Gesamtleistung entstanden wäre. Jede von ihnen hat ihre besonderen Leistungen, auf die ihre ursprünglichen Funktionseigenschaften zugeschnitten sind. Um so wunderbarer ist ihre Integration in ein übergeordnetes Systemganzes, das sich von allen vorher existenten lebenden Systemen durch einen »Hiatus« absetzt, der kaum minder groß ist als jener andere, der das Leben von der anorganischen Materie trennt.

VIII. Kapitel
Der menschliche Geist

1 *Die Einzigartigkeit des Menschen*

Aus guten Gründen habe ich ein ganzes Kapitel dieses Buches (S. 47 bis 55) der Darstellung jenes Vorganges gewidmet, der durch Zusammenschluß von präexistenten Untersystemen neue, vorher schlechterdings nicht dagewesene Eigenschaften und Leistungen einer organischen Ganzheit erstehen läßt. Um die neue Kategorie des realen Seins, die mit der Fulguration des menschlichen Geistes in die Welt gekommen ist, voll verstehen zu können, muß man zuvor diesen essentiellen Vorgang des organischen Werdens verstanden haben. An diesem Verständnis aber mangelt es einem großen Teil der heutigen Anthropologen. Diese werden von zwei gewissermaßen reziproken Irrtümern in zwei Lager von gegensätzlicher, aber gleich falscher Anschauung gespalten.

Die eine, die »reduktionistische« Betrachtungsweise hält an der Fiktion einer *Kontinuität* des Evolutionsvorganges fest und glaubt, daß dieser nur *graduelle* Unterschiede erzeugen könne. Wie wir wissen (S. 63), schafft *jeder* Evolutionsschritt einen wesensmäßigen und nicht nur einen graduellen Unterschied. Der typisch reduktionistische Anthropologe Earl W. Count dagegen schreibt: »Der Unterschied zwischen einem Insektenstaat und einer menschlichen Gesellschaft ist nicht der zwischen einem einfachen und einem komplexen sozialen Automatismus und einer kulturisierten Sozietät – wie man tatsächlich vielfach angenommen hat –, sondern der zwischen einer Kultur mit hoher instinktiver und geringer Lernkomponente auf der einen Seite und einer Kultur mit hohem Lernanteil auf der anderen.« An anderen Stellen betont derselbe Autor richtig, aber im Widerspruch zu obigem, daß die Schaffung von *Symbolen* eine spezifisch menschliche Leistung sei. Hier wird der Wesensunterschied zwischen den Tieren und den Menschen nicht klar dargestellt.

Auf der anderen Seite aber führt das Unverständnis für das organische Werden und für die ihm entspringenden, stets wesensverschiedenen, aber immer aufeinander aufruhenden Schichten des lebendigen Seins zu jenem Denken in disjunktiven Begriffsfassungen und zu jenem Aufstellen typologischer Gegensätze, die zu einem so hartnäckigen Hindernis für das Verständnis jedweder historischer Zusammenhänge geworden sind, phylogenetischer wie kulturgeschichtlicher und ontologischer. Der Gegensatz zwischen »dem« Tier und »dem« Menschen wird dann regelmäßig zur Grundlage der Betrachtung gemacht, und zwar in einer Art und Weise, die ein Verständnis für die wahren historischen und ontologischen Beziehungen zwischen diesen beiden Seinsformen von vornherein ausschließt. So sagt z.B. G. Dux in seinem Nachwort zu Helmut Plessners Buch ›Philosophische Anthropologie‹: »Die phylogenetische Nähe des Menschen zu bestimmten Tieren, besonders den Anthropoiden, verschafft der seit alters erfolgten Kontrastierung von Mensch und Tier eine innere Berechtigung und läßt sie mehr sein als ein auch gegenwärtiges wiederkehrendes, mehr oder weniger effizientes stilistisches Mittel.« Dementsprechend betrachtet dieser Autor jeden Rückschluß per analogiam, der von tierischem auf menschliches Verhalten gezogen wird, als unzulässig und bestenfalls als eine, wie er sagt, »verhältnismäßig harmlose Unbedachtsamkeit«. Die philosophische Anthropologie, so sagt er, »weist den Menschen als ein Wesen aus, das sich seine Welt erst schaffen muß. ›Anpassung‹ wird zu einer Leerformel, wenn das, woran es sich anzupassen gilt, selbst das Stigma des menschlichen Entwurfs trägt.« Das Theorem der Anpassung ist, nach Ansicht dieses Autors, überhaupt »ein erkenntnistheoretisches Monstrum und überlebt nur, weil es in der Ethologie gewisse Dienste zu tun scheint«.

Diese Zitate genügen, um zu demonstrieren, wie den Anthropologen beider Prägungen jegliches Verständnis für die Vorgänge des großen organischen Werdens abgeht und wie wenig Einsicht sie in die historischen Zusammenhänge haben. Paradoxerweise aber *unterschätzen* jene philosophischen Anthropologen, die in der eben beschriebenen Weise den Blick von allem abwenden, was Menschen und Tieren gemeinsam ist, trotz ihres Glaubens an deren disjunktive Gegensätzlichkeit den *Unterschied*, der tatsächlich zwischen ihnen besteht.

Für die Zielsetzung dieses Buches, insbesondere die des gegenwärtigen Kapitels, ist die kategoriale Verschiedenheit zwischen dem Menschen und allen anderen Lebewesen wichtig – der »Hiatus«, wie Nicolai Hartmann sich ausdrückt, jener große Abstand zwischen zwei Stufen des realen Seins, der durch die Fulguration des menschlichen Geistes entstanden ist.

Nur in Parenthese, und nur um der Verwechslung zweier fundamental verschiedener kategorialer »Einschnitte« vorzubeugen – einer Verwechslung, die offenbar Nicolai Hartmann selbst nahegelegen hat –, will ich hier noch einiges wenige über den rätselvollsten unter ihnen sagen, über die unserem Verständnis so absolut undurchdringliche Scheidewand, die mitten durch die unbezweifelbare Einheit unseres eigenen Wesens geht, indem sie die Vorgänge unseres subjektiven Erlebens von dem objektiv und physiologisch erfaßbaren Geschehen in unserem Körper trennt. Nicolai Hartmann sagt zwar, dieser »klaffende Hiatus in der Seinsstruktur« sei demjenigen ähnlich, »der weit unterhalb der psycho-physischen Grenzscheide zwischen der leblosen Natur und der organisch-lebendigen besteht«, hier aber muß gesagt werden, daß diese Einschnitte grundsätzlich verschiedener Natur sind.

Zunächst steckt ein grundsätzlicher Irrtum schon in den Worten »*unterhalb* der psycho-physischen Grenzscheide«. Der Hiatus zwischen dem physiologischen Geschehen und dem Erleben geht nicht in horizontaler Richtung durch die Natur, er trennt nicht Höheres von Tieferem, Komplexeres von Einfacherem. Er geht vielmehr in einer gewissermaßen vertikalen Richtung durch unser Wesen; es gibt sehr einfache nervliche Vorgänge, die von intensivstem Erleben begleitet sind, und hochkomplexe, die rationalen Operationen analog sind und dennoch völlig »unerlebt«, ja unserer Selbstbeobachtung unzugänglich ablaufen (S. 131). Zur Zeit, da der große Philosoph die eben diskutierte Meinung äußerte, schien die Aussicht, daß sich der Hiatus zwischen dem Anorganischen und dem Organischen jemals durch ein »Kontinuum von Formen überbrücken lassen« werde, so verschwindend gering, daß die Lösung dieser Aufgabe nicht weniger unmöglich schien als die des Leib-Seele-Problems. Er konnte noch mit Recht schreiben: »... ein eigentliches Hervorgehen der Lebendigkeit – mit ihren eigentlichen Funktionen des sich selbst regulierenden Stoffumsatzes und der Selbstwiederbildung – aufzuweisen, ist nicht gelungen.« Heute sind gerade in Hinsicht auf diese beiden konstitutiven Leistungen des Lebendigen von der Biokybernetik und der Biochemie so entscheidende Erkenntnisse errungen worden, daß es keineswegs eine nur utopische Hoffnung ist, man werde in absehbarer Zeit in der Lage sein, die Eigengesetzlichkeit des Lebendigen aus der Struktur seiner Materie und aus der Geschichte seines Gewordenseins zu erklären. Jedenfalls ist es prinzipiell nicht unmöglich, daß ein

Zuwachs unseres Wissens die Kluft zwischen dem Anorganischen und dem Organischen durch ein Kontinuum der Formen überbrücken wird.

Der große Hiatus zwischen dem Objektiv-Physiologischen und dem subjektiven Erleben ist nun insofern anderer Art, als er keineswegs nur durch eine Lücke in unserem Wissen bedingt ist, sondern durch eine apriorische, in der Struktur unseres Erkenntnisapparates liegende prinzipielle Unfähigkeit zu wissen. Paradoxerweise ist die undurchdringliche Scheidewand zwischen dem Leiblichen und dem Seelischen nur für unseren Verstand und nicht für unser Gefühl gezogen: Wie schon gesagt (S. 15), meinen wir, wenn wir von einem bestimmten Menschen reden, weder die objektiv erforschbare Realität seines Körpers noch die psychische Realität seines Erlebens, an der zu zweifeln uns die »Du-Evidenz« hindert; wir meinen vielmehr ganz gewiß die selbstverständliche, axiomatisch unbezweifelbare Einheit beider. Mit anderen Worten, wir sind, allen verstandesmäßigen Erwägungen zum Trotze, gar nicht imstande, an der grundsätzlichen Einheit von Leib und Seele zu zweifeln! Mit vollem Recht hat Max Hartmann das zwischen beiden bestehende Verhältnis als a-logisch bezeichnet.

In diesem Buch steht das Leib-Seele-Problem nicht zur Diskussion. Uns interessiert hier nur die Tatsache, daß die Kluft, die Leibliches von Seelischem trennt, prinzipiell anderer Art ist als die beiden anderen großen Einschnitte im Schichtenbau der realen Welt, nämlich der Einschnitt, der zwischen dem Nichtlebendigen und dem Lebendigen besteht, und jener, der den Menschen vom Tier trennt. Diese beiden Einschnitte sind *Übergänge*, jeder von ihnen verdankt seine Existenz einem historisch einmaligen Geschehnis im Werden der realen Welt. Beide sind nicht nur grundsätzlich, durch ein denkbares Kontinuum von Zwischenformen, überbrückbar, sondern wir wissen, daß solche Zwischenformen *zu bestimmten Zeitpunkten wirklich existiert haben.* Die Unüberbrückbarkeit des klaffenden Hiatus wird durch zwei Umstände vorgetäuscht. Erstens sind in beiden Fällen die Übergangsformen instabil, d.h. sie waren Phasen, die vom Entwicklungsgeschehen besonders rasch durchlaufen wurden, um danach zu verschwinden. Zweitens aber stellt die Größe des getanen Entwicklungsschrittes in beiden Fällen einen besonders eindrucksvollen Abstand zwischen den Rändern der eben überbrückten Kluft her.

Der Leib-Seele-Hiatus dagegen ist unüberbrückbar, vielleicht, wie Nicolai Hartmann gesagt hat, »nur für uns«, d.h. für den Erkenntnisapparat, mit dem wir ausgerüstet sind. Ich glaube, daß diese Kluft nicht etwa nur für den heutigen Stand unseres Wissens unüberbrückbar ist. Selbst eine utopische Zunahme unserer Kenntnisse würde uns der Lösung des Leib-Seele-Problems nicht näherbringen. Die Eigengesetzlichkeiten des Erlebens können grundsätzlich nicht aus chemisch-physikalischen Gesetzen und aus der wenn auch noch so komplexen Struktur der neurophysiologischen Organisation erklärt werden.

Die beiden anderen großen Einschnitte sind prinzipiell überbrückbar, d.h., die Entwicklungsvorgänge, die vom Anorganischen zum Organischen und vom Tier zum Menschen führen, sind der Fragestellung und Methodik der Naturforschung in gleicher Weise zugänglich, ja sie sind einander in geheimnisvoller Weise ähnlich. Die Parallelen – fast möchte man sagen: die Analogien –, die zwischen diesen beiden größten Fulgurationen bestehen, die sich in der Geschichte unseres Planeten je ereignet haben, regen zu tiefstem Nachdenken an. Ich habe im ersten Kapitel klarzumachen versucht, daß das Leben mit einer konstitutiven Seite seines Wesens ein Erkenntnisvorgang ist, daß seine Entstehung mit derjenigen einer Struktur gleichzusetzen ist, der die Fähigkeit zukommt, Information zu gewinnen und festzuhalten, und die gleichzeitig so beschaffen ist, daß sie aus dem Strome der dissipierenden Weltenergie genügende Mengen an sich zu reißen vermag, um die Flamme der Erkenntnis mit Brennstoff zu versorgen. Die Fulguration dieses ersten Erkenntnisapparates stellte den ersten großen Hiatus her.

Der zweite große Hiatus, jener, der zwischen den höchsten Tieren und den Menschen klafft, ist *ebenfalls durch die Fulguration entstanden, die einen neuen kognitiven Apparat geschaffen hat.*

Von virusähnlichen Vor-Lebewesen bis zu unseren nächsten tierischen Vorfahren blieben die Strukturen und Funktionen, die anpassende Information sammelten, nahezu dieselben. Zwar spielte individuelles Lernen mit dem Komplexerwerden des Zentralnervensystems eine allmählich immer wichtiger werdende Rolle, und selbst die Weitergabe erlernten Wissens von einer Generation an die nächste begann, wie wir aus dem 8. Abschnitt des VII. Kapitels wissen, zu einer dauernden Bewahrung des Erlernten beizutragen. Vergleicht man aber die durch Lernen und Tradition konservierte Information in bezug auf ihre Menge und Dauerhaftigkeit mit der im Genom gespeicherten, so kommt man zu dem Ergebnis, daß selbst bei den höchsten vormenschlichen Lebewesen die Arbeitsteilung zwischen dem Genom und den Augenblicksinformation aufnehmenden Mechanismen im großen und ganzen dieselbe geblieben ist. Alles was selbst der klügste und an Tradition reichste Affe aus eigenem Lernen und aus sippeneigener Überlieferung weiß, würde sich, wenn man es quantifizieren und in »bits« ausdrücken könnte, sicherlich als ein winziger Bruchteil der Information erweisen, die im Genom derselben Affenart gespeichert liegt. Selbst die in Nukleotid-Sequenzen kodierte erbliche Information weit einfacherer Lebewesen würde, in Worten ausgedrückt, viele Bände füllen.

Wir vernachlässigen also nur eine wirklich vernachlässigenswerte Quantität von Information, wenn wir feststellen: Während all der gewaltigen Epochen der Erdgeschichte, während deren aus einem tief unter den Bakterien stehenden Vor-Lebewesen unsere vormenschlichen Ahnen entstanden, waren es die Kettenmoleküle der Genome, denen die Leistung anvertraut war, Wissen zu bewahren und es, mit diesem Pfunde wuchernd, zu vermehren. Und nun tritt gegen Ende des Tertiärs urplötzlich ein völlig anders geartetes organisches System auf den Plan, das sich unterfängt, dasselbe zu leisten, nur schneller und besser.

Wollte man Leben definieren, so würde man sicher die Leistung des Gewinnens und Speicherns von Information in die Definition einbeziehen, ebenso wie die strukturellen Mechanismen, die beides vollbringen. In dieser Definition aber wären die spezifischen Eigenschaften und Leistungen des Menschen nicht enthalten. Es fehlt in dieser Definition des Lebens ein essentieller Teil, nämlich alles das, was menschliches Leben, *geistiges* Leben, ausmacht. Es ist daher keine Übertreibung zu sagen, daß *das geistige Leben des Menschen eine neue Art von Leben sei.* Den Besonderheiten dieses Lebens müssen wir uns nun zuwenden.

2 *Die Vererbung erworbener Eigenschaften*

Das Ausmaß und die Bedeutung des Lernens, die schon bei den höchsten Tieren nicht unerheblich sind, steigern sich beim Menschen um ein Vielfaches. Die Reflexion und das begriffliche Denken machen es möglich, die Meldungen der Mechanismen, die ursprünglich nur dem Gewinn kurzfristiger Information dienten, dauerhaft zu machen und dem Schatz des erlernten Wissens einzuverleiben. Einsichten des Augenblicks werden so behalten, Vorgänge rationaler Objektivierung werden auf eine höhere Ebene des Erkennens gehoben und bekommen eine neue Bedeutung. Vor allem aber nimmt fortan die durch das begriffliche Denken ermöglichte objektunabhängige Tradition einen gewaltigen Einfluß auf die Funktion aller Lernvorgänge.

Die Entstehung der vom Objekt unabhängigen Tradition macht alles Erlernte potentiell erblich. Ich sagte schon, daß wir gewohnt sind, mit der Bezeichnung »Vererbung« den Begriff eines ganz bestimmten biologischen Geschehens zu verbinden, und daß wir den ursprünglichen *juridischen* Sinn dieses Wortes darüber vergessen. Wenn ein Mensch der Urzeit Pfeil und Bogen erfand, so *besaß* fortan nicht nur seine Nachkommenschaft, sondern seine gesamte Sozietät und in weiterer Folge vielleicht sogar die ganze Menschheit diese Werkzeuge. Die Wahrscheinlichkeit, daß sie in Vergessenheit gerieten, war nicht größer als die, daß ein körperliches Organ von vergleichbarem Arterhaltungswert rückgebildet »rudimentiert« wird. Kumulierbare Tradition bedeutet nicht mehr und nicht weniger als die *Vererbung erworbener Eigenschaften.*

Die Weitergabe und Verbreitung des menschlichen Wissens ist so schnell und so wunderbar, daß es beinahe verzeihlich erscheint, wenn so manche vergessen, daß auch der menschliche Geist Organisches, Materielles zur Grundlage hat. Ein glücklicher Einfall eines einzelnen kann den Wissensbesitz der Menschheit für immer um ein Wesentliches vermehren, ein Gedanke eines Jüngeren kann die wissenschaftliche Einstellung, ja die gesamte geistige Haltung eines Älteren so beeinflussen, daß es ganz berechtigt wäre, zu sagen, der Jüngere sei der geistige Vater des Älteren. Als junger Mann wurde ich in meiner naturwissenschaftlichen und allgemein erkenntnistheoretischen Grundhaltung sehr stark von meinem Freunde Gustav Kramer beeinflußt, der um acht Jahre jünger war als ich. Er war in der Schule des bedeutenden Biologen Max Hartmann groß geworden. Dieser war seinerseits ein großer Verehrer Nicolai Hartmanns und in seiner Einstellung zur außersubjektiven Realität stark von ihm beeinflußt. Ich habe sie von meinem Freund Gustav übernommen, ohne daß dies einem von uns bewußt wurde, wobei der »Erbgang« eines ganzen Komplexes von erworbenen Eigenschaften die Grenze zwischen »Generationen« hin und zurück übersprang.

Die Vererbung erworbener Eigenschaften bewirkt jene Beschleunigung des Entwicklungstempos, von der alle Bereiche menschlichen Lebens betroffen werden und die sehr wahrscheinlich ausreicht, um einzelne menschliche Kulturen nach einiger Zeit zerfallen zu lassen. Bekanntlich ist in der Zeit nach Darwin viel darüber diskutiert worden, ob es eine Vererbung erworbener Eigenschaften gäbe oder nicht. Ich habe einst, halb im Scherz, einen naturwissenschaftlichen Aphorismus geprägt, der hier anwendbar ist. Ich sagte damals: »Daß ein bestimmter Prozeß im allgemeinen *nicht* vorkommt, wird einem oft dadurch zum Bewußtsein gebracht, daß einem ein Ausnahmefall vor Augen führt, wie es aussieht, *wenn* er vorkommt.«

3 Geistiges Leben als überindividuelles Geschehen

Wie wir gehört haben (S. 115, 186), bildete das hochorganisierte soziale Zusammenleben vormenschlicher Primaten die Voraussetzung dafür, daß aus der Integration der kognitiven Leistungen das begriffliche Denken und mit ihm die syntaktische Sprache und kumulierbare Tradition fulgurieren konnten. Diese Fähigkeiten haben ihrerseits eine gewaltige Rückwirkung auf die Form des menschlichen Zusammenlebens gehabt. Die schnelle Verbreitung von Wissen, die Angleichung der Meinungen aller Sozietätsmitglieder und vor allem die traditionelle Festigung bestimmter sozialer und ethischer Grundhaltungen schufen eine neue Art der *Gemeinschaft* von Individuen, eine nie dagewesene Art von lebendem System, dessen konstitutive Systemeigenschaft eben jene neue Art von Leben ist, die wir als das geistige Leben bezeichnen.

Die individuelle, konkrete Verwirklichung eines solchen überindividuellen Systems nennen wir eine *Kultur.* Es ist müßig, zwischen kulturellem und geistigem Leben unterscheiden zu wollen. Die obige Definition soll zum klaren Verständnis des Begriffs beitragen. Das neue System teilt mit anderen niedrigeren Lebensformen alle uns bekannten konstitutiven Eigenschaften; der Kreis positiver Rückwirkung von Informations- und Energiegewinn funktioniert in prinzipiell gleicher Weise, wenn auch einige von den physiologischen und physikalischen Vorgängen, die beides bewirken, völlig neu sind.

Wie im vorangehenden Abschnitt dieses Kapitels besprochen, beruht die Weitergabe erworbenen Wissens im System der menschlichen Kultur auf anderen Mechanismen als die analogen Vorgänge im System einer Tier- oder Pflanzenart. Auch die Leistungen des Energiegewinns, die auf solcher Information beruhen, sind zum Teil anderer und neuer Art: Als einziges Lebewesen ist der Mensch imstande, dem Energiehaushalt seiner Art Kräfte nutzbar zu machen, die nicht nur aus der Strahlungsenergie der Sonne auf dem Wege der pflanzlichen Photosynthese (Gewinnung von Kohlehydraten mit Hilfe des Sonnenlichtes und des Blattgrüns) in den Kreislauf des Lebendigen gekommen sind.

Durch die Vererbbarkeit erworbener Eigenschaften entsteht aber auch ein neuer kognitiver Apparat, dessen Leistungen denen des Genoms insofern streng analog sind, als die Vorgänge des Erwerbens und die des Festhaltens von Information von zweierlei verschiedenen Mechanismen geleistet werden, die zueinander in einem Verhältnis von Antagonismus und von Gleichgewicht stehen.

4 *Die soziale Konstruktion des für wirklich Gehaltenen*

Dem Menschen wird von der Tradition seiner Kultur vorgeschrieben, was er lernt und wie er lernt. Vor allem aber werden ihm scharfe Grenzen dessen gezogen, was er *nicht lernen darf*. Wir wissen aus dem Buche von Peter L. Berger und Thomas Luckmann, in wie hohem Grade unsere Erkenntnisfunktionen davon beeinflußt sind, was in der Kultur, der wir angehören, für »wahr« und für »wirklich« gilt. Zu dem »Weltbildapparat«, den wir angeborenermaßen mitbringen, kommt ein geistiger, kultureller Überbau, der uns, ganz ähnlich wie die Strukturen angeborener kognitiver Mechanismen, Arbeitshypothesen an die Hand gibt, die richtungsbestimmend für unseren weiteren, individuellen Wissenserwerb werden. Dieser Apparat enthält seine eigenen Strukturen. Wie alle Strukturen bedeuten auch diese eine Einschränkung von Freiheitsgraden. Die Information, auf deren Grundlage diese Arbeitshypothesen aufgebaut sind, stammt aber nicht aus dem im Genom verschlüsselten Hort, sondern aus der sehr viel jüngeren und anpassungsfähigeren Tradition unserer

Kultur. Sie ist daher weniger erprobt und weniger verläßlich, wird aber modernen Anforderungen besser gerecht.

Wie schon auf S. 38 ausgeführt, sind die Strukturen, in denen all dieses, unseren kulturellen Weltbildapparat bestimmende Wesen enthalten ist, zwar ebenso materieller Natur wie alle anderen Wissensspeicher auch, aber viele von ihnen unterscheiden sich von allen vormenschlichen Strukturen gleicher Funktion dadurch, daß sie nicht aus lebendiger Materie bestehen. Vieles von dem, was eine Kultur an Gesamtwissen angehäuft hat und was den Weltbildapparat und mit ihm die Weltanschauung ihrer Träger bestimmt, ist, wie an jener Stelle schon gesagt wurde, *geschrieben* oder neuerdings auf Platten oder Tonbändern festgehalten.

Trotz derartiger »Gedächtnishilfen« der menschlichen Kultur wird dem Zentralnervensystem des Kulturträgers eine gewaltige Leistung im Speichern der zu kumulierenden Tradition abverlangt. Arnold Gehlen, der den Menschen als das Mängelwesen bezeichnete und seine ungenügende Organanpassung betonte, übersah, daß das Gehirn des Menschen ein körperliches Organ ist, das über alle Maßen gut an die Aufgabe des Menschenlebens angepaßt ist. Es kann kein Zweifel bestehen, daß das Größerwerden der Gehirnhemisphären bei unseren Vorfahren in dem Zeitpunkt eingesetzt hat, in dem die Fulguration des begrifflichen Denkens und der Wortsprache erworbene Eigenschaften vererbbar machte. Dies muß einen mit der Plötzlichkeit der Fulguration einsetzenden Selektionsdruck in der Richtung einer Vergrößerung der Hemisphären bewirkt haben. Diese Annahme habe ich Jacques Monod äußern hören, und zwar in einer Diskussion als eine Nebenbemerkung von größter Selbstverständlichkeit. Gelesen habe ich die Feststellung dieser naheliegenden Annahme noch nirgends, wohl aber viele weit hergeholte Erklärungen für das plötzliche Größerwerden des Großhirns zur Zeit der Menschwerdung. Die Menschwerdung *ist* die Fulguration der kumulierbaren Tradition, und das menschliche Großhirn ist ihr Organ.

Die gewaltige Menge von Information, die im kulturbedingten Weltbildapparat eines modernen Menschen steckt, ist ihrem Träger nur zum kleinsten Teil bewußt. Sie ist ihm zur »zweiten Natur« geworden, und er hält sie mit einer ähnlichen Naivität für wirklich und richtig, wie der naive Realist die Meldungen seiner Augenblicksinformation liefernden Wahrnehmungsorgane für die außersubjektive Realität hält. Wie wir schon zu Beginn der

Prolegomena gehört haben, gründet sich die Leistung der *Objektivierung,* die ihrerseits die Basis aller weiteren und höheren Erkenntnisschritte bildet, auf die Kenntnis des eigenen, die äußere Realität abbildenden Apparates. Wenige sind sich klar darüber, zu welchem hohen Grade soziale und kulturelle Faktoren diesen Apparat und seine Funktion mitbestimmen und damit alles, was wir für wahr, richtig, gesichert und wirklich halten. Für den Forscher, der sich die Objektivierung des Wirklichen zum Ziel gesetzt hat, ist es Pflicht, diese kulturell bestimmten Leistungen und Leistungsbeschränkungen des menschlichen Erkennens ebenso zu kennen und ins Kalkül zu ziehen wie die apriorischen Funktionen unseres Weltbildapparates.

Dies ist so ziemlich die schwerste Aufgabe, die der nach objektiver Erkenntnis dieser Welt ringende Mensch an sich stellen kann. Erstens wird die zu fordernde Leistung des Objektivierens durch *Wertempfindungen,* die uns zur zweiten Natur geworden sind, behindert, zweitens aber ist die Kultur, das geistige Leben, das am höchsten integrierte lebende System, das es auf unserem Planeten gibt, und es fällt uns schwer, eine *noch höhere Ebene* zu gewinnen, von der aus wir sie betrachten könnten.

Dennoch obliegt es uns, dies zu tun. Gerade weil unsere eigene Kultur uns wesentliche Teile unseres Weltbildapparates beistellt, zwingt uns die Forderung nach Objektivität, die wir als erste der Aufgabestellung dieses Buches vorangestellt haben, zu dem Versuch, die Forderung Bridgemans (S. 14) zu erfüllen. Wie schon gesagt, erwächst uns die Verpflichtung zur naturwissenschaftlichen Untersuchung der Kultur und ihres geistigen Lebens aus unserer Verantwortlichkeit gegenüber unserer eigenen, von Krankheit und Verfall bedrohten Kultur.

IX. Kapitel
Die Kultur als lebendes System

1 Analogien phylogenetischer und kultureller Entwicklung

Wir wollen damit beginnen, die menschliche Kultur mit der gleichen Fragestellung und Methodik zu untersuchen, mit der wir als vergleichende Stammesgeschichtsforscher an jedes lebende System heranzutreten pflegen. Wenn man die Phylogenese verschiedener Tier- und Pflanzenarten und die Geschichte verschiedener Kulturen vorurteilslos nebeneinander betrachtet, so sieht man sie als zwei Arten von Lebensvorgängen, die sich zwar auf verschiedenen Integrationsebenen abspielen, die aber gleicherweise, wie alles Lebendige überhaupt, »Unternehmungen mit gekoppeltem Macht- und Wissensgewinn« sind.

Um einen besonders vorurteilsfreien Gesichtspunkt zu fingieren, nehmen wir an, daß der schon oft von uns beanspruchte Zoologe vom Mars gekommen sei, und zwar sei er diesmal ein berufsmäßiger Stammesgeschichtsforscher, der über die Soziologie verschiedener Tierarten, besonders auch über die der staatenbildenden Insekten wohl orientiert sei, aber nichts von den spezifischen Leistungen des menschlichen Geistes wisse, insbesondere nichts über die Beschleunigung des Entwicklungstempos, das durch die Vererbbarkeit erworbener Eigenschaften verursacht ist. Wenn ein solcher Forscher beispielsweise Kleidung und Behausungen von New Yorkern mit denen der Papuas in Zentral-Neuguinea vergliche, würde er sicherlich glauben, daß diese Kulturgruppen verschiedenen Arten, ja vielleicht verschiedenen Gattungen angehören. Da unser Marsmensch nichts über die Größenordnung der von Entwicklungsvorgängen benötigten Zeiträume wüßte, würde ihm beim Studium von kulturellen und stammesgeschichtlichen Entwicklungsreihen vielleicht überhaupt nicht auffallen, daß es sich um zwei verschiedene Geschehensweisen handelt.

Die Analogien zwischen den beiden verschiedenen Arten des schöpferischen Geschehens gehen so weit, daß *gleiche Methoden* zu ihrer Erforschung in verschiedenen Wissensgebieten unabhängig erfunden worden sind. Die Sprachforscher erschließen die Abstammung gegenwärtiger Wortformen genauso aus dem

Vergleich ihrer Ähnlichkeiten und Unähnlichkeiten, wie der vergleichende Morphologe die Herkunft körperlicher Merkmale rekonstruiert. Dieselbe vergleichende Methode ist grundsätzlich auf allen Gebieten kultureller Entwicklung anwendbar.

Sie wurde deshalb erst verhältnismäßig spät angewendet, weil dieselben idealistischen und typologischen Denkgewohnheiten dies verhinderten, die auch für die späte Entstehung einer im eigentlichen Sinne vergleichenden Verhaltensforschung verantwortlich gewesen sind. Aus eben diesem ideologischen Motiv haben viele Geschichtsphilosophen bis in die jüngste Zeit an dem Postulat einer *einheitlichen* geschichtlichen Entwicklung der ganzen Menschheit festgehalten. Erst A. Toynbee, O. Spengler und andere haben klar erkannt, daß die Einheit der menschlichen »Zivilisation« ebenso eine Fiktion ist wie die Einheit der phyletischen Entwicklung des Lebensstammbaumes. Jedes Zweiglein, jede Art wächst auf eigene Rechnung und Gefahr in ihrer eigenen Richtung – und genau dasselbe tut jede einzelne Kultur! In einem Gebiet, das bis dahin nur bäuerliche Besiedlung und lockere Stammesverbände beherbergt hatte, können, wie Hans Freyer sagt, scheinbar über Nacht Tempel und Pyramiden, befestigte Städte und Reichsgewalten aufwachsen.

Der Umstand, daß dies wiederholt zu verschiedenen Zeiten und an verschiedenen Stellen des Erdballes geschehen ist, hat, wie Freyer sagt, die Geschichtsphilosophen »dazu verführt, eine Art Modell zu konstruieren, das dieses Wunder der Hochkultur, wo nicht erklärte, so doch auf eine verständliche Formel brachte. Doch je tiefer die moderne Geschichtswissenschaft mit ihren archäologischen Methoden und mit der vergleichenden Sprachwissenschaft in die Frühanfänge hinuntergräbt, desto fragwürdiger werden diese Modelle, und desto deutlicher zeigt sich, daß bereits eben die Anfänge ebensostark individualisiert sind wie der weitere Verlauf.« Menschliche Kulturen entstehen also nicht, wie eine vereinheitlichende Geschichtsphilosophie postulierte, in linearer Aufeinanderfolge und einer einheitlichen Gesetzlichkeit folgend, sondern, genau wie Tier- und Pflanzenarten es tun, unabhängig voneinander, »polyphyletisch«, wie der Stammesgeschichtsforscher sagen würde.

Die jeweilige Entstehung jener komplexen lebenden Systeme, die wir mit den Geschichtsforschern *Hochkulturen* nennen, beruht also wahrscheinlich auf Fulgurationen, die jenen Evolutionsschritten analog sind, denen Tierarten ihre Entstehung verdanken. Man könnte sogar vermuten, daß jeder kulturelle Fortschritt auf der Integration von vorher vorhandenen und bis dahin unabhängigen Untersystemen beruhe: Offenbar entstanden Hochkulturen besonders oft – wenn auch durchaus nicht immer – dann, wenn ein zuwanderndes Volk mit einem seßhaften in nahe Berührung kam. Ein Pfropfreis von fremdem Kulturgut, »La Geffe«, wie Paul Valéry es nannte, scheint häufig den Impuls zu kulturellen Fulgurationen gegeben zu haben. Dies ist ein der Kulturgeschichte eigentümlicher Vorgang, der durch die Vererbbarkeit erworbener Eigenschaften ermöglicht wird.

Der Einfluß, den Hochkulturen durch derartige Pfropfreiser aufeinander ausgeübt haben, mag recht groß gewesen sein. Dennoch ist jede von ihnen in ihrer vollen Blüte von jeder anderen in einer Weise verschieden, für die das Wort »phantastisch« ein zu schwaches Attribut ist. Keine Phantasie vermag eine solche Mannigfaltigkeit zu erfinden. »Stellt man irgendwelche aus ihnen herausgegriffene Stücke« sagt Freyer, »die in ihrer Größenordnung einander gleichwertig sind, einander gegenüber – eine hieroglyphische Inschrift und einen keilschriftlichen Text, die Pyramiden von Gizeh und die Ruinen der Stufentürme von Uruk und Ur, ein Relief aus dem alten Reich und die gleichzeitige Siegesstele des Königs Naramsin von Akkad, die Palastbauten im minoischen Kreta mit ihren Wandmalereien und die Bau- und Bildkunst des gleichzeitigen hethitischen Reichs – so ist der Gang des Auges hin und her jedes Mal ein Sturz in eine andere Welt, und es bedarf einer intellektuellen Anstrengung, die Unterschiede sich nicht zu Gegensätzen verschärfen zu lassen.«

Die in diesem Satze ausgesprochene tiefe Einsicht gilt für die Mannigfaltigkeit der phylogenetisch entstandenen Lebensformen genauso wie für die geschichtlich entstandene Vielfalt der Kulturen. Es bedarf in der Tat einer »intellektuellen Anstrengung«, wenn man in sich selbst die allgemein menschliche Neigung unterdrücken will, Unterschiede fälschlicherweise als Gegensätze zu sehen. Die Einteilung der phänomenalen Welt in Gegensatzpaare ist ein uns angeborenes Ordnungsprinzip, ein apriorischer Denkzwang urtümlicher Art. Die ihm entspringende Neigung, disjunktive (einander ausschließende) Begriffe zu bilden, ist bei manchen Denkern offenbar überwältigend stark. So wichtig diese Denkneigung als allgemeines Ordnungsprinzip sein mag, so ist es doch dringend nötig, sie zu zügeln, und zwar ganz besonders dann, wenn man eine Mannigfaltigkeit von Formen *historisch* verstehen will, die durch Wachstum und Verzweigung eines lebendigen Stammbaumes entstanden ist. Das Denken in disjunktiven Begriffen ist eine der Wurzeln typologischer Einteilung und Systematik, die gerade uns Deutschen nahezuliegen scheint und viele unserer großen Denker, unter anderen auch Goethe, daran gehindert hat, das stammesgeschichtliche Gewordensein der Lebewesen zu entdecken. Auf dem Gebiete menschlicher Kulturgeschichte wirkt sich das Unterlassen der von Freyer geforderten intellektuellen Anstrengung ebenso erkenntnishemmend aus wie auf dem der allgemeinen Stammesgeschichte.

Zu den eben erwähnten ideologischen Motiven, die es geisteswissenschaftlich ausgerichteten Historikern unmöglich machen, den Gang der Kulturgeschichte so hinzunehmen, wie er sich tatsächlich vollzieht, gehört auch der idealistische Glaube an die Existenz einer *Planung* des Weltgeschehens. Daß der Gang der Historie wie der der Phylogenese nur von Zufall und Notwendigkeit gelenkt wird, ist eine Tatsache, die erfahrungsgemäß für sehr viele Menschen schlechthin unannehmbar ist.

2 *Die phylogenetischen Grundlagen kultureller Entwicklung*

Die Parallelen und Analogien phylogenetischen und kulturellen Werdens, wie sie im vorangehenden Abschnitt besprochen wurden, könnten leicht zu der Vorstellung führen, daß es sich um zwei Prozesse handele, die vikariierend für einander eintreten können, aber sonst beziehungslos nebeneinander herlaufen und ursächlich nichts miteinander zu tun hätten. Damit wäre wieder einmal der irreführenden disjunktiven Begriffsbildung Tür und Tor geöffnet. Eine solche liegt auch der weitverbreiteten Meinung zugrunde, daß die kulturelle Entwicklung sich mit einer gewissermaßen horizontalen Abgrenzung scharf von den Ergebnissen der vorangegangenen Stammesgeschichte absetze, die man sich als mit der »Menschwerdung« abgeschlossen vorstellt.

Auf dieser falschen Vorstellung beruht auch die Meinung, daß alles »Höhere« im menschlichen Leben, vor allem alle feineren Strukturen des sozialen Verhaltens kulturbedingt seien, während dagegen alles »Niedrige« auf instinktiven Reaktionen beruhe. In Wirklichkeit ist der Mensch durch ein typisches stammesgeschichtliches Werden zu dem Kulturwesen geworden, das er heute ist. Die Umkonstruktion, die das menschliche Gehirn unter dem Selektionsdruck des Kumulierens von traditionellem Wissen erfahren hat, ist kein kultureller, sondern ein phylogenetischer Vorgang. Sie hat sich *nach* der Fulguration des begrifflichen Denkens vollzogen. Wahrscheinlich geschah gleichzeitig damit die völlige Aufrichtung des Körpers und die feinere Differenzierung der Muskulatur von Hand und Fingern.

Es ist auch nicht anzunehmen, daß die stammesgeschichtliche Veränderung unserer Art zum Stillstand gekommen sei. Die rasche Veränderung des menschlichen Lebensraumes und die von ihm gestellten Anforderungen lassen im Gegenteil vermuten, daß Homo sapiens zur Zeit in einem raschen genetischen Wandel begriffen sei. Für diese Annahme sprechen auch Beobachtungen wie zum Beispiel die rasche Zunahme der Körpergröße und andere domestikationsbedingte Merkmale des Menschen. Wir müssen uns damit abfinden, daß sich in der Entwicklung des Menschen zwei Arten von Vorgängen abspielen, die zwar in sehr verschiedenem Tempo vor sich gehen, aber in engster Wechselwirkung miteinander stehen: die langsame evolutive und die um ein Vielfaches schnellere kulturelle Entwicklung.

Es ist eine der wichtigsten Aufgaben der Verhaltensforschung, die Wirkungen dieser beiden Vorgänge voneinander zu unterscheiden und auf die richtigen Ursachen zurückzuführen. Phylogenetisch programmierte Normen sozialen Verhaltens von kulturell bestimmten zu unterscheiden, ist erstens deshalb von höchster praktischer Wichtigkeit, weil bei pathologischen Störungen völlig andere therapeutische Maßnahmen angezeigt sind, je nachdem es sich um die eine oder die andere Art von Verhaltenselementen handelt. Zweitens aber ist es auch von grundlegender theoretischer Bedeutung, die Herkunft der anpassenden Information festzustellen, auf die sich der Arterhaltungswert einer bestimmten Verhaltensweise gründet.

Die vergleichende Methodik gibt uns mehrere Mittel zu der geforderten Analyse an die Hand. Eines davon ist die Bestimmung der relativen Geschwindigkeit, mit der sich ein bestimmtes Merkmal oder eine Gruppe von Merkmalen im Laufe der Zeit verändert. Schon ehe mit der Fulguration des begrifflichen Denkens die Vererbbarkeit erworbener Merkmale auf den Plan trat und das Tempo ihrer Veränderung um ein Vielfaches erhöhte, vollzog sich der Wandel einzelner Bauelemente und Strukturprinzipien mit sehr verschiedenen Geschwindigkeiten. Das Strukturprinzip des Zellkerns z.B. ist vom Einzeller bis zum Menschen dasselbe geblieben, die Mikrostruktur des Genoms ist noch älter. Der makroskopische Bau der verschiedenen Stämme von Lebewesen hat dagegen in der gleichen Entwicklungszeit alle nur denkbaren Formen angenommen. Ein Fliegenpilz und ein Hummer, ein Eichbaum und ein Mensch sind so verschieden voneinander, daß man, wenn man nur diese »Vegetationsspitzen« des lebendigen Stammbaumes kennen würde, nicht so leicht auf den Gedanken käme, daß sie aus einer gemeinsamen Wurzel entsprossen seien, was sie indessen ohne Zweifel sind. Eben diese verwirrende Mannigfaltigkeit der Formen ist es, die dazu verführt, das verzweifelte Ordnungsverfahren reiner Typologie anzuwenden.

In der vergleichenden Stammesgeschichtsforschung ist es heute von großer Bedeutung, die Geschwindigkeit des Merkmalflusses zu ermitteln, Merkmale, die großen Gruppen gemeinsam sind, können aus guten Gründen als »konservativ« betrachtet werden. Wenn z. B. der Zellkern, wie S. 36 erwähnt, bei Zellkern-Wesen (»Eukarioten«), in gleicher Form vorhanden ist, kann man mit Recht schließen, daß diese Struktur sehr alt und daher von größter »taxonomischer Dignität« ist. Je kleiner die taxonomische Gruppe, die durch ein bestimmtes Merkmal vereint wird, ist, desto jünger ist im allgemeinen das betreffende Merkmal. Zwischen den schnellsten und den langsamsten Formen phylogenetischer Merkmalveränderung bestehen alle denkbaren Übergänge. Das Zeitmaß der schnellsten unter ihnen reicht immerhin an dasjenige kulturgeschichtlicher Vorgänge heran. So sind beispielsweise viele Haustiere in geschichtlicher Zeit ihrer wilden Ahnenform gegenüber so stark verändert worden, daß man sie als neue Arten auffassen kann.

Dennoch bleibt die Schnelligkeit dieser raschesten unter allen uns bekannten phylogenetischen Vorgängen so weit hinter dem Tempo von kulturgeschichtlichen Veränderungen zurück, daß dieser Geschwindigkeitsunterschied zum Erkennen beider herangezogen werden kann. Wenn wir finden, daß gewisse Bewegungsweisen und gewisse Normen des sozialen Verhaltens *allgemein menschlich* sind, d. h., daß sie sich bei allen Menschen aller Kulturen in genau gleicher Form nachweisen lassen, so dürfen wir mit einer an Sicherheit grenzenden Wahrscheinlichkeit annehmen, daß sie phylogenetisch programmiert und erblich festgelegt sind. Mit anderen Worten: Es ist von erdrückender Unwahrscheinlichkeit, daß nur durch Tradition fixierte Verhaltensnormen über so große Zeiträume unverändert bleiben. Diese Form des Nachweises der phylogenetischen Programmiertheit menschlicher Verhaltensweisen ist in überraschender Übereinstimmung von zwei Forschungszweigen erbracht worden, die einander scheinbar ferne stehen.

Der erste der beiden ist die auf den Menschen angewandte vergleichende Verhaltensforschung. Man hat in dieser Wissenschaft gute Gründe anzunehmen, daß in der emotionellen Sphäre, die eine so wesentliche Rolle bei der Motivation unseres sozialen Verhaltens spielt, besonders viele phylogenetisch fixierte, ererbte Elemente enthalten sind. Wie schon Charles Darwin wußte, enthält der Ausdruck der Gemütsbewegungen besonders viele angeborene, dem Menschen arteigene Bewegungsweisen. Aufgrund dieser Voraussetzung machte I. Eibl-Eibesfeldt die Ausdrucksbewegungen des Menschen zum Gegenstand einer vergleichenden Untersuchung, die sich über sämtliche erreichbaren Kulturen erstreckte. Er filmte eine Anzahl typischer Ausdrucksbewegungen, die in bestimmten standardisierbaren Situationen, wie Begrüßung, Abschied, Streit, Liebeswerben, Freude, Angst, Schreck usw., in voraussagbarer Weise auftreten. Die Kamera hatte ein vor das Objektiv eingebautes Prisma, so daß die Richtung der Aufnahme im rechten Winkel zur scheinbaren Einstellung lag und die gefilmten Menschen sich unbefangen benahmen. Das Ergebnis war ebenso einfach wie überraschend: Die Bewegungsformen des Ausdrucks erwiesen sich auch bei genauester Analyse durch den Zeitdehnungsfilm bei den Papuas in Zentral-Neuguinea, den Waika-Indianern am oberen Orinoko, bei den Buschleuten in der Kalahari, bei Otj-Himbas des Kaoko-Feldes, bei australischen Ureinwohnern, bei hochkultivierten Franzosen, Südamerikanern und sonstigen Vertretern unserer westlichen Kultur als identisch.

Der zweite Forschungszweig, der in voller Unabhängigkeit völlig übereinstimmende Ergebnisse erzielte, ist überraschenderweise die Linguistik, d.h. die vergleichende Untersuchung der Sprache und ihrer Logik. Bei einer Diskussion über allgemeine Probleme der sprachlichen Verständigung hat einmal meine Frau ihre Verwunderung darüber geäußert, daß sich Sprachen überhaupt übersetzen lassen. Die Frage, was z.B. »schon« oder »obwohl« oder »allerdings« auf japanisch oder auf ungarisch heiße, stellt jeder Lernbeflissene ganz zuversichtlich und wundert sich, wenn es ausnahmsweise einmal in der fremden Sprache kein genau entsprechendes Wort gibt. Tatsächlich sind, wie man heute weiß, allen Menschen aller Völker und Kulturen gewisse Strukturen des Denkens angeboren, die nicht nur dem logischen

Aufbau der Sprache zugrunde liegen, sondern auch die Logik des Denkens schlechthin bestimmen. Noam Chomsky und R. H. Lenneberg haben diese Tatsachen aus einem vergleichenden Studium der Sprachstruktur erschlossen; Gerhard Höpp ist auf anderem Wege zu ähnlichen Anschauungen über die Einheit von Sprache und Denken gekommen und zeigt in seinem Buche ›Evolution der Sprache und Vernunft‹, »wie fehlerhaft die Zweiteilung des Geistes in einen äußeren Teil der Sprache und einen inneren Teil des Denkens ist, während beide in Wirklichkeit zwei Seiten einer und derselben Sache sind«. Unter den Geisteswissenschaftlern hat nur der österreichische Privatgelehrte Dr. F. Decker verwandte Meinungen geäußert.

Niemand wird leugnen, daß sich im Laufe ihrer Höherdifferenzierung das begriffliche Denken und die Wortsprache gegenseitig beeinflußt haben. Schon die Selbstbeobachtung lehrt, daß man bei schwierigen Denkvorgängen die sprachliche Formulierung zu Hilfe nimmt, und sei es auch nur als ein mnemotechnisches Mittel, ähnlich wie man beim Rechnen Bleistift und Papier gebraucht. Zweifellos waren die Strukturen des logischen Denkens schon vor der syntaktischen Sprache gegeben, aber ebenso zweifellos hätten sie ihre heutige Differenzierungshöhe nie erreicht, wenn nicht eben diese Wechselwirkung zwischen Denken und Sprechen zustande gekommen wäre.

Außer dem Vergleich verwandter, d. h. von gleichen Vorfahren abstammender Formen steht dem Verhaltensforscher noch ein anderes Mittel zur Verfügung, um individuell erlernte, tradierte Verhaltensmuster von phylogenetisch entstandenen, angeborenen zu unterscheiden: Man zieht das Versuchstier von seiner Geburt oder von seinem Ausschlüpfen aus dem Ei unter künstlichen Bedingungen groß, unter denen ihm bestimmte Möglichkeiten des Informationserwerbs absichtlich vorenthalten werden. Beim Menschen verbietet sich dieses Experiment aus selbstverständlichen Gründen, wohl aber ist es möglich, jenes grausame »Experiment« des Erfahrungsentzuges auszuwerten, das die Natur mit Kindern anstellt, die taub und blind geboren werden. I. Eibl-Eibesfeldt hat die Ausdrucksbewegungen dieser unglücklichen Kinder mit derselben Methodik und Fragestellung gefilmt und analysiert, die er in seinen Kulturstudien anwandte. Das Ergebnis war ebenso einfach wie vielsagend: Gerade jene Ausdrucksbewegungen, die sich in der vergleichenden Untersuchung bei Menschen der verschiedensten Kulturen als identisch erwiesen hatten, traten fast ausnahmslos auch bei den taub und blind Geborenen in derselben Weise auf. Damit fällt die von vielen Anthropologen auch heute noch hartnäckig verteidigte Theorie, daß alles soziale und kommunikative Verhalten des Menschen ausschließlich durch kulturelle Tradition bestimmt sei.

Chomsky und die Sprachforscher seiner Schule sind, wie gesagt, auf dem prinzipiell gleichen Wege zu ihrem Ergebnis gelangt, auf dem Eibl-Eibesfeldt die genetische Programmierung von Ausdrucksbewegungen nachwies, nämlich durch Abstraktion der in allen menschlichen Kulturen obwaltenden Gesetze. Wie die Annahme des Humanethologen, so findet auch die des Sprachforschers eine starke Stütze in den Ergebnissen, die von der Untersuchung der Ontogenese, insbesondere unter den Bedingungen des Erfahrungsentzuges, geliefert werden.

Schon unter normalen Bedingungen zeigt sich beim Sprechenlernen des Kindes, daß es nicht papageienhaft Worte und Sätze nachahmt, sondern bestimmte Regeln der Satzbildung von vornherein zu eigen hat. Das Kind lernt, wie Otto Koehler einmal treffend gesagt hat, nicht im eigentlichen Sinne das Sprechen, es lernt nur *Vokabeln*. Das Studium taub und blind geborener Kinder liefert nur selten wertvolle Beiträge zur Analyse der angeborenen Strukturen des Denkens und Sprechens, und zwar offenbar deshalb, weil es nur äußerst selten vorkommt, daß eine zentrale Schädigung den Gesichts- und den Gehörsinn völlig ausschaltet, ohne gleichzeitig das Gehirn als Ganzes so zu schädigen, daß logisches Denken erheblich behindert wird.

Wir kennen aber einen einzigen Fall, dessen wahrhaft gewaltiger Erkenntniswert heute deshalb oft unterschätzt wird, weil eine wissenschaftliche Modetorheit verbietet, einmalige Beobachtungen, die sich weder »reproduzieren« noch statistisch auswerten lassen, als legitime Quellen wissenschaftlicher Erkenntnis zu bewerten. Ich spreche hier von der schlichten Darstellung, die Anne M. Sullivan von der geistigen Entwicklung ihrer taubstummen und blinden Schülerin Helen Keller gegeben hat. Der Wert dieses Dokumentes kann kaum übertrieben werden. Er liegt darin, daß hier in einem einmalig glücklichen Zusammentreffen eine begnadete Lehrerin, die gleichzeitig eine ausgezeichnete Beobachterin ist, ein hochbegabtes, ja beinahe geniales Kind unterrichtet und in seinen Fortschritten beobachtet hat, an dem die Natur das grausame Experiment des totalen Erfahrungsentzuges auf den beiden wichtigsten Sinnesgebieten angestellt hatte.

Man muß sich die Frage vorlegen, wieso die reichen Ergebnisse dieser einmaligen Wissensquelle in Kreisen der Psychologen und Verhaltensforscher nicht viel allgemeiner bekannt und berühmt geworden sind. Ich glaube die Antwort zu wissen: Was Anne M. Sullivan über die Leichtigkeit und Schnelligkeit berichtet, mit der ihre Schülerin die scheinbar unlösliche Aufgabe bewältigte, auf alleiniger Grundlage der ihr mittels Fingeralphabet in die Handfläche geschriebenen Mitteilung die Wortsprache zu erlernen und die schwierigsten abstrakten Begriffe zu bilden, muß jedem in behavioristischen Lehrmeinungen Befangenen als völlig *unglaubhaft* erscheinen. Wer dagegen über Ethologie etwas weiß und die Ergebnisse der oben erwähnten modernen Sprachforschung kennt, wird der Erzählung Anne Sullivans vollen Glauben schenken, wiewohl auch er sich über so manches mehr wundert, als die Berichterstatterin es offensichtlich tut.

Anne Sullivan begann am 6. März 1887, die am 27. Juni 1880 geborene Helen Keller zu unterrichten. Das Kind hatte bis dahin fast dauernd auf dem Schoße seiner Mutter gesessen, die in liebevoller Einfühlung dem taktilen Kontaktbedürfnis der Kleinen entgegenkam. Diese verfügte damals, wie aus einer späteren Bemerkung Anne Sullivans hervorgeht, über zwei Gebärden, mit denen sie ihr Bedürfnis nach Essen und Trinken ausdrückte, verstand aber ihrerseits keine wie immer geartete symbolische oder sprachliche Mitteilung. Anne Sullivan begann ihren Unterricht damit, daß sie dem kleinen Mädchen mittels des Fingeralphabets nicht nur Worte, sondern von vornherein gleich ganze Sätze in die Hand schrieb, nicht anders als der naive Erzieher zu einem hörenden Kind akustisch spricht. Zwei Tage nach ihrer Ankunft schenkte sie Helen eine Puppe – mit einer solchen scheint sie schon vorher gespielt zu haben – und buchstabierte ihr das Wort »doll« in die Hand. Entsprechendes setzte sie nun mit den verschiedensten Gegenständen fort, brachte also nicht etwa vereinfachte bildhafte Symbole, sondern von Anfang an die der normalen Buchstabenschrift.

Wenn mir jemand vor Kenntnis des Erfolgs die Frage vorgelegt hätte, ob ein tauber und blinder Mensch auf diesem Wege, *ohne erst sprechen gelernt zu haben,* sofort lesen lernen könne, hätte ich sie, ohne zu zögern, verneint. Helen hat aber schon am *ersten* Tage ihres Unterrichts nicht nur eine Gedankenverbindung zwischen dem Signal und dem Erhalten eines erwünschten Gegenstandes gebildet, sondern, was unglaublich viel mehr ist, das Signal motorisch reproduziert und zurückgesandt! Dabei war sie selbstverständlich noch nicht zur Abstraktion der im Tastbild enthaltenen Buchstaben vorgedrungen, sondern reagierte auf ein Gesamtbild der taktilen Reizfolge, die sie dann, wenn auch nur in unvollständiger Weise, so doch erkennbar, wiedergab. Aber daß sie das überhaupt versucht hat, übersteigt schier die Grenze des Glaublichen!

Am 20. März versuchte sich Helen mit ihrem geliebten Hund dadurch zu verständigen, daß sie ihm das erste von ihr gelernte Wort »doll« auf die Pfote schrieb. Am 31. März beherrschte sie 18 Substantiva und 3 Verba und hatte begonnen, nach der Bezeichnung von Dingen zu *fragen,* indem sie diese zu ihrer Lehrerin brachte und ihr die eigene Handfläche zum Schreiben anbot. Sie hatte also ein deutliches Bedürfnis, sich solche Gedankenverbindungen anzueignen. Wer dächte nicht an die Geschichte von Adam, der seine Auseinandersetzung mit der Welt damit begann, daß er den Dingen Namen gab.

Daß Helen dabei das Prinzip der Wortsymbolik noch nicht voll erfaßt hatte, ging unter anderem daraus hervor, daß sie zunächst nicht imstande war, Haupt- und Zeitworte zu unterscheiden. »Die Worte mug and milk«, so berichtet Anne Sullivan, »machten Helen mehr Mühe als alle übrigen. Sie verwechselte die Substantiva mit dem Verbum drink. Sie kannte das Wort für trinken nicht, sondern half sich damit, *daß sie die Pantomime des Trinkens machte* (von mir kursiv), sooft sie mug oder milk buchstabierte.« Hier erfahren wir ganz beiläufig und am Rande etwas sehr Wichtiges, das Anne Sullivan schon früher in ihrem Bericht mit noch geringerer Betonung anklingen läßt: Das taubstumm-blinde Kind bediente sich der Nachahmung von Bewegungsweisen, um sich verständlich zu machen. Dies steht einer echten Symbolbildung nahe, nicht weniger als die Signale, die das Kind bis dahin zu verstehen und sogar zu senden gelernt hatte. Sie alle betrafen zunächst »Aktionsdinge«, wie Jakob von Uexküll es ausdrückt, »doll« hieß Puppe und gleichzeitig auch mit ihr spielen, »cake« Kuchen und ihn aufessen. Deshalb waren auch die Begriffe »mug« und »milk« und »drink« für das Kind zunächst nicht unterscheidbar.

Der Schritt zur Trennung der Symbole von Dingen und Tätigkeiten vollzog sich bei Helen Keller in einer höchst dramatischen Weise, und ich kann nichts Besseres tun, als Anne Sullivans Schilderung dieses Ereignisses hier wörtlich wiederzugeben. Sie schreibt am 5. April: »Als ich sie heute früh wusch, wünschte sie die Bezeichnung für Wasser zu erfahren. Wenn sie etwas zu wissen wünscht, deutet sie darauf hin und streichelt mir die

Hand. Ich buchstabierte ihr w-a-t-e-r in die Hand und dachte bis nach Beendigung des Frühstücks nicht mehr daran. Dann fiel es mir ein, daß ich ihr mit Hilfe des neuen Wortes den Unterschied zwischen mug und milk ein für allemal klarmachen könnte. Wir gingen zu der Pumpe, wo ich Helen ihren Becher unter die Öffnung halten ließ, während ich pumpte. Als das kalte Wasser hervorschoß und den Becher füllte, buchstabierte ich ihr w-a-t-e-r in die freie Hand. Das Wort, das so unmittelbar auf die Empfindung des kalten über ihre Hand strömenden Wassers folgte, schien sie stutzig zu machen. Sie ließ den Becher fallen und stand wie angewurzelt da. Ein ganz neuer Lichtschein verklärte ihre Züge. Sie buchstabierte das Wort water verschiedene Male. Dann kauerte sie nieder, berührte die Erde und fragte nach deren Name, ebenso deutete sie auf die Pumpe und auf das Gitter. Dann wandte sie sich plötzlich um und fragte nach meinem Namen. Ich buchstabierte ihr teacher in die Hand. In diesem Augenblick brachte die Amme Helens kleine Schwester an die Pumpe; Helen buchstabierte »baby« und deutete auf die Amme. Auf dem ganzen Rückwege war sie im höchsten Grade aufgeregt und erkundigte sich nach dem Namen jedes Gegenstandes, das sie berührte, so daß sie im Laufe weniger Stunden 30 neue Wörter ihrem Wortschatz einverleibt hatte.« Am nächsten Tag fügt Anne Sullivan hinzu: »Helen stand heute früh wie eine strahlende Fee auf, sie flog von einem Gegenstand zum anderen, fragte nach der Bedeutung jedes Dinges und küßte mich vor lauter Freude. Als ich gestern abend zu Bett ging, warf sich Helen aus eigenem Antrieb in meine Arme und küßte mich zum erstenmal, ich glaubte, mein Herz müßte springen, so voll war es vor Freude.« Wie wir aus dem früheren Teil des Sullivanschen Berichtes wissen, hatte bis dahin ein in körperlicher Auseinandersetzung recht hart erkämpftes Rangordnungsverhältnis zwischen Lehrerin und Schülerin bestanden. Nun war aber zum Respekt auch warme Liebe und Dankbarkeit gekommen.

Es ist ebenso bezeichnend wie bedauerlich, daß in der späteren Literatur über taubstumme Kinder nicht ein einziger weiterer Bericht aufzufinden ist, an dem die Entstehung des Verständnisses für Symbole auch nur annähernd ebenso klar zu verfolgen wäre wie an der eben zitierten Schilderung eines nicht genügend berühmten Buches. Anne Sullivan war eine gescheite, ja geniale Frau und hatte das seltene Glück, ein ausschließlich in seinen Sinnesfähigkeiten und nicht in seinen sonstigen Gehirnleistungen behindertes, ja offensichtlich besonders begabtes Kind lehren zu dürfen. Ein weiterer glücklicher Umstand liegt darin, daß sich die Auseinandersetzung zwischen Lehrerin und Schülerin früh genug abgespielt hat, um nicht von den Lehrmeinungen einer Psychologenschule belastet zu sein, die jede einzelne Beobachtung für »anekdotisch« und jede emotionelle Beteiligung für wissenschaftsfeindlich hält. So hat Anne Sullivan voll Naivität und Herzenswärme das erzieherisch Richtige getan und die ethologisch richtigen Schlüsse aus ihren Erfolgen gezogen. Sie tut Äußerungen über das Sprechenlernen des Menschenkindes, die sehr nahe an unsere Vorstellungen von den sogenannten angeborenen Lerndispositionen herankommen, wie sie Eibl-Eibesfeld, Garcia u.a. untersucht haben. Sie sagt z.B.: »Das Kind kommt mit der Fähigkeit zum Lernen auf die Welt und lernt von selbst, vorausgesetzt, daß es ihm an dem erforderlichen äußeren Anreize nicht fehlt.« An anderer Stelle sagt sie von Helen: »Sie lernt, weil sie nicht anders kann, genau wie der Vogel fliegen lernt« – der kann es nämlich auch angeborenermaßen!

Wir wissen aus den Untersuchungen von Noam Chomsky, wie hochdifferenziert und in wie vielen Einzelheiten festgelegt die allgemein-menschliche angeborene Apparatur zum begrifflichen Denken ist[6]. Wir lernen nicht zu denken, wir lernen, gleichsam als Vokabular, die Symbole für die Dinge und die Beziehungen zwischen ihnen, und das Erlernte wird in ein vorgebildetes Rahmenwerk eingefügt, ohne das wir nicht denken könnten, ja, ohne das wir gar keine Menschen wären. Es gibt aber kaum Tatsachen, aus denen die Existenz dieser angeborenen Apparatur zum begrifflichen Denken, zur Symbolbildung und zum Symbolverständnis so schlagend hervorgeht, wie aus denen, die uns Anne Sullivan schlicht und voraussetzungslos berichtet.

Vor allem zeigt die erstaunliche Schnelligkeit, mit der sich Helen Kellers begriffliches Denken entwickelte, daß hier nicht etwa Fehlendes erst aufgebaut wurde, sondern etwas schon Vorhandenes in Aktion trat, das nur darauf gewartet hatte, aktiviert zu werden. Schon am Tage, an dem der Unterricht beginnt, gibt sie die ihr gebotenen Symbole sinnvoll zurück. 14 Tage später versucht Helen dem Hund zu buchstabieren, 11 Tage darauf verfügt sie über 30 buchstabierte Signale, von denen sie 4 durch aktives Fragen erworben hat, 5 Tage darauf erfaßt sie plötzlich den Unterschied zwischen Substantivum und Verbum und weiß nun, daß jedes Ding und jede Tätigkeit »heißt«. 19 Tage später bildet Helen Sätze: Als sie dem neugeborenen Schwesterchen harte Bonbons geben will und daran gehindert wird, buchstabiert sie:

»Baby eat no.« Und anschließend »Baby teeth no, baby eat no«. Weitere 14 Tage später gebraucht Helen die Konjunktion »und«. Man befiehlt ihr die Türe zu schließen, und sie setzt spontan hinzu: »and lock« – und zusperren. Am gleichen Tag findet sie die neugeborenen Jungen ihrer Hündin und meldet den Erwachsenen, die noch nichts davon wissen, buchstabierend: »baby dog«. Am gleichen Tag tut sie, nachdem sie die Hündchen gründlich liebkost und betastet hat, den Ausspruch: »Eyes shut, sleep no.« Noch am selben Tag meistert sie das Adverb »very«.

Ein deutliches Bedürfnis, neue Wortbedeutungen zu erlernen, geht daraus hervor, daß sie regelmäßig, wenn ihr ein neuer Wortsinn klarzuwerden beginnt, ihr Verständnis durch verschiedenerlei Anwendungsweisen des neuen Symbols auf die Probe stellt. Im Fall von »very« sagt sie: »baby small, puppy very small« (puppy statt baby dog einzusetzen, hat sie sofort gelernt), dann bringt sie zwei kleine, aber verschieden große Steine, zeigt sie der Lehrerin hintereinander und sagt dazu: »stone small – stone very small«.

Nicht ganz drei Monate nach dem Zeitpunkt, an dem sie noch kein Wort sprechen konnte, schreibt sie in Braille-Schrift einen völlig sinnvollen Brief an einen Freund und ist so aufs Lesen versessen, daß sie ein Braillebuch verbotenerweise abends mit ins Bett schmuggelt, um heimlich unter der Decke lesen zu können. Wenige Tage später fragt sie, als man ihr einen Wurf neugeborener Ferkel zeigt: »Did baby pig grow in egg? Where are many shells?« Bis Ende Juli hat sie leserlich und schnell mit Bleistift schreiben gelernt und benützt dies, um sich verständlich zu machen. Sie entdeckt zu dieser Zeit die Fragen »warum?« und »wozu?« und wird nun in ihrem Wissensdrang geradezu lästig. Im September beginnt sie, Pronomina richtig zu gebrauchen, und bald darauf erscheint das Verbum »sein – to be«. Die Artikel hält sie noch längere Zeit für unnötig. Im September 1888 beherrscht sie den Konjunktiv, gebraucht den Irrealis und Konditionalis nicht nur richtig, sondern mit auffallender Vorliebe und befleißigt sich überhaupt einer so gewählten und eleganten Syntax, daß dies bei einem achtjährigen Mädchen beinahe affektiert wirkt. Man muß bedenken, daß für dieses Kind schlechterdings alles Erleben, auch das des Schönen und Guten, ausschließlich durch Buchstabenschrift vermittelt und rein sprachlicher Natur war. Kein Wunder, daß sie die Sprache so liebte.

Anne Sullivan hat, wie sie selbst berichtet, »die Grammatik mit ihrer verwirrenden Menge von Klassifikationen, Bezeichnungen und Paradigmen aus dem Unterricht gänzlich verbannt«, sie hat aber zu Helen nie in vereinfachten Sätzen, sondern immer in richtiger Syntax und ohne Fortlassung von Adverben, Fürwörtern usw. gesprochen. Wohl aber sprach Helen zunächst in vereinfachten Sätzen, in die sie dann eins nach dem anderen zusätzliche Elemente aufnahm, zuletzt, wie schon gesagt, den Artikel. Anne Sullivan sagt von der überraschenden Schnelligkeit, mit der Helen Keller diese gewaltige Aufgabe bewältigte: »Es kommt mir sonderbar vor, daß man sich über etwas wundert, was doch so einfach ist. Gewiß ist es ebenso leicht, dem Kinde die Bezeichnung für einen Begriff beizubringen, der ihm klar vor der Seele steht, wie die Bezeichnung für einen Gegenstand, allerdings würde es eine Herkulesarbeit sein, Wörter zu lehren, wenn die betreffenden Vorstellungen nicht schon in der Seele des Kindes vorhanden wären.« Sie übersieht dabei, daß die Abstraktion aller der komplizierten Regeln der Grammatik und der sprachlichen Logik, die Helen Keller im Zeitraum von März 1887 bis September 1888 in vollkommener Weise vollzogen gehabt haben müßte, eine noch unvergleichlich größere Leistung gewesen wäre, als es die Erwerbung des Wortschatzes und der Symbolbedeutungen war. Die offensichtliche Unmöglichkeit dieser Riesenleistung ist in meinen Augen ein unumstößlicher Beweis für die Richtigkeit von Noam Chomskys Theorien.

Die von Eibl-Eibesfeldt nachgewiesenen allgemein menschlichen Formen des Ausdrucks und die zuletzt besprochenen ebenfalls angeborenen Strukturen des Denkens und des Sprechens bilden nur zwei Beispiele von Verhaltensmustern, deren Programm unsere Spezies im Laufe ihrer Stammesgeschichte ausgebildet und in ihrem Genom bewahrt hat. Es ist anzunehmen, daß es unzählige weitere Verhaltensnormen gibt, von denen das gleiche gilt. Wie gesagt hat schon Charles Darwin vermutet, daß die meisten Gefühle und Affekte – das englische Wort »emotion« bezeichnet einen Begriffsinhalt, der den beider deutscher Worte einschließt – und die jedem von ihnen zugeordneten Verhaltensweisen »instinktiv«, d.h. genetisch fixiertes Eigentum unserer Art seien. Eibl-Eibesfeldts Nachweis, daß dies für den äußeren Ausdruck von Gefühlen und Affekten ganz sicher gilt, macht die Richtigkeit von Darwins allgemeinerer Annahme erheblich wahrscheinlicher. Angeborene Normen menschlichen Verhaltens spielen sehr wahrscheinlich in der Struktur der menschlichen Sozietät eine besonders wichtige Rolle. Die Anthropologen Lionel Tiger und Robin Fox haben mit Erfolg versucht, mit ähnlicher Fragestellung und Methode, wie sie von Eibl-Eibesfeldt und von der Gruppe um Chomsky angewendet wurde, eine allgemeine »Biogrammatik« des menschlichen Sozialverhaltens aufzustellen. Ihr Buch ›The Imperial Animal‹ ist ein genialer Wurf, und die wesentlichen mit ihm aufgestellten Behauptungen sind bei aller Kühnheit absolut überzeugend.

Sämtlichen in der Erbmasse verankerten Verhaltensprogrammen gemeinsam ist ihre *Resistenz* gegenüber den verändernden Einflüssen, die von der menschlichen Kultur ausgehen. Die hochdifferenzierten Komplexe von Verhaltensweisen, deren Existenz von so verschiedenen Seiten her nachgewiesen wurde, sind allen Menschen aller Kulturen unwandelbar in gleicher Form zu eigen. Diese Tatsache ist von einer hohen Bedeutung, die nur der ermessen kann, der weiß, wie weltweit sonst die Gebräuche, die Werke und die Ideale verschiedener Kulturen voneinander abweichen – ich erinnere an die oben (S. 225) zitierten Sätze Hans Freyers.

Die Gleichheit solcher Verhaltensnormen bedeutet weit mehr als nur ihre *Unabhängigkeit* von kulturellen Einflüssen, sie bedeutet eine fundamentale und unüberwindbare *Widerstandskraft* gegen sie. Diese nachweisliche Festigkeit der in Rede stehenden Verhaltensstrukturen macht es wahrscheinlich, daß ihnen eine unentbehrliche *Stützfunktion* zukommt. Sie bilden ein Gerüst, gewissermaßen ein Skelett unseres sozialen, kulturellen und geistigen Verhaltens, und sie bestimmen damit die Form der menschlichen Sozietät. Der Mensch ist, wie Arnold Gehlen sagt, »von Natur aus ein Kulturwesen«, d.h. schon seine natürliche und erbliche Veranlagung ist so beschaffen, daß viele ihrer Strukturen der kulturellen Tradition bedürfen, um funktionsfähig zu werden. Ihrerseits aber machen sie Tradition und Kultur überhaupt erst möglich. Das vergrößerte Endhirn, das erst mit der kumulierenden Tradition der Kultur entstanden ist, wäre ohne sie funktionslos. Für den wichtigsten seiner Teile, für das Sprachhirn, gilt Analoges. Ohne seine Funktion gäbe es kein logisches und begriffliches Denken. Andererseits wäre es funktionsunfähig, lieferte ihm nicht die kulturelle Tradition das Vokabularium einer in jahrtausendelanger Kulturgeschichte gewachsenen Sprache.

Wenn man Struktur und Funktion eines komplexen lebenden Systems zu verstehen oder auch didaktisch anderen verständlich zu machen trachtet, beginnt man regelmäßig bei seinen *am wenigsten veränderlichen* Anteilen. Jedes Lehrbuch der Anatomie beginnt mit der Darstellung des Skeletts. Diese herkömmlich gewordene Art des Vorgehens hat ihren guten Grund in der einfachen und überzeugenden Erwägung, daß man beim Studium der vielfachen Wechselwirkungen, aus denen die Funktion eines solchen Systems besteht, den am wenigsten veränderlichen Anteilen am häufigsten als Ursachen und am seltensten als Wirkungen begegnen wird.

In der Ethologie hat es sich bewährt, die Untersuchung einer Tierart mit der Aufstellung eines sogenannten *Ethogramms* zu beginnen, d. h. mit dem Inventarisieren der phylogenetisch programmierten Verhaltensweisen, die der betreffenden Art eigen sind. Einer der Gründe, die bisher ein tieferes Verständnis menschlichen Verhaltens verhindert haben und immer noch verhindern, liegt in der ideologisch festgefahrenen Abneigung der philosophischen Anthropologie, die Existenz angeborener Verhaltensstrukturen des Menschen auch nur als Möglichkeit in Betracht zu ziehen.

Dies ist um so schlimmer, als die erblichen Invarianten menschlichen Verhaltens sicher eine große Rolle in der *Pathologie* kultureller Entwicklung spielen. Es ist z. B. wahrscheinlich, daß das regelmäßige Absterben von Hochkulturen, das Oswald Spengler als erster klar gesehen hat, eine Folge der Diskrepanz der Geschwindigkeiten ist, mit denen sich phylogenetisch programmierte und traditionsmäßig determinierte Verhaltensnormen entwickeln. Die kulturelle Entwicklung des Menschen läuft seiner »Natur« davon, und der Geist kann, wie Ludwig Klages gesehen hat, zum Widersacher der Seele werden. Es wäre uns dringend nötig, mehr über all diese Erscheinungen zu wissen.

3 *Entstehung und divergierende Entwicklung von Arten und Kulturen*

Die Geschichte und die historischen Zusammenhänge verschiedener Kulturen lassen sich, wie im 1. Abschnitt dieses Kapitels besprochen, mit den gleichen Methoden ermitteln wie die Stammesgeschichte und die verwandtschaftlichen Beziehungen von Tierarten. Diese Tatsache allein beweist das Vorhandensein weitgehender Analogien. Da die Entstehungsweise »einer Art« oder »einer Kultur« auch für die Fassung der Begriffe wesentlich ist, die wir mit diesen Bezeichnungen verbinden, müssen wir auf sie näher eingehen.

Wenn eine Population gleichartiger Tiere für immer in zwei Teile zerlegt wird, z.B. indem ein geologisches Ereignis eine unüberwindliche Schranke aufrichtet, die sich quer durch das Verbreitungsgebiet der Art zieht, so verläuft die weitere Entwicklung der geschiedenen Populationsteile in verschiedenen Richtungen, und zwar auch dann, wenn die Lebensbedingungen in den beiden getrennten Verbreitungsgebieten nicht in verschiedenen Richtungen Selektion treiben. Die Zufälligkeit der Erbvorgänge, die Veränderungen verursachen, reicht allein aus, um zwei Populationen, die nicht miteinander im Verhältnis des Genaustausches stehen, verschieden voneinander werden zu lassen. Umgekehrt *verhindert* der ständige Austausch von Erbanlagen, die sogenannte Panmixie, innerhalb einer Population, daß diese sich in zwei Arten spaltet, selbst dann, wenn ihre Teile verschiedenartiger Selektion ausgesetzt sind. Nehmen wir als vereinfachendes Beispiel an, das Klima am Nordrand ihres Verbreitungsgebietes übe bei einer Säugetierart einen Selektionsdruck auf Dichterwerden des Pelzes aus, während am Südrand gegenteilige Umstände obwalten. Solange unbeschränkter Genaustausch zwischen Nord- und Südbevölkerung vor sich geht, muß die morphologische Artentwicklung einen Kompromiß zwischen beiden Anforderungen eingehen. Wenn die Nord- und Südbevölkerung durch eine Beschränkung des Genaustausches voneinander getrennt wird, wird es möglich, daß der jeweilige Selektionsdruck die genetischen Anlagen zur geforderten Spezialanpassung herauszüchtet. Nach der begründeten Ansicht Ernst Mayrs ist eine vollständige Arten-Neubildung grundsätzlich nur aufgrund von Isolation, meist einer geographischen, möglich. Bei Arten mit großem Verbreitungsgebiet wirkt schon die weite Entfernung im Sinne einer geographischen Isolierung; die Populationen weit voneinander liegender Randgebiete können genetisch schon recht verschieden voneinander sein, man bezeichnet sie dann herkömmlicherweise als Rassen oder Unterarten.

Da es zwischen totaler Unterbrechung jeder Möglichkeit des Genaustausches und uneingeschränkter Panmixie alle nur denkbaren Übergänge gibt, bleibt es häufig der Willkür des Taxonomen überlassen, ob er zwei Tierformen als Rassen, Unterarten oder »gute« Arten auffaßt. Am besten definiert ist noch die »gute« Art, die durch eine tatsächlich vorhandene unbeschränkte

Panmixie zu einer realen Einheit zusammengefaßt wird. Als Kriterium dafür, daß zwei Tierformen zwei Arten seien, wird häufig ihre Fähigkeit betrachtet, ohne Vermischung im gleichen Verbreitungsgebiet nebeneinander zu existieren. Es gibt aber Fälle, in denen alle diese zur Definition des Artbegriffes herangezogenen Kriterien versagen. Hierfür ein lehrreiches Beispiel: Die Ahnenform der Silber- und der Heringsmöwe (Larus argentatus L. und Larus fuscus L.) hat sich in der nördlichen gemäßigten Zone von einem nicht mehr genau feststellbaren Ausgangsort rings um den Globus verbreitet und ist dabei nach Osten hin immer dunkler und kleiner, kurz heringsmöwenähnlicher geworden, nach Westen hin dagegen heller und größer und damit silbermöwenähnlicher. Auf der ganzen Strecke gibt es alle nur denkbaren Übergänge und offenbar auch heute noch einen uneingeschränkten Genaustausch benachbarter Formen. In den Längengraden Europas aber leben die Herings- und die Silbermöwe als zwei »gute« Arten, die sich normalerweise nie vermischen, wiewohl ihre Kreuzung, wie man aus Gefangenschaftsversuchen weiß, fruchtbare Mischlinge ergibt. Mit anderen Worten: Die Ahnen dieser Möwen wurden mit ihrem Vordringen nach Ost und West immer verschiedener voneinander, und als sie den Erdball umrundet hatten, waren sie genügend verschieden voneinander geworden, um sich in den europäischen Meeren, ohne sich zu vermischen, überlappen zu können.

Versucht man, Kulturen nach dem Grade der Verschiedenheit einzuteilen und z. B. den Begriff einer »Sub«kultur zu definieren, so begegnet man ganz ähnlichen Schwierigkeiten der Begriffsbildung wie in der Taxonomie phylogenetisch entstandener Gruppen. Zwischen großen und deutlich geschiedenen Hochkulturen und nur wenig verschiedenen kleinsten Kulturgruppen gibt es alle nur denkbaren Übergänge, und es muß dem historisch Denkenden, der Unterschiede nicht mit typologischen Gegensätzen verwechselt (s. S. 225), ohne weiteres klar sein, daß sie die Ergebnisse einer divergierenden kulturgeschichtlichen Entwicklung sind. Deshalb sind auch die in der Phylogenetik bewährten Fragestellungen und Methoden auf sie anwendbar. Allerdings müssen bei der Übertragung dieser Methodik auf Belange der Kulturgeschichtsforschung Besonderheiten der kulturellen Entwicklung berücksichtigt werden, die der Phylogenese nicht zukommen. Erstens kommt, vor allem in der Erfindung technischer Verfahrensweisen, konvergente Entwicklung in der Kulturgeschichte offenbar noch viel häufiger vor als in der Phylogenese, ein Umstand, der in der älteren Völkerkunde vernachlässigt wurde. Diese hielt alle Ähnlichkeiten für homologiebedingt und kam dadurch oft zu völlig falschen Schlüssen. Die »Kulturkreislehre« kannte keine Konvergenzen. Zweitens können, wie schon auf S. 217ff. erwähnt, dank der Vererbbarkeit erworbener Eigenschaften ganze Komplexe von Merkmalen einer Kultur als Pfropfreiser im Sinne Valérys auf eine andere verpflanzt werden. Drittens aber lassen sich Kulturen selbst dann wieder zu einer recht homogenen Einheit vermischen, wenn sie schon ein erhebliches Stück Weltgeschichte unabhängig voneinander durchlaufen haben. Kulturen lassen sich also leichter »verbastardieren« als Arten.

Trotz dieser Unterschiede, die durch die Verschiedenheit der zugrunde liegenden Vorgänge bedingt sind, besteht eine merkwürdige Ähnlichkeit zwischen der Entstehung von Arten und der von selbständigen Kulturen[7]. Erik Erikson, der meines Wissens als erster auf diese Parallelen hingewiesen hat, prägte für die divergente Entwicklung verschiedener Kulturen aus einer gemeinsamen Wurzel den Ausdruck »Pseudo-Speciation«, also Quasi-Artenbildung. In der Tat verhalten sich Kulturen, die einen bestimmten Grad der Verschiedenheit voneinander erreicht haben, in vieler Hinsicht ähnlich zueinander, wie verschiedene, aber sehr nahe verwandte Tierarten es tun. Die nahe Verwandtschaft zu betonen ist deshalb wichtig, weil in keinem bekannten Fall zwei Kulturgruppen durch divergente Entwicklung ethologisch und ökologisch so verschieden voneinander geworden sind, daß sie in reibungsfreier Beziehungslosigkeit und, ohne einander Konkurrenz zu machen, friedlich nebeneinander im gleichen Gebiet wohnen könnten wie verschiedene Tierarten, etwa Krickente, Löffelente und Stockente, es ohne weiteres können.

Angesichts der grundsätzlich vorhandenen Möglichkeit, Kulturen miteinander zu vermischen, muß man sich fragen, woher es eigentlich kommt, daß sie sich in so hohem Maße »rein« erhalten können, wie sie es in der Weltgeschichte tatsächlich getan haben und zum Teil noch tun. Wir werden im Abschnitt über Ritualisierung noch mehr darauf eingehen müssen, wie schon bei der Entwicklung kleinster »Subkulturen« oder »ethnischer Gruppen« die traditionell weitergegebenen Einzelmerkmale des Verhaltens zu Statussymbolen werden. Die Gebräuche, die *Manieren* der eigenen Gruppe werden als »fein« empfunden, die aller anderen, einschließlich der objektiv gleichwertigen Konkurrenzgruppe, als unfein, und zwar in genau nach Ähnlichkeiten abgestuften Graden. Der emotionelle Wert, der in dieser Weise auf alle gruppeneigenen Ritualisierungen gelegt wird, und, parallel dazu, die gefühlsmäßige Abwertung aller nichtgruppeneigenen Verhaltensmerkmale vergrößert nicht nur den inneren Zusammenhalt der Gruppe, sondern trägt auch zu ihrer Isolierung von anderen Gruppen und damit zur Unabhängigkeit ihrer weiteren kulturellen Entwicklung bei. Dies hat analoge Folgen wie die geographische Isolierung für den Artenwandel.

Die verhältnismäßig festen Barrieren, die von den eben besprochenen Vorgängen zwischen zwei divergent sich entwickelnden Kulturkeimen errichtet werden, sind für alle Kulturen kennzeichnend und für ihre Höherentwicklung offenbar unentbehrlich. Die Konkurrenz zwischen Artgenossen führt bei Tieren unweigerlich zu einer Form der Selektion, die der betreffenden Spezies in ihrer Auseinandersetzung mit der Umwelt durchaus nicht zum Nutzen, oft zu schwerem Schaden gereicht. Die Rivalen, die mit Hilfe spezialisierter morphologischer Strukturen miteinander konkurrieren, steigern einander in bezug auf die betreffenden Merkmalbildungen in die Höhe, und der Kreis positiver Rückwirkungen findet oft erst dort seine Grenzen, wo bizarre übertriebene Bildungen mit anderen selektierenden Faktoren in Konflikt geraten. Das Geweih der Hirsche oder die Schwingen des Argusfasans sind ihren Trägern *nur* im Wettbewerb mit ihren Geschlechtsgenossen dienlich; dennoch liegt auf ihnen ein überaus starker Selektionsdruck: Ein Individuum, das ihrer ermangelt, hätte keinerlei Aussichten auf Erzeugung von Nachkommenschaft.

Analoge schädliche Wirkungen wie die intraspezifische Selektion hat die Konkurrenz von Menschen innerhalb ein und derselben Kultur. Diese wird nur durch die Neigung menschlicher Kulturen zur Aufspaltung und Entwicklung in divergierender Richtung weitgehend verhindert. Es sind die Verschiedenheiten der Kulturen, die für die Höherentwicklung der Menschheit maßgeblich gewesen sind. Sie brachten es mit sich, daß die verschiedenen Kulturen *auf verschiedenen Gebieten und mit verschiedenen Mitteln* in Wettbewerb miteinander traten. Sie lebten von verschiedener Nahrung, sie benutzten verschiedene Werkzeuge und kämpften mit verschiedenen Waffen. Diese in früheren Zeiten vorherrschende Form des interkulturellen Wettbewerbes war einer der wichtigsten Faktoren, die den Menschen auf höhere Intelligenz, geistige Wendigkeit, Erfindungsgabe usw. gezüchtet haben. Ja sie waren höchst wahrscheinlich schon in früher Zeit maßgeblich für die rapide Vergrößerung des Großhirns, was immer die philosophischen Anthropologen über die »erkenntnistheoretische Monstrosität« des Anpassungsprinzipes denken mögen.

Die allgemeine Richtung des großen organischen Werdens, die vom Niedrigeren zum Höheren zielt, wird durch die Vielfältigkeit des Selektionsdruckes bestimmt, durch die Mannigfaltigkeit der Ansprüche, die an den Organismus gestellt werden. Wo diese Vielfalt einem einseitigen und übergroßen Selektionsdruck Platz macht – wie in dem eben erwähnten Beispiel der intraspezifischen Konkurrenz von Tieren –, dort weicht auch die Evolution aus der Richtung ab, in der sie Neues und Höheres schafft. Einem solchen Selektionsdruck, der in vieler Hinsicht dem des intraspezifischen Wettbewerbes bei Tieren gleicht, ist die Menschheit zur gegenwärtigen Zeit ausgesetzt. Die Grenzen zwischen Kulturen werden unscharf und verschwinden, die ethnischen Gruppen der ganzen Welt sind im Begriffe, zu einer einzigen, die ganze Menschheit umfassenden Kultur zu verschmelzen. Dieser Vorgang mag auf den ersten Blick wünschenswert erscheinen, da er dazu beiträgt, den Haß der Nationen zu vermindern. Daneben aber hat die Gleichmachung aller Völker noch eine andere, vernichtende Wirkung: Dadurch, daß alle Menschen aller Kulturen mit denselben Waffen kämpfen, mittels derselben Technik miteinander konkurrieren und einander auf derselben Weltbörse zu übervorteilen trachten, *verliert die interkulturelle Selektion ihre schöpferische Wirkung.* Der zweite Band dieses Buches handelt unter anderem von dem Rückgängigwerden der Menschheitsentwicklung, das aus diesem Fortfallen der kreativen Selektion resultiert.

Die ursprüngliche Neigung der menschlichen Kulturen zur Aufspaltung und divergenten Entwicklung hat neben der schon besprochenen segensreichen Auswirkung auch gefährliche Folgen. Auf der Minusseite der Rechnung dessen, was die Menschheit dem zwischen Kulturen sich abspielenden Wettbewerb schuldet, stehen Haß und Krieg. Wie schon in meinem Aggressionsbuch dargestellt wurde, führen die Faktoren, die kleinste Kulturgruppen zusammenhalten und von anderen isolieren, letzten Endes zu blutiger Entzweiung. Dieselben Mechanismen des kulturellen Verhaltens, die zunächst so produktiv erscheinen, der Stolz auf die eigene und die Verachtung jeder anderen Tradition, können mit dem Größerwerden der Gruppen und mit der Verschärfung ihres Aufeinandertreffens den Anlaß geben zum kollektiven Haß in seiner gefährlichsten Form. Von der in kleinen Prügeleien sich äußernden Feindschaft, die wir Schottengymnasiasten für die »verächtlichen« und »ordinären« Schüler des Wasa-Gymnasiums empfanden, gibt es alle Übergänge zum erbitterten Nationalhaß, der alle Gewalten kollektiver Aggression entfesselt und alle Tötungshemmungen zum Schweigen bringt.

X. Kapitel
Faktoren, die Invarianz der Kultur bewahren

1 *Entwicklungsfähigkeit als Gleichgewichtszustand*

Ein Tier oder eine Pflanze einer bestimmten Spezies zuzuordnen wird uns dadurch ermöglicht, daß in dem Sammeltopf der Erbanlagen, die einer bestimmten Population von Lebewesen gemeinsam sind, eine Anzahl von Merkmalen mit ausreichender Unveränderlichkeit festgelegt sind. An eben diesen Merkmalen erkennen wir ja auch die Artzugehörigkeit des Einzelwesens. Wie aus dem vorangehenden Abschnitt hervorgeht, ist es eben dieser Sammeltopf, der »gene pool«, wie englisch sprechende Genetiker und Phylogenetiker sagen, der das Wesen einer Art ausmacht.

Wie der Zoologe die Artzugehörigkeit eines Tieres zu erkennen vermag, so sehen auch der Archäologe und der Kulturhistoriker auf einen Blick, welcher Kultur und welcher ihrer Perioden ein bestimmter Gegenstand entstammt. Angesichts der Leichtigkeit, mit der die Vererbung erworbener Eigenschaften Veränderungen an den Produkten des menschlichen Geistes bewirken kann, bedarf die relative Invarianz der kulturellen Leistungen, die dem Wissenden ein so sicheres Urteil gestattet, einer besonderen Erklärung.

Die Lebensfähigkeit einer Art hängt davon ab, daß die Invarianz ihrer Erbanlagen im richtigen Gleichgewicht zu deren Veränderlichkeit steht. Die Phylogenetiker und die Genetiker wissen heute schon ziemlich genau, wie eine Tier- oder Pflanzenart es fertigbringt, durch laufende Anpassungsvorgänge den ständig vor sich gehenden größeren und kleineren Veränderungen ihres Lebensraumes gerecht zu werden. Das Gleichgewicht zwischen jenen Faktoren, die Invarianz der Erbmasse bedingen, und jenen, die sie verändern, ist von Art zu Art verschieden und jeweils an die Veränderlichkeit des Lebensraumes angepaßt. In wenig veränderlichen Lebensräumen, wie z.B. im Weltmeer, überwiegen die Invarianz bewirkenden Faktoren; Mutationsrate und Spalterbigkeit sind dort am geringsten. Am höchsten sind sie dagegen bei Wesen, die in rasch veränderlichen Biotopen leben.

Unser Wissen um die vielen Analogien zwischen der Artenbildung und dem geschichtlichen Werden von Kulturen legt den Versuch nahe, auch in der menschlichen Kultur nach zwei Kategorien von Vorgängen zu fahnden, deren harmonischer Antagonismus das lebenserhaltende Gleichgewicht zwischen Invarianz und Anpassungsfähigkeit herstellt und aufrechterhält. Bei diesem Unterfangen kann ich gewisse Vorgriffe auf den zweiten Band dieses Buches nicht vermeiden, in dem von Störungen dieses Gleichgewichtes und von Fehlleistungen der einzelnen Faktoren die Rede sein wird. Das wenige, was wir über sie wissen, stammt nämlich großenteils aus dem Studium dieser Gleichgewichtsstörungen und Fehlleistungen. Zu meiner Rechtfertigung darf ich sagen, daß die meisten Lehrbücher der Physiologie ebenso verfahren, wie ich es hier tue, indem sie den normalen Vorgang zuerst darstellen, obwohl man diesen fast nur aus seinen pathologischen Störungen kennt. Das eigentlich wünschenswerte Vorgehen wäre es, den Schüler auf demselben Wege zu führen, den die Forschung selbst gegangen ist. Leider ist dieser Weg umständlich und schwierig.

In der zweifachen Wirkung jeglicher Struktur liegt ein Problem, dem jegliches lebende System, sei es nun eine Spezies oder eine menschliche Kultur, gegenübersteht: Ihre *stützende* Funktion muß durch ein *Steifwerden*, d.h. mit einem Verlust an Freiheitsgraden, erkauft werden! Der Regenwurm kann sich krümmen, wo er will, wir können unsere Körperhaltung nur dort verändern, wo Gelenke vorgesehen sind. Wir aber können aufrecht stehen, und der Regenwurm nicht. Die invarianten Strukturen einer Art machen ihre Angepaßtheit aus und stehen gleichzeitig in einem merkwürdigen Verhältnis zum Wissen. Einerseits enthält jede angepaßte Struktur Wissen; Wissen kann gar nicht anders als in angepaßter Struktur festgehalten werden, sei es nun in den Kettenmolekülen des Genoms, in Ganglienzellen des Gehirns oder in den Buchstaben eines Lehrbuches. Struktur ist Angepaßtheit im fertigen Zustande, sie muß, zumindest teilweise, wieder *ab- und umgebaut* werden, wenn weitere Anpassung vor sich gehen, neues Wissen erworben werden soll.

Ein schönes Beispiel für diesen Vorgang ist das Wachstum eines Knochens: Es beruht keineswegs nur darauf, daß knochenbildende Zellen, »Osteoblasten«, neue alsbald verkalkende Knochensubstanz anlagern, es müssen gleichzeitig auch Zellen am Werke sein, die imstande sind, alte Knochensubstanz zu vernichten, nämlich die Osteoklasten. Durch das harmonische Zusammenwirken dieser Antagonisten wird der wachsende Knochen als Ganzes dauernd der Größe des heranwachsenden Tieres angepaßt und steht auf jedem Stadium des Wachstums in voller Harmonie mit der Ganzheit des Organismus.

Alles Kumulieren von Wissen, wie es für den Geist der Kulturmenschen konstitutiv ist, beruht auf dem Entstehen fester Strukturen. Es bedarf einer verhältnismäßig hohen Invarianz dieser Strukturen, um sie überhaupt von Generation zu Generation vererbbar und eine Kumulation des Wissens über längere Zeiträume möglich zu machen. Das Gesamtwissen einer Kultur, das in allen ihren Sitten und Gebräuchen, in ihren Verfahrensweisen von Ackerbau und Technik, in der Grammatik und dem Vokabular ihrer Sprache und erst recht in dem »gewußten« Wissen der sogenannten Wissenschaft enthalten ist, muß in relativ formkonstante Strukturen gegossen sein, um kumuliert und weitergegeben werden zu können.

Nicht einen Augenblick aber darf man vergessen, daß Struktur nur Angepaßt-*heit* und nicht Anpassung, nur Wissen und nicht Erkennen ist. »Das Wort erstirbt schon in der Feder«, sagt Goethe. »Ein Gedanke heißflüssig, Lava! Aber jede Lava baut um sich herum eine Burg, jeder Gedanke erstickt sich zuletzt selbst in Gesetzen«, sagt Nietzsche. So wenig das Wachstum des Knochens ohne Abbau möglich ist, so wenig kann das lebendige Wachstum menschlichen Wissens weiterschreiten, wenn nicht Schritt für Schritt schon Angepaßtes, schon Gewußtes abgebaut wird, um Neuerem und Höherem Platz zu machen. Nicht anders, als im Genom einer Tier- oder Pflanzenart Konstanz und Veränderlichkeit der Vererbung in einem harmonischen Gleichgewicht stehen müssen, müssen dies auch die Invarianz und die Veränderlichkeit kulturellen Wissens tun. Das vorliegende Kapitel handelt von den die Invarianz der Kultur aufrechterhaltenden Faktoren.

2 *Gewohnheit und sogenanntes magisches Denken*

In meinem Buche über Aggression habe ich ausführlich dargestellt, welche Rolle die schlichte Gewohnheit bei der Fixierung erlernter Verhaltensfolgen spielt; ich kann mich daher hier kurz fassen. Individuell erworbene Gewohnheiten, wie z.B. die einer Wegdressur, nehmen oft schon nach erstaunlich kurzer Zeit eine bestimmte feste Form an, von der das Tier schwer oder nicht abgehen kann. Für ein Wesen, das keine ursächliche Einsicht in die möglichen Folgen eines Verhaltens hat, ist es ratsam, genau an einem Verfahren festzuhalten, das sich als erfolgreich und gefahrlos erwiesen hat. Die Geschichte von meiner »abergläubischen« oder, wenn man so will, zwangsneurotischen Gans, die einmal in der Eile den gewohnten Umweg vergaß, dann Angst bekam und das Versäumte nachholte, oder die Geschichte von Margaret Altmanns Reittieren, die sich weigerten, an einer Stelle vorüberzugehen, an der sie vorher schon einige Male gelagert hatten, brauchen hier nur erwähnt zu werden.

Auch bei uns Menschen wird die rein zufällig erworbene Gewohnheit schnell zur »lieben« Gewohnheit. Jede Abweichung von der eingefahrenen Verhaltensweise wird als unangenehm, ja als beängstigend empfunden, wie ich an mir selbst beobachtete, als ich einst in Auflehnung gegen das Gewohnheitstier in mir selbst versuchte, von bestimmten zufällig erworbenen Weggewohnheiten abzuweichen. Die typische Zwangsneurose, die den Befallenen zu merkwürdigen und oft höchst komplizierten Verhaltensweisen zwingt, ist nur eine Hypertrophie eines Mechanismus, der normalerweise der Aufrechterhaltung einer Invarianz des Verhaltens dient und unentbehrlich für das Kumulieren tradierten Wissens ist.

Die tiefe Angst, die jedes von Gewohnheiten abhängige Wesen bei jedem Abweichen von dem gewohnten Verhalten befällt, ist ein sehr primitiver, schon bei vormenschlichen Lebewesen mächtiger Antrieb, doch spielt sie auch im komplexen Motivationsgefüge des menschlichen Kulturlebens eine unentbehrliche Rolle. Sie ist wesentlich an dem angstbetonten Gefühl des Sich-versündigt-Habens, kurz an den Schuldgefühlen beteiligt, und sie trägt damit erheblich zur Gesetzestreue des Kulturmenschen bei. Wie ich in meinem Aggressionsbuch auseinandergesetzt habe, gäbe es keine glaubhafte Mitteilung, keine vertrauenswürdigen Verträge, keine Treue und kein Gesetz, wenn das Gewohnte nicht in der geschilderten Weise zu einem mächtigen Antrieb des Verhaltens würde.

Niemand käme indessen auf den Gedanken, von einer lieben Gewohnheit zu sprechen, wenn neben der ihre Durchbrechung bestrafenden Angst nicht noch andere Emotionen am Werke wären, die das »brave« und gehorsame Befolgen dessen belohnen, was die Gewohnheit vorschreibt. Jeder kennt die qualitativ eigenartigen Lustgefühle, die man empfindet, wenn man etwas sehr Vertrautes, eine aus der Kindheit bekannte Landschaft, das Innere eines vor langer Zeit bewohnten Hauses oder das Antlitz eines alten Freundes wiedersieht. Das Ausführen einer erlernten, gut gekonnten Bewegung gewährt eine ähnliche Befriedigung. Das stark belohnende Gefühl, das beide Vorgänge, der rezeptorische wie der motorisch-propriozeptorische, vermitteln, ist das Gegenteil der oben beschriebenen existentiellen Angst, es ist das beruhigende Gefühl der Sicherheit, das weit mehr bedeutet als ein bloßes Beseitigen der Angst: Es steigert unser Selbstbewußtsein merklich! »Man fühlt, hier bin ich zu Hause« und »Das kann ich immer noch gut«. Ich glaube, daß wir alle unterschätzen, wie sehr uns dauernd die Angst im Nacken sitzt und wie sehr wir uns nach Sicherheit sehnen!

3 *Nachahmung und Nachleben*

Alle diese nicht spezifisch menschlichen zur Fixierung des Gewohnten beitragenden Vorgänge erfahren beim Kulturmenschen eine gewaltige Verstärkung. Wir Menschen, die wir, was man nicht oft genug sagen kann, von Natur aus Kulturwesen sind, können gar nicht umhin, all das, was uns in unserer Kindheit und Jugend von unseren Eltern und älteren Verwandten tradiert wurde, mit jenen emotionellen Werten auszustatten, die diese Traditionsgeber für uns besitzen. Sinken diese Werte unter den Nullpunkt, so ist die Weitergabe von kultureller Tradition unterbunden.

Es ist nicht leicht, die Qualitäten der verschiedenen Gefühle zu analysieren, die ein jüngerer Mensch einem älteren entgegenbringen muß, um überhaupt imstande zu sein, Tradition von ihm zu empfangen. Auch sind diese Gefühlsqualitäten grundsätzlich nur phänomenologischen Methoden zugänglich, so daß in bezug auf sie genaugenommen jeder nur von sich selbst sprechen kann. Entgegen meiner sonstigen Hochschätzung für die psychologische Feinfühligkeit der gewachsenen Umgangssprache zweifle ich, ob diese für jede einzelne dieser Qualitäten ein zutreffendes Wort geschaffen hat. Wie vieles qualitativ Verschiedene wird doch mit dem Worte »Liebe« bezeichnet! Liebe irgendwelcher Art gehört zweifellos zu den unentbehrlichen Voraussetzungen der Traditionsübernahme. »Gernhaben« ist vielleicht die treffendste Bezeichnung für das Gefühl, das der Traditionsempfänger dem Traditionsgeber entgegenbringen muß. Von jemandem, den man nicht gern hat, kann man sich nicht leicht »etwas sagen lassen«.

Das Wort »Furcht« scheint mir nicht eindeutig bezeichnend für die zweite der gefühlsmäßigen Voraussetzungen. Im Worte Gottesfurcht oder Gottesfürchtigkeit scheint mir die hier wesentliche Bedeutung des Wortes »Furcht« am deutlichsten ausgedrückt zu sein. Solange in der individuellen Entwicklung des heranwachsenden Menschen seine »Sozialisation«, d.h. seine Eingliederung in die traditionelle Kultur und seine Identifizierung mit ihr, noch nicht so weit gediehen ist, daß er den Schatz der kultureigenen Tradition unmittelbar als etwas Verehrungswürdiges, als ein »Tremendum« empfindet, ist es offenbar unumgänglich nötig, daß er diese Empfindung ganz persönlich einem älteren Träger dieser Kultur entgegenbringt. »Tremendum« ist von dem lateinischen Wort für »beben« oder »zittern« abgeleitet; die Bezeichnung für eine der schönsten und vernünftigsten aller Religionen, für die der *Quäker*, stammt von dem englischen Wort für »zittern« oder »beben«. Vor einer Vaterfigur zu zittern liegt heutigen Menschen nicht. Doch ist es unentbehrlich, daß der Traditionsnehmer eine höhere Rangordnungsstellung des Traditionsgebers anerkennt. Die emotionelle Lage, die dieser Anerkennung entspricht, können wir in unserer heutigen Umgangssprache am besten als die eines mehr oder weniger tiefen *Respektes* bezeichnen, den man dem Traditionsgeber entgegenbringt.

Ein weit verbreiteter Irrtum, dessen sich die Psychoanalyse und die pseudodemokratische Doktrin schuldig machen, liegt in dem Glauben, daß die Gefühle der Liebe und des Respektes miteinander unvereinbar seien. Ich habe mich in meine Kindheit rückzuversetzen getrachtet und versucht, mir zu vergegenwärtigen, wen ich unter meinen annähernd gleichaltrigen Freunden und wen unter meinen älteren Verwandten und Lehrern ich am meisten geliebt habe. Unter den Gleichaltrigen besaßen meine Liebe mindestens ebensooft solche, vor denen ich Respekt, ja etwas Angst hatte, wie solche, die mir treue Freunde, aber mir eindeutig untergeordnet waren. Ich weiß mit Sicherheit, daß ich selten einen Freund so geliebt und verehrt habe wie den um vier Jahre älteren, unbestrittenen Häuptling unserer Altenberger Kindersozietät. Wir pflegten noch im unteren Mittelschulalter intensiv Indianer zu spielen. Ich habe mich nicht unerheblich vor ihm gefürchtet, mit gutem Grund, denn Vergehen – vor allem solche gegen den indianischen Ehrenkodex – wurden von dem Häuptling, der viel stärker war als ich, bestraft. Dieser Junge war ein außerordentlich ritterlicher, im höchsten Grad verantwortlicher und auch mutiger Herrscher. Er hat einmal meiner jetzigen Frau unter wirklichem Einsatz seines Lebens das ihre gerettet. Ich verdanke Emmanuel La Roche, meinem ersten wirklichen Vorgesetzten, eine Menge ethischer Maximen.

Selbst jene Altersgenossen, die ich nach den Kriterien der Tiersoziologie als mir rangmäßig untergeordnet einstufen würde, hatten, wie sich bei längerem Nachdenken zeigt, stets etwas an sich, was mir imponierte und worin sie mir überlegen waren. Ich zweifle daran, ob man überhaupt einen Menschen wirklich lieben kann, auf den man in jeder Hinsicht herabblickt.

Bei der kindlichen Einstellung zu Erwachsenen ist die positive Korrelation zwischen Liebe und Respekt noch deutlicher; bei der Einstellung heranwachsender Buben zu erwachsenen Männern ist sie nahezu absolut. Von meinen Lehrern habe ich fast ausnahmslos die strengsten am meisten geliebt, wobei Strenge selbstverständlich nicht eine willkürliche Tyrannei, sondern nur unbedingten Anspruch auf rangordnungsmäßige Anerkennung bedeutet. Eine Ausnahmestellung nahmen, wie ich bekennen muß, in meiner kindlichen Zuneigung zwei unverheiratete Tanten ein, kinderfreundliche alte Jungfern, die uns maßlos verwöhnten. Ich hatte keinerlei Respekt vor ihnen, aber ich liebte sie mit einer Zärtlichkeit, die ein wenig von Mitleid getönt war.

Selbst die einfachste und primitivste Form der Traditionsübernahme, die *Nachahmung*, hat zur Voraussetzung, daß der Nachzuahmende dem Nachahmenden in irgendeiner Weise »imponiert«, und sei es nur in der Art, wie das japanische Verbeugungszeremoniell (siehe S. 196) auf meinen kleinen Enkel Eindruck machte. Auf einer höheren Ebene versuchen sich Kinder mit ihrer ganzen Persönlichkeit in die des Nachgeahmten zu versetzen, und so entsteht das sogenannte Rollenspiel. Die Wahl der Rolle wird davon bestimmt, was dem Kinde imponiert, und das belohnende Lustgefühl besteht zweifellos in einer Steigerung des Selbstgefühls, an die ich mich persönlich noch ganz genau erinnere. Das Rollenspiel bezog sich bei mir – wer sollte sich darüber verwundern – hauptsächlich auf tierische Vorbilder, und ich kann versichern, daß ich mich als Ente oder Wildgans geradezu prachtvoll gefühlt habe. Auch die Rolle einer schnaubend und pfeifend dahinrasenden Schnellzuglokomotive hat mir zu ekstatischen Steigerungen meines Selbstgefühls verholfen. Es war auch nicht schlecht, Winnetou, der edle Häuptling der Apachen zu sein, wenn auch unter der gerechten Oberhoheit seines Vaters Intschutschuna.

Aus diesen in meiner Kindheit entwickelten Phasen des Rollenspiels glaube ich entnehmen zu dürfen, daß die früher, etwa von dem achten bis zehnten Lebensjahre, nachgeahmten Vorbilder eine intensivere Dauerwirkung entfalten als die späteren. Man geht dann auch nicht mehr so völlig in der Rolle auf, die man spielt.

Daß ein Kind in der oben beschriebenen Weise sogar die Rolle einer leblosen Maschine übernehmen kann, zeigt nur, wie weit der Spielraum ist, den die angeborene Anlage dem Nachahmen eines Menschenkindes läßt. In meiner eigenen Kindheit hat das Rollenspielen in der schon angedeuteten Hinsicht eine große und möglicherweise für mein späteres Leben entscheidende Rolle gespielt. Ich erinnere mich noch genau, mit welcher wahrhaft schauspielerischen Nachahmung ich die Bewegungen meiner Lieblingstiere wiederzugeben bestrebt war. Dies hat zu der dauernden Gewohnheit geführt, tierische Bewegungsweisen dadurch zu »memorieren«, daß ich sie nachahme. Die Fähigkeit dazu erheitert meine Schüler.

Weniger verwöhnte Kinder wählen näherliegende Vorbilder, unter denen der Wagenführer und der Schaffner der Straßenbahn immer noch beliebt sind, während Soldaten, die noch vor wenigen Generationen am meisten nachgeahmt wurden, den Kindern – Gott sei Dank! – nicht mehr imponieren. Von einfacheren »niedrigeren« Kulturen wissen wir durch O. Koenig, I. Eibl-Eibesfeldt und andere, daß die von den Kindern gewählte und hingebend gespielte Rolle ganz einfach die der Erwachsenen bei irgendeiner den Kindern imponierenden Tätigkeit ist. Bei ihnen geht nach Koenig das Rollenspielen oft fließend in ein wirksames Mithelfen bei der Tätigkeit des Vorbildes über.

Elemente des kindlichen Rollenspiels sind zweifellos daran beteiligt, wenn wir als Erwachsene in anderen Menschen, deren Überlegenheit wir anerkennen, Vorbilder sehen und ihnen nacheifern. Dabei kann es geschehen, daß wir völlig unbewußt unser Vorbild auch darin nachahmen, »wie es sich räuspert und wie es spuckt«. Mir selbst wurde von meiner Frau und von kritischen Freunden oft versichert, daß ich beim Vortragen in die etwas abgehackte und skandierende Redeweise meines Lehrers Ferdinand Hochstetter verfalle, und zwar immer dann, wenn mir der

Gegenstand von besonderer Wichtigkeit ist. Ich schenkte dem keinen Glauben, bis ich einmal Zeuge davon wurde, wie I. Eibl-Eibesfeldt bei einem sehr wichtigen Vortrag in größere Erregung geriet. Da hörte ich mit Staunen einen Nachklang Hochstetterscher Redeweise als eine Vererbung erworbener Eigenschaften in der zweiten Generation.

Ich darf versichern, daß mir Ferdinand Hochstetter mehr gegeben hat als eine Affektation beim Reden. Es ist offenbar nur schwer möglich, daß man einen anderen Menschen nur in bezug auf einige wenige Eigenschaften oder Leistungen zum Vorbild nimmt und ihn in anderer Hinsicht ablehnt. Die elementare Kraft des Vorbildes kommt dann nur zur Wirkung, wenn man es in jeder Hinsicht, *vor allem in ethischer* bejaht. Es sind in erster Linie die Normen sozialen Verhaltens, die im eigentlichen Wortsinne *sittlichen* Bräuche, die man von dem verehrten Vorbild übernimmt. Das Schuldgefühl, das ihre Durchbrechung bestraft, ist aufs nächste mit den peinlichen Empfindungen verwandt, die man hätte, wenn man von jenem Menschen dabei ertappt würde. Die gemäßigte Mißbilligung eines solchen kann, selbst wenn sie nur handwerkliche und nicht ethische Belange betrifft, eine wirksame Strafe sein. Die strengste Mißbilligung, die Hochstetter mir gegenüber je äußerte, war: »Das ist recht blamabel.« Sie betraf nur einen Fehler in der Präparierung der Leiche, die in der Vorlesung demonstriert werden sollte. Ich wage kaum auszudenken, wie mir zumute gewesen wäre, hätte mir mein Lehrer eine ernstere, nicht nur meine Handwerksehre betreffende Ausstellung gemacht. Anerkennung und Lob, noch sparsamer geäußert, haben bei einem solchen Lehrer begreiflicherweise eine stark anfeuernde Wirkung.

Allem, was man an kultureller Tradition, insbesondere an überlieferten Normen sozialen Verhaltens, von einem so verehrten Vorbild übernimmt, bringt man ganz zwangsläufig die gleiche Wert-und Hochschätzung entgegen wie dem geliebten Menschen selbst. Dies trägt zweifellos sehr zur Aufrechterhaltung kultureller Invarianz bei. Da zur Zeit gerade an dieser Invarianz ein deutlicher Mangel herrscht, neigen viele Verantwortliche dazu, sämtliche Invarianz aufrechterhaltenden Faktoren für absolut segensreich zu halten. Dies sind sie selbstverständlich nur so lange, als sie, wie schon auseinandergesetzt (S. 246), mit den Vorgängen, die Strukturen abbrechen und verändern, in jenem wohlausgewogenen Gleichgewicht stehen, das die Angepaßtheit des Systems in einem dauernd sich verändernden Lebensraum sichert. Die Störungen dieses Gleichgewichts werden im 2. Band ausführlich besprochen.

Alle traditionsmäßig überlieferten Strukturen zeigen jene Festigkeit, die für ihre Stützfunktion unerläßlich ist. Da die verehrte Vaterfigur, die allein imstande ist, Tradition zu übermitteln, ihrerseits auch einen Vater verehrt, erscheint dieser, dem jungen Menschen vielleicht gar nicht mehr persönlich bekannte Großvater als noch verehrungswürdiger. So ist eine gesetzmäßige Ahnenverehrung beim Menschen phylogenetisch programmiert. Kein Wunder, daß sich Ahnenkult bei sehr verschiedenen Völkern in nahezu gleicher Ausbildung vorfindet. Wie die Verehrung für die – oft sogar zu Göttern erhobenen – Ahnen mit dem Maße der verflossenen Zeit zunimmt, so wächst auch die Achtung für tradierte Verhaltensweisen mit deren Alter: Je weiter ihr Ursprung in das Dunkel der Vergangenheit entgleitet, desto mehr nehmen sie den Charakter des Heiligen an, dessen Verletzung oder Durchbrechung *Sünde* ist und Gefühle von Angst und Schuld erweckt.

Diesen, jede Abkehr von den tradierten Verhaltensnormen bestrafenden Vorgängen treten solche an die Seite, die das Festhalten an Brauch und Sitte belohnen: Die Möglichkeit, sich mit einer Vaterfigur zu identifizieren und sich bewußt zu werden, daß man den Geboten eines ethischen »Über-Ich« gehorcht, verleiht dem Menschen eine innere Sicherheit, die schlechthin unentbehrlich ist. Zu den wichtigsten Methoden der wahrhaft diabolischen »Gehirnwäsche« gehört es, den Opfern diese Sicherheit zu rauben, indem man ihnen alles zweifelhaft macht, was sie sicher zu wissen glauben.

Die soeben besprochenen Vorgänge haben die Neigung, alles was in den Hort des einer Kultur und allen ihren Trägern gemeinsamen Wissens eingeht, langsam, aber unaufhaltsam zur Doktrin zu verfestigen. Innerhalb bestimmter Grenzen ist dieser Prozeß, wie gesagt, unentbehrlich. Er ist es sogar in jener Tätigkeit, von der man am allerwenigsten annehmen sollte, daß sie mit Doktrinen arbeitet und ihr Gebäude auf den Felsen des festen Glaubens gründet, nämlich in der Naturforschung. Man mag sich als Naturforscher noch so sehr selbst zu suggerieren versuchen, daß alles, was man zu wissen glaubt, nur Arbeitshypothese sei und daß man jederzeit die volle Bereitschaft wahre, ohne affektbetonte Widerstände, ja mit wahrer Freude alles für unrichtig zu erklären, was man bisher für wahr gehalten hatte. Für Hypothesen, die man erst jüngst gebildet hat und die im Zentrum der gegenwärtigen Forschung stehen, mag das gelten, auch bei mir selbst. Es mag Forscher geben, die ganz genau nach der von Karl Popper angegebenen Verfahrensweise nach nichts anderem trachten, als die eigene Hypothese mit allen Mitteln zu falsifizieren, d.h. als unrichtig zu erweisen, um so durch Ausschluß verschiedener Erklärungsmöglichkeiten zur allein nicht falsifizierbaren Theorie vorzudringen.

Forscher, die mit einer guten Fähigkeit zur Gestaltwahrnehmung, zur sogenannten Intuition, begabt sind, verfahren aber, soweit ich beobachten konnte, niemals so. Die Hypothese, die einem so gearteten Manne als erste einfällt, ist nicht willkürlich ohne Bezug auf äußere Wahrnehmungen konstruiert, sie ist vielmehr immer schon das Ergebnis jenes komplexen Verfahrens von Sinnesorganen und Zentralnervensystem, das wir im 2. Abschnitt des VII. Kapitels besprochen haben. Aufgrund phänomenologischer Selbstbeobachtung muß ich gestehen, daß ich das, was ich intuitiv wahrgenommen habe, zunächst einmal *glaube.* Gewiß versuche ich dann, das Vermutete mit allen Mitteln zu falsifizieren, und tue mein Bestes, ihm die subtilsten Gelegenheiten zu geben, seine Richtigkeit oder Falschheit zu erweisen. Auf diesem Stadium bin ich auch noch einer ehrlichen Freude fähig, wenn sich herausstellt, daß ich etwas ganz Falsches geglaubt habe. Es wäre indessen eine Lüge, wollte ich behaupten, daß ich *wünsche,* alle meine Hypothesen als völlig falsch zu entlarven. Vor allem bei den älteren hoffe ich, daß sie sich allen Versuchen der Falsifizierung gegenüber als hieb- und stichfest erweisen werden. Ich hoffe, kleinere Unrichtigkeiten herauszufinden, da ich ja von vornherein davon überzeugt bin, daß meine Hypothesen nicht ganz und gar richtig seien. Um dies zu glauben, kenne ich zu gut die Fallstricke, über die meine Gestaltwahrnehmung zu stolpern pflegt. Ebensogut aber weiß ich aus Erfahrung, daß sie mir nur sehr selten ganz Falsches vermeldet, und ich bekenne, daß ich im Fall jeder zu prüfenden Vermutung auf eine wenigstens teilweise Richtigkeit meiner Intuition rechne. »Richtigkeit« ist hierbei im Sinne jener Definition der Wahrheit zu verstehen, die Pater Adalbert Martini in einer unserer Diskussionen gegeben hat: »Wahrheit ist derjenige Irrtum, der sich als der beste Wegbereiter zum nächst kleineren erweist.«

Ohne diese Art von Hoffnung auf Richtigkeit wäre der Forscher auch wenig zu dem Beginnen ermutigt, die neue Hypothese weiteren Forschungsvorhaben zu unterstellen. »Unterstellen« ist hier in der Tat ein sehr treffender Ausdruck. Man stellt ja das, was man für wahr hält, wie einen Grundstein unter einen nach oben wachsenden Bau, der nur Bestand haben kann, wenn diese Basis tragfähig ist. Je höher der Bau, den wir errichten, je größer die Arbeitsleistung, die wir in ihn investieren, desto größer muß das Vertrauen in einen solchen Grundstein sein. Desto größer aber sind auch der Mut und vor allem die Arbeitswilligkeit, die gefordert werden, wenn man den Entschluß zum völligen Niederreißen und Neuerrichten des Baues fassen muß. Zu diesem Opfer aber muß der Naturforscher grundsätzlich immer bereit bleiben.

4 Die Identitäts-Findung

Der Mensch, von Natur aus ein Kulturwesen, kann ohne das Stützskelett, das ihm seine Zugehörigkeit zu einer Kultur und seine Teilhaberschaft an ihren Gütern verleihen, schlechterdings nicht existieren. Aus dem Nachahmen des Kindes wird ein Nachleben, das sich nach einem Vorbild orientiert, man fühlt sich mit diesem Vorbild identisch und als Träger – wie auch als Besitzer – seiner Kultur. Ohne diese Identifizierung mit einem Traditionsspender besitzt der Mensch offenbar kein richtiges Identitätsbewußtsein. Jeder Bauer »weiß, wer er ist« und ist stolz darauf. Das verzweifelte Suchen nach einer Identität, das heute sogar zum Gegenstand der Tagespresse geworden ist, die »identity problems« der heutigen Jugend sind Symptome einer Störung in der Überlieferung kultureller Traditionen. Den von diesem Mangel Betroffenen kann man nur sehr schwer helfen. Wenn ein junger Mensch das geistige Erbe der Kultur, in der er aufwuchs, verloren und keinen Ersatz in der Geistigkeit einer anderen gefunden hat, ist es ihm verwehrt, sich mit irgend etwas und irgend jemandem zu identifizieren, er ist tatsächlich ein Nichts und ein Niemand, wie man heute in der verzweifelten *Leere* vieler jugendlicher Gesichter deutlich lesen kann. Wer das geistige Erbe der Kultur verloren hat, ist wahrhaft ein Enterbter. Kein Wunder, wenn er einen letzten verzweifelten Halt in dem Seelenpanzer eines verstockten Autismus sucht, der ihn zum Feind der Gesellschaft macht.

Kein Mensch kann seelisch gesund bleiben, ohne sich mit anderen Menschen zu identifizieren, ebensowenig aber – wie die

Techniker der Gehirnwäsche allzugut wissen –, ohne von anderen Menschen ein Mindestmaß von Anerkennung gezollt zu bekommen. Auch Gesunde durchleben Augenblicke, in denen sie an sich selbst zweifeln und sich die Frage der Identitätssuche vorlegen: »Wer bin ich eigentlich?« Weil mir dies für das Verständnis des Vorganges der Identitätsfindung aufschlußreich erscheint, will ich mit möglichster phänomenologischer Treue zu schildern versuchen, was in mir selbst in solchen Augenblicken der Tiefebene meiner Selbsteinschätzung vorgeht. Das erste, wonach ich zur Rettung meiner Selbstachtung greife, sind keineswegs meine wissenschaftlichen Ergebnisse: Ich zweifle zwar auch in solcher Stimmung nicht an ihrer annähernden Richtigkeit, aber sie kommen mir hoffnungslos *banal* vor. Was mich rettet, ist das Bewußtsein, daß ich ja doch im ganzen genommen ein ziemlich ähnlicher Mensch sei wie Ferdinand Hochstetter, Oskar Heinroth, Max Hartmann u.a.m. Unterbewußt spielt dabei etwas mit, was mit dem kindlichen Rollenspiel nahe verwandt ist. Ich versuche, gewissermaßen »Hochstetter zu spielen«, wie ich in früher Kindheit Lokomotive oder Wildgans gespielt habe, und daraus gewinne ich eine ähnliche Hebung des Selbstgefühls. Weiter rufe ich mir ins Gedächtnis, daß noch andere und Größere mein Werk anerkennen und mich durchaus als ihresgleichen zu behandeln pflegen. Alle diese Gedanken und Gefühle kommen ungesucht und ungefragt, sicherlich aufgrund einer eigenartigen Programmierung des Kulturwesens Mensch.

Eine andere, der bewußten Erfahrung entnommene und recht billige Maßnahme zur Hebung meines Selbstgefühls ist folgende: Wenn sein Absinken Bezug auf meine wissenschaftlichen Leistungen hat und mir diese abgeschmackt und überhaupt nicht veröffentlichenswert erscheinen wollen, aber regelmäßig kurz vor Abschluß eines größeren Manuskriptes einzutreten pflegt, dann lese ich die Schriften erbitterter Meinungsgegner. Je mißverständlicher und affektgeladener eine solche Schrift ist, desto eher kann sie mich glauben machen, daß an meinen Veröffentlichungen »doch etwas dran« sein müsse.

Es mag sein, daß die meisten Männer nicht in dieser Weise von der Identifizierung mit anderen und von der Meinung anderer abhängig sind, wie ich es eben von mir selbst geschildert habe. Ganz allein zu stehen vermögen aber auch die Größten nicht, und es ist nicht einmal wünschenswert, daß sie es können. Yerkes hat einmal von unseren Affen-Vettern gesagt, *ein* Schimpanse sei gar kein Schimpanse. Auf einer viel höheren Ebene ist die Erkenntnis Arnold Gehlens wahr, daß *ein* Mensch gar kein Mensch sei, denn menschliche Geistigkeit ist ein überindividuelles Phänomen.

5 *Stammesgeschichtliche Ritenbildung*

Ein großer Komplex von Verhaltensweisen, die in ihrer Verursachung völlig voneinander verschieden, in ihren Leistungen einander aber erstaunlich ähnlich sind, trägt wesentlich zur Erhaltung der Invarianz kultureller Tradition bei; ihre Besprechung gehörte teilweise zu dem vorangehenden Abschnitt. Indessen haben sie auch andere Wirkungen, und ihre Rolle im tierischen wie im menschlichen Verhalten ist so bedeutend, daß ihnen ein besonderer Abschnitt gebührt. Es handelt sich um die Vorgänge der sogenannten Ritualisierung. In der Stammesgeschichte wie in der Kulturgeschichte spielen sie sich in erstaunlich weitgehender Analogie ab. Wir kommen ihrem Verständnis wohl am besten näher, wenn wir uns zunächst den stammesgeschichtlichen Ritualisierungen zuwenden.

Julian Huxley hat vor mehr als einem halben Jahrhundert die ungeheuer wichtige Entdeckung gemacht, daß die Verständigung zwischen Tieren der gleichen Art, d.h., objektiv ausgedrückt, die Koordination ihres sozialen Verhaltens, durch *Signale* bewerkstelligt wird, die eine ganz bestimmte Verhaltensweise *symbolisieren.* Er beschrieb in seiner klassischen Arbeit (1914) über den Haubentaucher, wie das Männchen beim Umwerben des Weibchens Nistmaterial vom Grunde des Wassers heraufholt und dann mit diesem im Schnabel auf der freien Wasserfläche Bewegungen vollführt, die eindeutig als solche des Nestbauens zu erkennen sind. Vermenschlicht ausgedrückt bedeutet dieses Signal: »Komm, wir wollen miteinander ein Nest bauen.«

Julian Huxley hat schon damals klar erkannt, daß auch viele Verständigungsweisen des Menschen aus einer symbolisierten Darstellung bestimmter Handlungsweisen entstanden sind. Da der Vorgang ihrer Entstehung kein stammesgeschichtlicher, sondern ein kulturgeschichtlicher ist, kommt es beim Menschen oft zur freien Bildung echter Symbole. Doch geht die Analogie zwischen den beiden Vorgängen und zwischen den Funktionen ihrer Ergebnisse so weit, daß es berechtigt erscheint, in beiden

Fällen von *Ritualisation* und ritualisierten Handlungen zu sprechen, wie Huxley das in voller Erkenntnis dieser Dinge schon 1914 getan hat. Ich werde hier den Ausdruck Ritualisation unterschiedslos und ohne Anführungszeichen für einen rein funktionell definierten Begriff gebrauchen, der sowohl das stammesgeschichtliche wie das analoge kulturhistorische Geschehen umfaßt.

In meinem Aggressionsbuch habe ich Genaueres über Ritualisation geschrieben, kann aber hier nicht einfach auf das dort Gesagte verweisen, weil hier andere Gesichtspunkte von Wichtigkeit sind. Vor allem muß ich hier die funktionellen Analogien betonen, die den Ergebnissen beider Arten von Ritualisierung eine so augenfällige Ähnlichkeit verleihen.

Ich beginne mit der phylogenetischen Ritualisierung, weil man über ihren Gang einiges weiß und weil sie uns ein einfacheres Funktionsmodell liefert, anhand dessen wir die Leistungen der kulturellen Ritenbildung besser verstehen können. Unsere recht gründlichen Kenntnisse der phylogenetischen Ritualisation stammen schon aus dem »heroischen« Zeitalter der Ethologie, aus den ersten Jahrzehnten unseres Jahrhunderts. Ritualisierte Bewegungsweisen sind besonders gute Objekte vergleichend-stammesgeschichtlicher Forschung, und sie waren es auch, an denen C. O. Whitman und O. Heinroth die Möglichkeit einer im eigentlichen Sinne vergleichenden Verhaltensforschung *entdeckt* haben. Es waren in erster Linie Ausdrucksbewegungen, ritualisierte Mittel der Verständigung, deren gesetzmäßig abgestufte Ähnlichkeiten und Unähnlichkeiten bei Arten, Gattungen, Familien und Ordnungen, die Whitman und Heinroth auf den Gedanken brachten, daß Bewegungsmuster ebenso verläßliche Merkmale von Verwandtschaftsgruppen seien wie nur irgendwelche körperlichen Charaktere. Diese Erkenntnis rief die Ethologie ins Leben.

Unser Wissenszweig entstand also als eine Hilfsdisziplin der allgemeinen Stammesgeschichtsforschung, der sie wertvolle taxonomisch verwertbare Daten lieferte. Umgekehrt empfing sie wesentliche Belehrungen betreffs des stammesgeschichtlichen Werdens von erbkoordinierten Bewegungskreisen und, weil Ausdrucksbewegungen aus vielen Gründen besonders günstige Objekte vergleichender Forschung sind, einen wertvollen Wissenszuwachs betreffs der Entstehung von *symbolähnlich* wirkenden Bewegungsweisen. Wir kennen heute bei einer erheblichen Anzahl von Tiergruppen Differenzierungsreihen homologer Bewegungsformen, die den Gang der Entwicklung erkennen lassen. Diese Reihen reichen von dem »unritualisierten Vorbild«, d.h. der noch nicht im Dienste der Kommunikation veränderten Instinktbewegung, über viele Übergänge zu hochritualisierten Bewegungen, die von dem Selektionsdruck ihrer Signalfunktion bis zur Unkenntlichkeit verändert worden sind. Man würde ihre Herkunft nicht ahnen, wenn man nicht die ganze Reihe der Zwischenstufen vor Augen hätte, durch die, zum Glück des Forschers, das unritualisierte Vorbild mit der »Symbolhandlung« verbunden ist.

Die stammesgeschichtlich und die kulturgeschichtlich entstandenen Riten haben vier wesentliche Leistungen gemeinsam, und diese sind es, die den Erzeugnissen der Ritualisation so unverkennbar den Stempel der formalen Analogie aufdrücken.

Die *erste* und älteste dieser Leistungen ist die der Kommunikation.

Die *zweite* Leistung, die bei der phylogenetischen Ritualisierung wahrscheinlich aus der Kommunikation entstanden ist, besteht darin, daß manche Verhaltensweisen durch ihre Ritualisierung in bestimmte Bahnen festgelegt werden. Sie werden »eingedämmt«, in dem Sinne, in dem ein Fluß zwischen zwei Dämmen in eine bestimmte erwünschte Richtung geleitet wird. Bei der phylogenetischen Ritualisierung ist es vor allem das aggressive Verhalten, das in dieser Weise gelenkt wird, beim analogen kulturgeschichtlichen Vorgang ist es nahezu das gesamte soziale Verhalten.

Die *dritte* sehr wesentliche Leistung beider Arten von Ritualisation besteht darin, daß sie neue Motivationen schaffen, die aktiv in das Wirkungsgefüge sozialer Verhaltensweisen eingreifen.

Die *vierte* Funktion ist die des Verhinderns einer Vermischung von zwei Spezies oder von zwei »Quasi-Spezies«, d.h. von Kulturen und Sub-Kulturen.

Eine weitere Leistung kommt allein der kulturgeschichtlichen Ritualisierung zu: Es ist die Schaffung freier Symbole, die für die kulturelle Sozietät gesetzt und wie diese verteidigt werden. Zunächst sollen die vier genannten Leistungen, die beiden Formen der Ritualisation zukommen, miteinander verglichen werden.

(1) Wir wenden uns der kommunikativen Leistung phylogenetischer Ritualisierung zu. Jedes Kommunikationssystem besteht aus zwei komplementären Teilen, dem Sender und dem Empfänger. Es muß dem ausgesandten Signal, dem Schlüsselreiz, ein

rezeptorisches Korrelat gegenüberstehen, das selektiv auf ihn anspricht. Bei der phylogenetischen Ritenbildung hat die Entwicklung offenbar am rezeptorischen Ende der Nachrichtenvermittlung begonnen; das heißt, es haben sich arterhaltend sinnvolle Reaktionen entwickelt, die durch Bewegungen ausgelöst wurden, die der Artgenosse *sowieso* ausführt. Diese Erscheinung, die lange bekannt ist, wurde als »Resonanz«, als »soziale Induktion« usw. bezeichnet, ohne daß dabei das Problem aufgeworfen wurde, welche physiologischen Mechanismen es verursachen, daß ein Pferd in Panik gerät, wenn es ein anderes in wilder Flucht davonstürmen sieht, oder daß ein nahezu sattes Huhn aufs neue zu fressen beginnt, wenn es ein anderes, hungriges, fressen sieht.

Es ist die Entstehung eines Empfangsapparates, die dieses »Verständnis« für das Verhalten eines Artgenossen bewirkt; durch sie wird eine Verhaltensweise zum *Signal.* Ein Verhalten, das, wie die Flucht des Pferdes oder das Picken des Huhnes, bis dahin nur einer anderen arterhaltenden Leistung gedient hatte, erhält dadurch eine neue, kommunikative Funktion, daß es vom Artgenossen *verstanden wird.* Dieses »Zum-Signal-Werden« ändert zunächst nichts an der Bewegung selbst! Diesen Vorgang hat W. Wickler »empfangsseitige Semantisierung« genannt. Wahrscheinlich bedeutet er, wo immer es zur Entstehung ritualisierter Bewegungsweisen kommt, den ersten Schritt dieser Entwicklung.

Die neue kommunikative Funktion oder, genauer gesagt, der Empfangsapparat, der das Verständnis einer Verhaltensweise ermöglicht, übt begreiflicherweise einen Selektionsdruck auf ihre weitere Entwicklung aus. Alle Eigenschaften, die den betreffenden Bewegungsablauf als Signal eindeutiger und wirkungsvoller werden lassen, werden bevorzugt und im Laufe weiterer Entwicklung überbetont. Dazu kommen häufig noch körperliche Strukturen, die den Signalwert der Bewegung erhöhen. Dem Selektionsdruck, der von der neuen Signalfunktion der Bewegungsweise ausgeübt wird, steht begreiflicherweise der ihrer ursprünglichen arterhaltenden Leistung entgegen, die durch jede Veränderung gefährdet wird. Nur bei Bewegungen, die als funktionslose Epiphänomene des Verhaltens auftreten, fällt dieses Hemmnis der Signalentwicklung fort, wie z.B. bei Übersprungsbewegungen, Intentionsbewegungen oder vegetativen Erscheinungen. Aus diesen sind die allermeisten Ausdrucksbewegungen entstanden.

Es kommt nur recht selten vor, daß Zutaten, die als Signale

wirksam sind, auf funktionstüchtige Bewegungen aufgepfropft werden. Besonders selten betreffen diese Veränderungen die Bewegung selbst. Eines der wenigen Beispiele hierfür ist das Flügelklatschen der Tauben, die sowohl bei der Balz als auch beim Abflug die Amplitude des normalen Flügelschlages so vergrößern, daß die Handschwingen beim Auf- wie beim Abschlag der Flügel aufeinandertreffen. Meistens kann die neue kommunikative Leistung nicht mit der ursprünglichen Funktion ihres unritualisierten Vorbildes vereinigt werden, wie dies beim Flügelklatschen und dem Abfliegen der Taube immerhin noch möglich ist, sondern das ritualisierte Signal spaltet sich als eine *autonom* gewordene Erbkoordination von der primären Bewegungsweise ab.

(2) Wir gelangen zu der zweiten Funktion ritualisierter Verhaltensweisen, die darin besteht, arteigene Verhaltensweisen in bestimmte Bahnen zu lenken und vor allem arterhaltungs-schädigende Wirkungen der innerartlichen Aggression zu verhindern oder wenigstens zu mildern. Wir haben weiter oben gehört, daß die Veränderungen, die eine Handlung im Dienste der Kommunikation erfährt, ihre ursprüngliche Wirksamkeit abschwächen können und daß dies in den meisten Fällen im Interesse der Arterhaltung unerwünscht sei. Im Falle des innerartlichen Kampfverhaltens liegt insofern eine Ausnahme vor, als es durchaus wünschenswert ist, die ursprünglichen Auswirkungen, nämlich die körperliche Beschädigung des Artgenossen, nach Möglichkeit abzuschwächen. Die Bewegungsweisen des intraspezifischen Kampfes sind bei den allermeisten Tieren von solchen des Fressens abgeleitet. Die Mehrzahl aller Fische, Reptilien, Vögel und Säugetiere benutzen ihre Freßwerkzeuge zu Kämpfen zwischen Artgenossen. Nur verhältnismäßig wenige schlagen mit den Vorderfüßen und noch weniger kämpfen mit dem Schwanz, wie z. B. manche Reptilien. Noch seltener aber kommt es vor, daß Bewegungen und Organe der intraspezifischen Aggression dienen, die im Dienste der Verteidigung gegen Raubfeinde entstanden sind. Ich wüßte als Beispiel hierfür nur die Schmetterlingsfische (Tetrodontidae) zu nennen, die im Rivalenkampf mit den Stacheln der Rückenflosse nacheinander stechen, und manche Horntiere. Die einzigen Tiere, bei denen die Waffen des Rivalenkampfes nur zu diesem Zwecke entstanden sind, sind meines Wissens die Hirsche.

Da nun der arterhaltende Sinn des intraspezifischen Kämpfens nicht in der Vernichtung des Gegners liegt, sondern entweder in seiner rangordnungsmäßigen Unterwerfung oder in seiner Vertreibung aus dem Revier, sind die Waffen und die Bewegungsweisen, die zum Erlegen der Beute oder zur Abwehr des Freßfeindes geschaffen sind, für den Rivalenkampf viel zu scharf und wirkungsvoll. Deshalb liegt ein hoher Arterhaltungswert in der Entschärfung und Kanalisierung dieser Organe und Bewegungen. Dies wird bei sehr vielen Tieren dadurch erreicht, daß dem eigentlichen Kampf Bewegungsweisen des Drohens vorangehen, die von Intentionsbewegungen und ambivalenten, aus Triebkonflikten entstehenden Verhaltensmustern abgeleitet sind. Diese unterliegen oft einer hochgradigen Ritualisierung. Häufig entstehen im Dienste des Drohens und der Kampfvermeidung Verhaltensweisen, die ganz buchstäblich ein *Messen* der beiden Gegner bewirken. Beim Breitseitsdrohen messen rivalisierende Fische ihre Körpergröße, beim Maulkämpfen ihre Kräfte. Ein echtes Messen der Kräfte findet auch beim Rivalenkampf der Hirsche statt.

Wie schon gesagt, evoluieren alle Signale unter dem Selektionsdruck, den die Mechanismen des Signalempfanges auf sie ausüben. Mimikry, d.h. die Nachahmung von Signalen durch eine andere Spezies, besteht in einseitiger Anpassung des Signalsenders an den Signalempfangsapparat der »getäuschten« Art. Eben deshalb aber stellt, wie W. Wickler gezeigt hat, die Mimikry einen besonders einfachen Fall der Signalentstehung dar. Wenn, wie meist, Sender und Empfänger Tiere derselben Art sind, stehen Signal und Empfangsapparat gleichermaßen unter dem Selektionsdruck ihrer kommunikativen Leistung und können sich in wechselseitiger Ergänzung zu immer größerer Eindeutigkeit und Eindringlichkeit steigern.

Ich habe schon gesagt, daß die höhere Differenzierung einer ritualisierten signalsendenden Bewegungsweise ihre *Abspaltung* von ihrem unverändert bleibenden unritualisierten Vorbild bedeutet. Deshalb geht jede höhere Ritualisierung mit der Entstehung einer *neuen Erbkoordination* einher. Diese verursacht, in gleicher Autonomie wie alle anderen Instinktbewegungen, ein spezifisch auf sie gerichtetes Appetenzverhalten, mit anderen Worten, der Ablauf der neuen Zeremonie wird zu einem *Bedürfnis* des betreffenden Lebewesens. So ist z.B. bei der Graugans das Bedürfnis, die Zeremonie des sogenannten Triumphgeschreis durchzuführen, eine starke Motivation, die ganz wesentlich die Sozietätsstruktur dieser Vögel bestimmt. Sie bildet ein starkes Band, das die Gatten eines Paares und die Mitglieder einer

Familie zusammenhält. Sie ist nicht etwa nur »Ausdruck« dieser Bindungen, sie bewirkt diese Bindungen.

Ausgedehnte Untersuchungen Wolfgang Wicklers und seiner Mitarbeiter haben gezeigt, daß die Bindung, die bei sehr verschiedenen Tieren, Säugern, Vögeln, Fischen und selbst bei Krebsen zwei Individuen in einer monogamen Dauerehe vereinigt, in den meisten Fällen in dem Bedürfnis nach dem Ausführen einer bestimmten Zeremonie gelegen ist, die jeder der Gatten selektiv nur mit dem anderen ausführen kann. Nur bei der monogamen Garnele Hymenocera ist dies anders. Bei ihr wird das Paar durch eine Appetenz nach Ruhezuständen im Sinne Meyer-Holzapfels zusammengehalten. Das Männchen findet, wenn es sein Weibchen verloren hat, keine Ruhe und eilt suchend umher, bis er es wieder gefunden hat, worauf beide in tiefe Ruhe versinken.

Eins der merkwürdigsten Beispiele einer bindungsbildenden Zeremonie ist der Duettgesang, der an Gibbons, Bartvögeln, Würgern und Drongos untersucht wurde. Bei den genannten Vögeln singen die Gatten eines Paares in raschem Wechsel kurze Strophen, die lückenlos aneinandergereiht werden, so daß eine einzige längere Tonfolge entsteht, bei deren Anhören niemand auf den Gedanken käme, daß sie von zwei Individuen hervorgebracht werde. Die einzelnen Kurzstrophen und deren Aneinanderfügung sind von Paar zu Paar recht verschieden, und es ist wahrscheinlich, daß die Partner sich durch individuelles Lernen aufeinander abstimmen müssen, sie müssen »proben«, um das einheitliche Tongebilde hervorzubringen. Wenn dies der Fall ist, was erst näher untersucht werden soll, so könnte jeder Vogel nur mit einem einzigen Individuum seiner Art Duett singen, und die Appetenz nach der Zeremonie würde dementsprechend ein mächtiges Band zwischen den Partnern herstellen.

(3) Durch den Vorgang der phylogenetischen Ritualisierung entsteht also eine neue autonome Motivation sozialen Verhaltens. Die ritualisierte Bewegungsweise erhält, um ein altes Gleichnis von mir zu gebrauchen, Sitz und Stimme im großen »Parlament der Instinkte« der betreffenden Tierart. Bei sehr vielen sozialen Tieren ist die Struktur der Sozietät zum großen Teil durch ritualisierte Verhaltensweisen bestimmt. Das schon erwähnte Triumphgeschrei der Graugans beherrscht das gesamte Gesellschaftsleben dieser Art; beim Baßtölpel, einem koloniebrütenden Meeresvogel, ist die Form der Brutkolonie, z.B. der genaue Abstand der Nester, durch Zeremonien bestimmt, deren hoher Grad der Ritualisierung es schwierig macht, ihre phyloge-

netische Herkunft zu ermitteln. Für die Dohle und sehr viele andere soziale Lebewesen gilt Entsprechendes.

In ihrer Doppelfunktion der Kommunikation und der Motivation sozialer Verhaltensweisen bilden bei höheren sozialen Lebewesen ritualisierte Verhaltensweisen ein ganzheitliches System, das bei aller Plastizität und Regulationsfähigkeit ein festgefügtes Gerüst darstellt, das die gesamte Sozietätsstruktur der betreffenden Art trägt. Sehr häufig beruhen sowohl die Festigkeit wie die Regulationsfähigkeit eines solchen Systems auf der Spannung zwischen antagonistisch wirkenden Zeremonien, z. B. zwischen solchen der Drohung und der Befriedung. Man braucht den Pavianen des Affenfelsens des nächsten Zoologischen Gartens nur ein Stündchen zuzusehen, um das Gleichgewicht zwischen diesen beiden Funktionen verstehen zu lernen. Auch bei einem Wolfsrudel oder einer Schimpansenhorde stellen Drohung und Befriedung den größten Teil aller Ausdrucksbewegungen dar, die zwischen den Sozietätsmitgliedern ausgetauscht werden. Auch ist es sicher kein Zufall, daß gerade bei solchen recht aggressiven Arten die Anwendung roher Gewalt unter natürlichen Umständen so selten zu beobachten ist.

(4) Eine vierte wesentliche Funktion der stammesgeschichtlichen Ritualisierung sei noch anhangsweise und nur deshalb erwähnt, weil auch sie ihre Analogie im Bereich der kulturellen Entwicklung hat. Ritualisierte Bewegungsweisen können dazu beitragen, Artkreuzungen zu verhindern. Viele Balzbewegungen von Vögeln tun dies. Bei manchen Pipriden, kleinen tropischen Vögeln, sind die Männchen sehr bunt, die Weibchen dagegen von Art zu Art wenig verschieden. Chapin und Chapman haben nachgewiesen, daß die Männchen auch auf andersartige Weibchen ansprechen; diese antworten jedoch mit größter Selektivität ausschließlich auf die Balz artgleicher Männchen. Analoges gilt für die soziale Balz vieler Schwimmentenarten, wie Heinroth schon vor vielen Jahren richtig erkannt hat.

6 *Kulturgeschichtliche Ritenbildung*

Auch die kulturgeschichtliche Ritualisation kann im wesentlichen als die Entstehung eines Kommunikationssystems verstanden werden, und auch in dieser ist die Ausbildung von Symbolen ein wichtiger Schritt. Ich habe in den vorangehenden Ausführungen über phylogenetische Ritualisation den Ausdruck Symbol entweder unter Anführungszeichen gesetzt oder den Begriff umschrieben, und zwar deshalb, weil die stammesgeschichtlich entstandenen »Auslöser« Signale, aber keine Symbole im Sinne des von der menschlichen Sprachforschung geprägten Begriffes sind. Sie sind weder frei verfügbar, noch wird ihre Bedeutung gelernt, der ganze Apparat der Verständigung ist vielmehr bis in alle Einzelheiten stammesgeschichtlich entstanden und erblich festgelegt. Gerade im Wirkungsgefüge tierischer Sozietäten spielt Erlerntes nur eine recht bescheidene Rolle, vor allem beeinflußt es überhaupt nicht die *Form* des Sende- und Empfangsapparates.

Trotz der erwähnten wesentlichen Unterschiede haben das phylogenetisch entstandene Signal und das in der Kulturgeschichte herausgebildete echte Symbol doch in ihrer Genese eines gemeinsam: Die Entstehung beider beginnt damit, daß ein Artgenosse *Verständnis* für jene Bewegungsweisen ausbildet, die das alsbald folgende Verhalten des Artgenossen *voraussagen lassen.* Typische Beispiele für solche Bewegungsweisen sind die sogenannten Intentionsbewegungen, d. h. unvollständige Abläufe, die das allmähliche Aufkommen einer bestimmten Handlungsbereitschaft anzeigen. Während im Fall der phylogenetischen Ritualisierung das »Verstehen« der Bewegungen eines Artgenossen auf ererbten Leistungen des Signalempfängers beruht – wie ja auch die so »verstandenen« Bewegungen Erbkoordinationen sind –, entwickeln sich in der kulturellen Ritualisation das Senden wie das Empfangen von Signalen auf der Grundlage des Lernens und der kulturellen Vererbung erworbener Eigenschaften.

Was den Sender betrifft, so gestattet die bei Anthropoiden angedeutete und nur beim Menschen höher ausgebildete Fähigkeit zum *Nachahmen der eigenen Bewegung,* daß der Sender eine Kopie jener Verhaltensweise zur Schau stellen kann, die er dem Empfänger mitteilen möchte. Dieses Nachahmen aller möglichen Bewegungsweisen hat natürlich, wie schon im Abschnitt über Nachahmung besprochen, frei verfügbare *Willkürbewegungen* zur Voraussetzung (S. 194ff.). Vom Schimpansen sind Fälle bekannt, in denen ein Affe den anderen durch frei nachgeahmte Bewegungsintentionen zum Mittun aufforderte. Im Yerkes Laboratory wurde zwei Schimpansen eine Problemsituation geboten, in der beide gleichzeitig an beiden Enden einer Schnur ziehen mußten, um einen Korb heranzuholen, durch dessen

Henkel sie lose gezogen war. Als ein Affe das Problem durchschaut hatte, führte er den anderen an das eine Ende der Schnur, ergriff seine Hand und legte sie auf die Schnur. Dann lief er selbst schnell zum anderen Ende, erfaßte dieses und mimte »Ziehen an der Schnur«. Dies ist meines Wissens die nächste Annäherung an echte Symbole, die ein Tier spontan, d.h. ohne gerichtete Vordressur, geleistet hat.

Gerhard Höpp ist in seinen interessanten Spekulationen über die Entstehung der Wortsprache zu dem Schluß gekommen, daß die erste echt sprachliche Äußerung ein Imperativ gewesen sein müsse. Die wenigen Beobachtungen über primitive Bildung echter Symbole scheinen ihm recht zu geben. Die Situation, die in höheren Lebewesen am dringendsten das Bedürfnis erweckt, mit einem anderen zu kommunizieren, liegt sicher dann vor, wenn es seiner Hilfe bedarf. Wenn ein durstiger Hund seinen Herrn mit der Nase stupst, sich am Waschbecken aufrichtet, über die Schulter weg nach ihm zurückblickt und dazu winselt, so ist das eine hohe Leistung, die nur unter dem Druck starken Bedürfnisses zustande kommen kann und die ich nur einmal an dem klügsten meiner Hunde beobachtet habe.

Bedeutsamerweise sind die primitivsten bekannten Kommunikationsleistungen des Menschen, von denen wir mit Sicherheit annehmen können, daß sie nicht angeboren seien, analoger Art. Die taubstummblinde Helen Keller, die bis zu ihrem siebenten Lebensjahr ohne geistige Kommunikation mit irgendeinem Menschen dahinvegetierte, konnte, schon ehe Anne M. Sullivan ihre Erziehung in die Hand nahm, ihr Bedürfnis nach Essen und Trinken durch erkennbare Nachahmung der betreffenden Bewegungsweisen verständlich machen. Diese Nachahmung kann hier nur Selbstnachahmung gewesen sein.

Im Laufe des geschichtlichen Werdens einer Kultur unterliegen nun derartige Keime von Verständigungsmitteln im Dienste ihrer kommunikativen Funktion einer Differenzierung, die analog derjenigen angeborener Signalapparate verläuft. Auch die drei anderen Funktionen, die wir als arterhaltende Leistungen der phylogenetischen Ritualisierung kennengelernt haben, die Kanalisierung von Verhaltensweisen, die Bildung neuer Motivationen und das Verhindern von Vermischung der Kulturen werden, wie noch näher zu besprechen ist, von der kulturellen Ritualisation in analoger Weise vollbracht.

Während aber die phylogenetische Ritualisierung nichts zur *Invarianz* von Artmerkmalen beiträgt – es sei denn mittelbar als

Kreuzungshemmnis –, spielt die kulturelle Ritenbildung eine wesentliche Rolle bei der Aufrechterhaltung tradierter Kulturmerkmale.

In der Entwicklung kultureller Kommunikationssysteme sind es in erster Linie die Erfordernisse des Empfängers, die durch Selektion die Eigenschaften des Senders bestimmen. Dementsprechend finden wir in kulturellen Riten so ziemlich alle Eigenschaften, die wir von phylogenetisch entstandenen Signalen her kennen und die der Sicherung von Eindeutigkeit dienen. Die Eindeutigkeit des Signals hängt selbstverständlich auch von der Selektivität des Empfangsapparates ab, und diese ist bei angeborenen Auslösemechanismen sehr viel geringer als bei erlernten Reaktionen. Die Fähigkeit, komplexe Reizkombinationen voneinander zu unterscheiden, selbst wenn sie nur in der Konfiguration und nicht in den enthaltenen Reizelementen voneinander verschieden sind, beruht auf Wahrnehmungsleistungen, die sich auf einer sehr viel höheren Ebene des Zentralnervensystems abspielen als die der angeborenen Auslösemechanismen. Auch spielen Lernvorgänge dabei eine wichtige Rolle.

Obwohl es nun die erlernte Gestaltwahrnehmung ist, die in jedem kulturell entstandenen Kommunikationssystem den Empfänger repräsentiert, bleiben doch Leistungen der Wahrnehmung mit im Spiele, die sich auf niedrigerer Ebene abspielen; sie sind ja die Grundlagen und die Bausteine jeder höher integrierten Gestaltwahrnehmung. Physiologen und Psychologen, die sich mit diesen Leistungen beschäftigt haben, wissen sehr genau, welche Anforderungen unsere Wahrnehmung an die Kombination von Sinnesreizen stellt, wenn es gilt, diese als unverwechselbare Gestalten wiederzuerkennen. Immer kommt es dabei auf die sogenannte Prägnanz an, die darin besteht, daß möglichste Einfachheit mit möglichst großer allgemeiner Unwahrscheinlichkeit gepaart ist. Auf einer niedrigeren Ebene der Komplikation stellen die angeborenen Auslösemechanismen an die von ihnen zu beantwortenden Signale die Forderung der Eindeutigkeit in prinzipiell gleicher Weise, wie sie auf der höheren Ebene von unserer Gestaltwahrnehmung gestellt wird. Dies erklärt sich daraus, daß gleiche physiologische Elementarvorgänge beiden Arten von Empfangsapparaten zugrunde liegen und ihren »Eingang« bilden. Aus gleichen Gründen haben gleiche Arten von Signalempfängern an den ihnen gegenüberstehenden Sendern analoge Eigenschaften »herausgezüchtet«. Über diese habe ich in einer anderen Arbeit (›Stammes- und kulturgeschichtliche Ritenbildung‹) berichtet.

Wie schon gesagt, finden wir die vier im vorigen Absatz besprochenen Leistungen stammesgeschichtlicher Ritenbildung, nämlich die der Kommunikation, der »Kanalisierung« verschiedener, vor allem aggressiver Verhaltensweisen, die Bildung neuer und starker Motive sozialen Verhaltens und schließlich auch die der Verhinderung von Vermischungen, bei den kulturell entstandenen Riten in analoger Weise wieder. Sie sollen der Reihe nach besprochen werden.

Über die kommunikative Funktion der Ritualisierung brauche ich nur wenig zu sagen. Ziemlich sämtliche sprachlichen Verständigungsmittel beruhen auf Ritualisierung, und selbst die menschlichen Ausdrucksbewegungen, die einen so erheblichen Anteil an angeborenen Bewegungsweisen enthalten, sind bei den verschiedenen Kulturen durch traditionelle Ritualisierung überlagert. Wie bei den stammesgeschichtlich entstandenen Bewegungsweisen, so ist sehr wahrscheinlich auch bei allen kulturellen Riten die ursprüngliche Leistung die der Kommunikation gewesen. Von ihr lassen sich die anderen ableiten.

Während die zweite Leistung, die der Eindämmung und Lenkung potentiell gefährlicher Verhaltensweisen, sich bei der phylogenetischen Ritualisierung im wesentlichen auf die Entschärfung von Kampfbewegungen beschränkt, gewinnt eine analoge Funktion der kulturellen Ritualisierung Einfluß auf den größten Teil aller sozialen Verhaltensweisen des Menschen: So ziemlich alles, was wir in Gegenwart anderer tun, ist von kultureller Ritualisation beeinflußt. Wirklich unritualisiertes Verhalten des Menschen, vor allem die meisten unritualisierten Instinktbewegungen, sind sozial verpönt. Sich-Kratzen, Sich-Räkeln, Nasenbohren und ähnliches »Komfortverhalten« ist ebenso verpönt wie Exkretion oder Kopulation. Die *Scham* ist eine unmittelbare Folge der allumfassenden kulturellen Ritualisierung.

Der kultur- und damit auch arterhaltende Sinn der rituellen Zwangsjacke, in die unser kreatürliches Verhalten gezwängt ist, beruht auf der Notwendigkeit, wenn nicht alle, so doch die meisten instinktiven Antriebe des Menschen unter die Kontrolle der von der Kultur geforderten Verhaltensnormen zu zwingen.

Da die »Pseudospeciation«, die Quasi-Artenbildung der Kulturen, sehr viel schneller fortschreitet als der Artenwandel, nimmt die Diskrepanz zwischen dem, was der Mensch an angeborenen Normen sozialen Verhaltens mitbringt, und dem, was die Kultur von ihm fordert, mit dem Alter und der Höhe einer Kultur zu. Wie schon gesagt, ist dies möglicherweise einer der

Gründe dafür, daß Kulturen mit großer Regelmäßigkeit gerade dann zusammenbrechen, wenn sie das Stadium der Hochkultur erreicht haben. Dieser Vorgang, den Oswald Spengler als Alterstod aufgefaßt hat, ereilt offenbar solche Kulturen *nicht*, die auf einem verhältnismäßig einfachen »naturnahen« Entwicklungsstadium verharren, wie z. B. die der Pueblo-Indianer Neu-Mexikos, deren Tradition bis in vorgeschichtliche Zeit zurückreicht.

Während sich die phylogenetische Ritualisierung stets auf Verhaltensweisen beschränkt, die dem Verkehr von Artgenossen untereinander dienen, nimmt die kulturelle Ritualisierung auch auf jene Verhaltensweisen Einfluß, mittels deren der Mensch sich mit seiner außerartlichen Umwelt auseinandersetzt. In diese außerartliche Umwelt hinein baut der Mensch eine Welt von Gegenständen, die ihn wie eine Schale umgibt und die ihn unter Umständen daran hindert, zu sehen, daß es außerhalb dieser menschengemachten Hülle noch eine menschenunabhängige außersubjektive Realität gibt. Die gänzlich irreführende Aussage, daß der Mensch keine Umwelt habe, findet sich bei vielen Autoren, besonders betont bei Arnold Gehlen.

Hans Freyer hat in seinem Buch ›Schwelle der Zeiten‹ einen Abschnitt mit der Überschrift ›Der triumphierende Gegenstand‹ versehen. Darin hat er mit außerordentlicher Klarheit die Rolle analysiert, die das konkrete, vom Menschen geschaffene Ding im sozialen Leben der Kulturträger spielt. Ein »Gegenstand« ist im Sinne Freyers als ein Kunstprodukt eben dieser Art definiert, was hier gesagt sein muß, weil ich im Abschnitt über Raumrepräsentation und Einsicht einen viel weiteren Begriff mit diesem Worte verbunden habe. »Während andere Arbeiten sich im Kreislauf von Bedarf und Befriedigung unaufhörlich wiederholen«, so sagt Freyer, »hat das Herstellen (von Gegenständen) einen definitiven Anfang und ein definitives Ende.« Der hergestellte Gegenstand wird durch den Gebrauch nicht verbraucht, er ist nicht unvergänglich, aber haltbar, ja er »überdauert auch in dem Sinne, daß die Prozesse des Vergehens, Verfallens und Verrottens, die natürlich auch an ihm nagen, ihm nicht wesentlich sind; sie betreffen sozusagen nur seinen Stoff, nicht ihn selbst«. In diesen Worten kennzeichnet Freyer die Unsterblichkeit, die dem von sterblichen Händen hergestellten Gegenstand im gleichen Sinne eigen ist wie der platonischen Idee. Ich vermute, daß diese von vielen Denkern richtig erkannte Transzendenz des menschlichen Werkes für alle idealistischen Vorstellungen vom Schöpfungsvorgang Modell gestanden hat (siehe auch Anmerkung 2, S. 306ff).

Der Triumph des transzendierenden Gegenstandes gipfelt darin, daß er sich vom Gebrauch überhaupt loslöst und sein Daseinsrecht ausschließlich aus dem geistigen Gehalt bezieht, der ihm »im Herstellungsakt eingeflößt worden ist, in ihm zur gegenständlichen Erscheinung geworden ist und nun als solcher dasteht. Das ist der Fall des Kunstwerks.« »Erst mit der gegenständlichen Wendung des Geistes«, sagt Freyer, »wird die Kategorie des ästhetischen konstitutiv.« Hieran zweifle ich etwas, denn ich vermute, daß das Ästhetische, die neue Seinsweise der Kunst, schon viel früher in Bewegungsweisen des Menschen ihren Ursprung genommen hat, in der zweifellos ältesten Form der Kunst um ihrer selbst willen, im Tanz.

Wie dem auch sei, die vom Menschen hergestellte Welt der Gegenstände, seine Kleidung, Möbel, Behausung und Gärten, die durch seine Kultur veränderte, »verzauberte Landschaft«, wie Freyer es nennt, und vor allem die den Menschen von allen Seiten umgebenden, seiner Kultur eigenen Kunstwerke drücken dem Kulturmenschen unentrinnbar einen Stempel auf, der sich auch in seinem Verhalten auswirkt. Auch das soziale Verhalten, von den äußerlichsten, oberflächlichsten Verkehrsformen der »Manieren« bis zu den tiefsten und innerlichsten ethischen »Haltungen«, ist vom Stil der Zeit geprägt, der dem Kreatürlichen im Menschen, d.h. dem phylogenetisch gewordenen, angeborenen Programm seines sozialen Verhaltens, einen mit der Kulturentwicklung wachsenden Zwang auferlegt. »Verfall der Sitte«, mit anderen Worten: Rebellion gegen den immer unerträglicher werdenden Zwang einer sich immer höher ritualisierenden Kultur mag auch einer der Gründe für das plötzliche Zusammenbrechen von Hochkulturen sein.

Mit Manieren und Haltung übt die gegenständliche Wendung des menschlichen Geistes erstaunlicherweise auch einen Einfluß auf die Erscheinung des Menschen, auf seinen Phänotypus, aus. Struktur und Funktion sind bekanntlich nicht einmal begrifflich scharf voneinander zu trennen, Körperhaltungen können genetisch fixiert und zu dauernd sichtbaren Merkmalen einer Rasse werden. Die Wildform unseres Haushuhns trägt die Steuerfedern horizontal wie unsere Fasane, nur in Imponierstimmung richtet der Hahn sie auf und sieht dann genauso aus, wie unsere Haushähne es immer tun, nicht, weil sie morphologisch anders beschaffen wären, sondern nur, weil sie übersexualisiert und dauernd in Imponierstimmung sind. Kulturell vorgeschriebene Körperhaltungen können analoge Wirkungen entfalten. Wie erstaunlich stark das modische Kostüm einer Zeit das Erscheinungsbild des menschlichen Körpers beherrscht, kann man gut erkennen, wenn man Modebilder mit Photographien aus der gleichen Zeit vergleicht. Selbst wenn sich Modedamen nackt photographieren lassen, zwingen sie ihren Körper in eine Haltung, die genau in die zur Zeit modernen Kleider passen würde.

Nicht nur die Kleidung, sondern alle Gegenstände einer Kultur haben Einfluß auf Verhalten und Erscheinungsbild der Kulturträger. Wie Hans Freyer so anschaulich sagt, hätten die Ritter und Damen der Minnesängerperiode auf den hohen gotischen Stühlen ihrer Zeit gar nicht Platz nehmen und in den gotischen Sälen sich nicht natürlich bewegen können, wenn sich nicht schon in ihrer Körperhaltung der Stil ihrer Zeit ausgewirkt hätte. Das Wort »natürlich« habe ich mit voller Absicht gebraucht: Der Mensch ist, wie schon oft gesagt, von Natur aus ein Kulturwesen, und dazu gehört seine angeborene Bereitschaft, sich das ritualisierte Verhalten, das seine Kultur ihm vorschreibt, zur zweiten Natur werden zu lassen.

Das vorgeschriebene Kostüm mit Anstand und Würde zu tragen wurde als Pflicht angesehen, muß aber zuweilen eine wahre Folter gewesen sein. Dazu kommt, daß das den meisten Hochkulturen vorgeschriebene streng ritualisierte Verhalten nicht nur Pflicht war, sondern auch als Statussymbol betrachtet und daher auch aus den Antriebsquellen angeborenen Imponiergehabens gespeist wurde. Wie wir wissen, werden alle erlernten und meisterhaft gekonnten Bewegungen zum Selbstzweck, zum Vergnügen. Welche Bewegungsweisen aber waren je so virtuos gekonnt, so bis zur Vollendung eingeschliffen wie die zum ästhetischen Meisterwerk gediehenen Verhaltensweisen des gesellschaftlichen Verkehrs in einer Hochkultur? Die »tenue«, die der Mensch einer Hochkultur einhält und beherrscht, hat nicht nur den Schein der Echtheit, »als ob sie das Natürlichste von der Welt wäre«, wie Freyer sagt – sie *ist* für den Besitzer ihrer Tradition das Natürlichste von der Welt und verhält sich im Wirkungsgefüge seiner Motivationen gar nicht viel anders, als ob sie stammesgeschichtlich entstanden und genetisch festgelegt wäre.

Ein Hofmann des 15. und 16. Jahrhunderts, Graf Baldassare Castiglione, hat ein Buch über die Hofmannskunst geschrieben, betitelt ›Il Cortegiano‹, das ich leider nur aus Zitaten von Freyer kenne. Auch Castiglione beschäftigt das Thema der essentiellen Echtheit dessen, von dem man allzuleicht glauben könne, es sei nur oberflächliche Tünche. Bei tieferer Betrachtung zeigt sich unter dieser Oberfläche eine Kategorie des Seins, die nicht mehr kultivierte Erscheinung, sondern echte Menschlichkeit ist, nicht mehr Anstand des äußeren Auftretens, sondern Anständigkeit des Herzens. Anstand und Anständigkeit bilden eine Einheit, zumindest was die Vorgänge ihrer Tradition und was die Gemeinsamkeit ihrer phyletischen Grundlagen betrifft. Bei beiden ist ein offenes Programm angeboren, das von der jeweiligen Kultur in Einzelheiten ausgefüllt wird. Bei beiden bildet die Empfindung für das Ästhetische und das Ethische, mit anderen Worten die Gestaltwahrnehmung, die angeborene Grundlage.

Man hört zwar oft klischeeartige Aussprüche über die nichtssagende Äußerlichkeit guter Manieren. In der Regel kann ein Mensch von Herzenshöflichkeit bei bestem – oder schlechtestem – Willen nicht wirklich rüde sein; jedenfalls habe ich das nur in seltenen Ausnahmefällen beobachtet. Wohl aber habe ich in bitterer Erfahrung gelernt, mich vor solchen Personen zu hüten, die glauben machen wollen, daß ihre zur Schau gestellte Rauhigkeit nur äußerlich sei. Von Menschen, die die Attitude des sogenannten »Michel Gradaus« annehmen, um ungestraft Kränkendes sagen zu können, kann man mit an Sicherheit grenzender Wahrscheinlichkeit annehmen, daß sie unter der rauhen Schale den völligen Mangel eines goldenen Kerns verbergen.

Die eng umschriebenen Bahnen, in die so gut wie alles soziale Verhalten des Menschen durch kulturelle Ritualisierung geleitet wird, dämmen natürlich auch seine Aggressivität ein, allerdings meistens nur, soweit sie sich gegen Mitglieder derselben Kultur und derselben Gesellschaftsklasse richtet. Das kann zu paradoxen und für unser Empfinden empörenden Folgen führen. Zur Zeit der Minnesänger gehörten die Adeligen vieler souveräner Kleinstaaten zu einer Klasse, die Bauern zu einer anderen. Wenn nun Kleinstaat gegen Kleinstaat Krieg führte, so kämpften die Ritter mit aller »Fairneß« des Turnierkampfes gegeneinander, und ein tödlicher Ausgang eines Zusammentreffens war im Kriege kaum häufiger als beim rein sportlichen Turnier. Von der »misera plebs« der Bauern aber wurde erwartet, daß sie in unritualisiertem blutigem Beschädigungskampfe die Schlacht für ihre Zwingherren entschied. Besiegte und gefangene Ritter wurden wie liebe Gäste, gefangenes Fußvolk wie Vieh behandelt.

Innerhalb kleiner Kulturgruppen wird die Kanalisierung aggressiven Verhaltens durch außerordentlich verschiedene Formen kultureller Ritualisation bewerkstelligt. Bei den Waika-Indianern ist es nach Eibl-Eibesfeldt üblich, daß die Eltern ihre

Kinder zu Prügeleien geradezu anspornen, bei denen allerdings ein Ritus des Zuschlagens streng eingehalten wird. Bei afrikanischen Buschleuten dagegen fand derselbe Autor eine höchst wirksame Erziehung der Kinder zu friedlichem Verhalten vor. Die Indianer und die Buschleute sind in verschiedener ökologischer Lage, die Erstgenannten führen häufig Kriege gegen Nachbarstämme, die zweiten kaum je.

In vielen Kulturen, auch schon in verhältnismäßig primitiven, hat sich durch kulturelle Ritualisierung aus Kampfverhalten jene Art des Wettspieles entwickelt, die wir als Sport bezeichnen. Da ich in meinem Buche über Aggression ausführlich über die kampfverhindernde Wirkung des Sportes gesprochen habe, kann hier auf eine genaue Erörterung verzichtet werden.

Über die dritte Funktion der Ritualisierung, die Schaffung von autonomen Motiven sozialen Verhaltens, brauche ich nur wenig zu sagen. Es ist ganz selbstverständlich, daß die Freude an den gekonnten Bewegungsweisen, der »tenue«, die ganze kulturgeschaffene Welt der Gegenstände, die einer Kultur eigene Kunst und der zur Ethik emporgewachsene Kodex des Anstandes und der Anständigkeit von jedem Träger dieser Kultur als allerhöchste Werte empfunden werden und daß das Streben, sie zu fördern und zu schützen, als mächtiges Motiv sein Verhalten beherrscht.

Ich komme zur letzten der Leistungen, in denen die kulturelle Ritualisierung Analogien zur phylogenetischen zeigt, zu ihrer Funktion, Gruppen zusammenzuhalten und von anderen zu isolieren. Wie schon im Abschnitt über die Quasi-Artenbildung (S. 239ff.) erwähnt wurde, werden schon die kleinsten denkbaren ethnischen Gruppen oder Subkulturen durch ritualisierte Verhaltensnormen strukturiert und zusammengehalten, gleichzeitig aber werden sie von anderen vergleichbaren Einheiten getrennt. Schon bei sozialen Gruppen, die nicht durch gemeinsame kulturelle Symbole, sondern nur durch persönliche Bekanntschaft und Freundschaft zusammengehalten werden, wie etwa bei Graugänsen oder kleinen Kindern, wird der Zusammenhalt innerhalb der Gruppe merklich durch die feindliche Einstellung zu einer anderen vergleichbaren gefestigt. Auf der Ebene kultureller Gruppen, die durch den Besitz gemeinsamer Kulturwerte zusammengehalten werden, ist die Verstärkung des Gruppenzusammenhalts durch die Auseinandersetzung mit feindlichen Gruppen noch weitaus deutlicher.

XI. Kapitel
Die dem Abbau kultureller Invarianz dienenden Leistungen

1 *Persistierende Weltoffenheit und Neugier*

Wie die Osteoklasten in dem auf S. 247 als Gleichnis herangezogenen Knochenwachstum den Osteoblasten entgegenwirken und wie im Werden der Arten Erbänderungen in einem Verhältnis des harmonischen Antagonismus zur Invarianz der Vererbung stehen, so stehen im Leben einer Kultur den im vorigen Kapitel besprochenen strukturerhaltenden Leistungen jene anderen gegenüber, die den für jede weitere Kulturentwicklung unentbehrlichen *Abbau* besorgen.

Wie sehr die Lebensfähigkeit jeder Kultur vom Gleichgewicht dieser beiden Faktorengruppen abhängt, können wir vor allem aus den Störungen entnehmen, die sich aus dem Überwiegen der einen oder der anderen ergeben. Das Festfahren einer Kultur in starren, streng ritualisierten Gebräuchen kann ebenso verderblich sein wie der Verlust aller Tradition samt dem von ihr gespeicherten Wissen. Die nun zu besprechenden, Invarianz abbauenden Leistungen sind ebenso spezifisch menschlich wie die Invarianz konservierenden.

Wie schon im VII. Kapitel im Abschnitt über das Neugierverhalten (S. 186ff.) gesagt wurde, ist es eine artbezeichnende Besonderheit des Menschen, daß die Appetenz nach Exploration und Spiel bei ihm nicht wie bei anderen höheren Organismen mit dem Erreichen der Geschlechtsreife abgebaut wird. Dies, im Verein mit der Neigung zur Selbstexploration macht den Menschen konstitutionell unfähig, sich dem Zwang einer Tradition je wirklich restlos zu fügen. Die Spannung zwischen der Herrschaft, die von den geheiligten Werten der alten Tradition ausgeübt wird, und der rebellierenden Neugier, der Gier nach Neuem, ist in jedem von uns vorhanden. »Novarum rerum cupidus« war der politische Fachausdruck der Römer für den Revolutionär.

Im Wirkungsgefüge unserer Motivationen ist analog wie in dem unserer endokrinen Drüsen – die ja die Lieferanten der Ur-Motivationen sind – jeder Antrieb mit einem Gegenantrieb zu einem »System äquipotentieller Harmonie« zusammengeschaltet. Zwei gegnerische Mächte, die Liebe zur Tradition samt den Schuldgefühlen bei ihrer Durchbrechung auf der einen Seite und der nicht minder mit Emotionen geladene Drang nach Wahrheit und neuer Erkenntnis auf der anderen, können einander gewaltige Schlachten liefern, und dieser Kampf wird auf Kosten des Menschen ausgetragen, in dessen Seele er sich abspielt. Sie sind um so größer, je größer der Mensch ist. Wir wissen von einem unserer Größten, von Charles Darwin, wie teuer ihm der Sieg der Wahrheit zu stehen kam: Nachdem er sich zu der befreienden, im wahrsten Sinne des Wortes bahnbrechenden Erkenntnis des großen Werdens der Organismenwelt durchgerungen hatte, fühlte er sich keineswegs als Sieger. Er schrieb in sein Tagebuch: »Ich kam mir vor wie ein Mörder.«

Auf weniger heroischer Ebene spielt sich Entsprechendes in jedem von uns ab. Die Breite der Verschiedenheit zwischen Einzelmenschen ist gewaltig, das Gleichgewicht zwischen konservativen und revolutionierenden Tendenzen liegt bei jedem von uns an einer anderen Stelle. Menschen mit großem Vertrauen in ihre eigene Verstandeskraft – das sind keineswegs immer die gescheitesten – sind oft emotionsschwach und nur mit bescheidener Fähigkeit zur Wahrnehmung komplexer Gestalten ausgestattet. Sie haften dann meist wenig an Traditionellem und sind für die im zweiten Bande zu besprechende Geisteskrankheit des technomorphen Denkens besonders anfällig. Emotionsstarke, zu Liebe und Ehrfurcht befähigte Menschen wagen oft trotz bester Befähigung zu analytischem Denken nicht, verstandesmäßige Kritik am Althergebrachten zu üben. Sie betrachten jeden, der dies wagt, als Ketzer und Zerstörer höchster Werte. So sind es oft paradoxerweise geistig hochstehende Menschen, die jeder kausalen Erklärung natürlichen Geschehens und jeder Neuerung im kulturellen Leben hartnäckigen, affektbetonten Widerstand entgegensetzen.

Das kulturerhaltende *Gleichgewicht* zwischen Tradition erhaltenden und Tradition abbauenden Faktoren kann in wünschenswerter Weise ausgewogen sein. Dann sind die beiden Schalen der Waage zwar gleich schwer, können aber bei dem einen Menschen sehr stark und bei dem anderen sehr schwach belastet sein. Bei Charles Darwin war die Spannung zwischen den antagonistischen Kräften offenbar besonders groß, und es ist möglich, daß dies schöpferische Leistungen begünstigt.

Beobachtet man in sich selbst das Wechselspiel der konservierenden und der erneuernden Faktoren, so bekommt man, wie mir sicherlich viele Gleichaltrige, d.h. alte Menschen, bestätigen werden, das deutliche Gefühl, daß von den beiden Seelen, die in unserer Brust wohnen, die konservative die eines alten und die neuerungssüchtige die eines jungen Menschen ist. Die phänomenologische Ehrlichkeit, die ich von mir verlange, zwingt mich zu dem Bekenntnis, daß in mir auch in meinem heutigen gereiften Alter eine ausgesprochen lausbubenhafte Seele wohnt, die aller professoralen Würde feind ist und mir besonders bei feierlichen akademischen Anlässen infantile Verstöße gegen die hergebrachten Sitten einflüstern will. Daß es mir nicht allein so geht, glaube ich daraus entnehmen zu dürfen, daß ich einmal im Talar beim feierlichen Einzug der Mitglieder der Bayerischen Akademie der Wissenschaften von einem Nobelpreisträger einen unerwarteten und wohlgezielten Tritt von hinten erhalten habe. Die lausbubenhafte Seele ist natürlich jeder Tradition, auch der wissenschaftlichen gegenüber völlig respektlos und empfindet eine leicht diabolisch gefärbte Freude, wenn sich etwas lang Geglaubtes als falsch erweist, selbst wenn diese Erkenntnis eine Menge neuer Arbeit nötig macht.

Neben dieser, noch im Alter lebendigen Seele wohnt schon seit früher Jugend eine zweite in mir, die aller Tradition in aufrichtiger Ehrfurcht gegenübersteht, die in der schon beschriebenen Weise (S. 254) auf die Worte verehrter Lehrer schwört und an aller Tradition, ja sogar an ihrem äußeren Gepränge, wie an den Talaren der Akademie, mit größter Pietät hängt. Zweifellos habe ich beide Seelen schon seit früher Jugend, aber ebenso gewiß ist mir, daß sich im Laufe meines Lebens die Macht der zweiten vergrößert hat. Ich möchte indessen weder glauben noch hoffen, daß die respektlose Lausbubenseele in mir je erstirbt.

2 Das Neuerungsstreben der Jugend

Bei der Honigbiene sind verschiedene, dem Gemeinwohl des Stockes dienende Verhaltensweisen auf verschiedene Altersklassen verteilt. Die Jungbienen pflegen die Brut, ernähren sie mit Drüsensekret und erzeugen Wachs. Die älteren fliegen aus und sammeln Nahrung für alle. Potentiell besitzen beide Altersklassen beide Fähigkeiten: Wie Rösch gezeigt hat, fliegen die Jungbienen zum Sammeln aus, wenn man alle älteren entfernt, und umgekehrt kehren die älteren beim Fehlen von Jungbienen nicht nur zur Brutpflegetätigkeit zurück, sondern reaktivieren sogar zur Ernährung der kleinen Larven ihre bereits rückgebildeten Drüsen.

Auch in der menschlichen Kultur werden zwei Leistungen in einer analogen Arbeitsverteilung von verschiedenen Altersklassen erfüllt. Daß ältere Menschen im allgemeinen konservativ sind und junge nach Neuerungen streben, ist uns allen so selbstverständlich, daß wir nicht zum Nachdenken darüber angeregt werden, ob in diesem Antagonismus nicht eine sinnvolle Harmonie verborgen sei.

Ein Aufbegehren der Jugendlichen gibt es durchaus nicht nur in der menschlichen Kultursozietät, es findet sich auch bei Tieren, bei denen Eltern und Kinder längere Zeit in der hierarchisch organisierten Familiensozietät verbleiben. Bei solchen Arten, z.B. bei Wölfen, beginnt der heranwachsende junge Rüde erst dann gegen den bisherigen Rudelbeherrscher zu rebellieren, wenn er selbst körperlich imstande ist, die Rolle des Leittieres zu übernehmen. Diese Revolte gegen den bisher bedingungslos anerkannten Herrscher erfolgt dann häufig mit einer tückisch wirkenden Plötzlichkeit, wie mancher Mensch erfahren mußte, der einen Wolf oder sonst ein Tier einer sozial ähnlich organisierten Art im Anschluß an die menschliche Familie großgezogen hat.

Bei den Schimpansen und überhaupt beim Affen tritt die Geschlechtsreife schon ein, bevor das Tier sein Endgewicht erreicht hat, nämlich unmittelbar nach dem Zahnwechsel, etwa im siebenten Lebensjahr. Von da vergehen noch fünf bis sechs Jahre, ehe der junge Mann im Rahmen der artbezeichnenden Sozietätsstruktur die Rolle eines Erwachsenen spielt. Beim Menschen ist die Jugendentwicklung bekanntlich noch mehr in die Länge gezogen. Es liegt nahe, anzunehmen, daß die Notwendigkeit, traditionelles Wissen zu erwerben, jenen Selektionsdruck ausübte, der diese Verlängerung der Entwicklungszeit zur Folge hatte. Die beiden Wörter Kindheit und Jugend wurden von der natürlich gewachsenen Sprache für zwei qualitativ voneinander verschiedene Entwicklungsphasen gebildet. Man darf über Sinn und Zweck dieser Lebensabschnitte gewisse Vermutungen anstellen.

Die lange Kindheit des Menschen dient dem Lernen, dem Füllen des Gedächtnisreservoirs mit allen Gütern der kumulierenden Tradition, einschließlich der Sprache. Die lange Zeitspanne zwischen dem Eintreten der Pubertät und dem Übernehmen der Rolle eines Erwachsenen, die »Jugend«, dient ebenso einer ganz bestimmten Aufgabe. Es ist wohl eine normale, in der phylogenetischen Programmierung menschlichen Sozialverhaltens vorgesehene Erscheinung, wenn die Jugendlichen zur Zeit der Pubertät anfangen, alle traditionellen Werte der elterlichen Kultur kritisch in Frage zu stellen und sich nach neuen Idealen umzusehen. Dies tun auch die »braven« Kinder, bei denen sich in ihren äußerlich zu beobachtenden Beziehungen zu den Eltern zunächst gar nichts ändert. Dennoch aber muß wohl insgeheim eine leichte Abkühlung der den Eltern und anderen Respektspersonen entgegengebrachten Gefühle eingetreten sein. Diese aber betrifft, wie N. Bischof gezeigt hat, nicht nur die gefühlsmäßige Einstellung zu den Eltern, zur Familie und den am höchsten geachteten Menschen, sondern bedeutsamerweise auch die Haltung des Jugendlichen gegenüber *allem Wohlvertrauten*.

Das Unbekannte, das Fremde, das bisher Furcht und Ablehnung in einem Maße auslöste, das selbst die Neugier unterdrückte, gewinnt mit einem Male zauberhafte Anziehungskraft. Zu gleicher Zeit wächst, besonders beim jungen Mann und wahrscheinlich unmittelbar unter Hormoneinfluß, der Mut und, im weitesten Sinne, die Aggressivität. Dies führt im Verein mit dem Drang nach Neuem und Fremdem zu einer Haltung, die man als Abenteuerlust bezeichnen kann. Die »Wanderlust«, die im alten Volksliede ›Hänschen klein‹ besungen ist, kommt aus diesen Quellen. Merkwürdigerweise gibt es bei Wildgänsen analoge Erscheinungen; bei der Bleßgans wird, wie N. Bischof nachweisen konnte, die Auflösung der Familie durch das Umschlagen der positiven Valenzen bekannter Artgenossen in negative bewirkt. Außerdem wird dadurch auch die Paarung von Geschwistern verhindert.

Beim Menschen sind die mit der Pubertät einhergehenden Veränderungen im männlichen Geschlecht sehr viel ausgesprochener als im weiblichen. Der junge Mann rebelliert weit stärker gegen seinen Vater als das Mädchen gegen Vater oder Mutter.

Es trägt wesentlich zu der Treue bei, die der Kulturmensch den tradierten Verhaltensnormen hält, daß er jene Gefühle, die er dem Traditionsgeber entgegenbrachte, auf alles von ihm Tradierte überträgt. Der am stärksten in dieser Weise auf den Jugendlichen einwirkende Mitmensch ist unter normalen Bedingungen mit großer Wahrscheinlichkeit der Vater, in der primitiven Großfamilie kann es natürlich ebensogut ein älterer Bruder, Vetter, Onkel oder Großvater sein, sicherlich aber ist es ein Familienmitglied. Ich habe hier vom Traditionsgeber im Singular gesprochen, weil ich meine Meinung ausdrücken wollte, daß in den meisten Fällen ein bestimmter Mensch die Rolle der traditionsgebenden Vaterfigur spielt, womit natürlich nicht gesagt sein soll, daß nicht auch eine Massenwirkung vieler Kulturträger Tradition übermitteln kann.

Eine Ablösung von den engsten und speziellsten Verhaltensnormen familiärer Tradition wäre gar nicht möglich, wenn die Liebe und Verehrung, die der Heranwachsende dem Traditionsgeber entgegenbringt, nicht zu einem bestimmten Zeitpunkte unter Vorzeichenumkehr in eine gemäßigte Aggressivität und Feindseligkeit umschlüge, oder, genauer gesagt, wenn sie nicht in ambivalenter Weise mit diesen antagonistischen Gefühlen durchmischt würde. Die Intensität dieses Umschlages hängt von vielerlei Begleitumständen ab. Ein tyrannischer und strenger Traditionsgeber, der dem Heranwachsenden familiäre Verhaltensnormen mit Gewalt aufgezwungen hat, wird eine intensivere Rebellion und stärkere Haßgefühle hervorrufen als ein milder und »demokratischer« Erzieher. *Ganz* ohne feindselige Gefühle jedoch ist die Loslösung des jungen Mannes von der Familie wahrscheinlich überhaupt nicht möglich. Diese Loslösung aber ist für die Entwicklung der menschlichen Kultur ebenso notwendig wie die Fremdbestäubung für manche Pflanzen und die Exogamie für viele Tierarten.

Unmittelbar nachdem der Jugendliche begonnen hat, der Vaterfigur und den von ihr vermittelten Normen sozialen Verhaltens kritisch und etwas feindselig gegenüberzustehen, beginnt er auch, sich nach anderen, der engen Familientradition ferner stehenden Traditionsgebern umzusehen. Es folgen nun die sprichwörtlichen Wanderjahre, die sich an die Lehrjahre anschließen. Oft wirken sie sich in wirklichem lokomotorischem Wandern aus, oft aber in einer rein geistigen Erkundungsfahrt. Was den jungen Menschen in die Ferne treibt, ist die Sehnsucht nach etwas Hohem und Unnennbaren, das von den alltäglichen Ereignissen des Familienlebens grundsätzlich verschieden ist. Die Frage nach dem eigentlichen, kultur- und arterhaltend sinnvollen Ziel des Appetenzverhaltens ist nicht schwer zu beantworten: Es liegt im Auffinden einer Kulturgruppe, deren traditionelle soziale Normen von denjenigen der elterlichen Sozietät *verschieden* sind, dabei aber doch genügend Ähnlichkeit mit diesen haben, um die Identifizierung mit ihnen zu ermöglichen. Auf diese Weise »adoptiert« der Heranwachsende häufig einen Lehrer, einen älteren Freund, ja oft eine ganze befreundete Familie als neue Traditionsgeber.

In seinem kritischen Entwicklungsstadium empfindet der Jugendliche die elterlichen Verhaltensnormen als abgeschmackt, veraltet und langweilig. Er ist plötzlich bereit, fremde, von jenen abweichende Sitten, Gebräuche und Anschauungen zu den seinen zu machen. Wesentlich für die Wahl der so übernommenen neuen Tradition ist es, daß sie Ideale enthält, *für die man kämpfen kann.* Dies ist der Grund, weshalb gerade emotionell vollwertige Jugendliche sich so häufig einer *Minderheit* anschließen, der offensichtlich Unrecht geschieht und für die zu kämpfen es sich lohnt.

Die erstaunlich rasch sich vollziehende Bindung an eine neue Kulturgruppe, die Fixierung der Instinkte kollektiver Begeisterung auf ein neues Objekt hat Züge, die stark an einen aus dem Tierreich bekannten Vorgang der Objektfixierung erinnern, an die sogenannte *Prägung.* Wie diese ist sie an eine bestimmte sensitive Phase der Jugendentwicklung gebunden, wie diese ist sie unabhängig von andressierenden Vorgängen, und wie diese ist sie nicht reversibel, zumindesten insofern, als auf eine erste Bindung dieser Art nie eine zweite von gleicher Intensität und Festigkeit folgen kann. Es gibt noch einen anderen Vorgang der Objektfixierung, der verwandte Eigenschaften aufweist, nämlich das Sich-Verlieben, dessen Plötzlichkeit der englische Ausdruck »falling in love« so treffend ausdrückt.

Wenn der nach neuen Idealen suchende Jugendliche in einem älteren Freund, einem Lehrer oder einer Gruppe die Verkörperung alles dessen findet, wonach es ihn drängt, kann es zu einer schwärmerischen Verehrung kommen, die in ihren äußeren Symptomen einem Verliebtsein nicht unähnlich ist. Hierin eine homosexuelle Neigung zu sehen, wie das öfter geschieht, wäre ebenso irrig, wie in der schon erwähnten Feindseligkeit gegen den Vater einen Ödipuskomplex mit sexuellen Neigungen zur Mutter zu vermuten. Auch ein durchaus normaler Jüngling kann aufs intensivste für einen dicken alten Mann mit weißem Bart und Glatze schwärmen.

Die geschilderten, beim Pubertierenden sich abspielenden Vorgänge kennt wohl jeder Mann aus eigener Erfahrung oder aus der Beobachtung Nahestehender. Dem Psychologen und noch mehr dem Psychoanalytiker sind diese Prozesse wohlbekannt. Die Deutung, die ich ihnen geben möchte, weicht indessen stark von der analytischen ab. Ich stelle die Hypothese auf, daß die eben geschilderten Vorgänge in ihrem gesetzmäßigen zeitlichen Zusammenhang stammesgeschichtlich programmiert sind und daß ihre kultur- und arterhaltende Leistung darin liegt, durch Abbauen veralteter und durch Anbauen neuer Elemente des traditionellen Verhaltens laufend die Anpassung der Kultur an die ständig im Fluß befindlichen Gegebenheiten der Umwelt zu bewirken.

Diese Leistungen sind für das Überleben einer Kultur um so nötiger, je höher diese ist, denn der verändernde Einfluß, den sie selbst auf ihre Umwelt ausübt, wächst begreiflicherweise mit ihrer Entwicklungshöhe. Im allgemeinen scheint nun die durch Ab- und Umbau traditioneller Normen bewerkstelligte Plastizität der Kultur mit diesen Veränderungen Schritt zu halten. Es besteht guter Grund zu der Annahme, daß in alten und primitiven Kulturen die Tradition starrer festgehalten wurde, daß der Sohn in ihnen folgsamer in die Fußstapfen seines Vaters und anderer Traditionsgeber getreten ist als in Hochkulturen in ihrer Blüte. Ob es schon vorgekommen ist, daß Hochkulturen an Störungen der besprochenen Vorgänge, vor allem an einem Überschießen kulturabbauender Prozesse, zugrunde gegangen sind, ist schwer zu sagen. Unsere eigene aber ist gegenwärtig ohne allen Zweifel in Gefahr, am allzu schnellen Abbau, ja am totalen Abreißen aller Tradition zugrunde zu gehen. Auch davon soll in dem späteren Band gesprochen werden.

Unter normalen Umständen und in einer gesunden Kultur (was normal und was gesund heißt, soll ebenfalls im folgenden Band definiert werden) ist einem solchen Abreißen der Tradition und dem Verlust allen traditionellen Wissens in bestimmter Weise vorgebeugt. Wo Gleichgewicht zwischen den Invarianz bewahrenden und den sie ab- und umbauenden Faktoren herrscht, sind die neuen kulturellen Verhaltensnormen, die der Heranwachsende zu den seinen macht, nicht allzusehr von den elterlichen verschieden, da sie ja in der Mehrzahl der Fälle der gleichen oder einer verwandten Kultur entstammen. Auch sorgt der frühe Beginn der Suche nach neuen Idealen dafür, daß der Jugendliche jahrelang Gelegenheit hat, sie mit den Traditionen des Elternhauses zu vergleichen: Abbauen und Anbauen gehen ja beide in einem Zeitraume vor sich, in dem der Jugendliche noch fest in den sozialen Bindungen seines Elternhauses lebt. Die »Osteoklasten« sind also normalerweise niemals allein und ungehemmt am Werke. Schon zu der Zeit, da übermächtige Wanderlust ›Hänschen klein‹ in die Fremde treibt, macht sich das Heimweh leise bemerkbar und gewinnt mit dem Älterwerden an Macht. Die Rebellion ist zu ihrem Beginn am radikalsten, sie mildert sich mit den Jahren, man wird immer toleranter gegen die Eltern und ihr Andenken, und es gibt wohl kaum einen normalen Mann, der nicht mit 60 Jahren eine höhere Meinung von seinem Vater hat, als er mit 17 gehabt hat.

XII. Kapitel
Symbolbildung und Sprache

1 Die »Verdichtung« der Symbolbedeutung

Wir haben in den von phylogenetischer und kultureller Ritualisation handelnden Abschnitten des vorangehenden Kapitels eine Reihe von Vorgängen kennengelernt, die symbolischen Darstellungen von Tätigkeiten und Dingen nahekamen. Die frei geschaffenen Symbole kultureller Ritualisierung gleichen den Quasi-Symbolen der phylogenetischen Ritenbildung darin, daß ihre Bedeutung ursprünglich völlig diffus ist. Sie stehen nie für ein scharf definierbares Ding noch auch für eine ebensolche Tätigkeit, sondern stets für einen ganzen Komplex von Dingen und Tätigkeiten, vor allem auch von Gefühlen und Affekten, für einen Komplex, in dem alles mit allem verflochten ist und für den sich eine einfache Definition nicht geben läßt. Auf die Frage, wo denn überhaupt im Bereiche des Nicht- oder Vor-Sprachlichen ein bestimmtes, frei geschaffenes und überlieferbares Symbol für ein scharf umgrenztes Ding stehe, finde ich eine einzige Antwort: Dies ist dort der Fall, wo eine Gruppe von Menschen durch ein kulturell entstandenes Symbol zur Einheit verbunden wird.

Außer diesen ein bestimmtes, einheitliches Ding bezeichnenden und repräsentierenden Gruppensymbolen sind es wohl nur die sprachlichen Symbole, die eine ebenso scharf umschriebene Bedeutung besitzen. Sie sind aber sowohl von jeder phylogenetischen wie von jeder sonstigen rituellen Symbolbildung darin scharf geschieden, daß sie Symbole für innere, im Zentralnervensystem sich abspielende Vorgänge sind, die einer hoch komplexen, phylogenetisch gewordenen Gesetzlichkeit gehorchen: der Gesetzlichkeit des *begrifflichen Denkens.* Die hier stattfindende strenge Einengung der Symbolbedeutung auf einen ganz bestimmten Begriff ist also ganz anderer Art als die »Verdichtung« des Gruppensymbols.

2 *Das Symbol der Gruppe*

Gruppen, die größer sind als jene, die durch persönliche Bekanntschaft und Freundschaft zusammengehalten werden, verdanken ihre Kohärenz immer und ausschließlich Symbolen, die durch kulturelle Ritualisation hervorgebracht wurden und von allen Gruppenmitgliedern als etwas Wertvolles empfunden werden. Sie sind der Liebe, der Verehrung und vor allem der Verteidigung gegen alle Gefahren ebenso würdig wie die geliebtesten Mitmenschen. Wir haben im Kapitel über die kulturelle Invarianz bewahrenden Faktoren (S. 246ff.) besprochen, welchen Vorgängen der Gefühlsübertragung die Symbole jene emotionellen Werte verdanken.

Die primitivste und wahrscheinlich auch in der menschlichen Kulturgeschichte als erste auftretende Reaktion auf die in Rede stehenden gruppenvereinigenden Symbole ist der Gruppenverteidigung der Schimpansen homolog. Wir heutigen Menschen treten zur Verteidigung der Symbole unsrer Kultur mit den gleichen angeborenen Bewegungsweisen der haaresträubenden, kinnvorschiebenden, verstandumnebelnden kollektiven Kampfreaktion an, mit der ein Schimpanse unter Einsatz seines Lebens seine Gruppe verteidigt. Ein ukrainisches Sprichwort sagt: »Wenn die Fahne fliegt, ist der Verstand in der Trompete.«

Wahrscheinlich waren die ersten von unseren Ahnen entwickelten Symbole, die für ein konkretes Ding standen, ja vielleicht die ersten Symbole überhaupt solche des kriegerischen Gruppenzusammenhaltes, wie Kriegsbemalungen oder Kriegsflaggen. Wie leicht die kollektive und militante Begeisterung zu einem Kulturen vernichtenden Letalfaktor werden kann, wissen wir alle.

3 *Die sprachliche Symbolisierung*

Die einzige Symbolbildung, die einem scharf umschriebenen Begriff entspricht, ist, soweit ich zu erkennen vermag, die *sprachliche*. Die Entstehung der Wortsprache hat zweifellos neben den Leistungen des begrifflichen Denkens auch Vorgänge der Ritualisierung zur Voraussetzung, durch die das Symbol festgelegt und tradierbar gemacht wird. Die Wortsprache ist in typischer Weise die Neuschöpfung der Fulguration, die aus der Verschmelzung dieser beiden Leistungen die neue Fähigkeit entstehen läßt, ein eindeutiges sprachliches Symbol für einen scharf definierbaren Denkvorgang zu setzen. Man vergegenwärtige sich, wie kompliziert der logische Zusammenhang ist, der beispielsweise durch das Wörtchen »obwohl« symbolisiert wird, das in allen höher entwickelten Sprachen eine genaue Entsprechung hat. Wir haben schon auf S. 229 von der Bedeutung der Übersetzbarkeit gesprochen.

Wenn auch die Vorgänge der kulturellen Ritualisierung, die ihrerseits auf dem Vorhandensein von Tradition fußen, sicher um sehr viel älter sind als die syntaktische Sprache, ist diese ihrerseits ein Mittel, ja geradezu das Mittel der Tradition und einer der unentbehrlichsten unter den Faktoren, die zur Aufrechterhaltung kultureller Invarianz beitragen. Auf der anderen Seite aber ist die Sprache das wichtigste Organ des begrifflichen Denkens und des auf höherer Ebene sich abspielenden menschlichen Neugierverhaltens, das wir als *Forschung* bezeichnen. Damit wird sie auch zu einem wichtigen Faktor des Ab- und Umbaues verfestigter kultureller Strukturen. Aus dem IX. Kapitel wissen wir auch schon von dem wohlgeordneten und hochkomplizierten angeborenen Programm, das der ontogenetischen Entwicklung der Sprache den Weg vorschreibt. Die wichtigste der in diesem System vorgesehenen Lerndispositionen ist die Bereitschaft, dem Begriff ein frei zu wählendes Symbol anzuhängen, mit anderen Worten: Dinge und Tätigkeiten zu *benennen.* Aus den Beobachtungen Anne Sullivans, die ich so ausführlich wiedergegeben habe, geht klar hervor, daß die Benennung zunächst den Komplex des Objektes und der damit verbundenen Tätigkeit kennzeichnet, wie z.B. Milchtrinken oder Ballspielen (S. 233). Ebenso deutlich aber ist es, daß ein angeborenes Programm für Haupt- und Zeitwort gegeben ist und damit die Fähigkeit, eine Tätigkeit unabhängig von dem Objekt, auf das sie gerichtet ist, zu symbolisieren. Zwei weitere Tatsachen, die aus den Beobachtungen Anne Sullivans eindeutig hervorgehen, seien hier nochmals hervorgehoben. Erstens: Der Mensch hat in einer bestimmten Phase seiner Kindheit einen überwältigend starken Drang, *Namen* für Dinge wie für Tätigkeiten zu finden, und empfindet eine starke spezifische Befriedigung, wenn ihm dies gelungen ist. Zweitens: Der Stärke dieses Dranges zum Trotz, versucht er nicht, diese sprachlichen Symbole selbst zu *erfinden,* wie Adam dies nach der bekannten Legende getan haben soll, sondern er »weiß« angeborenermaßen, daß er sie *von einem Traditionsgeber zu lernen hat.* Dem Erlernen der Sprache liegt also ein phylogenetisch gewordenes Programm zugrunde, nach dem bei jedem Kinde die Integration des angeborenen begrifflichen Denkens und des kulturell tradierten Wortschatzes immer wieder aufs neue vollzogen wird. Dieses Schöpfungswunder erfüllt den Verständigen mit Ehrfurcht und mit Rührung, sooft er Gelegenheit hat, es an einem Menschenkinde zu beobachten.

XIII. Kapitel
Die Ungeplantheit der Kulturentwicklung

1 *Affektive Widerstände*

Man stößt auf große affektbetonte Widerstände, wenn man gebildeten Nicht-Biologen die Tatsache klarzumachen versucht, daß das große organische Werden trotz seiner allgemeinen Richtungstendenz vom Einfacheren zum Komplexeren, vom Wahrscheinlicheren zum Unwahrscheinlicheren, kurz vom Niedrigeren zum Höheren hin nur durch die Gesetze von Zufall und Notwendigkeit bestimmt ist. Die Ablehnung, die Jacques Monods Buch bei vielen Leuten gefunden hat, ist nur aus diesen emotionellen Gründen zu erklären. Die Erkenntnis, daß die großen Naturgesetze keine Ausnahme dulden, scheint mit dem Bewußtsein und der Wertung des freien Willens in Konflikt zu geraten, den wir alle als einen der höchsten Menschheitswerte und als ein unveräußerliches Menschheitsrecht empfinden. Die Erlebnistatsache, daß wir einen freien Willen haben, und die naturwissenschaftliche Erkenntnis der physiologischen Determiniertheit unseres Handelns bilden eine Aporie, von der im folgenden Bande die Rede sein wird und aus der ich einen Ausweg zu wissen glaube.

Der Gedanke, daß die Entwicklung unserer Kultur nicht von unserem Willen und noch weniger von unserem begrifflichen Denken, von Verstand und Vernunft, gelenkt sei, ist fast ebensoschwer zu akzeptieren. Die Geschichtsphilosophen haben bis in die jüngste Zeit der Überzeugung gehuldigt, daß die historische Entwicklung der Menschheit, die Aufeinanderfolge von Blüte und Verfall verschiedener Kulturen, von einem präexistenten Plan, von einer Idee, gelenkt werde.

2 *Evolutionistische Betrachtung der Kulturentwicklung*

Die Erkenntnis, daß sich Kulturen in analoger Weise wie Tier- und Pflanzenarten, jede für sich, auf eigene Rechnung und Gefahr entwickeln, ist verhältnismäßig spät in die Geschichtsphilosophie eingedrungen. Wie schon im IX. Kapitel, S. 223 ff. gesagt wurde, verläuft die Kulturentwicklung ebenso wie die Entwicklung aller anderen lebenden Systeme ohne jeden präexistenten Plan. Toynbee war wohl der erste Historiker und Geschichtsphilosoph, der von der Annahme abging, daß die Entwicklung der Menschheit und ihrer Kulturen ein einheitlicher Prozeß sei.

Wenn wir nach den Methoden der Ursachenforschung den Gang kultureller Entwicklung untersuchen wollen, mit dem utopischen Ziel, ihn voraussagen und lenken zu können, müssen wir uns zunächst zu der bescheidenen Erkenntnis durchdringen, daß die Faktoren, die den Wissenszuwachs einer Kultur bewirken, grundsätzlich jenen Faktoren analog wirken, von denen die Artentwicklung gelenkt wird. Die weiter oben gegebene Darstellung der Kultur als eines lebenden Systems sowie die Besprechung der ihre Invarianz bewahrenden und der sie abbauenden Faktoren sollten verständlich machen, in welcher Weise das Werden einer Kultur naturwissenschaftlich betrachtet – und vielleicht auch verstanden werden kann.

Vor allem kam es mir darauf an, zu zeigen, daß die *kognitive* Leistung der Kultur, das Gewinnen und Anhäufen von Wissen, durch grundsätzlich analoge Vorgänge zustande kommt wie der Wissensgewinn der stammesgeschichtlichen Entwicklung. Dies ist deshalb merkwürdig und unerwartet, weil Intelligenz und Einsicht des Einzelmenschen als wissenerwerbende Leistungen in das Anhäufen überindividuellen, traditionellen Wissens eingehen. In geheimnisvoller und ein wenig unheimlicher Weise schluckt und verdaut die Kultur diese Einzelleistungen ihrer Träger und macht aus ihnen in einem Prozeß, den Peter L. Berger und Thomas Luckmann in ihrem von mir schon mehrfach erwähnten Buche so trefflich beschrieben und analysiert haben, ein Allgemeinwissen oder, besser gesagt, eine öffentliche Meinung darüber, was wahr und wirklich sei. An diesem Vorgang aber sind neben den besprochenen traditionsbewahrenden und traditionsabbauenden Leistungen noch viele andere, hier nicht erwähnte beteiligt, die alle nur das eine gemeinsam haben, daß sie *nicht bewußt und verstandesmäßig gesteuert sind.* Deshalb gleicht die öffentliche Meinung, die eine Kultur beherrscht, viel mehr dem Informationsschatz und der auf ihn sich gründenden Angepaßtheit einer Tierart als dem, was ein Einzelmensch weiß und sinngemäß anzuwenden versteht.

Die moderne Naturwissenschaft als eine neue, erst wenige Jahrhunderte alte Form eines kollektiven menschlichen Erkenntnisstrebens ist zwar grundsätzlich so organisiert, daß durch die gemeinsame Verpflichtung zur Objektivierung eine straffere Parallelität und Gemeinsamkeit des Denkens und der Meinungsbildung erzwungen wird, doch ist auch ihre Meinungsbildung durchaus nicht frei von den nicht rationalen Einwirkungen, die im allgemeinen die Gesamtmeinung einer Kultur bestimmen. Auch der Wissenschaftler ist ein Kind seiner Zeit und seiner Kultur.

Der völlige Mangel einer verstandesmäßigen Planung in der Entwicklung der Kultur und ihrer Produkte tritt am erstaunlichsten dort zutage, wo man diese Planung am sichersten erwarten würde, z.B. wenn Ingenieure sich an den Zeichentisch setzen und, wie sie glauben, in rein rationaler Berechnung Pläne für technische Produkte, etwa für Eisenbahnwagen, entwerfen. Man sollte wirklich nicht glauben, daß bei dieser Tätigkeit das sogenannte magische Denken eine wesentliche Rolle spielt, das wir als einen der Faktoren kennengelernt haben (S. 215 ff.), die zur Invarianz der Kultur beitragen. Wenn wir aber die Serie der Entwicklungsstadien betrachten, die der Personenwagen unserer Eisenbahn in nicht viel mehr als einem Jahrhundert durchlaufen hat, sehen wir, mit welcher Zähigkeit der Mensch an Traditionen festhält. Fast könnte man meinen, den Niederschlag eines phylogenetischen Differenzierungsvorganges vor sich zu haben.

Zuerst wurde einfach eine Kutsche auf Eisenbahnräder gestellt, dann fand man den kurzen Radstand des Pferdewagens ungünstig und machte den Radstand und damit den ganzen Wagen länger. Anstatt nun, wie es vernünftig gewesen wäre, in freier Erfindung eine Karosse zu konstruieren, die zweckmäßig zu dem langen Fahrgestell paßt, stellte man unglaublicherweise eine Reihe der üblichen Kutschkarosserien hintereinander darauf. Die Karosserien »verschmolzen« an den Querwänden miteinander und wurden zu Abteilen, aber die seitlichen Türen mit den größeren Fenstern darin und den kleineren vorn und hinten daneben blieben unverändert. Die Trennwände zwischen den Abteilen blieben erhalten, und der Schaffner mußte außen am Zuge entlangturnen, wozu eine Reihe von Griffen und ein den ganzen Zug entlanglaufendes Trittbrett vorgesehen war (Abb. 3). Das im wahrsten Wortsinne ängstliche Festhalten am einmal Erprobten und die Unwilligkeit, etwas völlig Neues zu versuchen, sind typisch für das magische Denken. Nirgends aber treten sie deutlicher zutage als bei jenen Produkten der Technik,

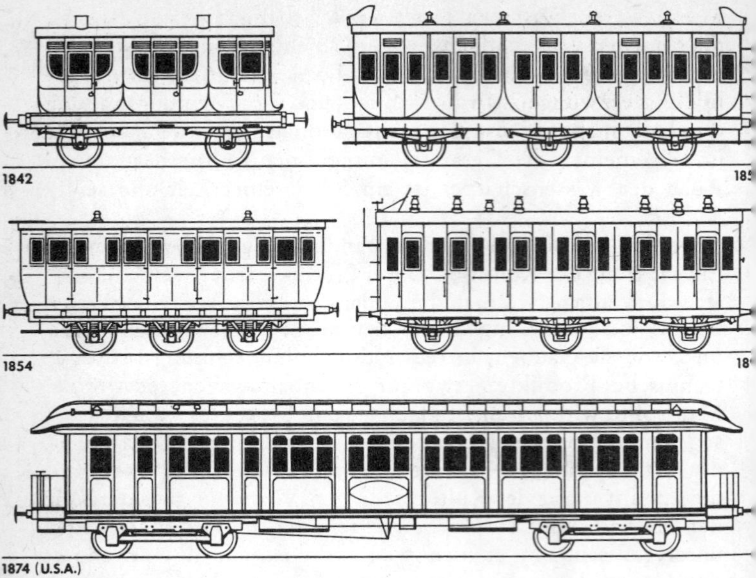

Abb. 3 Mitschleppen funktionslos gewordener Formmerkmale in der Entwicklung der Technik. Die Form der Pferdekutsche wird als vestigiales Merkmal beibehalten. Selbst an den amerikanischen Durchgangswagen, die keine seitlichen Türen mehr haben, bleibt die Anordnung der Kutschenfenster erhalten. Wie die Jahreszahlen beweisen, erhält sich die höchst unzweckmäßige Anordnung der Abteile mit seitlichen Türen in Europa bis zur Jahrhundertwende, während in Amerika schon fast 30 Jahre früher Durchgangswagen gebaut wurden.

bei denen sie auf der Hand liegende Lösungen von Problemen verhindern.

Noch deutlicher, wenn auch weniger erstaunlich tritt dieselbe Neigung des Menschen zum magischen Konservativismus bei solchen Kulturerzeugnissen zutage, deren Form weniger durch die Bedürfnisse ihrer Funktion festgelegt ist und deshalb anderen Faktoren, wie z. B. einer durch Ritualisation bestimmten symbolischen Bedeutung, mehr Spielraum läßt. In seinem Buche ›Kultur und Verhaltensforschung‹ hat Otto Koenig die historische Entwicklung der militärischen Uniformen zum Gegenstand einer vergleichenden Untersuchung gemacht und gezeigt, daß nicht nur die Begriffe der Homologie und der Analogie hier strikt anwendbar sind, sondern auch, daß die Erscheinungen des

Funktionswechsels, der Rudimentierung und der Vestigienbildung genau wie in der Phylogenese auftreten. Unter vielen ebenso eindrucksvollen Beispielen sei hier die Entwicklung der sogenannten Halsberge angeführt, die in der nachstehenden Illustration wiedergegeben ist. Sie zeigt, wie aus einem ursprünglich funktionellen Stück der Panzerung unter Funktionswechsel ein Rangabzeichen wird (Abb. 4).

Alle diese Erscheinungen zeigen das Fehlen einer vorausschauenden Planung in der Entwicklung der genannten kulturellen Erzeugnisse. Sie dienen bestimmten Funktionen ganz wie Orga-

Abb. 4 Entwicklung eines Rangabzeichens aus einem funktionellen Bestandteil der Panzerung.
a–b) Rüstung aus der Zeit um 1500 mit »Halsberge« von vorne und hinten.
c) Kurbrandenburgischer Offizier um 1690 mit großem Ringkragen, dem noch deutlich die Entstehung aus der Halsberge anzusehen ist.
d) Brandenburgischer Infanterieoffizier um 1710 mit dem bereits klein gewordenen Ringkragen als Standesabzeichen.
e) Osceola, ein Seminolenhäuptling, mit dekorativ dreifachem Imponier-Ringkragen.
Noch im letzten Weltkrieg war ein Rest des Ringkragens Abzeichen der deutschen Feldpolizei.

ne, und die Parallelen, die zwischen ihrer geschichtlichen Entwicklung und dem phylogenetischen Werden von Organstrukturen bestehen, legen die Vermutung nahe, daß in beiden Fällen analoge Faktoren am Werke sind, vor allem, daß sicher die Selektion und nicht rationale Planung unter ihnen die Hauptrolle spielt.

XIV. Kapitel
Schwingung als kognitive Leistung

1 Physikalische und physiologische Schwingung

Jeder Regelvorgang, in dessen Mechanismen die *Trägheit* eine Rolle spielt, neigt zur *Schwingung*. Die aus ihrer Stellung gebrachte Kompaßnadel schwingt nach der Störung mehrere Male hin und her, ehe sie wieder in der »richtigen« Stellung zur Ruhe kommt, und es ist sehr schwer, Regler irgendwelcher Art, etwa Thermostaten, zu bauen, die bei der Ausgleichung einer Störung nicht ein wenig über das Ziel hinausschießen und erst danach in gedämpfter Schwingung auf den Sollwert zurückkehren. Bei allen physiologischen Regelvorgängen ist dies erst recht der Fall. Die sogenannte Ruheerregung des Nervenelementes, die z.B., nachdem dieses einen Erregungsstoß von sich gegeben hat, zunächst auf Null, d.h. auf einen Zustand völliger Unerregbarkeit abgesunken ist, kehrt nicht in einer einfachen asymptotischen Kurve auf den vorherigen Wert zurück, sondern schießt erheblich über ihn hinaus. Deshalb folgt auf die gegen jeden Reiz »refraktäre« Periode eine solche der Übererregbarkeit, und der vorherige Wert der Ruheerregung wird erst allmählich, manchmal nach mehreren Schwingungen erreicht.

2 Die Pseudotopotaxis

Alfred Kühn hat eine Art der Orientierung beschrieben, in dem ein Schwingungsvorgang dazu ausgenützt wird, eine kognitive Leistung zu vollbringen. Obwohl die phobische Reaktion das einzige Bauelement dieses Orientierungsmechanismus ist, vermag er die genaue Richtung eines Zieles ebensogut zu ermitteln wie die auf S. 74 ff. beschriebene Topotaxis. Kühn hat ihn deshalb als »Pseudotopotaxis« bezeichnet. Ein gutes Beispiel liefert das Verhalten, mittels dessen die Schnecke Nassa ihre Beute findet. Durch den Geruch alarmiert, taucht das Tier aus dem Sande auf und sucht nun, mit seinem langen, rüsselartigen Atemrohr, dem

Sipho, hin- und herpendelnd, nach dem Ursprung des Reizgefälles. Dabei kriecht es ungerichtet vorwärts, vollführt also keineswegs die für alle topischen Reaktionen oder Taxien (S. 74f.) kennzeichnende ausmaßgesteuerte Wendung. Die Schnecke behält vielmehr so lange die zufällig eingeschlagene Richtung bei, bis die *Differenzen* in der Konzentration des Geruchsstoffes, die sie bei den seitlichen Ausschlägen ihres Siphos zu beiden Seiten des Weges wahrnimmt, *abzunehmen* beginnen. Das Maximum dieser Differenzen wird begreiflicherweise in dem Augenblick erreicht, in dem die Schnecke die zum Ziele führende Richtung im rechten Winkel kreuzt, in dem also der Ausschlag des Siphos genau in dieser Richtung liegt. Die Schnecke wendet sich nun nicht, wie der Beobachter unwillkürlich erwartet, im rechten Winkel dem Ziele zu, sondern kehrt in einem festliegenden, nicht ausmaßgesteuerten spitzen Winkel um. Hier kann man eine echte *phobische* Reaktion sehen (S. 72f.). Durch Wiederholung dieses Vorganges arbeitet sich Nassa wie ein gegen den Wind kreuzendes Segelboot in der Richtung des Geruchsgefälles vor, bis sie schließlich die Beute bei einem Ausschlag ihres Siphos berührt und sich nun geradlinig auf sie »stürzt«. Eine amerikanische Bekannte pflegte sich auf breiten und verkehrsarmen Landstraßen in analoger Weise zu orientieren. Sie fuhr mit dem Auto so lange in der ungefähren Richtung der Straße, bis sie rechts oder links dem Straßenrand nahe kam, auf den sie dann phobisch mit einer kleinen Kursänderung reagierte. Das als Pseudotopotaxis bezeichnete Verfahren besteht darin, eine Folge von phobischen Reaktionen so aneinanderzureihen, daß sie sich zu einer in ihrem Ausmaß gesteuerten Richtungsänderung summieren.

3 Der Wechsel »hyperthymer« und »hypothymer« Stimmung

Wie jedermann aus der Selbstbeobachtung weiß, schwankt die Stimmung des Menschen zwischen Fröhlichkeit und Gedrücktheit, zwischen heiteren und depressiven Zuständen. Eine Form dieser Schwankungen erstreckt sich über längere Zeiträume; besonders bei schöpferisch tätigen Leuten wechseln Perioden von Hochstimmung und Aktivität mit solchen der Mißstimmung und Tatenlosigkeit. Die pathologische Überhöhung dieses Stimmungswechsels ist das sogenannte *manisch-depressive Irresein,* bei dem sowohl die Periode wie die Amplitude der Stimmung stark vergrößert ist.

Es bestehen alle nur denkbaren Übergänge zwischen dem »Normalen« und dem »pathologischen« Schwanken zwischen »hyperthymen« und »hypothymen« Zuständen oder, wie die Psychiater früher sagten, zwischen »Manie« und »Melancholie«. Auch die Dauer der einzelnen Zustände wechselt, es gibt Leute mit fast dauernd etwas hyperthymer Stimmungslage, die allseits um ihre Heiterkeit beneidet werden, weil nur wenige wissen, daß sie diese mit kurzen, aber tiefen Depressionen bezahlen müssen. Umgekehrt gibt es Menschen, die im allgemeinen leicht »melancholischer« Stimmung sind, aber um diesen Preis Zeiten extremer Aktivität und Schaffenskraft erkaufen. Ich gebrauche nicht ohne Absicht die Worte »bezahlen« und »erkaufen«, da ich überzeugt bin, daß tatsächlich ein physiologischer Zusammenhang zwischen den in Rede stehenden Ausschlägen des Stimmungswechsels besteht.

»Normal« und offensichtlich arterhaltend sinnvoll ist der *tageszeitliche* Stimmungswechsel, dem nahezu alle gesunden Menschen unterliegen. Viele Leute werden die Erlebnisse, die ich nun phänomenologisch zu schildern versuche, an sich selbst beobachtet haben. Wenn ich, was ich regelmäßig zu tun pflege, in den ersten Morgenstunden für einige Zeit wach werde, fällt mir alles Unangenehme ein, dem ich zur Zeit ausgesetzt bin. Ich erinnere mich plötzlich eines wichtigen Briefes, den ich längst hätte schreiben müssen, mir fällt ein, daß der oder jener sich gegen mich in einer Weise benommen hat, die ich mir nicht hätte gefallen lassen sollen, ich entdecke Fehler in dem, was ich am Vortage geschrieben habe, und vor allem kommen mir *Gefahren* aller Art zum Bewußtsein, denen ich sofort vorbeugen zu sollen glaube. Diese Empfindungen stürmen oft so stark auf mich ein, daß ich zu Bleistift und Papier greife, um erinnerte Pflichten und neu entdeckte Gefahren ja nicht zu vergessen. Danach schlafe ich einigermaßen beruhigt wieder ein, und wenn ich zur Zeit des Aufstehens wieder erwache, sieht all das Peinliche und Bedrohliche weit weniger düster aus, außerdem fallen mir nun wirksame Gegenmaßnahmen ein, die ich alsbald ergreife.

Sehr wahrscheinlich beruht diese Stimmungsschwankung, der die meisten von uns unterworfen sind, auf einem *Regelkreis,* in den ein verzögerndes und damit Schwingungen verursachendes Trägheitselement eingebaut ist. Wie jeder von uns weiß, führt das plötzliche Verschwinden deprimierender Faktoren zum Überquellen fröhlicher Stimmung, wie auch der umgekehrte Vorgang allgemein bekannt ist. In der innerlich verursachten Schwingung zwischen hypothymen und hyperthymen Zuständen möchte ich einen arterhaltend wichtigen Vorgang des *Suchens* sehen, der einerseits nach Gefahren fahndet, die unsere Existenz bedrohen, andererseits aber nach Möglichkeiten, die wir zu unserem Vorteil ausnutzen können.

Mein verstorbener Freund Ronald Hargreaves, ein sehr ideenreicher Psychiater, stellte mir in einem seiner letzten Briefe die Frage, was wohl der Arterhaltungswert ängstlich-depressiver Stimmung sei. Ich antwortete, daß, wenn meine Frau nicht zu solchen Stimmungen neigte, zwei meiner Kinder nicht mehr am Leben wären. Sie wären beide an einer sehr früh erworbenen und deshalb besonders gefährlichen Tuberkulose-Infektion zugrunde gegangen, wenn meine Frau nicht in ihrer Eigenschaft als erfahrene Ärztin und ängstliche Mutter eine Frühdiagnose gestellt und schon zu einer Zeit nach ihr gehandelt hätte, zu der noch alle anderen befragten Ärzte jede Gefahr leugneten.

Bekanntermaßen können äußere Einflüsse den Ausschlag der in Rede stehenden Stimmungsschwankungen gewaltig verstärken, und auch dies hat offensichtlich seinen Arterhaltungswert. Wenn man eines Tages erfährt, daß man seine Stelle verloren hat oder daß man zuckerkrank ist, ist es sinnvoll, wenn dadurch ein Mechanismus in Gang gesetzt wird, der nach *Gefahren* sucht, denn sicherlich werden solche aus dem eingetretenen Schaden entspringen. Ebenso sinnvoll ist es, wenn man im umgekehrten Fall, etwa, wenn man nach einer Krankheit wieder gesund geworden ist oder das große Los gezogen hat, in eine Stimmung gerät, in der man sich nach den Möglichkeiten umsieht, die durch solche Gunst des Schicksals neu erschlossen wurden.

Die Passivität des Menschen in ängstlich depressiver Stimmungslage hat ebenfalls ihren teleonomen Sinn. Auch das nach Gefahren lauschende oder ausspähende wilde Tier verhält sich motorisch ruhig und sucht nur mit seinen Sinnesorganen die Umgebung nach allen wahrnehmbaren Reizen ab. Es ist keineswegs das schwächste oder ängstlichste Mitglied der tierischen Sozietät, dem die Suche nach möglichen Gefahren obliegt. Die Rolle des »Sicherganters«, der, während die Schar friedlich weidet, Wache steht, fällt den stärksten und mutigsten alten Männchen zu. Videant consules ne res publica aliquid detrimenti caperet (mögen die Konsuln sehen, daß der Staat keinen Schaden nehme).

Entsprechendes gilt von der Aktivität, die uns in gehobener Stimmung befällt. Während zum Entdecken von Gefahren vor allem die Leistungen unseres rezeptorischen Apparates nötig sind, gehört zur Ausnutzung neu eröffneter Möglichkeiten immer motorische Tätigkeit.

Das reziproke Schwingen der Schwellenwerte aller Reizkombinationen, die wechselweise hyperthyme und hypothyme Stimmungen auslösen, erfüllt die Aufgabe eines »Absuchapparates«, eines »scanning mechanism«, wie englisch sprechende Kybernetiker sagen. Er hält abwechselnd Wache gegen neu auftretende Gefahren und Ausschau nach neu sich bietenden guten Gelegenheiten und erfüllt damit eine eindeutig kognitive Leistung.

4 *Das Schwingen der öffentlichen Meinung*

Wie wir wissen, beruht die Übereinkunft darüber, was allgemein für wirklich und wahr gilt, auf einem sehr komplexen *sozialen* Geschehen. Auch in ihm spielen Regelvorgänge eine Rolle, denen eine gewisse Trägheit innewohnt und die daher zum Schwingen neigen. Thomas Huxley hat gesagt, daß jede neue Wahrheit ihren Weg als Ketzerei beginne und als Orthodoxie beende. Wenn man den Begriff der Orthodoxie mit dem einer verkalkten und festgefahrenen Doktrin gleichsetzen wollte, wäre das eine recht pessimistische Aussage. Wenn man aber an eine gemäßigte, von der Mehrzahl der Kulturträger akzeptierte Anschauung denkt, kann man in dem von Huxley gemeinten Vorgang eine typische kognitive Leistung der menschlichen Gesellschaft erblicken.

Eine wirklich große, epochemachende neue Erkenntnis wird zunächst fast immer *überschätzt*, zumindest von dem Genius, der sie gewann. Wie die Geschichte der Naturwissenschaft lehrt, wurde der Geltungsbereich eines neuentdeckten Erklärungsprinzips von seinem Entdecker so gut wie immer überschätzt. Dies zu tun gehört geradezu zu den Vorrechten des Genies. Jacques Loeb glaubte, alles tierische und menschliche Verhalten aus dem Prinzip des Tropismus erklären zu können, I. P. Pawlow meinte dasselbe vom bedingten Reflex, Sigmund Freud beging analoge Irrtümer. Der einzige große Entdecker, der je das von ihm gefundene Erklärungsprinzip *unterschätzt* hat, war Charles Darwin.

Selbst im engen Kreis einer wissenschaftlichen Schule beginnt die Bildung einer neuen gemeinsamen Meinung mit einem Abweichen von dem bis dahin Angenommenen, das über das Ziel hinausschießt. Gewöhnlich ist es, wie schon gesagt, der Pionier der neuen Meinung selbst, der sich der Übertreibung schuldig macht. Seinen weniger genialen, aber analytisch besser begabten Schülern fällt die Aufgabe zu, die Schwingung zu dämpfen und auf dem richtigen Punkt zum Stillstand zu bringen. Der umgekehrte Vorgang bedeutet ein Hemmnis weiterer Erkenntnis durch Doktrinbildung. Wenn nämlich der Entdecker einer neuen Wahrheit nicht kritische Schüler, sondern gläubige Jünger findet, so kommt es zur Religionsgründung, die zwar im allgemeinen kulturellen Leben manchmal großen Segen stiftet, in der Wissenschaft aber unerwünscht ist. Den Erkenntnissen Sigmund Freuds hat dieser Prozeß schweren Schaden getan.

In Kulturen, in größeren Kulturgruppen und vor allem in der Naturwissenschaft vollbringt der Vorgang des Schwingens, der auf jeden größeren Schritt der Erkenntnis folgt, eine kognitive Leistung besonderer Art. Die Allgemeinheit überschätzt zunächst die neue Erkenntnis, die beispielsweise in der Entdeckung einer neuen Methode gelegen sein kann, in ähnlicher Weise, wie große Entdecker ihren eigenen Fund überschätzen. Diese kollektive Überschätzung geht dann besonders weit, wenn das Neuentdeckte zur *Mode* wird, was vor allem nach der Entdeckung neuer *Methoden* der Fall ist. Wenn diese Methoden aufwendig und teuer sind, können sie für junge Wissenschaftler geradezu zu Statussymbolen werden, wie z.B. gegenwärtig die Anwendung von Rechenmaschinen, von Computern.

Die positive Erkenntnisleistung dieser Übertreibungen besteht darin, daß bei den gewaltsamen Versuchen, das neue Erklärungsprinzip oder die neue Methode auf alles Mögliche und Unmögliche anzuwenden, trotz eines erheblichen Mangels an Kritik oft Anwendungsmöglichkeiten gefunden werden, die einem vorsichtigeren Vorgehen verborgen geblieben wären.

Auf der anderen Seite können solche Übertreibungen in der Verwendung neuentdeckter Prinzipien zu Enttäuschungen führen. Ihre unkritische Anwendung kann zur ungewollten und auch unrichtigen »reductio ad absurdum« führen, ja selbst dazu, daß sich die öffentliche Meinung von der neuen Erkenntnis abkehrt und sie unter Umständen sogar vergißt. Die Geschichte der Naturwissenschaften liefert viele Beispiele für solche Ereignisse.

So zeigt sich z.B. in der Geschichte der Darwinschen Lehre,

wie sehr die an sich irrtümlichen Widerstände und die Kritik, die der neuen Erkenntnis aus solchem Rückpendeln der öffentlichen Meinung erwuchsen, zu neuer Forschung und zur Auffindung weiterer und zwingender Argumente geführt haben.

In seiner Gesamtheit führt das in Rede stehende Schwingen der kollektiven Meinungsbildung dazu, daß recht verschiedene Menschen mit erheblicher Stärke der Motivation nach Argumenten für und wider die neue Lehre suchen, so daß auch ihre einstweiligen Gegner dazu beitragen, eine solide Basis für sie zu schaffen und ihren Geltungsbereich genau zu bestimmen. Das Pendeln der Meinung zwischen Für und Wider wirkt als Absuchmechanismus (scanning-mechanism), und der Punkt, an dem sich die kollektive Meinung schließlich stabilisiert, ist der Wahrheit näher, als ihr der Entdecker selbst im ersten Rausche seines Erfolges gekommen war.

Das Schwingen der öffentlichen Meinung und die von ihm entwickelte kognitive Funktion gehört zu jenen physiologischen Vorgängen, auf deren Vorhandensein erst die pathologische Fehlleistung aufmerksam machte. Ich habe schon gesagt, daß die Suche nach Argumenten für und wider von sehr erheblichen Motivationen aktiviert wird. Solange diese nur in der reinen Sehnsucht nach Wahrheit gelegen sind, bleibt die Schwingung *gedämpft* und kommt am richtigen Punkt zum Stillstand. Sowie aber stärkere instinktive Antriebe ins Spiel kommen, besteht die Gefahr, daß die Verschiedenheit zweier Meinungen zum Entstehen zweier ethnischer Gruppen führt, deren jede von der Richtigkeit der eigenen Meinung überzeugt ist und in den Zustand des militanten Enthusiasmus gerät, dessen Gefährlichkeit ich in meinem Buche über Aggression ausführlich besprochen habe.

Das Eingreifen instinktiver Antriebe führt dann zum Siege des Hypothalamus über die Großhirnfunktion, und die einander gegenüberstehenden Meinungen *verlieren* damit an Wahrheitsgehalt. Hierzu trägt der Umstand bei, daß jede Partei zwecks Werbung von Anhängern ihre Meinung in möglichst einfache und leichtverständliche Formulierungen preßt, womöglich in solche, die sich gut im Sprechchor vortragen lassen. Da auf beiden Seiten die Meinungen durch solche Simplifikation tatsächlich dümmer werden, werden sie für die Gegner immer weniger annehmbar, und dies führt zu einer *selbst-erregenden* Schwingung, die in einer »Reglerkatastrophe« enden kann. Im folgenden Band werden diese Gefahren näher besprochen werden.

XV. Kapitel
Die Rückseite des Spiegels

1 *Rückschau*

Ich habe in diesem Buch den vielleicht allzu kühnen Versuch unternommen, eine Übersicht über die kognitiven Mechanismen des Menschen zu geben. Die wahre Berechtigung zu einem solchen Unterfangen könnte nur ein umfassendes Wissen verleihen, das zu besitzen ich mir keineswegs anmaße. Als Rechtfertigung meines Versuches kann ich nur in Anspruch nehmen, *daß bisher kein anderer ihn gemacht hat,* des weiteren aber, daß wir eine reflektierende Gesamtbetrachtung der menschlichen Erkenntnisleistungen dringend nötig haben: Jede einzelne von ihnen neigt zu Fehlleistungen, und ganz besonders tun dies die Vorgänge, die kulturelles Wissen erwerben und speichern. Physiologische Einsicht ist stets die Voraussetzung für das Verständnis pathologischer Vorgänge wie auch für jeden Versuch ihrer therapeutischen Beeinflussung. Sehr häufig liefert aber umgekehrt die Pathologie den Schlüssel zum Verständnis der normalen, gesunden Leistung.

Es wird dem Leser aufgefallen sein, daß ich besonders in den späteren Abschnitten dieses Buches häufig auf einen folgenden Band hingewiesen habe. In solchen Fällen habe ich oft Hypothesen über die physiologische Natur einer Erkenntnisleistung aufgestellt, die sich auf Kenntnis von pathologischen Störungen der betreffenden Leistung gründeten. Solche Vorwegnahmen waren unvermeidlich.

Viele, ja die meisten Störungen sozialen Verhaltens, des angeborenen sowohl wie des durch kulturelle Normen bestimmten, lösen bei jedem normal veranlagten Menschen intensive ablehnende *Wertempfindungen* aus. Von diesen zu sprechen, habe ich im vorliegenden Band ebenso geflissentlich vermieden, wie ich die pathologischen Erscheinungen zunächst aus meiner Betrachtung ausgeklammert habe. Beides war nur mit einer gewissen Gewaltsamkeit, ja Künstlichkeit möglich, doch schien es mir geraten, meine Betrachtungen fürs erste auf die Erkenntnisleistungen des Menschen zu beschränken.

Wie schon in den Prolegomena auseinandergesetzt, gründet

sich meine Betrachtungsweise der Erkenntnisfunktionen und aller Lebensvorgänge überhaupt auf eine erkenntnistheoretische Einstellung, die ich mit Donald Campbell als die des hypothetischen Realismus bezeichnet habe. Ich möchte es als eine Bekräftigung der diesem Realismus zugrunde liegenden Hypothese werten, daß ich in der gesamten Gedankenführung dieses Buches nirgends auf Widersprechendes gestoßen bin.

2 *Die Bedeutung einer von den Erkenntnisleistungen handelnden Naturwissenschaft*

Die Aussage, daß auch im sozialen Verhalten des Menschen Instinkthaftes enthalten sei, das durch kulturelle Einwirkungen nicht verändert werden kann, wird uns Ethologen häufig als ein Bekenntnis zum extremen Kulturpessimismus ausgelegt. Dies ist völlig ungerechtfertigt. Wenn jemand auf drohende Gefahren hinweist, so zeigt dies, daß er *kein* Fatalist ist, der das drohende Unheil für unabwendbar hält.

In allem bisher Gesagten habe ich, um meine Darstellung vereinfachen zu können, die Fiktion aufrechterhalten, daß die besprochenen Vorgänge der Kulturentwicklung und des kulturellen Verfalls den meisten Menschen unbekannt seien, oder zumindest, daß die in Rede stehenden Erkenntnisse keine Rückwirkung auf die zukünftige Entwicklung der Menschheitsgeschichte hätten und haben könnten. Das mag so geklungen haben, als glaubte ich der einzige zu sein, der die naturwissenschaftliche Erforschung des menschlichen Erkenntnisapparates, der »Rückseite des Spiegels«, für notwendig erachtet. Nichts liegt mir ferner als eine solche Anmaßung. Ich bin mir vielmehr zutiefst der erfreulichen Tatsache bewußt, daß die hier wiedergegebenen erkenntnistheoretischen wie ethischen Anschauungen von einer rapide zunehmenden Zahl von Denkern geteilt werden. Es gibt Erkenntnisse, die zu einem bestimmten Zeitpunkt »in der Luft liegen«.

Ich glaube sichere Anzeichen dafür wahrzunehmen, daß eine auf naturwissenschaftlichen Erkenntnissen sich aufbauende Selbsterkenntnis der Kulturmenschheit aufzuleuchten beginnt. Wenn diese – was durchaus im Bereich des Möglichen liegt – zur Blüte und zum Tragen kommen sollte, würde damit das kulturelle geistige Streben der Menschheit ebenso auf eine höhere Stufe gehoben werden, wie in grauer Vorzeit durch das Fulgurieren der Reflexion die Erkenntnisfähigkeit des Einzelmenschen auf eine neue und höhere Stufe gehoben wurde. *Eine reflektierende Selbsterforschung der menschlichen Kultur hat es nämlich bisher auf unserem Planeten nie gegeben,* ebensowenig wie es vor Galileis Zeit eine in unserem Sinne objektivierende Naturwissenschaft gab.

Die naturwissenschaftliche Erforschung des Wirkungsgefüges, das die menschliche Sozietät und ihre Geistigkeit trägt, hat eine schier unabsehbar große Aufgabe vor sich. Die menschliche Sozietät ist das komplexeste aller lebenden Systeme auf unserer Erde. Unsere wissenschaftliche Erkenntnis hat kaum die Oberfläche ihrer komplexen Ganzheit angekratzt, unser Wissen steht zu unserem Unwissen in einer Relation, deren Ausdruck astronomische Ziffern erfordern würde. Dennoch aber glaube ich, daß der Mensch als Spezies an einer Wende der Zeiten steht, daß eben jetzt potentiell die Möglichkeit zu ungeahnter Höherentwicklung der Menschheit besteht.

Gewiß, die Lage der Menschheit ist heute gefährlicher, als sie jemals war. Potentiell aber ist unsere Kultur durch die von ihrer Naturwissenschaft geleisteten Reflexion in die Lage versetzt, dem Untergange zu entgehen, dem bisher alle Hochkulturen zum Opfer gefallen sind. *Zum erstenmal* in der Weltgeschichte ist das so.

Anhang

Es ist eine vernünftige Gepflogenheit, ein neues Buch, ehe es in den Druck geht, von sachverständigen Freunden lesen zu lassen. Sie finden oft erstaunlich große logische und sonstige Fehler heraus, die dem Autor, dem die Materie allzu vertraut ist, nicht aufgefallen waren. Vor allem aber weisen sie auf »Lakunen«, auf leere Stellen hin, an denen Dinge, die gesagt werden sollten, ungesagt bleiben. Für ein Buch wie dieses gilt das in besonderem Maße, ja, es gibt vieles, was qualifizierend, einschränkend und ergänzend dazugesagt werden sollte, daß der Versuch dies zu tun, den Gedankengang, auf den es ankommt, allzuoft unterbrechen würde. Viele dieser Zusätze sind zu voluminös, um als Fußnote untergebracht werden zu können. Wir, das heißt der Autor und der Verlag, haben uns daher entschlossen, diese »großen Fußnoten« in einem besonderen Anhang unterzubringen. Wir hoffen, diesen mit späteren Auflagen des Buches wachsen zu lassen. Allen Freunden, die ihre Kommentare beigesteuert haben, insbesondere Eduard Baumgarten, Donald MacKay, Otto Rössler und Hans Rössner sei an dieser Stelle herzlich gedankt. Da die »Erkenntnistheoretischen Prolegomena« von mehr Leuten gelesen wurden als der Rest des Buches, bezieht sich ein unverhältnismäßig großer Anteil der Kommentare auf sie.

1 (S. 28) »Ich denke, daher bin ich« ist die volkstümlich gewordene Übersetzung des Descarteschen Ausspruchs. Selbst in der amerikanischen humoristischen Zeitschrift ›New Yorker‹ gab es jüngst eine Zeichnung, die einen Riesencomputer darstellte, der seine Konstrukteure damit überrascht, daß er »cogito, ergo sum« auf Band schreibt. Genaugenommen ist aber Descartes' »cogito« nicht mit »ich denke«, sondern mit »ich zweifle« zu übersetzen. Der große Schritt, den das Kind vollbringt, wenn es zum erstenmal »Ich« sagt, der Schritt, den man als die ontogenetische Menschwerdung bezeichnen könnte, ist keineswegs mit dem Vorgang gleichzusetzen, den Descartes meint. Das Kind sagt nicht »sum cogitans«, sondern »ich mag nicht« oder »ich habe Hunger«. Gerade die fundamentalen Ich-Erlebnisse, die in diesen Sätzen ausgedrückt werden, zieht Descartes in Zweifel, ihm ist nur sicher, daß er zweifelt. Vom Standpunkt des hypotheti-

schen Realismus, den wir hier einnehmen, ist es unsinnig, die unabweislichen Gegebenheiten zu bezweifeln, die wir in unserem Ich-Erleben vorfinden. Wolfgang Metzger hat den Begriff des erlebnismäßig »Vorgefundenen« geprägt, das einfach »da ist« und dessen Dasein weder einer »Erklärung« bedarf noch bezweifelbar ist. Dieses primär Erlebte ist das »primum datum«, die Basis nicht nur alles dessen, was wir reflektierend in uns vorfinden und wovon die Phänomenologie und ein großer Teil aller Philosophie handeln. Es ist vielmehr auch der Urquell all unseres mittelbaren Wissens um die uns umgebende, reale Welt, das Donald Campbell als »distales« Wissen bezeichnet hat. Eben dies pflegen manche pseudo-objektive Wissenschaftler zu vergessen. Der Ausdruck »distal« stammt aus der Anatomie und bedeutet »vom Mittelpunkt des Körpers entfernt«, er paßt also in übertragenem Sinne ganz ausgezeichnet auf das, was Campbell meint.

Wenn ich mit dem eingestandenermaßen popularisierten Descartes-Zitat die Tatsache zugestanden habe, daß das Wissen um unser eigenes Erleben unmittelbar und unbezweifelbar sei, darf dies keineswegs dahin ausgelegt werden, daß alles andere, mittelbare und »distale« Wissen unsicher sei, wie dies von nicht realistischen Philosophen mit abgestufter Emphase behauptet wird. Die einzige konsequente nicht-realistische Weltanschauung ist die des Solipsismus.

2 (S. 30) Es mag als ein Widerspruch zu dieser Kritik an Goetheschem Idealismus erscheinen, wenn ich meinem Buch als Motto das Zitat aus den ›Zahmen Xenien‹ vorangestellt habe: »Wär' nicht das Auge sonnenhaft, die Sonne könnt' es nie erblicken.« In der Einleitung zu seiner Farbenlehre bringt Goethe noch die andere Version: »Wär nicht das Auge sonnenhaft, wie könnten wir das Licht erblicken?« Kurz vorher sagt er: »Das Auge hat sein Dasein dem Licht zu danken. Aus gleichgültigen tierischen Hilfsorganen ruft sich das Licht ein Organ hervor, das seinesgleichen werde, und so bildete sich das Auge am Lichte fürs Licht, damit das innere Licht dem äußeren entgegentrete.« Welch unglaubliche Mischung von einem wahrhaft genialen Erschauen und einer genau verkehrten Interpretation der Tatsachen. Der Seher Goethe erfaßt voll und ganz die Tatsache der *Passung* zwischen Organismus und Umwelt, aber der Typologe Goethe kann, so nahe er oft daran zu sein scheint, das Wesen des *Vorganges* der Anpassung nicht verstehen. So kommt es zu dem schier

unverständlichen Widerspruch, der darin liegt, daß Goethe, der für die Dynamik des Naturgeschehens ein so tiefes Verständnis zeigt (man denke an »die ewig rege, die heilsam schaffende Gewalt« oder »Wenn ich beharre, bin ich Knecht« u.a.m.), für die Tatsache blind bleibt, daß es das Leben selbst ist, das *schafft,* und daß nicht etwa eine prästabilierte Harmonie dafür verantwortlich ist, wenn das innere Licht dem äußeren entgegenleuchtet!

Wir *wissen,* daß Augen in schrittweiser Anpassung an die physikalischen Gegebenheiten des Lichtes entstanden sind. Es *gibt* aber Korrespondenzen zwischen außen und innen, von denen man nicht ohne weiteres behaupten kann, daß ein Anpassungsvorgang sie geschaffen habe. Es gibt *Wertempfindungen* des Menschen, die zu dem großen Werden der Organismenwelt in einem unverkennbaren Verhältnis der Entsprechung stehen. Die evolutionistische Erklärung dieser Entsprechung aber klingt wenig überzeugend und gekünstelt. Die Entsprechung besteht darin, daß jeder normale Mensch das als höchsten Wert empfindet, was das organische Werden seit eh und je tut, indem es aus Ungeordneterem, Wahrscheinlicherem, Geordneteres und Unwahrscheinlicheres macht. Diesen Vorgang empfinden wir alle als die Erschaffung von *Werten.* Die Wertskala »niedriger – höher« ist in völlig gleicher Weise auf Tierart, Kulturen und vom Menschen geschaffene Kunstwerke anwendbar. Die Übereinstimmung zwischen unserer Wertempfindung und dem in allem Lebendigen sich vollziehenden schöpferischen Geschehen *könnte* darauf beruhen, daß bestimmte Vorgänge, die in der gesamten Organismenwelt am Werke sind, im Menschen als reflektierendem Wesen zum Bewußtsein erwachen. Empfinden, Denken und Sein wären dann in dieser Hinsicht eins, und das auf das Empfinden sich gründende Werturteil wäre dann im eigentlich kantischen Sinne apriorisch, das heißt für jedes bewußt reflektierende Wesen denknotwendig. Die alternative Erklärung nimmt an, daß im Menschen ein stammesgeschichtlich entstandener, angeborener Auslösemechanismus bereitliegt, der ihn alles Geordnetere als bevorzugenswert erscheinen läßt – eine Annahme die, wie gesagt, etwas gekünstelt erscheint.

Es sei betont, daß die Annahme der Apriorität menschlicher Werturteile nicht mit der Annahme außernatürlicher, vitalistischer Faktoren zu tun hat. Unterstellt man sie als richtig, so darf das reine Kunstwerk, das der Mensch unabhängig von Erwägungen arterhaltender Zweckmäßigkeit erschafft, als eine Materialisation apriorischer Werte gelten. Das Kunstwerk wäre dann mit dem ihm innewohnenden Wert tatsächlich ein Gleichnis des Schöpfungsvorganges: Dem vergänglichen Ton oder Marmor der Statue, der Leinwand und Farbe des Gemäldes ist das unterstellte Schöpfungsprinzip nicht immanent, es wohnt nur im Künstler, der das Kunstwerk schuf. Der lebende Organismus ist zwar so vergänglich wie das Kunstwerk, aber er ist nicht von einem Künstler geschaffen, sondern von dem ihm selbst innewohnenden Prinzip, wenn man so will, von einem seiner Schöpfung immanenten Schöpfer. Das Lebewesen ist nicht Gleichnis von irgend etwas, es ist selbst die wissende Wirklichkeit. In der Annahme, es sei nur ein Gleichnis des Unvergänglichen, steckt derselbe Irrtum einer Anthropomorphisierung des Schöpfungsvorganges, der S. 29 besprochen wird.

3 (S. 32) Es mag überraschen, daß hier im Kontext von Problemen der vergleichenden Verhaltensforschung scheinbar unvermittelt von Fragestellungen der medizinischen Wissenschaft die Rede ist. Beide Wissenschaften hängen indessen auf das engste zusammen. Die vergleichende Verhaltensforschung hat historisch damit ihren Anfang genommen, daß die *Fehlleistungen* angeborener Verhaltensweisen auf ihre physiologische Natur aufmerksam machten. Wenn man zum Beiapiel den Ablauf einer angeborenen Verhaltensweise unter den normalen Bedingungen des Freilebens der betreffenden Tierart beobachtet, etwa, wie ein Wolf ein Stück Beute an einem sicheren Ort eingräbt, so erfährt man schlechterdings nichts über die Physiologie dieses Ablaufs. Wenn man dagegen sieht, wie ein junger Dackel seinen Knochen in eine Ecke der guten Stube trägt, dort erfolglos die Bewegungen des Grabens einer Grube vollführt, den Knochen an die Stelle der nicht gegrabenen Grube legt und anschließend die nicht vorhandene Erde sorgfältig mit der Nase über den Knochen schaufelt, so erfährt man damit die höchst bemerkenswerte Tatsache, daß diese Folge von Verhaltensweisen in ihrer Gänze angeboren ist und nicht von zusätzlichen Reizen gesteuert wird.

In prinzipiell gleicher Weise ist die *pathologische* Erscheinung die wichtigste Quelle unseres Wissens über den »normalen« physiologischen Ablauf. Dasselbe Verhältnis der gegenseitigen Erhellung, das zwischen der Physiologie und der Pathologie ganz allgemein besteht, obwaltet auch zwischen der Physiologie und Pathologie des Verhaltens, m. a. W. zwischen vergleichender

Verhaltensforschung und Psychiatrie. In späteren Kapiteln und vor allem im nachfolgenden Band werde ich auf diese Dinge wiederholt zurückkommen müssen.

4 (S. 47) Das Wort »Schöpfung« spaltet sich, wie der Philologe uns belehrt, schon im frühen Mittelhochdeutsch einerseits in »schaffen« = lat. creare und »schöpfen« = lat. haurire. Die Bedeutung von »schaffen« deckt sich mit der des althochdeutschen »scaffon« = bewirken. Also steckt in »schöpfen« doch auch die Bedeutung von »erschaffen«.

5 (S. 167) Im Zusammenhang dieses Buches sollte es nicht unerwähnt bleiben, daß sich Chomsky wiederholt auf Wilhelm von Humboldt als Sprachforscher bezogen hat. In seiner Abhandlung ›Über die Verschiedenheiten des menschlichen Sprachbaues‹ (1827) schreibt Humboldt: »Die Sprache, in ihrem wirklichen Wesen aufgefaßt ... ist kein Werk (Ergon), sondern eine Tätigkeit (Energeia). Ihre wahre Definition kann daher nur eine genetische sein. Sie ist nämlich die sich ewig wiederholende Arbeit des Geistes, den artikulierten Laut zum Ausdruck des Gedankens fähig zu machen ... Das in dieser Arbeit des Geistes, den artikulierten Laut zum Gedankenausdruck zu erheben, liegende Beständige und Gleichförmige, so vollständig, als möglich, in seinem Zusammenhange aufgefaßt und systematisch dargestellt, macht die Form der Sprache aus.« Und an anderer Stelle: »Die Sprache ist das bildende Organ des Gedanken. Die intellectuelle Thätigkeit, durchaus geistig, durchaus innerlich, und gewissermaßen spurlos vorübergehend, wird durch den Ton in der Rede äußerlich und wahrnehmbar für die Sinne, und erhält durch die Schrift einen bleibenden Körper. Das auf diese Weise Erzeugte ist das Gesprochene und Aufgezeichnete aller Art, die Sprache aber der Inbegriff der durch die intellektuelle Thätigkeit auf diesem Wege hervorgebrachten und hervorzubringenden Laute, und der nach Gesetzen, Analogien und Gewohnheiten, die wiederum aus der Natur der intellectuellen Thätigkeit und des ihr entsprechenden Tonsystems hervorgehn, möglichen Verbindungen und Umgestaltungen derselben, so wie diese Laute, Verbindungen und Umgestaltungen in dem Ganzen alles Gesprochenen oder Aufgezeichneten enthalten sind. Die intellectuelle Thätigkeit und die Sprache sind daher Eins und unzertrennlich von

einander; man kann nicht einmal schlechthin die erstere als das Erzeugende, die andre als das Erzeugte ansehen. Denn obgleich das jedesmal Gesprochene allerdings ein Erzeugnis des Geistes ist, so wird es doch, indem es zu der schon vorher vorhandenen Sprache gehört, außer der Thätigkeit des Geistes, durch die Laute und Gesetze der Sprache bestimmt, und wirkt, indem es gleich wieder in die Sprache überhaupt übergeht, wieder bestimmend auf den Geist zurück. Die intellectuelle Thätigkeit ist an die Nothwendigkeit geknüpft, eine Verbindung mit dem Ton einzugehen, das Denken kann sonst nicht zur Deutlichkeit gelangen, die Vorstellung nicht zum Begriff werden. Den Ton erzeugt sie aus freiem Entschluss und formt ihn durch ihre Kraft, denn vermöge ihrer Durchdringung wird er zum articulierten Laut (wenn es möglich wäre, einen Anfang aller Sprache zu denken), begründet ein Gebiet solcher Laute, das selbständig, bestimmend und beschränkend, auf sie zurückwirkt.«

6 (S. 235) Auch an dieser Stelle ist ein Rückgriff auf die in Anm. 5 erwähnte Sprachforschung Wilhelm von Humboldts am Platze.

7 (S. 242) Der unmittelbare Vergleich von Tierarten und ganzen Kulturen pflegt den Widerspruch jener hervorzurufen, die ein intensives Empfinden für die Verschiedenheit der Werte niedrigerer und höherer lebender Systeme haben. Die unbestrittene Tatsache, daß Kulturen höchst komplexe *geistige* Systeme sind, aufgebaut auf Symbolen objektivierter Kulturwerte, läßt den in den Denkgewohnheiten disjunktiver Gegensätze Befangenen vergessen, daß sie natürliche und auf natürlichem Wege entstandene Gebilde sind. Ich erinnere hier an das im II. Kapitel über die Entstehung neuer Systemeigenschaften Gesagte sowie an die Ausführungen in III.4 über den Irrtum gegensätzlicher Begriffsbildung.

Die Verschiedenheit der Werte, die unsere Empfindung niedriger und höher integrierten lebenden Systemen zuerkennt, wird in diesem Bande nicht näher besprochen, sie wurde, wie S. 302f. ausgeführt, mit einer gewissen Künstlichkeit ausgeklammert, da sie den Gegenstand des Folgebandes bilden soll. Insbesondere wird dort von den intensiven nagativen Wertempfindungen die Rede sein, die jedes Rückläufigwerden des Evolutionsgeschehens in uns hervorruft.

Literaturverzeichnis

BAERENDS, G. P.: Fortpflanzungsverhalten und Orientierung der Grabwespe (Ammophila campestris). Tijdsch. v. Entomologie 84 (1941) – Specializations in Organs and Movements with a releasing Function. In: Physiological mechanisms in Animal Behaviour. Cambridge 1950 (Univ. Press).

BALL, W. – TRONICK, E.: Infant Responses to Impending Collision: Optical and Real. Science 171, 818–820 (1971).

BALLY, G.: Vom Ursprung und von den Grenzen der Freiheit. Eine Deutung des Spieles bei Mensch und Tier. Basel 1945 (Birkhäuser).

BATESON, P. P. B.: The Characteristics and Context of Imprinting. Biol. Rev. 41, 177–220 (1966).

BEACH, F. A.: Hormones and Behavior. New York 1948 (Hoeber).

BENNET, J. G.: The Dramatic Universe. Mystic Conn. 1967 (Verry).

BERGER, P. L. – LUCKMANN, TH.: The Social Construction of Reality. New York 1966 (Doubleday).

BERTALANFFY, L. v.: Theoretische Biologie. Bern 1951 (Francke).

BISCHOF, N.: Die biologischen Grundlagen des Inzesttabus. In: Reinert (Hrsg.), Bericht über den 27. Kongreß d. Deutschen Gesellsch. f. Psychologie, Kiel. Göttingen 1972 (Verlag f. Psychologie). – Aristoteles, Galilei, Kurt Lewin – und die Folgen. Z. f. Sozialpsychol. im Druck.

BOLK, L.: Das Problem der Menschwerdung. Jena 1926.

BOWER, T. G.: The Object in the World of the Infant. Scient. Americ. 225 (4), 30–38 (1971).

BRIDGEMAN, P. W.: Remarks on Niels Bohr's Talk. Daedalus Spring 1958.

BRUN, E.: Zur Psychologie der künstlichen Allianzkolonien bei den Ameisen. Biol. Zentralbl. 32 (1912).

BRUNSWIK, E.: Wahrnehmung und Gegenstandswelt. Psychologie vom Gegenstand her. Leipzig/Wien 1934. – Scope and Aspects of the Cognitive Problem. In: Bruner et al. (eds.), Contemporary Approaches to Cognition. Cambridge 1957 (Harvard Univ. Press).

BÜHLER, K.: Handbuch der Psychologie. I. Teil: Die Struktur der Wahrnehmung. Jena 1922.

BUTENANDT, E. – GRÜSSER, O. J.: The Effect of Stimulus Area on the Response of Movement Detecting Neurons in the Frog's Retina. Pflügers Archiv 298, 283–293 (1968).

CAMPBELL, D. T.: Evolutionary Epistemology. In: Schilpp, P. A. (ed.), The Philosophy of Karl R. Popper. La Salle 1966 (Open Court Publ.). – Pattern Matching as an Essential in Distal Knowing. New York 1966 (Holt, Rinehard & Winston).

CHANCE, M. R. A.: An Interpretation of some Agonistic Postures; The Role of »cut-off« Acts and Postures. Symp. Zool. Soc. London 8, 71–89 (1962).

CHOMSKY, N.: Sprache und Geist. Frankfurt 1970 (Suhrkamp).

CORTI, W. R.: Das Archiv für genetische Philosophie. Librarium. Z. d. Schweiz. Bibliophilen Gesellsch. 5, Heft I u. II (1962).

COUNT, E. W.: Eine biologische Entwicklungsgeschichte der menschlichen Sozialität. Homo 9, 129–146 (1958); 10, 1–35 u. 65–92 (1959).

CRAIG, W.: Appetites and Aversions as Constituents of Instincts. Biological Bulletin 34, 91–107 (1918).

Crane, J.: Comparative Biology of Salticid Spiders at Rancho Grande, Venezuela. IV: An Analysis of Display. Zoologica 34, 159–214 (1949). – Basic Patterns of Display in Fiddler Crabs. Zoologica 42, 69–82 (1957).

Crisler, L.: Wir heulten mit den Wölfen. Wiesbaden 1960, [5]1972 (Brockhaus).

Darwin, C.: Der Ausdruck der Gefühle bei Mensch und Tier. Düsseldorf 1964 (Rau).

Decker, H.: Das Denken in Begriffen als Kriterium der Menschwerdung.

Dethier, V. G. – Bodenstein: Hunger in the Blowfly. Z. Tierpsychol. 15, 129–140 (1958).

Eccles, J. C.: The Neurophysiological Basis of Mind: The Principles of Neurophysiology. London 1953 (Oxford Univ. Press). – Brain and Conscious Experience. New York 1966 (Springer). – Uniqueness of Man (Roslansky, J. D. ed.). Amsterdam 1968 (Northolland).

Eibl-Eibesfeldt, I.: Angeborenes und Erworbenes im Verhalten einiger Säuger. Z. Tierpsychol. 20, 705–754 (1963). – Grundriß der vergleichenden Verhaltensforschung. München 1967, [3]1972 (Piper). – Liebe und Haß. München 1970, [5]1972 (Piper). – Die !Ko-Buschmann-Gesellschaft. Gruppenbindung und Aggressionskontrolle. München 1972 (Piper). – Expressive Behavior of the Deaf and Blind Born. In: Vine, I. (ed.), Social Communication and Movement. London 1973, 163–193 (Academic Press).

Erikson, E. H.: Ontogeny of Ritualisation in Man. Philosoph. Transact. Royal Soc. London 251 B, 337–349 (1966).

Foppa, K.: Lernen, Gedächtnis, Verhalten. Ergebnisse und Probleme der Lernpsychologie. Köln 1966 (Kiepenheuer u. Witsch).

Fraenkel, G. S. – Gunn, D. S.: The Orientation of Animals. Oxford 1961 (Clarendon Press).

Freyer, H.: Schwelle der Zeiten. Stuttgart 1965 (Deutsche Verlagsanstalt). – Theorie des gegenwärtigen Zeitalters. Stuttgart[6] 1967 (Deutsche Verlagsanstalt).

Garcia, J.: A Comparison of Aversions induced by X-Rays, Drugs und Toxins. Radiation Res. Suppl. 7, 439–450 (1967).

Harlow, H. F.: Primary Affectional Patterns in Primates. Amer. J. Orthopsychiat. 30 (1960). – The Maternal and Infantile Affectional Patterns. 1960.

Harlow, H. F. – Harlow, M. K. – Meyer, D. R.: Learning Motivated by a Manipulation Drive. J. Exp. Psychol. 40, 228–234 (1950).

Hartmann, M.: Allgemeine Biologie. [4]1953. – Die philosophischen Grundlagen der Naturwissenschaften. Jena 1948, [2]1959 (G. Fischer).

Hartmann, N.: Der Aufbau der realen Welt. Berlin [3]1964 (de Gruyter).

Hassenstein, B.: Kybernetik und biologische Forschung. In: Handb. d. Biologie, 1, 631–719. Frankfurt 1966 (Athenaion).

Heilbrunn, L. v.: Grundzüge der allgemeinen Physiologie. Berlin 1958 (Dtsch. Verl. der Wiss.).

Heinroth, O.: Beiträge zur Biologie, namentlich Ethologie und Psychologie der Anatiden. Verhandl. d. V. Intern. Ornithol. Kongreß. Berlin 1910. – Reflektorische Bewegungen bei Vögeln. J. f. Ornithol. 66 (1918). – Über bestimmte Bewegungsweisen der Wirbeltiere. Sitzungsberichte der Ges. d. naturforsch. Freunde. Berlin 1930.

Heinroth, O. u. M.: Die Vögel Mitteleuropas. 4 Bde., Berlin 1924–28 (Bermühler), Nachdr. 1966–68.

Hess, E. H.: Space Perception in the Chick. Scient. Americ. 195, 71–80 (1956). – Imprinting. New York 1973 (van Nostrand).

Hinde, R. A.: Animal Behavior, a Synthesis of Ethology and Comparative Psychology. New York 1972 (McGraw-Hill).

HOLST, E. v.: Zur Verhaltensphysiologie bei Tieren und Menschen. Band I und II. München 1969/70 (Piper).

HÖPP, G.: Evolution der Sprache und Vernunft. Berlin 1970 (Springer); dt. Frankfurt 1972 (Suhrkamp).

HULL, C. L.: Principles of Behavior. New York 1943.

HUXLEY, J.: The Courtship-Habits of the Great Crested Grebe (Podiceps cristatus); with an Addition to the Theory of Sexual Selection. Proc. Zool. Soc. London 35, 491–562 (1914).

IMMELMANN, K.: Prägungserscheinungen in der Gesangsentwicklung junger Zebrafinken. Naturwiss. 52, 169–170 (1965). – Zur Irreversibilität der Prägung. Naturwiss. 53, 209 (1966).

ITANI, J.: Die soziale Ordnung bei den japanischen Affen. In: TIER, 6, 8–12 (1966).

JANDER, R.: Die Hauptentwicklungen der Lichtorientierung bei den tierischen Organismen. Verh. Verb. Dtsch. Biol. 3, 28–34 (1966).

JENNINGS, H. S.: The Behavior of the Lower Organisms. New York 1906; dt. Berlin/Leipzig 1910.

KAWAI, M.: Newly Acquired Pre-cultural Behavior of the Natural Troops of Japanese Monkeys on Koshima Island. Primates, 6, 1–30 (1965).

KAWAMURA, S.: The Process of Sub-Cultural Propagation among Japanese Macaques. In: Southwick (ed.), Primate Social Behavior. New York 1963 (van Nostrand).

KELLER, H.: Die Geschichte meines Lebens. Stuttgart 1905 (Lutz).

KOEHLER, O.: Die Ganzheitsbetrachtung in der modernen Biologie. Verhandlungen der Königsberger Gelehrten Gesellsch. (1933). – »Zählende« Vögel und vorsprachliches Denken. Zool. Anz. Suppl. 13, 129–138 (1949).

KÖHLER, W.: Intelligenzprüfungen an Menschenaffen. Berlin 1921.

KOENIG, O.: Kultur und Verhaltensforschung. Einführung in die Kulturethologie. München 1970 (Deutscher Taschenbuch-Verlag).

KONISHI, M.: Effects of Deafening on Song Development in two Species of Juncos. Condor 66, 85–102 (1964). – Effects of Deafening on Song Development of American Robins and Black-Headed Grosbeaks. Z. Tierpsychol. 22, 584–599 (1965). – The Role of Auditory Feedback in the Control of Vocalisation in the White-Crowned Sparrow. Z. Tierpsychol. 22, 770–783 (1965).

KRUUK, H.: The Spotted Hyena. Chicago 1972 (University Press).

KUENZER, P.: Die Auslösung der Nachfolgereaktion bei erfahrungslosen Jungfischen von Nannacara anomala (Cichlidae). Z. Tierpsychol. 25, 257–314 (1968).

KÜHN, A.: Die Orientierung der Tiere im Raum. Jena 1919 (Fischer).

LASHLEY, K. S.: In Search of the Engramm. In: Symposia of the Society for Exper. Biol. IV. Physiol. Mechanisms in Animal Beh. Cambridge 1950 (Univers. Press).

LAWICK-GOODALL, H. u. J. VAN: Unschuldige Mörder. Hamburg 1972 (Rowohlt).

LENNEBERG, E. H.: Biological Foundations of Language. New York 1967 (Wiley).

LETTVIN – MATURANA – MCCULLOCK – PITTS: What the Frog's Eye tells the Frog's Brain. Proc. I. R. E. 47, 1940–1951 (1959).

LEYHAUSEN, P.: Über die Funktion der relativen Stimmungshierarchie (dargestellt am Beispiel der phylogenetischen und ontogenetischen Entwicklung des Beutefangs von Raubtieren). Z. Tierpsychol. 22, 412–494 (1965).

LOEB, J.: Die Tropismen. Handb. vergl. Physiologie 4 (1913).

LORENZ, K.: Das sogenannte Böse. Zur Naturgeschichte der Aggression. Wien 1963 (Borotha-Schoeler). – Evolution and Modification of Behavior. Chicago 1965 (Univ. Press). – Über tierisches und menschliches Verhalten. Aus dem

Werdegang der Verhaltenslehre. Ges. Abhandlungen, Bd. I München 1965, [14]1971; Bd. II 1965, [9]1971 (Piper). – Stammes- und kulturgeschichtliche Ritenbildung. Mitt. d. Max-Planck-Ges. 1, 3–30 u. Naturwiss. Rdschau 19, 361–370. – Die acht Todsünden der zivilisierten Menschheit. München 1973 (Serie Piper 50).
MACKAY, D. M.: Freedom of Action in a Mechanistic Universe. Cambridge 1967 (Univ. Press).
MAIER, N. R. F.: Reasoning in White Rats. Comp. Psychol. Monogr. 6, 29 (1929) – Reasoning in Humans: I. On Direction. J. comp. Psychol. 10, 115–143 (1930).
MAYR, E.: Artbegriff und Evolution. Berlin 1967 (Parey).
METZGER, W.: Psychologie. Darmstadt 1953, [4]1968 (Steinkopff).
METZNER, P.: Studien über die Bewegungsphysiologie niederer Organismen. Naturwiss. 11 (1923).
MEYER-EPPLER, W.: Grundlagen und Anwendung der Informationstheorie. Berlin 1959 (Springer).
MEYER-HOLZAPFEL, M.: Triebbedingte Ruhezustände als Ziel von Appetenzhandlungen. Naturwiss. 28, 273–280 (1940).
MITTELSTAEDT, H.: Über den Beutefangmechanismus der Mantiden. Zool. Anz. Suppl. 16, 102–106 (1953). – Regelung in der Biologie. Regelungstechnik 2, 177–181 (1954). – Regelung und Steuerung bei der Orientierung von Lebewesen. Regelungstechnik 2, 226–232 (1954).
MONOD, J.: Zufall und Notwendigkeit. Philosophische Fragen der modernen Biologie. München 1971, [5]1973 (Piper).
NICOLAI, J.: Zur Biologie und Ethologie des Gimpels. Z. Tierpsychol. 13, 93–132 (1950).
PECKHAM, G. W. u. E. G.: Observations on Sexual Selection in Spiders of the Family Attidae. Occasional Papers of the National History Soc. of Wisc. Milwaukee 1889.
PITTENDRIGH, C. S.: Perspectives in the Study of Biological Clocks. In: Perspectives in Marine Biology. La Jolla 1958 (Scripps Inst. Oceanogr.).
PLANCK, M.: Sinn und Grenzen der exakten Wissenschaft. Naturwiss. 30 (1942).
PLESSNER, H.: Philosophische Anthropologie. Stuttgart 1970 (Fischer).
POLANYI, M.: Life Transcending Physics and Chemistry. Chemical and Engineering News (1967). – Personal Knowledge towards a Post-Critical Philosophy. Chicago 1958 (Univ. Press).
POPPER, K. R.: The Logic of Scientific Discovery. New York 1962 (Harper & Row). – The Open Society and its Enemies. London 1945, [3]1957. Dt.: Die offene Gesellschaft und ihre Feinde. Bern 1957–1958.
PORZIG, W.: Das Wunder der Sprache. München/Bern 1950, [5]1971 (Francke).
REESE, E. S.: The Behavioral Mechanisms Underlying Shell Selection by Hermit Crabs. Behavior 21, 78–126 (1963). – A Mechanism Underlying Selection or Choice Behavior which is not based on Previous Experience. Am. Zool. 3, 508 (1963). – Shell Use: An Adaptation for Emigration from the Sea by the Coconut Crab. Science 161, 385–386 (1968).
REGEN, J.: Über die Orientierung des Grillenweibchens nach dem Stridulationsschall des Männchens. Sitz. Ber. Akad. Wiss. Wien, math.-naturw. Kl. 132 (1924).
RICHTER, C. P.: The Self-Selection of Diets. Essays in Biology. Berkeley 1943 (Univ. of California Press).
RÖSSLER, O. E.: Theoretische Biologie. Vorlesung im Max-Planck-Institut für Verhaltensphysiologie Seewiesen (1966).
ROSE, W.: Versuchsfreie Beobachtungen des Verhaltens von Paramaecium aurelia. Z. Tierpsychol. 21, 257–278 (1964).

SCHEIN, W. M.: On the Irreversibility of Imprinting. Z. Tierpsychol. 20, 462–467 (1963).
SCHLEIDT, M.: Untersuchungen über die Auslösung des Kollerns beim Truthahn. Z. Tierpsychol. 11, 417–435 (1954).
SCHLEIDT, W. M.: Reaktionen von Truthühnern auf fliegende Raubvögel und Versuche zur Analyse ihrer AAMs. Z. Tierpsychol. 18, 534–560 (1961). – Wirkungen äußerer Faktoren auf das Verhalten. Fortsch. Zool. 16, 469–499 (1964).
SCHLEIDT, W. M. – SCHLEIDT, M. – MAGG, M.: Störungen der Mutter-Kind-Beziehung bei Truthühnern durch Gehörverlust. Behavior 16, 254–260 (1960).
SCHUTZ, F.: Sexuelle Prägung bei Anatiden. Z. Tierpsychol. 22, 50–103 (1965). – Sexuelle Prägungserscheinungen bei Tieren. In: H. Giese (Hrsg.), Die Sexualität des Menschen. Hb. d. Med. Sexualforschung 1968, 284–317 (Enke).
SCHWARTZKOPFF, J.: Vergleichende Physiologie des Gehörs und der Lautäußerungen. Fortschr. Zool. 15, 214–336 (1962).
SEDLMAYR, H.: Gefahr und Hoffnung des technischen Zeitalters. Salzburg 1940 (Otto Müller).
SEIBT, U.: Die beruhigende Wirkung der Partnernähe bei der monogamen Garnele Hymenocera picta. Z. Tierpsychol. 33 (1973).
SHERRINGTON, C. S.: The Integrative Action of the Nervous System. New York (1906).
SKINNER, B. F.: Conditioning and Extinction and their Relation to Drive. J. gen. Psychol. 14, 296–317 (1936). – The Behavior of Organisms. New York 1938 (Appleton-Century-Crofts). – Reinforcement today. Amer. Psychologist 13, 94–99 (1958). – Beyond Freedom and Dignity. New York 1971 (Knopf).
SNOW, C. P.: The Two Cultures. London 1959, 1963 (Cambridge Univers. Press). Dt.: Die zwei Kulturen. Stuttgart 1967 (Klett).
SPENGLER, O.: Der Untergang des Abendlandes. München 1918/20, Neudr. 1967/69 (Beck).
SPITZ, R.: Vom Säugling zum Kleinkind. Naturgeschichte der Mutter-Kind-Beziehungen im ersten Lebensjahr. Stuttgart 1965, [2]1970 (Klett).
STEINIGER, F.: Zur Soziologie und sonstigen Biologie der Wanderratte. Z. Tierpsychol. 7, 356–379 (1950).
STORCH, O.: Erbmotorik und Erwerbsmotorik. Anz. Math. Nat. Kl. Österr. Ak. Wiss. 1, 1–23 (1949).
TAUB, E. – ELLMAN, ST. J. – BERMAN, A. J.: Deafferentiation in Monkeys. Effects on Conditioned Grasp Response. Science 151, 593–594 (1965).
THORNDIKE, E. L.: Animal Intelligence, New York 1911 (MacMillan).
THORPE, W. H. – JONES, F. H. W.: Olfactory Conditioning in a Parasitic Insect and its Relation to the Problem of Host Selection. Proc. Roy. Soc. London B., 124, 56–81 (1937). – Science, Man and Morals. London 1965 (Methuen).
TIGER, L. – FOX, R.: Das Herrentier. München 1973 (Bertelsmann).
TINBERGEN, N.: Die Übersprungbewegung. Z. Tierpsychol. 4, 1–40 (1940). – The Study of Instinct. London 1951 (Oxford Univ. Press); dt. [4]1966 (Parey).
TOLMAN, E. C.: Purposive Behavior in Animals and Men. New York 1932 (Appleton).
TRUMLER, E.: Mit dem Hund auf Du. München 1971 (Piper).
UEXKÜLL, J. v.: Umwelt und Innenleben der Tiere. Berlin 1909, [2]1921.
WEIDEL, W.: Virus und Molekularbiologie. Berlin [2]1964 (Springer).
WEISS, P. A.: The Living System: Determinism stratified. In: Koestler & Smythies (eds.), Beyond Reductionism. London 1969 (Hutchinson). – Dynamics of Development: Experiments and Inferences. New York 1968 (Academic Press).
WELLS, M. J.: Brain and Behavior in Cephalopods. London 1962 (Heinemann).

WHITMAN, CH. O.: Animal Behavior. Biological Lectures of the Marine Biological Laboratory, Woods Hole, Mass. 1898.
WICKLER, W.: Mimikry – Signalfälschung in der Natur. München 1968 (Kindler).
WUNDT, W.: Vorlesungen über die Menschen- und Tierseele. Leipzig 1922 (Voss).
WYNNE-EDWARDS, V. C.: Animals Dispersion in Relation to Social Behavior. London 1962 (Oliver & Boyd).
ZEEB, K.: Zirkusdressur und Tierpsychologie. Mitt. Nat. Forsch. Ges. Bern, N. F. 21 (1964).

Personenregister